普通高校"十四五"规划教材
2017 年度高等学校安徽省级规划教材
2018 年度高等学校安徽省级一流教材

DSP 原理与实践
——基于 TMS320F28x 系列
(第 4 版)

周鹏　许钢　编　著

北京航空航天大学出版社

内 容 简 介

本书以“三全育人”为理念，坚持将立德树人的根本任务融入专业学习中，推动“思政课程”与“课程思政”同向而行，提高协同育人水平。本书分为理论和实验两篇，共15章。理论篇包括第1～13章，在介绍DSP基本概念、特点和应用基础上，详细介绍了TI公司TMS320C2000系列DSP的基本结构及性能，同时以TMS320F2812为例，介绍DSP的硬件结构、工作原理、软件开发环境以及应用设计等。实验篇包括第14、15章，该部分基于北京瑞泰创新科技有限责任公司最新推出的ICETEK-F2812AF-S60F DSP教学实验箱，实验内容涵盖常规实验、算法实验以及控制应用实验等，关键代码都标注有详细的中文注释。本书是再版书，相比旧版，本书对部分内容进行了修订、完善。

本书通俗易懂，例程丰富，注重原理与实验的结合。每章附有习题以配合教学需要。

本书可作为高等院校电子科学技术、电子信息工程、自动化以及测控等专业高年级本科生及研究生“DSP原理及应用”相关课程的教材或参考书，也可作为从事DSP技术的技术人员的参考书。

图书在版编目(CIP)数据

DSP原理与实践：基于TMS320F28x系列 / 周鹏，许钢编著. -- 4版. -- 北京：北京航空航天大学出版社，2023.9

ISBN 978-7-5124-4137-8

Ⅰ. ①D… Ⅱ. ①周… ②许… Ⅲ. ①数字信号处理 Ⅳ. ①TN911.72

中国国家版本馆CIP数据核字(2023)第144030号

DSP原理与实践——基于TMS320F28x系列(第4版)

周 鹏 许 钢 编 著

责任编辑 董立娟

*

北京航空航天大学出版社出版发行

北京市海淀区学院路37号(邮编100191) http://www.buaapress.com.cn

发行部电话：(010)82317024 传真：(010)82328026

读者信箱：emsbook@buaacm.com.cn 邮购电话：(010)82316936

涿州市新华印刷有限公司印装 各地书店经销

*

开本：710×1 000 1/16 印张：21.25 字数：453千字

2023年9月第4版 2025年3月第3次印刷 印数：2 001～3 000册

ISBN 978-7-5124-4137-8 定价：69.00元

若本书有倒页、脱页、缺页等印装质量问题，请与本社发行部联系调换。联系电话：010-82317024

前　言

数字信号处理器(Digital Signal Processor,简称DSP)强调的是通过通用或专用集成电路芯片,利用数字信号处理理论在芯片上运行目标程序,实现对信号的某种处理,已经广泛应用于信号处理、通信、家用电器、航空航天、控制、生物医学及军事等领域。DSP芯片的应用也在宽带Internet接入业务、下一代无线通信系统、嵌入式云计算与视频大数据、数字消费市场、汽车电子等新兴领域不断拓展。

德州仪器公司(Texas Instruments,TI)是全球DSP研发和生产的领先者,自1982年推出第一颗DSP芯片以来,已经先后推出了众多系列的DSP产品,包含TMS320C2000、TMS320C5000、TMS320C6000系列单核处理器以及DSP+ARM处理器、多核处理、DaVinci(达芬奇)视频处理器及OMAP处理器。需要说明的是,TI公司针对TMS320C2000处理器进行了重新分类,分为C28x定点系列、C28x Piccolo、C28x Delfino、C28x+ARM Cortex-M3的Concerto系列,目前也属于32位实时控制MCU系列。该系列DSP主要针对控制领域应用而设计,应用领域包括数字电源、数字电机控制、位置传感、汽车雷达等,其中又以C28x定点系列应用最为广泛。同时,该系列芯片既具有一般DSP芯片的高速信号处理和运算能力,与单片机相比又具有丰富的片内外设及接口。

TMS320F2812(正文中写作F2812)是目前TMS320C2000系列芯片中应用最广泛、最具代表性的芯片。它不仅具有多数DSP芯片广泛使用的32位内核结构、片内/外存储器映射、时钟和中断管理机制,而且还具有事件管理器(EV)、模数转换模块(ADC)、串行外设接口(SPI)、串行通信接口(SCI)、多通道缓冲串行口(McBSP)、eCAN总线模块等多种片内外设,为实现高性能、高精度的数字控制提供了很好的解决方案,同时也是学习和掌握DSP芯片原理和应用的理想入门芯片。

随着我国从制造大国向制造强国的不断深入推进,应充分认识到"卡脖子"的关键技术,聚焦高水平科技自立自强、提升国家硬实力,培养学生成为具有自主研发能力的高精尖工程技术人才。从研发、智能制造到版权保护各个方面,代入我国优秀科研人员和成果,强化学生对专业知识的认同感,激发学生学习动力,培养科学精神,在学习中养成良好的道德品质、职业道德和伦理规范。

本书主要内容

本书分为理论和实验两篇,共15章。第1篇为理论篇,包括第1～13章,在介绍DSP基本概念、特点和应用基础上,详细介绍TI公司TMS320C2000系列DSP的基本结构及性能，同时以 TMS320F2812 为例，介绍 DSP 的硬件结构、工作原理、软件开发环境以及应用设计等。第 2 篇为实验篇，包括第 14、15 章，基于北京瑞泰创新科技有限责任公司新推出的 ICETEK－F2812AF－S60F DSP 教学实验箱，实验内容涵盖常规实验、算法实验以及控制应用实验等，关键代码都标注有详细的中文注释。各章的主要内容如下：

第 1 章：简要介绍 DSP 的概念、结构特点、应用现状、发展前景、DSP 芯片选型、TI 公司常用系列 DSP 以及应用现状与技术展望。

第 2 章：简要介绍 C28x Piccolo 系列、C28x Delfino 系列以及 Concerto 系列的基本结构及性能，重点讲述 C28x 定点系列的基本结构及性能，介绍目前使用较为广泛的 TMS320F2812 芯片性能特点和引脚分布。

第 3 章：主要讲述 TMS320F2812 的内部资源，包括中央处理单元 CPU、时钟和系统控制、存储器及外部扩展接口、程序流以及中断系统及复位等内容。

第 4 章：简要介绍 F28x 系列 DSP 的寻址方式和指令系统。

第 5 章：介绍 TMS320F28x 系列 DSP 的软件开发，包括 CCS 集成开发环境、构成一个完整工程所需的文件以及链接器命令文件的编写等内容。

第 6 章：介绍通用输入/输出多路复用器 GPIO 的工作原理及相关的寄存器。

第 7 章：介绍事件管理器模块(EV)的结构、特点、原理、功能以及应用。

第 8 章：介绍 ADC 的结构与特点、寄存器、工作方式以及时钟预定标等内容。

第 9 章：介绍 SPI 的结构、特点、主要寄存器以及操作等内容。

第 10 章：介绍 SCI 的结构、特点、主要寄存器以及操作等内容。

第 11 章：介绍 McBSP 的结构、特点、主要寄存器以及工作方式等内容。

第 12 章：介绍 eCAN 模块结构、特点等内容。

第 13 章：以 TMS320F2812 芯片为例，介绍 DSP 系统的硬件设计基础和设计步骤，以及基于该芯片的最小系统及相关电路设计和硬件 PCB 板设计时的注意问题。

第 14 章：简要介绍 ICETEK－F2812 教学实验箱的技术指标以及硬件资源。

第 15 章：介绍基于该评估板的教学实验箱可以设计实现的一些典型实验，包括基本实验、算法实验以及控制应用实验。

本书特点

随着信息技术的迅速发展，“新工科”对人才培养和课程建设提出了新的要求。本书在编写过程中，为了进一步提高专业教育与教学质量，推动教育高质量发展，切实提高人才培养质量，贯彻落实《国家中长期教育改革和发展规划纲要（2010—2020）》，以“三全育人”为理念，坚持立德树人的根本任务，以学生为中心组织内容和题材，编写成员通过不断总结和实践，在课程体系与内容、教学资源和教学方法等方面结合“新工科”对课程的教学改革需求不断完善和改进，注重创新意识训练，通过理论和实验教学，多方面挖掘和融入思政元素，从价值引领、知识探究、能力建设、素质养成四个维度实现知识、思维、能力的有机统一融合，培养学生解决复杂工程问题的综合能力和高阶思维。

本书不同于以往的DSP教程，一般的书都只注重DSP的基本理论与编程软件CCS的操作技能。而本书结合作者多年来从事DSP课程教学和项目开发的经验，在介绍DSP基本理论和CCS软件的基础上，注重建立读者DSP知识体系以及掌握具体实验的讲解，从而能够更好地将DSP的基本概念和原理应用到实际DSP系统的开发设计中。

本书是再版书，相比旧版，本书对部分内容进行了修订、完善，主要是软件版本与硬件实验箱的更新，主要章节还提供了数字化视频资源，可参考本书配套资料。本书可作为高等院校电子科学技术、电子信息工程、自动化以及测控等专业高年级本科生及研究生"DSP原理及应用"相关课程的教材或参考书，也可作为从事DSP技术的技术人员的参考书。

配套资料

本书配套资料收录了实验篇的所有例程，且均在教学实验箱上测试通过。配套资料还汇总了TMS320F28x系列DSP的相关数据手册视频资源、本书配套教学课件，读者可以到北京航空航天大学出版社网站(press.buaa.edu.cn)的"下载专区"免费下载。

致　谢

本书由安徽工程大学周鹏、许钢编著。第1章由周鹏、许钢编写，第2章由许钢编写，其余章节均由周鹏编写，全书由周鹏负责统稿。本书在编著过程中参阅了许多国内外出版的优秀DSP书籍以及TI公司的原版技术资料，同时得到了北京瑞泰创新科技有限责任公司的鼎力帮助，在此一并表示衷心的感谢！

本书立项为2017年度高等学校安徽省级规划教材(项目编号：2017ghjc167)以及2018年度高等学校安徽省级一流教材(项目编号：2018yljc031)，也是2020年度校级"三全育人"综合改革创新项目(项目编号：Xjky2020027)和2021年度校级课程思政优质课《DSP原理及应用Ⅲ》(项目编号：2021szyzk06)的阶段性研究成果，本书也可作为高等院校相关新工科专业和实践教育教学环节的教材或教学参考书。

由于作者水平有限，书中难免有错误或不妥之处，恳请广大读者批评指正，不吝赐教，以便我们更加努力地去改进。作者联系方式E-mail：zhpytu@163.com。

周　鹏

2023年6月于安徽工程大学

目　录

理论篇

实验篇

理论篇

第 1 章

DSP 概述

本章首先介绍 DSP 的概念以及发展，然后重点讨论 DSP 的基本结构特点以及数字信号处理的优势，并阐述 DSP 与通用 CPU、MCU、ARM 以及 FPGA 的区别。本章着重阐述 DSP 的选择以及 TI 公司常用 DSP 系列的特点，最后简要介绍了 DSP 的应用。

1.1 DSP 简介

1.1.1 DSP 的概念

DSP 是 Digital Signal Processing 的缩写，强调的是对以数字形式表现的信号进行处理和研究的方法，是一门涉及许多学科且广泛应用于许多领域的新兴学科；同时也是 Digital Signal Processor 的缩写，强调的是通过通用或专用集成电路芯片，利用数字信号处理理论，在芯片上运行目标程序，从而实现对信号的某种处理。本书涉及的内容为如何利用通用或专用数字信号处理芯片，通过数字计算的方法对信号进行处理的方法与技术，研究内容为 DSP 的结构和特点，如何通过程序编写实现对数字信号的处理。

DSP 主要用来实现相关的数据处理或者比较复杂的算法，其发展以众多的经典理论体系（如微积分、概率统计、随机过程、数值分析、网络理论、通信理论、控制论）作为理论基础，同时又是新兴学科（如人工智能、模拟识别、神经网络）的理论基础。因其内涵不同，DSP 应用可分为 2 个领域。一方面，数字信号处理的理论和方法近年来得到迅速的发展，为各种实时处理的应用提供了算法基础。另一方面，为了满足市场需求，随着微电子科学与技术的进步，DSP 的性能在迅速提高，但其体积、成本和功耗却大幅度地降低。在这 2 个领域中，数字信号处理在理论上的发展推动了数字信号处理应用的发展，反过来，应用又促进了理论的提高。一个典型的 DSP 系统结构图如图 1－1 所示。

数字信号处理的实现方法一般有以下几种：

① 在通用的微型计算机（PC 机）上用软件（如 C、Fortran 语言）实现，缺点是执行速度慢，一般可用于 DSP 算法的模拟仿真。

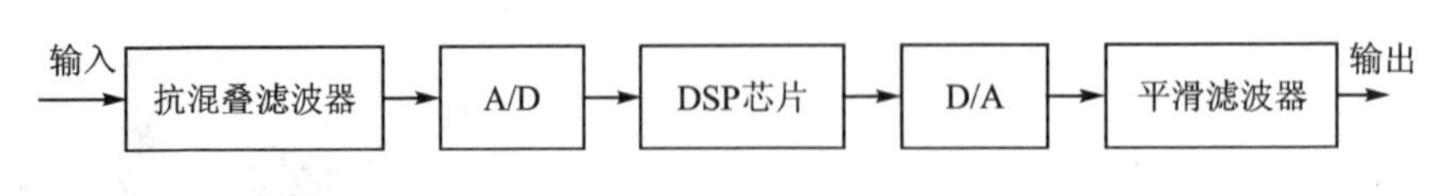

图1-1 典型的DSP系统结构图

② 用单片机(如MCS-51等)实现,缺点是只用于一些不太复杂的简单数字信号处理。

③ 用FPGA等产品实现数字信号处理算法,缺点是专用性太强,而且这种方法的研发工作也不是由一般的用户来完成的。

④ 用通用的可编程DSP芯片实现。DSP芯片有更适合于数字信号处理的软件和硬件资源,可用于复杂的数字信号处理算法,非常适合于通用数字信号处理的开发,为数字信号处理的应用打开了新局面。

DSP是专门用于数字信号处理方面的处理器,在系统结构和指令算法等方面进行了特殊设计,具有很高的编译效率和指令执行速度,在数字滤波、FFT和频谱分析仪器上获得了广泛的应用。

1.1.2 DSP的发展

世界上第一颗单片DSP是1978年AMI公司发布的S2811,1979年,美国Intel公司生产的2920可以看作商用DSP的开端,这两种芯片是DSP发展的一个主要里程碑。由于这种芯片内部还没有现代DSP所必需的单周期硬件乘法器,极大地限制了处理速度,但是该芯片却内含了一个完整的数字信号处理器。1980年,日本NEC公司推出了第一片具有乘法器的商用DSP——μPD7720。1981年,美国贝尔实验室推出具有硬件乘法器的DSP——DSPI。

1982年,美国德州仪器公司(Texas Instruments,简称TI)推出第一代DSPTMS320010,成为具有现代意义的DSP;它以成本低廉、应用简单、功能强大等特点取得了巨大成功,因具有出色性能而备受业界关注。随后又陆续推出了一系列产品,TI公司的DSP系列产品已经成为当今世界最有影响的DSP,其DSP市场占有量占全世界份额的50%,成为世界上最大的DSP供应商。

与此同时,1982年,日本Hitachi(东芝)公司推出了第一颗采用CMOS工艺生产的浮点DSP。1984年,AT&T公司推出DSP32,是较早的具备较高性能的浮点DSP。1986年,原Motorola公司推出了定点DSP——MC56001;1990年,推出了与IEEE浮点格式兼容的浮点DSP——MC96002。美国模拟器件公司(Analog Devices Inc,ADI)在DSP市场也占有一定份额,相继推出了定点ADSP21xx系列、浮点ADSP210xx系列。

21世纪DSP市场竞争更加激烈。目前,市场上较为流行的DSP有TI公司的TMS320系列、原Freescale公司的DSP56000和DSP96000系列、AT&T公司的DSP16系列和DSP32系列、ADI公司的ADSP2100系列等。在众多DSP生产厂商中，无论是在产品的应用领域，还是在市场推广以及技术支持等方面，最成功的还当属TI公司。由美国TI官方数据显示，截至2013年，全球销售额128亿美元，其嵌入式处理器已达20多亿美元。

当前，美国、加拿大、日本、中国和欧洲是全球DSP芯片的主要消费市场，而中国是增长最快的国家之一。我国的国产DSP虽然起步较晚，但发展很快，2020年8月国务院印发的《新时期促进集成电路产业和软件产业高质量发展的若干政策》提出，中国芯片自给率要在2025年达到70%。国产DSP在某些领域国产化已达80%以上。但目前国内DSP芯片厂商市场份额依然很小，下游需求旺盛，因此，加快高端芯片的自主研发与国产替代愈发迫切，重要性与日俱增。我国在"十一五"期间，通过"核高基"科技重大专项部署了多个国产高性能DSP的研制任务。2012年，由中国电科第十四所牵头研制的"华睿1号"国产DSP课题通过验收，并开展大规模应用部署。同年，由中国电科第三十八所自主研制的"魂芯1号"国产DSP也完成了测试，性能可以达到当时国际主流水平。

1.1.3　DSP的基本特点

DSP是专门用来进行高速数字信号处理的微处理器。和通用的CPU和微控制器(MCU)相比，DSP在结构上采用了许多专门的技术和措施来提高处理速度。尽管不同的厂商采用的技术和措施不尽相同，但都具有一些相同的特点。

1. 硬件特点

(1) 哈佛结构和改进的哈佛结构

对于以奔腾为代表的通用微处理器，其程序代码和数据共用一个公共的存储空间和单一的地址与数据总线，这样的结构称为冯·诺依曼结构(Von Neuman Architecture)，如图1-2(a)所示。其特点是将指令、数据、地址存储在同一存储器中统一编址，依靠指令计数器提供的地址来区分是指令、数据还是地址，取指令和取数据都访问同一存储器，数据吞吐率低。

DSP则将程序代码与数据的存储空间分开，各自有自己的地址与数据总线，这就是哈佛结构(Harvard Architecture)，如图1-2(b)所示。其主要特点是将程序和数据存储在不同的存储空间中，即程序存储器和数据存储器是2个相互独立的存储器，每个存储器独立编址，独立访问，使数据的吞吐率提高了一倍。

为了进一步提高信号处理的速度和灵活性，有些系列DSP芯片在基本哈佛结构的基础上做了改进，一是允许数据存放在程序存储器中，并被算术运算指令直接使用，增强了芯片的灵活性；二是指令存储在高速缓冲器(Cache)中，当执行此指令时，不需要再从存储器中读取指令，节约了一个指令周期的时间，这种结构称为改进的哈佛结构(Modified Harvard Architecture)，如图1-2(c)所示。

(2) 多总线结构

多总线结构可以保证在一个机器周期内多次访问程序空间和数据空间。如：

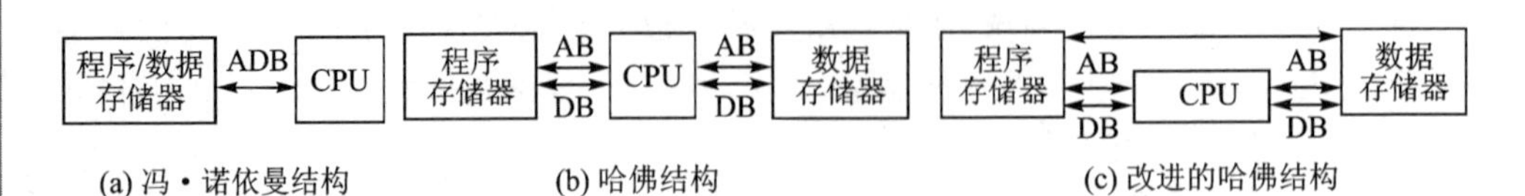

图1-2 微处理器的结构

TMS320C54x内部有P、C、D、E这4条总线（每条总线又包括地址总线和数据总线），可以在一个机器周期内从程序存储器取一条指令、从数据存储器读2个操作数和向数据存储器写一个操作数，大大提高了DSP的运行速度。

(3) 流水线技术(pipeline)

DSP流水线技术是将各指令的各个步骤重叠起来执行，而不是一条指令执行完成之后才开始执行下一条指令。DSP采用将程序存储空间和数据存储空间的地址与数据分开的哈佛结构，为采用流水技术提供了很大的方便。DSP广泛采用流水线以减少指令执行时间，从而增强了处理器的处理能力。TMS320系列DSP的流水线深度从2～8级不等，即可以并行处理2～8条指令，每条指令处于流水线上的不同阶段。而F2812则采用了8级流水线操作。图1-3为一个4级流水线操作技术。其中，取指、译码、取数和执行操作可以独立处理，这可使指令执行能完全重叠。在每个指令周期内，4个不同的指令处于激活状态，每个指令处于不同的操作阶段。例如，在第N个指令取指时，前一个指令即第$N-1$个指令正在译码，第$N-2$个指令则正在取数，而第$N-3$个指令则正在执行。一般来说，流水线对用户是透明的。

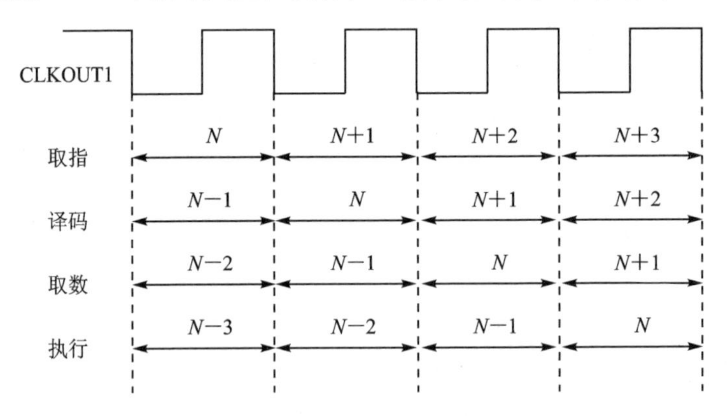

图1-3 4级流水线操作技术

(4) 专用的硬件乘法器

在数字信号处理的算法中，乘法和累加是基本而又大量的运算。例如，在数字滤波、优化卷积、FFT、相关计算、向量和矩阵运算等算法中，有大量的类似于$\sum A(k)B(n-k)$的运算。通用计算机的乘法是由一系列加法来实现的，一次乘法往往需要许多个机器周期才能完成，而DSP中设置了专门的硬件乘法器和乘法指令，可在一个指令周期内完成一次乘法和一次加法运算(Multiply and Accumulate，MAC)，可以大大提高运算速度。乘法速度越快,DSP处理器的性能就越高。

(5) 多处理单元

在提高运算速度方面,为了充分领略哈佛结构和改进的哈佛结构在提高运算速度方面的优越性,在新的DSP处理器中,往往不只使用单一的MAC结构,而是设置了多组来做并行处理,从而大大提高了处理速度。DSP内部一般包括多个处理单元,如算术逻辑运算单元(ALU)、辅助寄存器运算单元(ARAU)、累加器(ACC)及硬件乘法器(MUL)等。它们可以在一个指令周期内同时进行运算。多处理单元结构特别适用于大量乘加操作的矩阵运算、滤波、FFT、Viterbi译码等。

(6) 快速的指令周期

哈佛结构和改进的哈佛结构、多总线结构、流水线技术、专用的硬件乘法器、多处理单元以及特殊的DSP指令再加上集成电路的优化设计,大大缩短了DSP的指令周期。TMS320系列处理器的指令周期已经从第一代的200 ns降低至10 ns以下。快速的指令周期使得DSP能够满足众多高实时性能应用的需要。

(7) 丰富的外设

DSP为了满足自身工作的需要及其与外部环境的协调工作,还设置了丰富的外设。一般地,DSP的外设主要包括片内具有主机接口(HPI)、直接存储器访问控制器(DMAC)、外部存储器扩展口、串行通信口、中断处理器、锁相环时钟产生器、JTAG边界扫描逻辑电路(实现符合IEEE 1149.1标准在片仿真)等。

(8) 低功耗

许多DSP都可以工作在省电模式,使系统功耗降低。一般DSP功耗为0.5～4 W,而采用低功耗技术的DSP只有0.1 W(可用电池供电)。如TMS320C5510仅0.25 mW,特别适用于便携式数字终端。

2. 软件特点

(1) 立即数寻址

操作数为立即数,可直接从指令中获取。

(2) 直接寻址

例如,TI公司的TMS320系列DSP将数据存储器分为512页,每页128字。设置一个数据页指针DP(Data Pointer),用9位指向一个数据页,再加上一个7位的页内偏移地址,形成16位的数据地址,这样有利于加快寻址速度。

(3) 间接寻址

8个辅助寄存器(AR0～AR7)由一个辅助寄存器指针(ARP 3位)来指定一个辅助寄存器算术单元(ARAU)做16位无符号数运算,装入辅助寄存器中AR0～AR7的内容相当灵活,可以装入立即数、加上立即数、减去立即数;也可以从数据存储器装入地址;还可以做一些变址寻址。特别注意的是,间接寻址中的循环寻址和位倒序寻址。

采用循环寻址实现零开销的循环大大增进了如卷积、相关、矩阵运算、FIR等算法的实现速度。循环寻址对实现数字滤波器延时线非常有用，而位倒序寻址采用反向进位来实现位倒序寻址，这种寻址方式可以提高FFT算法的执行速度和在程序中使用存储器的效率。

(4) 特殊的DSP指令

DSP的指令系统中有许多是多功能指令，即一条指令可以完成多种不同的操作，一条特殊指令可完成十分复杂的功能。如TMS320F2812中的XMACD指令在一个指令周期内可完成乘法、累加和数据移动3项功能；TMS320C54x中的FIRS和LMS指令分别用于系数对称的FIR滤波器和LMS算法。RPT指令如下：

```
RPT   #255            ;重复执行它后面的NOP指令256次
 NOP
```

3G、4G和Internet的发展要求处理器的速度越来越高、体积越来越小、功耗越来越低，DSP的发展正好能满足这一发展的要求。DSP的发展在许多要求速度较高、算法较复杂的场合中发挥着越来越强的优势，成本也会变低。

1.1.4 数字信号处理系统的优势

以DSP为核心构建的数字信号处理系统是以数字化处理为基础的，与模拟信号处理系统相比，有着数字处理的优势：

① 精度高，可靠性强，稳定性好，抗干扰能力强。在数字信号处理系统中精度仅受到量化误差和有限字长的影响，处理过程中不引入其他噪声，因此信噪比高。模拟信号处理系统中受元器件参数性能的影响比较大，用户想更改其性能只能修改硬件设计或调整硬件参数。而数字信号处理系统中仅须改变软件设置即可，因此数字系统便于测试以及批量生产。

② 编程方便。DSP提供了一个高速的计算平台，易于实现复杂的算法处理。可编程DSP使得开发人员在开发过程中通过软件编程可实现不同的功能，数字信号处理系统开发周期大大缩短。

③ 接口方便。系统的电气特性简单，以现代数字技术为基础的系统或设备都是兼容的，系统接口方便。

④ 集成度高。在数字信号处理系统中，绝大多数芯片采用表面贴面封装，有利于大规模集成，从而使得系统体积小、功能强、功耗小、一致性好、使用方便、性价比高。

尽管数字信号处理系统有很多的优势，但是模拟信号处理系统在某些方面也有不可替代性。现实世界的信号绝大多数是模拟的(温度、速度、压力等)，转换成的电信号也是模拟的(电流、电压等)，要实现数字处理就必须进行转换。模拟信号处理系统除开电路引入的延时外，从根本上说是实时的；数字信号处理系统的实时性则由其处理速度决定。另外，射频信号的处理还要由模拟系统来完成。此外，随着处理速度的提高,DSP系统中的高速时钟也可能带来高频干扰和电磁泄漏等问题,而且DSP系统的功耗也会变大。另外,对于简单的信号处理任务,如与模拟交换线的电话接口,采用DSP会使成本增加。

虽然数字信号处理系统在某些方面存在着不足,但是强大的优势已经使其在工业控制、通信、语音、图像、雷达、生物医学等领域得到越来越广泛的应用。

1.1.5 DSP与通用CPU、MCU、ARM以及FPGA的区别

正如前面所述,以DSP为核心的DSP系统在数字信号处理中有着巨大的优势,但DSP在数字信号处理器的应用领域并不是唯一的。从TI第一颗DSP诞生至今已有30多年,成就了无数辉煌。多核、SoC的发展方向将使DSP继续高速成长,同时,它的发展也正在面临来自FPGA、ARM的挑战。在微处理器领域,随着FPGA、ARM向DSP应用领域的渗透逐渐扩展和加速,其竞争在日益加剧。它们都有自己的优点,本小节主要讲述DSP与通用CPU、MCU、ARM以及FPGA的主要区别与联系。

从表面上来看,DSP与通用CPU有许多共同的地方,如一个以ALU为核心的处理器、地址和数据总线、RAM、ROM以及I/O端口,从广义上讲,DSP、通用CPU和MCU等都属于处理器,可以说DSP是一种CPU,但和通用的CPU又不同。首先是体系结构,CPU是冯·诺依曼结构的,而DSP有分开的代码和数据总线(即哈佛结构),这种体系结构使DSP可以在单个时钟周期内取出一条指令和一个或者两个(或者更多)的操作数。其次是标准化和通用性,CPU的标准化和通用性好,支持操作系统,所以以CPU为核心的系统方便人机交互以及和标准接口设备通信,但这也使得CPU外设接口电路比较复杂;DSP主要用来开发嵌入式的信号处理系统,一般不需要很多通信接口,因此结构也较为简单,便于开发。另外,DSP的功耗较小,很适合嵌入式系统;而CPU的功耗通常在20 W以上。通用CPU对事务管理很突出,在这方面的能力比DSP的支持要好得多。所以大多数的高性能系统会是DSP和通用CPU的结合,充分利用各自的优点。

MCU是一种集成在电路的芯片,是采用超大规模集成电路技术把具有数据处理能力的中央处理器CPU、随机存储器RAM、只读存储器ROM、多种I/O口和中断系统、定时/计时器等功能(可能还包括显示驱动电路、脉宽调制电路、模拟多路转换器、A/D转换器等)集成到一块硅片上构成的一个小而完善的计算机系统,是为中、低成本控制领域而设计和开发的。MCU的位控能力强,I/O接口种类繁多,片内外设和控制功能丰富、价格低、使用方便,但与DSP相比,处理速度较慢。DSP具有的高速并行结构及指令、多总线,MCU却没有。DSP处理的算法复杂度和大的数据处理流量更是MCU不可企及的。DSP能够高速、实时地进行数字信号处理运算,特点是乘/加及反复相乘求和(乘积累加)。DSP与MCU相比,在内部功能单元并行、多DSP核并行、速度快、功耗小、完成各种DSP算法方面尤为突出。在过去的几

十年里,MCU的广泛应用实现了简单的智能控制功能。随着信息化的进程和计算机科学与技术、信号处理理论与方法等的迅速发展,使其需要处理的数据量越来越大,对实时性和精度的要求越来越高,低档MCU已不再能满足要求。近年来,各种集成化的单片DSP的性能得到很大改善,软件和开发工具也越来越多、越来越好,价格却大幅度下滑,于是越来越多的MCU用户开始选用DSP来提高产品性能。在要求成本控制比较严格、对性能要求不是很高的系统控制应用设计中,选择使用MCU的优势还是比较明显的。

ARM是Advanced RISC(精简指令集)Machines的缩写,既可以认为是一个公司的名字,也可以认为是对一类微处理器的通称,还可以认为是一种技术的名字。1990年,ARM公司成立于英国剑桥,是专门从事基于RISC技术芯片设计开发的公司,作为知识产权供应商,设计了大量高性能、耗能低的RISC处理器相关技术及软件。ARM本身不直接从事芯片生产,而是转让设计许可。世界各大半导体生产商从ARM公司购买其设计的ARM微处理器核,根据各自不同的应用领域,加入适当的外围电路,从而形成自己的ARM微处理器芯片进入市场。目前,全世界有几十家半导体公司都获得ARM公司的授权,因此既使得ARM技术获得更多的第三方工具、制造、软件的支持,又使整个系统成本降低,使产品更容易进入市场被消费者所接受,更具有竞争力。目前,采用ARM技术知识产权(IP)核的微处理器,即通常所说的ARM微处理器,已遍及工业控制、消费类电子产品、通信系统、网络系统、无线系统等各类产品市场,约占据了32位RISC微处理器75%以上的市场份额。ARM具有比较强的事务管理功能,可以用来跑界面以及应用程序等,其优势主要体现在控制方面,而DSP主要是用来计算的,比如进行加密解密、调制解调等,优势是强大的数据处理能力和较高的运行速度。

FPGA是英文Field Programmable Gate Array(现场可编程门阵列)的缩写,是在PAL(Programmable Array Logic,可编程阵列逻辑)、GAL(Generic Array Logic,通用阵列逻辑)、PLD(Programmable Logic Device,可编程逻辑器件)等可编程器件的基础上发展起来的,是专用集成电路中集成度最高的一种,是一种半定制专用集成电路。它的出现既解决了全定制ASIC的不足,又克服了原有PLD电路数有限的缺点。FPGA采用了逻辑单元阵列LCA(Logic Cell Array)这样一个新概念,内部包括可配置逻辑模块CLB(Configurable Logic Block)、输出输入模块IOB和内部连线3个部分。用户可对FPGA内部的逻辑模块和I/O模块重新配置,以实现用户的逻辑。它还具有静态可重复编程和动态在系统重构的特性,使得硬件的功能可以像软件一样通过编程来修改。作为专用集成电路领域中的一种半定制电路,FPGA既解决了定制电路的不足,又克服了原有可编程器件门电路数有限的缺点。用户可以通过传统的原理图输入法或是硬件描述语言自由地设计一个数字系统,可以通过软件仿真事先验证设计的正确性,在PCB完成以后,还可以利用FPGA的在线修改能力随时修改设计而不必改动硬件电路。使用FPGA来开发数字电路可以大大缩短设计时间,减少PCB面积,提高系统的可靠性。FPGA是由存放在片内RAM中的程序来设置其工作状态的,因此工作时需要对片内的RAM进行编程。用户可以根据不同的配置模式采用不同的编程方式。加电时,FPGA芯片将EPROM中数据读入片内编程RAM中,配置完成后FPGA进入工作状态。掉电后,FPGA恢复成白片,内部逻辑关系消失,因此,FPGA能够反复使用。FPGA的编程无需专用的FPGA编程器,通用的EPROM、PROM编程器即可。当需要修改FPGA功能时,只须换一片EPROM即可。这样,同一片FPGA、不同的编程数据,可以产生不同的电路功能。因此,FPGA的使用非常灵活。可以说,FPGA芯片是小批量系统提高系统集成度、可靠性的最佳选择之一。目前FPGA的品种很多,有XILINX的XC系列、TI公司的TPC系列、ALTERA公司的FIEX系列等。FPGA可以用VHDL或Verilog HDL来编程,灵活性强,由于能够进行编程、除错、再编程和重复操作,因此可以充分地进行设计开发和验证。电路有少量改动时更能显示出FPGA的优势,其现场编程能力可以延长产品在市场上的寿命,而这种能力可以用来进行系统升级或除错。FPGA的最大优势在于硬件实现以及通过并行处理实现的效率增益。使用FPGA时,大多的时间并非进行算法设计与优化,而是逻辑设计与时序约束等。DSP编程速度快、方便,适合做算法验证,如果想用好DSP,那么大部分时间都在做算法与语言优化工作。FPGA编程速度慢,实现麻烦,不适合做算法验证,但是一旦实现后可以进行流水线操作,延时非常低。

由此可见,通过比较DSP与通用CPU、MCU、ARM以及FPGA,各自的优缺点十分明显,所以在一些复杂的应用场合中,如音视频处理、移动通信或者整个通信行业等大量信号处理的工程项目中,往往采用多个处理器同时运行的模式,DSP、通用CPU、MCU、ARM以及FPGA都有可能用到,各自发挥优势,共同完成一个复杂系统的设计要求。对于现在需求的新系统,比如实时视频传输等,它们独自实现都存在着一定的不足,所以根据它们的特点,由DSP和FPGA结合而成的混合式方案常常能够为高性能多处理应用提供最好的方案,让每个器件都发挥其作用。FPGA做逻辑控制,DSP做算法;如果算法不是很占资源,也有直接用FPGA来做。FPGA+DSP的最大特点是结构灵活,有很强的通用性,适用于模块化设计,从而能够提高算法的效率;又由于开发周期较短,系统易于维护和扩展,适用于实时信号处理。在实时信号处理中,低层信号预处理算法所处理的数据量大,对处理的速度要求高,但运算结构相对比较简单,适用于FPGA硬件实现,可以同时兼顾速度和灵活性。高层处理算法的特点是所处理的数据量较低层算法少,但算法的控制结构复杂,适用于用运算速度高、寻址方式灵活、通信机制强大的DSP来实现。FPGA和DSP是2项互补的技术,而不是互相竞争的对手。低功耗、软件可编程性是DSP独特的优势,SoC的发展也将为DSP赢得更多优势。

1.2 如何选择 DSP

目前生产DSP的厂商众多,而DSP系列的种类也繁多,结构与性能差别也很大。如何选择DSP,使之能够在系统设计中发挥最大优势,也是需要掌握的重要内容之一。

1.2.1 DSP 的分类

1. 按基础特性分类

这是根据DSP的工作时钟和指令类型来分类的。如果在某时钟频率范围内的任何时钟频率上,DSP都能正常工作,除计算速度有变化外,没有性能的下降,那么这类DSP一般称为静态DSP。TI公司的TMS320C2xx系列属于这一类。

如果有两种或两种以上的DSP,它们的指令集和相应的机器代码及管脚结构相互兼容,则这类DSP称为一致性DSP。TI公司的TMS320C54x就属于这一类。

2. 按数据格式分类

这是根据DSP工作的数据格式来分类的。数据以定点格式工作的DSP称为定点DSP,如TI公司的TMS320C1x/C2x、TMS320C2xx/C5x、TMS320C54x/C62xx系列,ADI公司的ADSP21xx系列,AT&T公司的DSP16/16A,原Freescale公司的MC56000等。定点DSP有2种基本表示方法,整数表示方法和小数表示方法。整数表示方法主要用于控制操作、地址计算和其他非信号处理的情况,而小数表示方法主要用于数字和各种信号处理算法的计算中。定点表示并不意味着一定是整数表示。该类芯片结构相对简单、成本较低。

数据以浮点格式工作的称为浮点DSP,如TI公司的TMS320C3x/C4x/C8x,ADI公司的ADSP21xxx系列、AT&T公司的DSP32/32C、原Freescale公司的MC96002等。不同的浮点DSP采用的浮点格式不完全一样,有的DSP采用自定义的浮点格式,如TMS320C3x,而有的DSP则采用IEEE的标准浮点格式,如原Freescale公司的MC96002、FUJITSU公司的MB86232和ZORAN公司的ZR35325等。在浮点DSP中,数据既可以表示成整数,也可以表示成浮点数。浮点数在运算时,表示数的指数范围可自动调节,因此可避免数的规格化和溢出等问题。但浮点DSP一般比定点DSP复杂,成本较高。该芯片运算精度高、运行速度快。

3. 按用途分类

按照DSP的用途可分为通用型DSP和专用型DSP。通用型DSP一般指可以用指令编程的DSP,适合普通的DSP应用。TI公司的一系列DSP就属于通用型DSP。

专用DSP是为特定的DSP运算设计的,只针对一种应用,更适合特殊的运算,如数字滤波、卷积和FFT等,通过加载数据、控制参数或在管脚上加控制信号的方法使其具有有限的可编程能力。原Freescale公司的DSP56200、Zoran公司的ZR34881、Inmos公司的IMSA100等就属于专用型DSP。

4. 按生产厂商分类

每个厂商的DSP都有各自的特点和开发系统，如TI、ADI等，其中，TI公司的DSP产品尤为丰富，并且在芯片性能和开发应用平台上占有绝对优势，TI公司也是世界上最大的DSP供应商之一。

1.2.2 TI公司常用DSP系列

TI公司的DSP芯片产品目录中包括了C2000、C5000、C6000系列单核处理器，以及DSP+ARM处理器、多核处理、DaVinci(达芬奇)视频处理器、OMAP处理器。图1-4给出了TI公司DSP命名的含义。

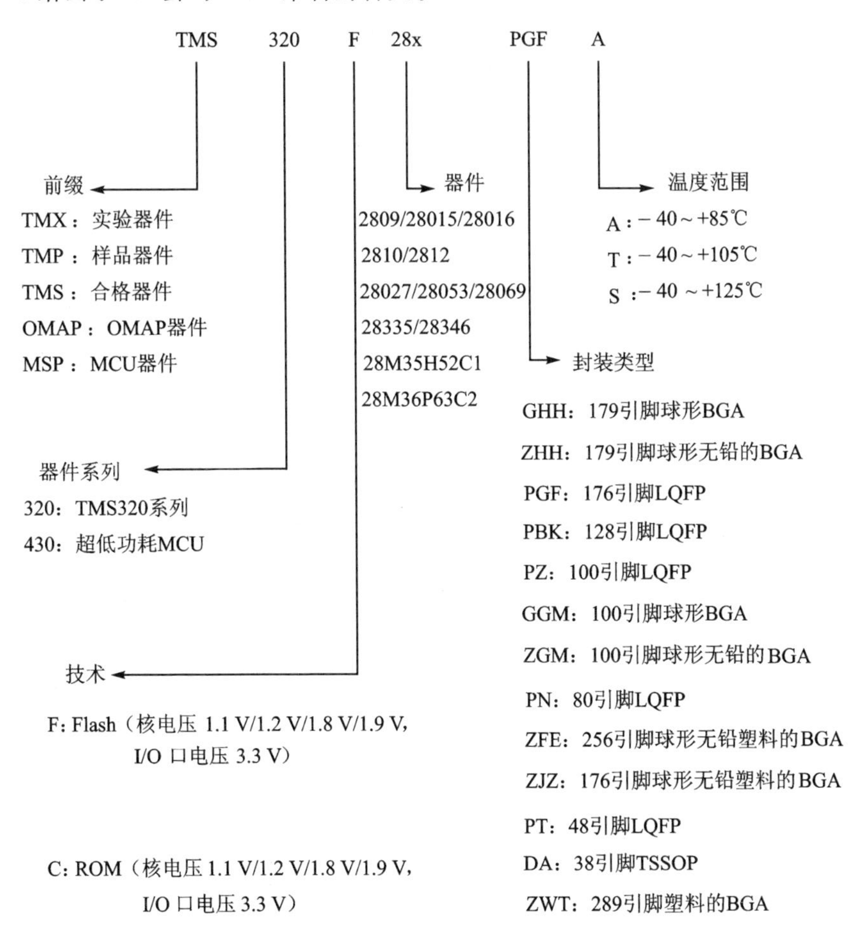

图1-4 TI公司DSP芯片命名规则及含义

1. TMS320C2000 系列

TMS320C2000 系列芯片是具有高性能集成外设、针对实时控制应用而设计的 16 位或 32 位定点或浮点 DSP。其优化的内核可在频率要求极其严格的场合执行多种复杂的控制算法，在保持运算能力的同时兼顾了在控制领域的需求。该系列芯片具有大量外设资源，如 A/D、定时器、各种串口(同步和异步)、WatchDog、PWM 发生器、数字 I/O 引脚等。这些功能强大的集成外设与 SPI、UART、I^2C、CAN 和 McBSP 通信外设配合使用，使 C2000 芯片成为最理想的单芯片实时控制应用解决方案，特别适合用于控制对象复杂同时又需要较高实时运算能力的领域，如数字控制、运动控制、机器人、自适应照明系统、位置传感、汽车雷达、太阳能和风能逆变器等领域。

TMS320C2000 系列最早的 16 位内核 C24x 系列于 1997 年首次上市，虽然目前 TI 公司仍在批量供货，但不建议用户在新设计中内核采用这些芯片。

TMS320C24x 系列芯片为数字控制系统的应用做了优化设计，内部具有 16 路的 10 位数模转换功能，具有多个通用定时器和一个看门狗定时器，具有 16 个通道的 PWM 通道，最多具有 40 个通用输入/输出引脚。代表芯片是 TMS320LF2407A，时钟周期为 25 ns(时钟频率为 40 MHz)，16×16 的硬件乘法器，2 个 10 位、16 路的 A/D 转换区，转换时间为 500 ns，16 路的 PWM9 通道，4 个定时器，内置 SPI、SCI、CAN 的通信外设，41 个 GPIO 口。

2003 年，TI 公司首次推出核心产品 32 位 C28x 内核芯片，包括 F281x、F280x 和 F282x 产品系列。

目前在 TMS320C2000 系列产品中，TI 主要推出了 4 个系列主流产品，即使用广泛的 C28x 定点系列、低成本与高创新的 C28x Piccolo 系列、C28x Delfino 浮点性能系列以及基于 C28x 和 ARM Cortex－M3 的 Concerto 多核系列，详细内容将在第 2 章中阐述。

2. TMS320C5000 系列

TMS320C5000 系列 DSP 提供了业界功耗最低的 16 位定点 DSP 产品系列，性能达 300 MHz(600 MIPS)，兼顾了高性能和低功耗的要求，目前包括 TMS320C54x 和 TMS320C55x 两大类。这两类芯片软件完全兼容，不同的是 TMS320C55x 具有更低的功耗和更高的性能。

这些产品对嵌入式信号处理解决方案进行了优化，其中包括音频、语音、通信、医疗、安保和工业应用中的便携式器件。其待机功率低至 0.15 mW，工作功率低于 0.15 mW/MHz，是业界功耗最低的 16 位定点 DSP。即使在执行 75%双 MAC 和 25% ADD 这样的大活动量操作(无空闲周期)时，包含存储器在内的核心工作功率也仍然低于 0.15 mW/MHz。C5000 的性能达 300 MHz，能给便携式器件带来复杂的数字信号处理功能，从而支持一流的创新。该系列 DSP 芯片主要应用在手机、PDA、无线通信系统、指纹识别、脉搏血氧饱和度测量、有源噪声消除(ANC)、音频便携式基座、软件定义无线电、数字万用表等领域。

TMS320C54x系列DSP芯片中具有代表性的有TMS320C5402、TMS320C5416等。TMS320C55x是目前功耗最低的一种DSP芯片,代表芯片是TMS320C5509A。TMS320C55x与TMS320C54x软件兼容,与TMS320C54x相比,其综合性能提高了5倍,而功耗仅为TMS320C54x的1/6。

3. TMS320C6000系列

TMS320C6000系列高性能DSP包含行业最高性能的定点和浮点DSP,其中包括运行速度高达1.2 GHz的最快定点DSP,是高性能音频、视频、图像、超声波系统、矢量信号分析仪、软件定义无线电(SDR)、网络系统和无线基站等宽带基础设施应用的理想选择。

TMS320C64x是TMS320C6000系列DSP中的高性能定点芯片,其软件与TMS320C62x完全兼容。TMS320C64x采用VelociTI.2结构的DSP核,增强的并行机制可以在单周期内完成4个16×16位或8个8×8位乘累加操作;采用二级缓冲机制,第一级中程序和数据各有16 KB,而第二级中程序和数据共用128 KB;增强的32通道DMA控制器具有高效的数据传输引擎,可以提供超过2 GB/s的持续带宽。与TMS320C62x相比,TMS320C64x的总体性能提高了10倍,该系列代表芯片是TMS320C6416。

TMS320C671x和TMS320C672x系列DSP可以提供高速的浮点运算,并针对高性能音频应用进行了优化,代表芯片是TMS320C6713等。TMS320C647x多核处理器以低功耗和低成本提供高性能的浮点运算能力,特别适用于医疗如磁共振成像、军用和航空电子成像、雷达/声纳、机器视觉等。

4. OMAP系列

TI公司的OMAP(Open Multimedia Application Platform,开放式多媒体应用平台)处理器是一种为满足移动多媒体信息处理及无线通信应用开发出来的高性能、高集成度嵌入式处理器。从智能电话到平板电脑、从电子阅读器到企业和工业应用,TI的智能多核OMAP处理器提供了一个可扩展、高性能的超低功耗平台,在满足用户体验期望的同时也超出了用户期望。TI公司的OMAP处理器和无线连接解决方案(Bluetooth、WLAN和GPS)非常适用于各种终端设备、需要Java、Nucleus、OSE、Palm OS、Android、Linux、Symbian OS、Windows Mobile等操作系统的通用计算平台,包括智能电话、移动因特网设备(MID)、移动消费电子设备(如便携式媒体播放器、便携式导航设备和便携式游戏设备)和新型消费产品(如电子书)。代表产品有OMAP54x、OMAP44x以及OMAP36x系列等。

5. DaVinci(达芬奇)系列

2005年9月9日,TI正式推出DaVinci系列芯片。DaVinci数字媒体处理器提供片上系统,包括视频加速器和相关外设;采用了DSP(TMS320C64x)和ARM

（ARM9）双核架构，以及视频前端、视频加速器和很强继承性的软件。

TMS320DM644x处理器利用TMS320C64x+DSP内核，针对视频编码和解码应用等数字视频终端设备进行了优化。可升级的达芬奇处理器系列还包括多媒体编解码器、加速器、外设和框架，应用于数字标牌、可视门铃、内窥镜、视频通信系统、视频会议、视频安全以及视频基础设施等领域。

1.2.3 DSP的选择

设计应用系统时，选择DSP是非常重要的一个环节。作为系统信号处理的核心，DSP型号的选择将直接影响到系统主要功能的实现。只有选定了DSP，才能进一步设计其外围电路及系统的其他电路。不同的应用系统由于应用场合、应用目的等不尽相同，对DSP的选择也是不同的。以TI公司的DSP为例，例如，C2000系列特别适合家电产品等控制领域，C5000系列就特别适合便携设备以及通信等领域的应用，C6000系列更适合图像、视频处理等应用领域。在如手机、伺服控制等大量便宜的嵌入式系统应用中，成本、集成以及功耗是极为重要的；以声纳和探测地震为例的专门复杂的大数据处理应用中，产品的产量并不大，但算法极其复杂，产品的设计工作量也很大，用户希望采用性能最高、最容易使用、能支持多处理器的配置方案。

从本质上说，没有任何处理器能够满足所有或者大多数应用的需要，但总的来说，DSP的选择应根据实际的应用系统需要而确定，是多种因素综合考虑与折中的结果。一般来说，选择DSP时应考虑以下因素：

(1) DSP的运算速度

运算速度是DSP的一个最重要的性能指标，也是选择芯片时需要考虑的一个主要因素。DSP的运算速度与时钟的工作频率有着密切的关系，可用以下几种性能指标来衡量：

① 指令周期：即执行一条指令所需的时间，通常以ns（纳秒）为单位。例如，TMS320F2812在主频为150 MHz时的指令周期为6.67 ns。

② MAC时间：即一次乘法加上一次加法的时间。大部分DSP可在一个指令周期内完成一次乘法和加法操作，如TMS320F2812的MAC时间就是6.67 ns。

③ FFT执行时间：即运行一个*N*点FFT程序所需的时间。由于FFT运算涉及的运算在数字信号处理中很有代表性，因此FFT运算时间常作为衡量DSP运算能力的一个指标。

④ MIPS：即每秒执行百万条指令。如F2812的处理能力为150 MIPS，即每秒可执行一亿五千万条指令。

⑤ MOPS：即每秒执行百万次操作。如TMS320C40的运算能力为275 MOPS。

⑥ MFLOPS：即每秒执行百万次浮点操作。如F28335在主频为150 MHz时的处理能力为150 MFLOPS。

⑦ BOPS：即每秒执行十亿次操作。如TMS320C80的处理能力为2 BOPS。

(2) DSP的数据格式与数据宽度

DSP按照数据格式主要分为定点和浮点两种,大多数DSP使用定点算法。一般浮点DSP的数据宽度为32位,而定点DSP芯片的数据宽度有16位、20位、24位或32位。对于相同算法格式的DSP,数据宽度越大,精度越高。但是数据宽度与DSP尺寸、引脚数以及存储器等有直接关系,所以在选择使用DSP时,在满足系统性能指标的前提下要充分考虑其数据格式与数据宽度的要求。

(3) DSP的硬件资源

不同DSP所提供的硬件资源是不相同的,如片内RAM/ROM的数量、外部可扩展的程序和数据空间、总线接口、I/O接口等。即使是同一系列的DSP(如TI的TMS320F28x系列),也具有不同的内部硬件资源,可以适应不同的应用需要。

(4) DSP的开发工具

在DSP系统的开发过程中,软件和硬件的开发工具是必不可少的。如果没有开发工具的支持,要想开发一个复杂的DSP系统几乎是不可能的。如果有功能强大的开发工具的支持,则开发的时间就会大大缩短。所以在选择DSP的同时必须注意考虑其开发工具的支持情况。

(5) DSP的功耗

以低功耗著称的DSP对降低功耗的追求是无止境的,因此在某些DSP应用场合,功耗也是一个需要特别注意的问题。例如,便携式的DSP设备、手持设备、野外应用的DSP设备等都对功耗有特殊的要求。目前,3.3 V、2.5 V、1.8 V等供电的低功耗高速DSP已大量使用,同时增加电源电压管理功能,如"休眠"或"空闲"模式,以降低功耗。

(6) DSP的价格

价格也是选择DSP所需考虑的一个重要因素。如果采用价格昂贵的DSP,即使性能再高,其应用范围肯定会受到一定的限制,尤其是民用产品。因此根据实际系统的应用情况,需确定一个价格适中的DSP。当然,由于DSP的迅速发展,其价格下降也较快,因此在开发阶段选择DSP时应充分注意考虑芯片的价格趋势。

(7) DSP应用系统的运算量

DSP应用系统的运算量需求也是确定选用处理能力为多大的DSP的基础。运算量小则可以选用处理能力不是很强的DSP,从而降低系统成本,相反,运算量大的DSP系统则必须选用处理能力强的DSP;如果DSP的处理能力达不到系统要求,则必须用多个DSP并行处理。通常来讲,DSP比通用CPU和MCU具有更高的运算处理能力。但是,每种DSP的运算处理能力总是有限的,对不同算法的效率也不尽相同。正如前面讲述的内容,单将要做的运算换算成多少MIPS或者MFLOPS并以此决定所需的DSP处理能力是不科学的。以下考虑两种情况来确定DSP系统的运算量,从而选择更加适合于应用系统的DSP:

1) 按样点处理

所谓按样点处理就是DSP算法对每一个输入样点循环一次。数字滤波就是这种情况,在数字滤波器中,通常需要对每一个输入样点计算一次。例如,一个采用LMS算法的256抽头的自适应FIR滤波器,假定每个抽头的计算需要3个MAC周期,则256抽头计算需要256×3=768个MAC周期。如果采样频率为8 kHz,即样点之间的间隔为125 s,DSP的MAC周期为200 ns,则768个MAC周期需要153.6 s的时间,显然无法实时处理,需要选用速度更高的DSP。表1-1列出了2种信号带宽对3种DSP的处理要求,3种DSP芯片的MAC周期分别为200 ns、50 ns和25 ns。从表中可以看出,对话音的应用中,后2种DSP可以实时实现;对声频应用中,只有第三种DSP能够实时处理。当然,这里并没有考虑其他的运算量。

表1-1 3种DSP实现两种信号宽度的数字滤波对比表

应用领域	采样率/kHz	采样周期/μs	256抽头LMS滤波运算量(MAC数)	每样点允许MAC指令数(200 ns)	每样点允许MAC指令数(50 ns)	每样点允许MAC指令数(25 ns)
话音	8	125	768	625	2 500	5 000
声频	44.1	22.7	768	113	453	907

2) 按帧处理

有些数字信号处理算法不是每个输入样点循环一次,而是每隔一定的时间间隔(通常称为帧)循环一次。例如,中低速语音编码算法通常以10 ms或20 ms为一帧,每隔10 ms或20 ms语音编码算法循环一次。所以,选择DSP时应该比较一帧内DSP的处理能力和DSP算法的运算量。假设DSP的指令周期为p(单位:ns),一帧的时间为$\Delta\tau$(单位:ns),则该DSP在一帧内所能提供的最大运算量为$\Delta\tau/p$条指令。例如TMS320LC549-80的指令周期为12.5 ns,设帧长为20 ms,则一帧内TMS320LC549-80所能提供的最大运算量为160万条指令。因此,只要语音编码算法的运算量不超过160万条指令,就可以在TMS320LC549-80上实时运行。

(8) 其他因素

除了上述因素外,选择DSP还应考虑到封装的形式、质量标准、供货情况、生命周期等。有的DSP可能有DIP、PGA、PLCC、PQFP等多种封装形式。有些DSP系统可能最终要求的是工业级或军用级标准,选择时就需要注意到所选的芯片是否有工业级或军用级的同类产品。如果所设计的DSP系统不仅仅是一个实验系统,而是需要批量生产并可能有几年甚至十几年的生命周期,那么需要考虑所选的DSP供货情况如何、是否也有同样甚至更长的生命周期等。

在上述诸多因素中,一般而言,定点DSP的价格较便宜,功耗较低,但运算精度稍低。而浮点DSP的优点是运算精度高,且C语言编程调试方便,但价格稍贵,功耗也较高。

1.3 DSP的应用与技术展望

自从20世纪70年代末80年代初DSP诞生以来,DSP得到了迅猛的发展,其功能也越来越多样化。DSP的高速发展一方面得益于集成电路技术的发展,另一方面也得益于巨大的市场。在40多年时间里,DSP已经在信号处理、通信、雷达等许多领域得到广泛的应用,目前,应用领域还在不断拓展,包括宽带Internet接入业务、下一代无线通信系统、嵌入式云计算与视频大数据、数字消费市场、汽车电子等方面。

1. DSP的典型应用

DSP的应用领域主要有:

- 信号处理:如数字滤波、自适应滤波、FFT、希尔伯特变换、小波变换、谱分析、卷积等;
- 通信:如调制解调器、数据加密与压缩、多路复用、纠错编码、移动通信、PDA等;
- 语音/视频:如语音/视频编解码、语音识别与增强、语音邮件、语音存储等;
- 图形/图像:如二维/三维图形处理、图像压缩与增强、动画与数字地图、机器人视觉等;
- 军事:如保密通信、目标识别和实时飞行轨迹估计、声纳处理、导弹制导等;
- 仪器仪表与自动控制:如频谱分析、机器人控制、激光打印机控制、暂态分析等;
- 医疗:如助听器、病人及胎儿监控、修复手术、儿童跟踪仪、血糖测量仪等;
- 汽车与家用电器:如自适应驾驶控制、防滑制动器、导航及全球定位、高保真音响、数字电话、高清数字电视、机顶盒、网络相机、智能冰箱与洗衣机等。

2. DSP技术展望

TI首席科学家方进(Gene Frantz)在2006年接受电子工程专辑采访时曾这样说过,“DSP产业在约40年的历程中经历了3个阶段:第一阶段,DSP意味着数字信号处理,并作为一个新的理论体系广为流行;随着这个时代的成熟,DSP进入了发展的第二阶段,在这个阶段,DSP代表数字信号处理器,这些DSP器件使我们生活的许多方面都发生了巨大的变化;接下来又催生了第三阶段,这是一个赋能(Enablement)的时期,我们将看到DSP理论和DSP架构都被嵌入到SoC类产品中。”在第三个阶段(赋能时期),SoC集成系统将在系统处理器(如ARM)的控制下,同时使用可编程DSP和可配置DSP加速器,这些新的SoC将成为许多创新性产品的开发平台。这表面看起来像一种限制,但事实上将带来无限的创新机会,例如娱乐、安全和医疗将是DSP未来3个应用领域。因此,SoC片上系统、无线应用、嵌入式DSP等都是未来DSP的发展方向和趋势。

性能、价格、功耗永远是 DSP 追求的目标，在这个目标的驱动下，每隔 10 年 DSP 的性能、规模、工艺、价格等就会发生一个跃迁。如表 1-2 所列，DSP 的演进同样遵循着摩尔定律，集成度不断提高，性能不断提升，价格不断下降。

总的来说，DSP 技术的发展趋势，可用 4 个字“多快好省”来概括：

① 多，可从广度和深度看。广度是指 DSP 的型号越来越多，如 C2000 系列、C5000 系列以及 C6000 系列等，另外专用芯片也越来越多。从深度讲是多 CPU 的融合，一是多 DSP 的融合，还有 DSP 核和其他(如事务性处理的)核的融合，如 DSP 和 ARM 核的融合、DSP 和 FPGA 的融合、DSP 和 SoC 的融合、DSP 和 RTOS(实时操作系统)的融合等。

表 1-2　每隔 10 年 DSP 性能、规模、工艺与价格变动表

年　代	1980	1990	2000	2010
速度/MIPS	5	40	5000	50000
RAM/字节	256	2K	32K	1M
规模/门	50K	500K	5M	50M
工艺/μm	3	0.8	0.1	0.02
价格/美元	150.00	15.00	5.00	0.15

② 快，即运算的速度和指令速度越来越快，频率越来越高，功能越来越强。DSP 运算速度的提高主要依靠新工艺改进芯片结构，按照 CMOS 的发展趋势，DSP 的运行速度还会有更大的提高。

③ 好，主要是指性价比。性价比符合摩尔定律，即每隔 18 个月芯片的速度提高一倍，价格是原来的一半。这是由于半导体工艺的发展使得 DSP 的尺寸变小，从而成本降低引起的。缩小 DSP 尺寸和降低成本始终也是未来 DSP 技术发展的方向。

④ 省，功耗越来越低。随着嵌入式应用需求的不断提高，DSP 的处理速度也在不断提高，更高速度的 DSP 所带来高功耗的负面影响显得尤为突出，而现实中很多便携式产品要求器件有较低的功耗。低功耗有两层含义，一个是在不牺牲性能的前提下把功耗减至最小，称为低功耗；另一个称为超低功耗，则是指牺牲部分性能，务求尽最大限度把功耗减至最小级别。

另外，定点 DSP 是主流产品。从理论上讲，虽然浮点 DSP 的动态范围比定点 DSP 要大，而且更加适合于 DSP 的应用场合，但是定点运算的 DSP 的结构相对简单，成本较低，对存储器的要求也较低，功耗也较低。因此，定点 DSP 仍是市场上的主流产品。

可以预见不久的将来，全球 DSP 产品将向高性能、低功耗、加强融合和拓展多种应用趋势发展，DSP 也将会越来越多地渗透到各种电子产品中，成为其技术核心。随着宽带 Internet 接入业务的飞速发展，嵌入式云计算与视频大数据处理的需要，DSP 也是其潜在的应用领域。

党的二十大报告中指出：“教育、科技、人才是全面建设社会主义现代化国家的基础性、战略性支撑。必须坚持科技是第一生产力、人才是第一资源、创新是第一动力，深入实施科教兴国战略、人才强国战略、创新驱动发展战略，开辟发展新领域新赛道，不断塑造发展新动能新优势。我们要坚持教育优先发展、科技自立自强、人才引领驱动，加快建设教育强国、科技强国、人才强国，坚持为党育人、为国育才，全面提高人才自主培养质量，着力造就拔尖创新人才，聚天下英才而用之。”随着我国从制造大国向制造强国的不断深入推进，应充分认识到“卡脖子”的关键技术，聚焦高水平科技自立自强、提升国家硬实力，坚持守正创新，培养学生成为具有自主研发能力的高精尖工程技术人才，为科技进步、工业发展贡献自己的力量。

习　题

1. 什么是DSP？它有哪些主要的基本特点？DSP有哪些常规的分类方法？
2. 数字信号处理算法一般的实现方法有哪些？简述数字信号处理系统的优势。
3. DSP与通用CPU、MCU、ARM以及FPGA的区别与联系有哪些？
4. 简述DSP的发展历程。
5. 简述TI公司常用DSP系列的特点以及主要用途。
6. 哈佛结构与冯·诺依曼结构计算机存储器的组成有何不同？
7. 在设计DSP应用系统时，如何选择合适的DSP？
8. 简述DSP的典型应用以及展望。

第2章

TMS320C2000 系列 DSP 的基本性能

C2000 是一种注重实时控制应用的微控制器系列，应用范围包括数字电源、数字电机控制、位置传感、汽车雷达等。C2000 系列核心是一个 32 位 C28x CPU，频率范围在 40～400 MHz 之间，外加浮点单元，部分器件还配有控制律加速器（CLA），它实际上成为与 CPU 并行运行的第二个内核，能够独立地控制外设。C2000 的另一个强项是系统集成性，包含片上高精度双振荡器、片上电压调节器和模拟比较器；还配有实现最佳电机控制与数字电源的 ePWM，具有加强型采集功能以及用于电机控制的 QEP。部分器件的片上 Flash 高达 1 024 KB，SRAM 可达到 516 KB。配有所有必需的串行通信接口，如 I^2C、SPI、UART、CAN 以及包括 USB 和以太网在内的可选件。C2000 开发工具策略及软件（ControlSUITE）可创建开放式平台，不但可最大限度地提高可用性，同时还可最大限度地缩短开发时间。

目前在 TMS320C2000 系列产品中，TI 主要推出了 4 个系列主流产品，即使用广泛的 C28x 定点系列、低成本与高创新的 C28x Piccolo 系列、C28x Delfino 浮点性能系列以及基于 C28x 和 ARM Cortex - M3 的 Concerto 多核系列。图 2 - 1 给出了 TI 公司 28x 系列 DSP 的发展趋势。

2.1 C28x Piccolo 系列基本性能

2008 年 10 月，TI 发布了基于 C2000 DSP 的 Piccolo 系列，取自意大利语“风笛”，是以小巧、低成本、高集成度为主要特点的 32 位微控制器，采用最新的架构和增强型外设，有助于在成本敏感型应用中实现处理器密集型的 32 位实时控制功能。Piccolo 系列可提供多种封装版本和外设选项，实现了高性能、高集成度、小尺寸以及低成本的完美组合。

Piccolo 系列目前批量生产的有 4 个产品系列。F2802x 系列频率为 40～60 MHz，配有 64 KB Flash，属于低成本入门级产品。F2802x Piccolo 系列为 C28x 内核供电，此内核与低引脚数量器件中的高集成控制外设相耦合。该系列的代码与以往基于 C28x 的代码兼容，并且提供了很高的模拟集成度。该系列芯片改进了

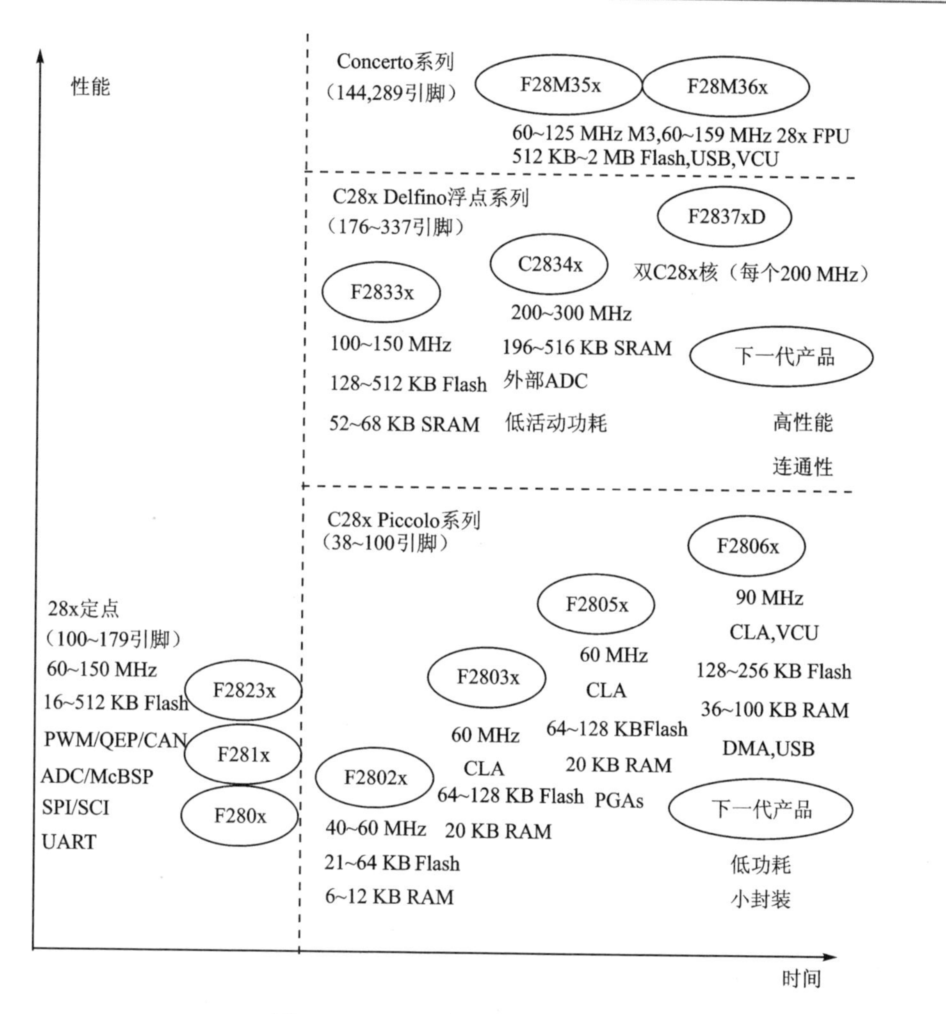

图 2-1 28x 系列 DSP 发展趋势图

HRPWM 模块,以提供双边缘控制(调频);增设了具有内部 10 位基准的模拟比较器,并可直接对其进行路由以控制 PWM 输出。ADC 可在 0~3.3 V 固定全标度范围内进行转换操作,并支持公制比例 VREFHI /VREFLO 基准。ADC 接口专门针对低开销/低延迟进行了优化。F2802x 系列的定点 40~60 MHz 芯片包含 TMS320F28020/1/2/3/6/7、TMS320F280200 等。

F2803x 系列把 Flash 提高到 128 KB,是配有可选的浮点协处理器(称为控制律加速器,CLA)、可独立访问反馈与前馈外设、能够提供并行控制环路以强化主 CPU,是实现并行控制环路处理的最早产品系列,F2803x 系列的 60 MHz 芯片包含 TMS320F28030/1/2/3/4/5。

F2805x 系列与其他芯片不同的是其模拟前端(AFE)包含 7 个比较器,具有 3 个数模转换器、一个 VREFOUT 经缓冲的 DAC、4 个可编程增益放大器和 4 个数字滤波器。可编程增益放大器能够放大3个离散增益模式中的输入信号,实际增益本身取决于用户在双极输入端上定义的电阻器的值。AFE外设的实际数量由F2805x器件数量而定。F2805x系列芯片包含TMS320F28030/1/2/3/4/5。

F2806x包括一个浮点单元(FPU)以及双存储器和新的Viterbi复杂数学单元(VCU),为Piccolo带来浮点运算功能,以提高性能与易用性。同时,在F2803x基础上增加了USB接口与主控制器,可以处理复杂映射的VCU,而且把RAM扩大到100 KB,Flash扩展到256 KB。F2806x系列的浮点90 MHz芯片含有TMS320F28062/3/4/5/6/7/8/9。

Piccolo的实时控制通过在诸如太阳能逆变器、白色家电设备、混合动力汽车电池、电力线通信(PLC)和LED照明等应用中实施高级算法,从而实现了更高的系统效率与精度。

2.2 C28x Delfino系列基本性能

2009年3月,TI针对高端实时控制应用,推出基于C2000平台的Delfino系列,取自意大利语“海豚”。

TI的32位微处理器Delfino浮点系列目前有3种高性能产品,即F2833x、C2834x和F2837xD系列,为实时控制应用带来了领先的浮点性能和集成度。

F2833x系列频率为100~150 MHz,Flash为512 KB,是针对要求严格的控制应用的高度集成、高性能解决方案。F2833x Delfino系列芯片包含TMS320F28335/4/2。

C2834x系列性能翻倍,达到300 MHz,但是此系列解决方案仅限于基于RAM的存储,RAM可达到516 KB。C2834x的片上外设和低延迟内核使其成为对性能要求极高的实时控制应用的出色解决方案。C2834x系列芯片包含TMS320C28346/5/4/3/2/1。

2013年12月,TI公司推出F2837x系列的C2000 Delfino 32位F2837xD微控制器,为工业实时控制实现最新创新,并设定了全新性能标准。这些芯片支持双核C28x处理功能与双实时控制律加速器,可提供800 MIPS浮点性能,从而帮助用户为计算要求严格的控制应用开发低时延系统。此外,用户还可通过将多个嵌入式处理器整合在单个芯片中以降低复杂性,充分满足高级伺服驱动器、太阳能中央逆变器以及工业不间断电源等需要实时信号分析的应用需求。F2837xD系列芯片包含TMS320F28377/6/5/4D。

总之,借助高性能内核、控制优化型外设和可扩展开发平台,Delfino微处理器系列可以降低系统成本,提高系统可靠性,并提升工业电源电子、电力传输、可再生能源和智能传感等应用的性能。

2.3 Concerto 系列基本性能

随着实时控制用户对通信模拟功能需求趋势的日渐增强，Concerto 系列应运而生。过去，当用户挑选微控制器时，只能在控制能力和通信高性能之间两者选一，而在另一方面不得不做出妥协，这是因为控制和通信对内核架构要求相差非常大。另一个方法是购买两个单独的微控制器，但是这样做成本高，而且技术复杂。2011 年 6 月，TI 公司推出 C2000 Concerto 双核微控制器系列，可帮助用户设计出环保性能与连接能力更佳的应用。这种新型 32 位微控制器将 TI 的 C28x 内核及控制外设与 ARM Cortex－M3 通信内核及连接外设组合到同一个芯片，以提供一种分区明确的架构，可在单个具有成本效益的器件中支持实时控制和高级连接。另外，还增加了新的安全保密功能，创建了易于产品开发的软件基础架构，在诸如智能电机控制、可再生能源、智能电网、数字电源和电动汽车等绿色环保应用中实现扩展性和代码重复使用。

Concerto 系列芯片方框图如图 2－2 所示，按应用领域被划分为 2 个子系统——实时控制和主控制器通信。在控制方面，采用浮点 C28x 内核以及所有相关控制外设，从而完成精确高效电源转换所需的复杂算法，而这一切是实现高效电机控制、可再生能源和智能电网技术的核心。主控制器子系统基于 Cortex－M3，具有高级通信连接外设，包括以太网、移动 USB、双 CAN 和多个串行通信端口。要想将效率提升至可实现大幅节能的新水平，此类应用还必须能够建立连接，以实现对远程数据的共享、诊断、监测和控制。

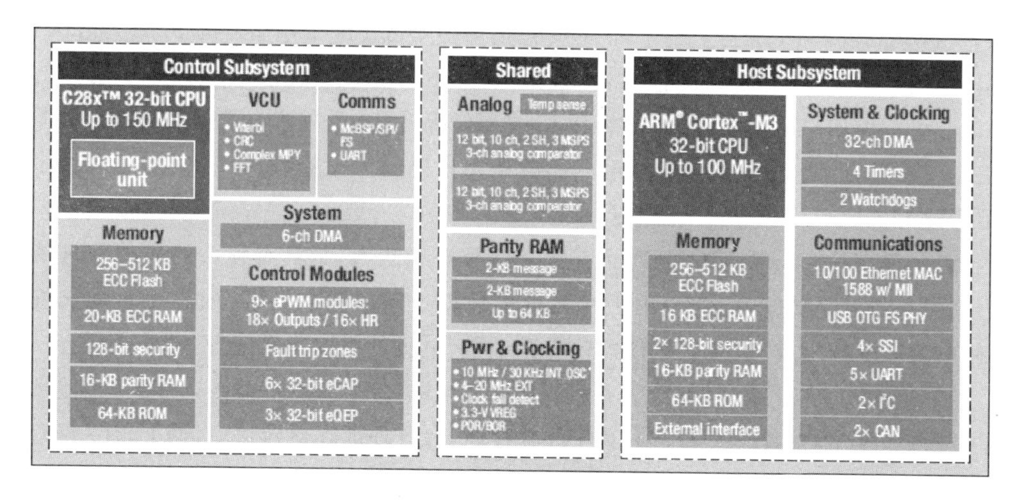

图 2－2 Concerto 系列芯片方框图

“Concerto”一词源自拉丁文，取义“协奏曲”，也就是 2 种因素既竞争又协作的意思，该系列产品体现了这种特点。Concerto 系列产品是一款具有独立通信和实时控制子系统的多内核片载系统微控制器，可提供 ARM Cortex－M3 与 C28x 内核之间的低开销通信机制，使开发人员能启动即用，轻松交换命令和控制数据缓冲器。新型Concerto微控制器在整个C2000平台均可代码兼容，适用于要求可扩展性及代码重用的高能效应用。

F28M35x和F28M36x系列是Concerto系列芯片的2组主要产品。

2.4 C28x系列基本结构及性能

TI公司推出32位C28x内核芯片，包括F281x、F280x和F282x等产品系列，具有多种外设和存储器配置，可满足不同的控制应用要求。

TMS320C28x是目前为止用于数字控制领域性能较好的DSP芯片，采用32位的定点DSP核，最高速度可达400 MIPS，可以在单个周期内完成32×32位的乘累加运算，具有增强的电机控制外设、高性能的模数转换能力和改进的通信接口，具有8 GB的线性地址空间，采用低电压供电(3.3 V外设/1.8 V核)，与TMS320C24x源代码兼容。

本节重点讲述目前使用广泛的F281x系列DSP芯片的主要性能，及F2812 DSP的功能框图及主要片内外设、引脚分布等相关知识。F281x系列DSP的性能和Piccolo系列相近。

2.4.1 TMS320F281x系列DSP的主要性能

TMS320F281x系列DSP产品主要包括片内集成Flash存储器的F2810、F2811和F2812。与片内集成只读存储器ROM的C281x系列DSP相比，F281x系列的Flash可以由用户反复编程，便于系统调试和代码升级，是用户通常选用的系列，而C281x系列的片内ROM只能由用户提供程序代码给厂家掩膜一次，适用于产品定型后的大批量产品。

TMS320F281x系列DSP既具有数字信号处理能力，又具有强大的事件管理能力和嵌入式控制功能，特别适用于有大批量数据处理的测控场合，如工业自动化控制、电力电子技术应用、智能化仪器仪表及电机、电机伺服控制系统等。

TMS320F281x系列DSP的主要芯片为TMS320F2810和TMS320F2812，差别是：F2812内含128K×16位的片内Flash存储器，有外部存储器接口，而F2810仅有64K×16位的片内Flash存储器，且无外部存储器接口。

TMS320F281x系列DSP具有的较为先进的硬件性能特点，下面详细介绍其主要性能：

① 高性能静态CMOS技术：

➢ CPU主频高达150 MHz(时钟周期6.67 ns)；

➢ 低功耗设计，主频是 135 MHz 时，核心电压为 1.8 V；主频是 150 MHz 时核心电压为 1.9 V，I/O 口电压为 3.3 V；

➢ Flash 编程电压 3.3 V；

② JTAG 边界扫描支持；

③ 高性能的 32 位中央处理器(TMS320C28x)：

➢ 16 位×16 位和 32 位×32 位乘和累加操作；

➢ 16 位×16 位的两个乘和累加单元；

➢ 哈佛总线结构；

➢ 连动运算；

➢ 快速的中断响应和处理；

➢ 统一的寄存器编程模式；

➢ 4M 字的线性程序/数据地址访问；

➢ 高效代码(使用 C/C++或汇编语言)；

➢ 与 TMS320F24x/LF240x 处理器的源代码兼容；

④ 片内存储器：

➢ F2812 片内含有 128K×16 位的 Flash 存储器，分为 4 个 8K×16 和 6 个 16K×16 扇区；

➢ 1K×16 位的 OTP 型只读存储器；

➢ L0 和 L1：2 块 4K×16 位的单口随机存储器；

➢ H0：一块 8K×16 位的单口随机存储器；

➢ M0 和 M1：2 块 1K×16 位的单口随机存储器；

⑤ 引导存储器(Boot ROM)4K×16 位：

➢ 带有软件的 Boot 模式；

➢ 标准的数学表；

⑥ 外部存储器接口(仅 F2812 有)：

➢ 有 1M×16 位的存储器；

➢ 可编程等待状态数；

➢ 可编程读/写选通计数器；

➢ 3 个独立的片选信号；

⑦ 时钟与系统控制：支持动态改变锁相环的比率变化，片内振荡器，看门狗定时器模块；

⑧ 3 个外部中断；

⑨ 外部中断扩展模块可支持 96 个外部中断，当前仅使用了 45 个外部中断；

⑩ 128 位的密钥：

- 保护 Flash/ROM/OTP 和 L0/L1 SARAM;
- 防止 ROM 中的逆向工程操作;

⑪ 3个32位的CPU定时器;

⑫ 电机控制外围设备:

- 2个事件管理器(EVA、EVB);
- 与24xA器件兼容;

⑬ 串行端口外设:

- 串行外设接口;
- 2个串行通信接口,标准的UART;
- 增强型控制器局域网络;
- 多通道缓冲串行接口和串行外设接口模式;

⑭ 12位16通道的ADC:

- 2×8通道的输入多路选择器;
- 2个采样保持器;
- 单一/同步转换;
- 快速转换速率:80 ns/12.5 MSPS;

⑮ 最多有56个独立的可编程、多用途通用输入/输出引脚;

⑯ 高级的仿真特性:

- 实时分析和设置断点的功能;
- 实时的硬件调试;

⑰ 开发工具:

- ANSI C/C++编译器/汇编程序/连接器;
- 支持TMS320C24x/240xA的指令;
- 代码编辑集成环境;
- DSP/BIOS;
- JTAG扫描控制器(TI或第三方的);
- 硬件评估板;
- 支持多数厂家的数字电机控制;

⑱ 低功耗模式和省电模式:

- 支持空闲模式、等待模式、暂停模式;
- 可禁用独立外设时钟;

⑲ 封装方式:

- 带外部存储器接口的179球形触点封装(仅F2812);
- 带外部存储器接口的176引脚薄型四方扁平封装(仅F2812);

- 没有外部存储器接口的 128 引脚贴片正方扁平封装(仅 F2810、F2811);
- 由于 BGA 封装的焊接比较困难,在小批量的情况下,手工一般无法完成,机器焊接的成本远高于 LQFP 封装的焊接成本,因此在通常设计时使用 LQFP 封装的芯片;

⑳ 温度选择:

- A:-40~+85℃;
- S:-40~+125℃。

2.4.2 TMS320F2812 的功能结构图及片内外设

F2812 是 TI 公司推出的功能强、性能优越的 32 位定点 DSP 芯片之一,时钟周期为 6.67 ns(时钟频率为 150 MHz),32×32 位的硬件乘法器,2 个 12 位、16 路的 A/D 转换器,转换时间为 80 ns,16 路的 PWM 通道,4 个定时器,一个 SPI,2 个 SCI,一个改进的控制局域网 eCAN,一个多通道缓冲串行接口 McBSP,56 个 GPIO 引脚,具有增强的电机控制外设、高性能的模数转换能力和改进的通信接口,与 TMS320LF24xA 源代码兼容。F2812 的功能结构框图如图 2-2 所示。

由图 2-2 可以看出,F2812 内部集成了很多内核可以访问和控制的外部设备,需要通过某种方式来读/写外设。为此,处理器将所有外设都映射到了数据存储器空间。每个外设都被分配一段相应的地址空间,主要包括配置寄存器、输入寄存器、输出寄存器和状态寄存器。每个外设只要通过简单地访问存储器中的寄存器就可以使用该设备。外设通过外设总线连接到 CPU 的内部存储器接口上,如图 2-3 所示。所有的外设包括看门狗和 CPU 时钟在内,使用前必须配置相应的控制寄存器。

这里简要介绍各个外设模块单元内容,具体内容阐述见后续章节。

(1) PLL 时钟模块

PLL 时钟模块主要用来控制 DSP 内核的工作频率,外部提供一个参考时钟输入,通过锁相环倍频或者分频后提供给 DSP 内核。

(2) 看门狗

看门狗主要用来检测软件和硬件的运行状态,在 CPU 混乱时完成系统的复位功能。如果软件进入死循环,或 CPU 发生暂时混乱,则 WD 定时器上溢并产生一个系统复位。绝大多数情况下,片内操作的暂时混乱并抑制 CPU 的正确运作都可以被看门狗清除并复位。正因为它的稳定性,看门狗提高了 CPU 的可靠性,从而保证了系统的完整性。

(3) 存储器及其接口

F281x 系列与 F240x 系列 DSP 芯片的存储器编址有很大区别,F240x 采用程序、数据和 I/O 分开编址,而 F281x 采用同一编址方式。F281x 系列芯片内部提供

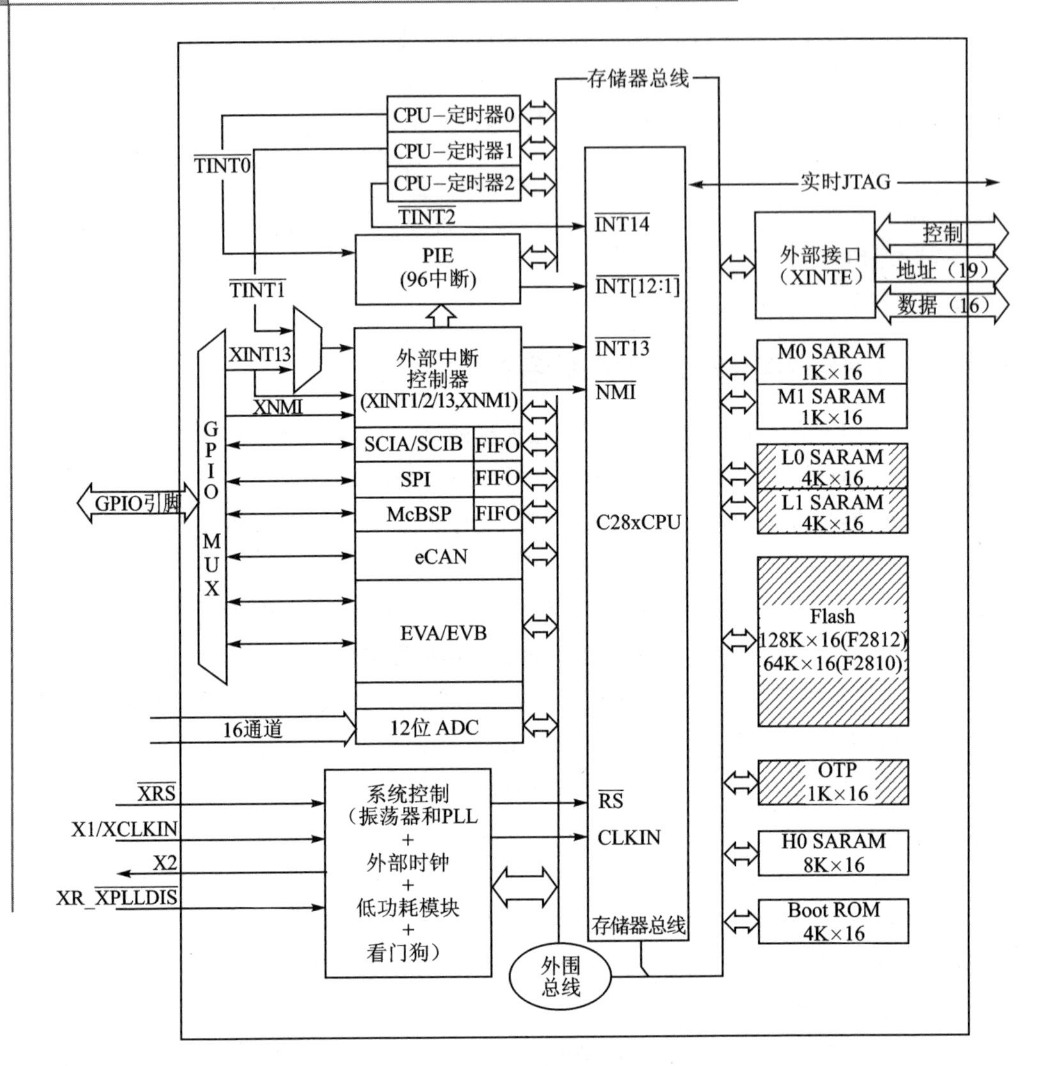

注：① 器件上提供96个中断，45个可用；
② XINTF只在F2812上可用，在F2810上不可用。
③ 在C281x器件上，OTP被一个1K×16 bit的ROM取代。
④ L0 SARAM、L1 SARAM、Flash和OTP存储器块受代码安全模块的保护。

图 2－2　F2812 的功能结构框图

18 KB 的 SARAM 和 128 KB 的 Flash 存储器，并在 F2812 芯片上提供了外部存储器扩展接口，外部最高可达 1 MB 的寻址空间。

(4) 外部中断接口

F2812 支持多种外设中断，外设中断扩展模块可支持 96 个独立外部中断，当前仅使用了 45 个外部中断。将这 96 个中断分成 8 组，每组有 12 个中断源，根据中断

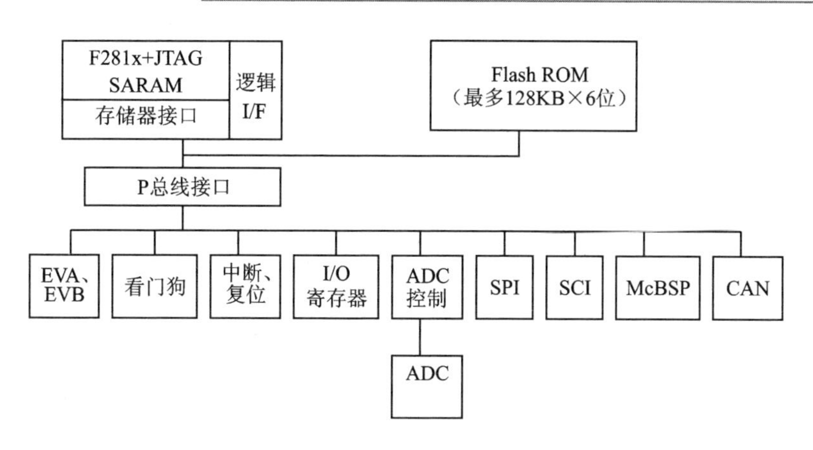

图2-3 F2812的外设功能框图

向量表来确定产生的中断类型。

(5)通用输入/输出

F2812最多有56个独立的可编程、多用途通用输入/输出引脚，这些引脚中有相当一部分是与基本功能共用的。

(6) 事件管理器

F2812具有2个事件管理器EVA和EVB，是一个专门用于数字电机控制应用的外设模块，提供了强大而丰富的控制功能。2个事件管理器模块中具有相同功能的定时器、比较单元、捕获单元PWM产生电路及正交脉冲编码电路等，只是命名不同而已。事件管理器较好地满足了工业现场中各类电动机驱动和运动控制系统的需要。

(7) 模/数转换模块

模/数转换模块内含采样/保持电路和（理论上）12位A/D转换器，具有16个模拟输入通道，可配置为2个独立的8通道模块，在实际应用中采样精度为9位或10位，经过硬件和软件校正措施，精度可有效提高。在电机控制系统中，采用ADC模块采集电机的电流或电压实现电流环的闭环控制。

(8) SPI和SCI通信接口

SPI是一个高速同步串行通信接口，可选择主模式或从模式工作，能够实现DSP与外部设备或另一个DSP之间的高速串行通信。SCI属于异步串行接口，支持标准的UART异步通信模式，并采用NRZ数据格式，可以通过SCI串行接口与CPU或其他异步外设进行通信。

(9) 多通道缓冲串行口 McBSP

McBSP外设在F2812设备和与McBSP兼容的设备（如VBAP、AIC、多媒体数字信号编解码器）之间提供了接口。McBSP能够同步传送和接收8/12/16/20/24/

32 位串行数据。

(10) 增强型区域网络控制器 eCAN

F2812 上的 CAN 总线接口模块是增强型的 CAN 接口，支持完全兼容的 CAN2.0B 总线协议，最高支持 1 Mbps 的总线通信速率。它有 32 个可编程的接收/发送邮箱，支持消息的定时邮递功能。用户可以使用该接口构建高可靠的 CAN 总线控制或检测网络。

2.4.3 TMS320F2812 的引脚分布及功能

F2812 的封装方式为 179 引脚 GHH 球形栅格阵列 BGA(Ball Grid Array)封装和 176 引脚 PGF 低剖面四边扁平 LQFP(Low - profile Quad)封装，其引脚分布分别如图 2-4(BGA 封装底视图)和图 2-5(LQFP 封装顶视图)所示。

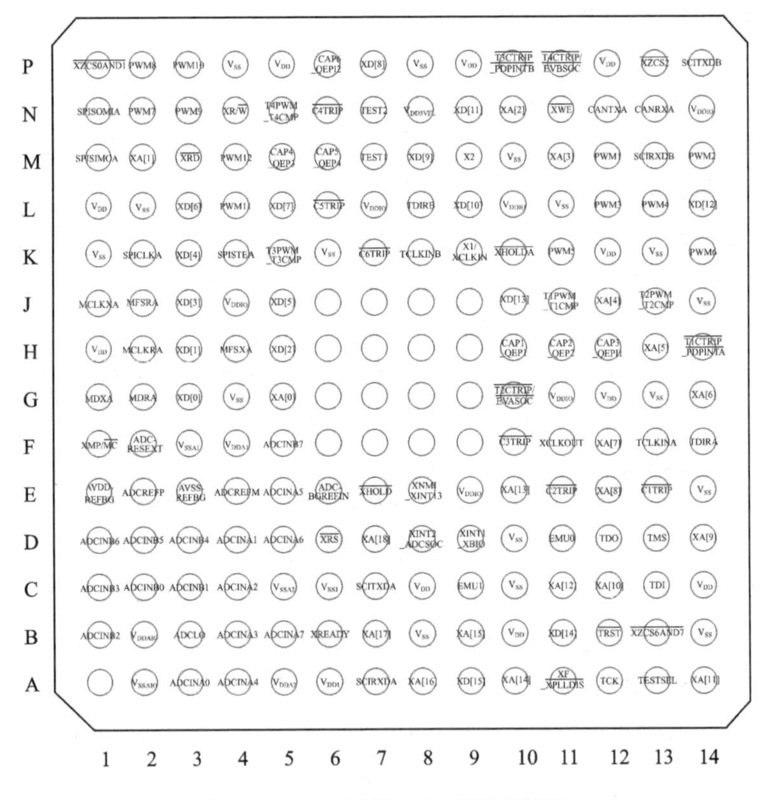

图 2-4　179 引脚 BGA 封装底视图

表 2-1 列出了 F2812 的引脚功能及信号情况。F2812 的引脚按照功能进行分类，主要分为电源信号、外部存储器接口信号、ADC 模拟输入信号、通用输入/输出或外设信号、JTAG 接口及其他信号等。所有输入引脚的电平均与 TTL 兼容；所有引脚的输出均为 3.3 V CMOS 电平；输入不能承受 5 V 电压，否则会烧毁芯片；当引脚

内部上拉或下拉时，上拉/下拉电流为 100 μA。所有具有输出功能的引脚，输出缓冲器驱动能力典型值是 4 mA。

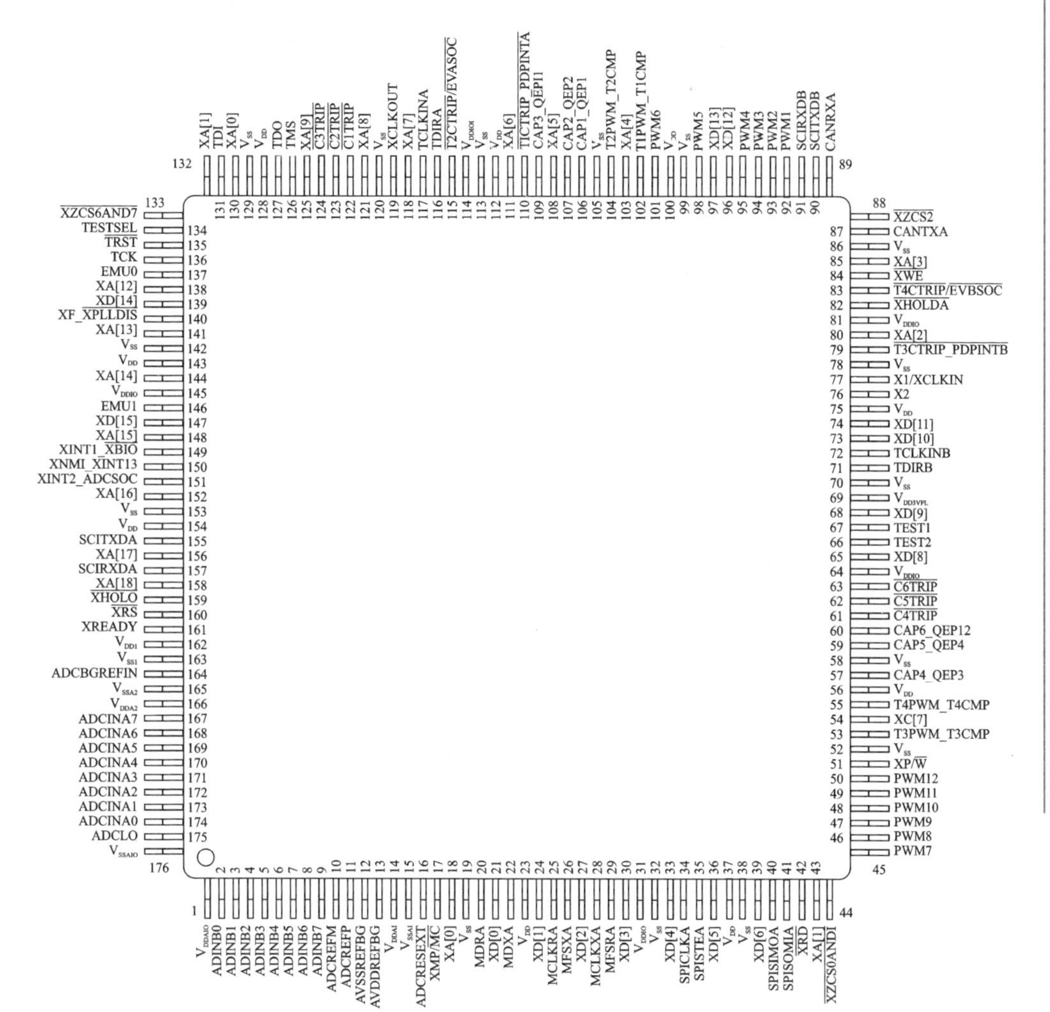

图 2-5　176 引脚 LQFP 封装顶视图

表 2-1　引脚功能和信号描述表‡

名　字	引脚号		I/O/Z	PU/PDS	说　明
	179 针 GHH 封装	176 针 PGF 封装			
数字电源信号					
V_{DD}	H1	23	—	—	1.8 V 或 1.9 V 核心数字电源
V_{DD}	L1	37	—	—	
V_{DD}	P5	56	—	—	
V_{DD}	P9	75	—	—	
V_{DD}	P12	—	—	—	
V_{DD}	K12	100	—	—	
V_{DD}	G12	112	—	—	
V_{DD}	C14	128	—	—	
V_{DD}	B10	143	—	—	
V_{DD}	C8	154	—	—	
V_{SS}	G4	19	—	—	内核和数字 I/O 地
V_{SS}	K1	32	—	—	
V_{SS}	L2	38	—	—	
V_{SS}	P4	52	—	—	
V_{SS}	K6	58	—	—	
V_{SS}	P8	70	—	—	
V_{SS}	M10	78	—	—	
V_{SS}	L11	86	—	—	
V_{SS}	K13	99	—	—	
V_{SS}	J14	105	—	—	
V_{SS}	G13	113	—	—	
V_{SS}	E14	120	—	—	
V_{SS}	B14	129	—	—	
V_{SS}	D10	142	—	—	
V_{SS}	C10	—	—	—	
V_{SS}	B8	153	—	—	
V_{DDIO}	J4	31	—	—	I/O 数字电源(3.3 V)
V_{DDIO}	L7	64	—	—	
V_{DDIO}	L10	81	—	—	
V_{DDIO}	N14	—	—	—	
V_{DDIO}	G11	114	—	—	
V_{DDIO}	E9	145	—	—	
V_{DD3VL}	N8	69	—	—	Flash 核电源(3.3 V),上电后所有时间内都应将该引脚接至 3.3 V

续表 2-1

名　字	引脚号		I/O/Z	PU/PDS	说　明
	179 针 BGA	176 针 LQFP			
外部存储器接口 XINTF 地址数据总线(只限于 F2812)					
XA[18]	D7	158	O/Z	—	19 位地址总线
XA[17]	B7	156	O/Z	—	
XA[16]	A8	152	O/Z	—	
XA[15]	B9	148	O/Z	—	
XA[14]	A10	144	O/Z	—	
XA[13]	E10	141	O/Z	—	
XA[12]	C11	138	O/Z	—	
XA[11]	A14	132	O/Z	—	
XA[10]	C12	130	O/Z	—	
XA[9]	D14	125	O/Z	—	
XA[8]	E12	121	O/Z	—	
XA[7]	F12	118	O/Z	—	
XA[6]	G14	111	O/Z	—	
XA[5]	H13	108	O/Z	—	
XA[4]	J12	103	O/Z	—	
XA[3]	M11	85	O/Z	—	
XA[2]	N10	80	O/Z	—	
XA[1]	M2	43	O/Z	—	
XA[0]	G5	18	O/Z	—	
XD[15]	A9	147	I/O/Z	PU	16 位数据总线
XD[14]	B11	139	I/O/Z	PU	
XD[13]	J10	97	I/O/Z	PU	
XD[12]	L14	96	I/O/Z	PU	
XD[11]	N9	74	I/O/Z	PU	
XD[10]	L9	73	I/O/Z	PU	
XD[9]	M8	68	I/O/Z	PU	
XD[8]	P7	65	I/O/Z	PU	
XD[7]	L5	54	I/O/Z	PU	
XD[6]	L3	39	I/O/Z	PU	
XD[5]	J5	36	I/O/Z	PU	
XD[4]	K3	33	I/O/Z	PU	
XD[3]	J3	30	I/O/Z	PU	
XD[2]	H5	27	I/O/Z	PU	
XD[1]	H3	24	I/O/Z	PU	
XD[0]	G3	21	I/O/Z	PU	

续表 2-1

名　字	引脚号		I/O/Z	PU/PDS	说　明
	179 针 GHH 封装	176 针 PGF 封装			
XINTF 控制信号总线(仅 F2812)					
XMP/$\overline{MC}$	F1	17	I	PU	可选择微处理器/微计算机模式。可以在两者之间切换。为高电平时，外部接口上的区域 7 有效；为低电平时，区域 7 无效，可使用片内的 Boot ROM 功能。复位时该信号被锁存在 XINTCNF2 寄存器中，通过软件可以修改这种模式的状态。此信号是异步输入，并与 XTIMCLK 同步
$\overline{XHOLD}$	E7	159	I	PU	外部 DMA 保持请求信号。$\overline{XHOLD}$ 为低电平时请求 XINTF 释放外部总线，并把所有的总线与选通端置为高阻态。当对总线的操作完成且没有即将对 XINTF 进行访问时，XINTF 释放总线。此信号是异步输入并与 XTIMCLK 同步
$\overline{XHOLDA}$	K10	82	O/Z	—	外部 DMA 保持确认信号。当 XINTF 响应 $\overline{XHOLD}$ 的请求时，$\overline{XHOLDA}$ 呈低电平，所有的 XINTF 总线和选通端呈高阻态。$\overline{XHOLD}$ 和 $\overline{XHOLDA}$ 信号同时发出。当 $\overline{XHOLDA}$ 有效(低)时外部器件只能使用外部总线
$\overline{XZCS0AND1}$	P1	44	O/Z	—	XINTF 区域 0 和区域 1 的片选。当访问 XINTF 区域 0 或 1 时有效(低)
$\overline{XZCS2}$	P13	88	O/Z	—	XINTF 区域 2 的片选。当访问 XINTF 区域 2 时有效(低)
$\overline{XZCS6AND7}$	B13	133	O/Z	—	XINTF 区域 6 和 7 的片选。当访问区域 6 或 7 时有效(低)
$\overline{XWE}$	N11	84	O/Z	—	写有效。有效时为低电平。写选通信号是每个区域操作的基础，由 XTIMINGx 寄存器的前一周期、当前周期和后一周期的值确定

续表 2-1

名 字	引脚号		I/O/Z	PU/PDS	说 明
	179针GHH封装	176针PGF封装			
$\overline{XRD}$	M3	42	O/Z	—	读有效。低电平读选通。读选通信号是每个区域操作的基础，由XTIMINGx寄存器的前一周期、当前周期和后一周期的值确定。注意：$\overline{XRD}$和$\overline{XWE}$是互斥信号
XR/$\overline{W}$	N4	51	O/Z	—	通常为高电平，当为低电平时表示处于写周期，当为高电平时表示处于读周期
XREADY	B6	161	I	PU	数据准备输入引脚，被置1表示外设已为访问做好准备。XREADY可被设置为同步或异步输入
JTAG和其他信号					
X1/XCLKIN	K9	77	I	—	振荡器输入/内部振荡器输入，该引脚也可以用来提供外部时钟。28x能够使用一个外部时钟源，注意，该引脚上以1.8 V或1.9 V内核数字电源(V_{DD})为基准，而不是3.3 V的I/O电源(V_{DDIO})。可以使用一个钳位二极管去钳位时钟信号，以保证它的逻辑高电平不超过V_{DD}或者去使用一个1.8 V的振荡器
X2	M9	76	O	—	振荡器输出
XCLKOUT	F11	119	O	—	源于SYSCLKOUT的输出时钟用于外部等待状态生成并作为通用时钟源。XCLKOUT与SYSCLKOUT的频率或者相等，或是它的1/2或是1/4。复位时XCLKOUT = SYSCLKOUT/4
TESTSEL	A13	134	I	PD	测试引脚，为TI保留，必须接地
$\overline{XRS}$	D6	160	I/O	PU	器件复位(输入)及看门狗复位(输出)。器件复位，$\overline{XRS}$使器件终止运行，PC指向地址0x3F FFC0。当$\overline{XRS}$为高电平时，程序从PC所指的位置开始运行。当看门狗产生复位时，DSP将该引脚驱动为低电平，在看门狗复位期间，低电平将持续512个XCLKIN周期。该引脚的输出缓冲器是一个带有内部上拉(典型值100 mA)的开漏缓冲器，推荐该引脚应该由一个开漏设备去驱动

续表 2－1

名　字	引脚号		I/O/Z	PU/PDS	说　明
	179 针 GHH 封装	176 针 PGF 封装			
TEST1	M7	67	I/O	—	测试引脚，为 TI 保留，必须悬空
TEST2	N7	66	I/O	—	测试引脚，为 TI 保留，必须悬空
$\overline{\text{TRST}}$	B12	135	I	PD	有内部下拉的 JTAG 测试复位。高电平时扫描系统控制器件的操作。若信号悬空或低电平，器件以功能模式操作，测试复位信号被忽略 注意：在 $\overline{\text{TRST}}$ 上不要用上拉电阻。它有一个内部下拉部件。在强噪声的环境中需要使用附加下拉电阻，此电阻值根据调试器设计的驱动能力而定，一般取 2.2 kΩ 即能提供足够的保护
TCK	A12	136	I	PU	带有内部上拉功能的 JTAG 测试时钟
TMS	D13	126	I	PU	有内部上拉功能的 JTAG 测试模式选择端
TDI	C13	131	I	PU	带上拉功能的 JTAG 测试数据输入端
TDO	D12	127	O/Z	—	JTAG 扫描输出，测试数据输出
EMU0	D11	137	I/O/Z	PU	带上拉功能的仿真器 I/O 口引脚 0，当 $\overline{\text{TRST}}$ 为高电平时，此引脚用作中断输入。该中断来自仿真系统，并通过 JTAG 扫描定义为输入/输出
EMU1	C9	146	I/O/Z	PU	仿真器引脚 1，当 $\overline{\text{TRST}}$ 为高电平时，此引脚输出无效，用作中断输入。该中断来自仿真系统的输入，通过 JTAG 扫描定义为输入/输出
ADC 模拟输入信号					
ADCINA7	B5	167	I	—	采样/保持 A 的 8 通道模拟输入。在 V_{DDA1}、V_{DDA2} 和 V_{DDAIO} 引脚被完全上电之前，ADC 引脚不会被驱动。ADC 输入电压范围为 0～3 V
ADCINA6	D5	168	I	—	
ADCINA5	E5	169	I	—	
ADCINA4	A4	170	I	—	
ADCINA3	B4	171	I	—	
ADCINA2	C4	172	I	—	
ADCINA1	D4	173	I	—	
ADCINA0	A3	174	I	—	

续表 2-1

名字		引脚号 179针GHH封装	引脚号 176针PGF封装	I/O/Z	PU/PDS	说明
ADCINB7		F5	9	I	—	采样/保持B的8通道模拟输入。在 V_{DDA1}、V_{DDA2} 和 V_{DDAIO} 引脚被完全上电之前,ADC引脚不会被驱动。ADC输入电压范围为0～3 V
ADCINB6		D1	8	I	—	
ADCINB5		D2	7	I	—	
ADCINB4		D3	6	I	—	
ADCINB3		C1	5	I	—	
ADCINB2		B1	4	I	—	
ADCINB1		C3	3	I	—	
ADCINB0		C2	2	I	—	
ADCREFP		E2	11	I O	— —	ADC参考电压输出(2 V)。需要在该引脚上接一个低ESR(50 mΩ～1.5 Ω)的10 μF陶瓷旁路电容,另一端接至模拟地
ADCREFM		E4	10	O	—	ADC参考电压输出(1 V)。需要在该引脚上接一个低ESR(50 mΩ～1.5 Ω)的10 μF陶瓷旁路电容,另一端接至模拟地
ADCRESE-XT		F2	16	O	—	ADC外部偏置电阻(24.9 kΩ)
ADCBGREFN		E6	164	I	—	测试引脚,为TI保留,必须悬空
AVSSREFBG		E3	12	I	—	ADC模拟地
AVDDREFBG		E1	13	I	—	ADC模拟电源(3.3 V)
ADCLO		B3	175	I	—	普通低侧模拟输入
V_{SSA1}		F3	15	I	—	ADC模拟地
V_{SSA2}		C5	165	I	—	ADC模拟地
V_{DDA1}		F4	14	I	—	ADC模拟电源(3.3 V)
V_{DDA2}		A5	166	I	—	ADC模拟电源(3.3 V)
V_{SS1}		C6	163	I	—	ADC数字地
V_{DD1}		A6	162	I	—	ADC数字电源(1.8 V)
V_{DDAIO}		B2	1	—	—	I/O模拟电源(3.3 V)
V_{SSAIO}		A2	176	—	—	I/O模拟地
通用输入/输出(GPIO)或外设信号			GPIOA或EVA信号			
GPIOA0	PWM1(O)	M12	92	I/O/Z	PU	GPIO或PWM输出引脚1
GPIOA1	PWM2(O)	M14	93	I/O/Z	PU	GPIO或PWM输出引脚2
GPIOA2	PWM3(O)	L12	94	I/O/Z	PU	GPIO或PWM输出引脚3
GPIOA3	PWM4(O)	L13	95	I/O/Z	PU	GPIO或PWM输出引脚4
GPIOA4	PWM5(O)	K11	98	I/O/Z	PU	GPIO或PWM输出引脚5
GPIOA5	PWM6(O)	K14	101	I/O/Z	PU	GPIO或PWM输出引脚6
GPIOA6	T1PWM-T1CMP	J11	102	I/O/Z	PU	GPIO或定时器1输出1
GPIOA7	T2PWM_T2CMP	J13	104	I/O/Z	PUI	GPIO或定时器2输出2

续表 2-1

名字		引脚号		I/O/Z	PU/PDS	说明
		179 针 GHH 封装	176 针 PGF 封装			
GPIOA8	CAP1_QEP1(I)	H10	106	I/O/Z	PUI	GPIO 或捕获输入 1
GPIOA9	CAP2_QEP2(I)	F11	107	I/O/Z	PU	GPIO 或捕获输入 2
GPIOA10	CAP3_QEPI1(I)	F12	109	I/O/Z	PU	GPIO 或捕获输入 3
GPIOA11	TDIRA(I)	F14	116	I/OZ	PU	GPIO 或计数器方向
GPIOA12	TCLKINA(I)	F13	117	I/O/Z	PU	GPIO 或计数器时钟输入
GPIOA13	$\overline{\text{C1TRIP}}$(I)	E13	122	I/O/Z	PU	GPIO 或比较器 1 输出
GPIOA14	$\overline{\text{C2TRIP}}$(I)	E11	123	I/O/Z	PU	GPIO 或比较器 2 输出
GPIOA15	$\overline{\text{C3TRIP}}$(I)	F10	124	I/O/Z	PU	GPIO 或比较器 3 输出
GPIOB 或 EVB 信号						
GPIOB0	PWM7(O)	N2	45	I/O/Z	PU	GPIO 或 PWM 输出引脚 7
GPIOB1	PWM8(O)	P2	46	I/O/Z	PU	GPIO 或 PWM 输出引脚 8
GPIOB2	PWM9(O)	N3	47	I/O/Z	PU	GPIO 或 PWM 输出引脚 9
GPIOB3	PWM10(O)	P3	48	I/OZ	PU	GPIO 或 PWM 输出引脚 10
GPIOB4	PWM11(O)	L4	49	I/O/Z	PU	GPIO 或 PWM 输出引脚 11
GPIOB5	PWM12(O)	M4	50	I/O/Z	PU	GPIO 或 PWM 输出引脚 12
GPIOB6	T3PWM_T3CMP	K5	53	I/O/Z	PU	GPIO 或定时器 3 输出
GPIOB7	T4PWM_T4CMP	N5	55	I/O/Z	PU	GPIO 或定时器 4 输出
GPIOB8	CAP4_QEP3(I)	M5	57	I/O/Z	PU	GPIO 或捕获输入 4
GPIOB9	CAP5_QEP4(I)	M6	59	I/O/Z	PU	GPIO 或捕获输入 5
GPIOB10	CAP6_QEPI2(I)	P6	60	I/O/Z	PU	GPIO 或捕获输入 6
GPIOB11	TDIRB(I)	L8	71	I/O/Z	PU	GPIO 或定时器方向
GPIOB12	TCLKINB(I)	K8	72	I/O/Z	PU	GPIO 或定时器时钟输入
GPIOB13	$\overline{\text{C4TRIP}}$(I)	N6	61	I/O/Z	PU	GPIO 或比较器 4 输出
GPIOB14	$\overline{\text{C5TRIP}}$(I)	L6	62	I/O/Z	PU	GPIO 或比较器 5 输出
GPIOB15	$\overline{\text{C6TRIP}}$(I)	K7	63	I/O/Z	PU	GPIO 或比较器 6 输出
GPIOD 或 EVA 信号						
GPIOD0	$\overline{\text{T1CTRIP\_PDPINTA}}$(I)	H14	110	I/O/Z	PU	GPIO 或定时器 1 比较输出
GPIOD1	$\overline{\text{T2CTRIP}}$/$\overline{\text{EVASOC}}$(I)	G10	115	I/O/Z	PU	GPIO 或定时器 2 比较输出或 EVA 开启外部 AD 转换输出
GPIOD 或 EVB 信号						
GPIOD5	$\overline{\text{T3CTRIP\_PDPINTB}}$(I)	P10	79	I/O/Z	PU	GPIO 或定时器 3 比较输出

续表 2-1

名字		引脚号		I/O/Z	PU/PDS	说明
		179针GHH封装	176针PGF封装			
GPIOD6	$\overline{\text{T4CTRIP}}$/$\overline{\text{EVBSOC}}$(I)	P11	83	I/OZ	PU	GPIO或定时器4比较输出或EVB开启外部AD转换输出
GPIOE或中断信号						
GPIOE0	XINT1_$\overline{\text{XBIO}}$(I)	D9	149	I/O/Z	—	GPIO或XINT1或$\overline{\text{XBIO}}$核心输入
GPIOE1	XINT2_ADCSOC(I)	D8	151	I/O/Z	PU	GPIO或XINT2或开始AD转换
GPIOE2	XNMI_XINT13(I)	E8	150	I/O/Z	PU	GPIO或XNMI或XINT13
GPIOF或串行外设接口(SPI)信号						
GPIOF0	SPISIMOA(O)	M1	40	I/O/Z	—	GPIO或SPI从动输入,主动输出
GPIOF1	SPISOMIA(I)	N1	41	I/O/Z	—	GPIO或SPI从动输出,主动输入
GPIOF2	SPICLKA(I/O)	K2	34	I/O/Z	—	GPIO或SPI时钟
GPIOF3	SPISTEA(I/O)	K4	35	I/O/Z	—	GPIO或SPI从动传送使能
GPIOF或串行通信接口A(SCI-A)信号						
GPIOF4	SCITXDA(O)	C7	155	I/O/Z	PU	GPIO或SCI异步串行口发送数据
GPIOF5	SCIRXDA(I)	A7	157	I/OZ	PU	GPIO或SCI异步串行口接收数据
GPIOF或增强型CAN总线接口(eCAN)						
GPIOF6	CANTXA(O)	N12	87	I/O/Z	PU	GPIO或eCAN发送数据
GPIOF7	CANRXA(I)	N13	89	I/O/Z	PU	GPIO或eCAN接收数据
GPIOF或多通道缓冲串行口(McBSP)信号						
GPIOF8	MCLKXA(I/O)	J1	28	I/O/Z	PU	GPIO或发送时钟
GPIOF9	MCLKRA(I/O)	H2	25	I/O/Z	PU	GPIO或接收时钟
GPIOF10	MFSXA(I/O)	H4	26	I/O/Z	PU	GPIO或发送帧同步信号
GPIOF11	MSXRA(I/O)	J2	29	I/O/Z	PU	GPIO或接收帧同步信号
GPIOF12	MDXA(O)	G1	22	I/O/Z	—	GPIO或发送串行数据
GPIOF13	MDRA(I)	G2	20	I/O/Z	PU	GPIO或接收串行数据

续表 2－1

名　字		引脚号		I/O/Z ‡‡	PU/PDS ‡‡‡	说　明
		179 针 GHH 封装	176 针 PGF 封装			
GPIOF 或 XF CPU 输出信号						
GPIOF14	$\overline{\text{XF\_XPLLDIS}}$(O)	A11	140	I/O/Z	PU	此引脚有 3 个功能： ① XF—通用输出引脚 ② XPLLDIS—复位期间此引脚被采样，以检查锁相环 PLL 是否不使能，若该引脚采样为低，PLL 将不被使能。此时，不能使用 HALT 和 STANDBY 模式 ③ GPIO—通用输入/输出功能
GPIOG 或串行通信接口 B(SCI－B)信号						
GPIOG4	SCITXDB(O)	P14	90	I/O/Z	PU	GPIO 或 SCI 异步串行口发送数据端
GPIOG5	SCIRXDB(I)	M13	91	I/O/Z	PU	GPIO 或 SCI 异步串行口接收数据端

注：‡　除了 TDO、CLKOUT、XF、XINTF、EMU0 及 EMU1 引脚之外，所有引脚的输出缓冲器驱动能力(有输出功能的)典型值是 4 mA。

‡‡　I：输入；O：输出；Z：高阻态。

‡‡‡　PU：引脚有上拉功能；PD：引脚有下拉功能。

由表 2－1 可将引脚信号分成 7 大类(176 引脚 PGF LQFP 封装)：

176 引脚信号线
- 30 根数字电源信号线
- 19 根地址总线
- 16 根数据总线
- 10 根XINTF控制总线
- 14 根 JTAG 和其他信号线
- 31 根 ADC 信号线
- 56 根 GPIO 或外设信号线
  - 16 根GPIOA或EVA信号线
  - 16 根GPIOB或EVB信号线
  - 2 根GPIOD或EVA信号线
  - 2 根GPIOD或EVB信号线
  - 3 根GPIOE或中断信号线
  - 4 根GPIOF或SPI信号线
  - 2 根GPIOF或SCI-A信号线
  - 2 根GPIOF或eCAN信号线
  - 6 根GPIOF或McBSP信号线
  - 1 根GPIOF或XF CPU信号线
  - 2 根GPIOG或SCI-B信号线

1. 简述 C28x Piccolo 系列 DSP 的主要产品的基本结构及性能。

2. 简述 C28x Delfino 系列 DSP 的主要产品的基本结构及性能。

3. 简述 C28x Concerto 系列 DSP 的主要产品的基本结构及性能。

4. TMS320F281x 系列 DSP 的主要性能有哪些?

5. F2812 的主要片内外设有哪些?

6. 掌握 F2812 的主要引脚功能描述。F2812 引脚可以分为哪几类?引脚中的 XMP/$\overline{\mathrm{MC}}$、$\overline{\mathrm{XRD}}$ 与 $\overline{\mathrm{XRS}}$ 各有什么作用?

第3章

TMS320F2812的内部资源

TMS320C28x定点系列DSP内部资源有3个主要部分：中央处理单元(CPU)、存储器和片内外设。所有的C28x定点系列DSP都采用同样的CPU、总线结构和指令集。不同的芯片具有各自不同的片内存储器配置和片内外设。

值得用户注意的是，本书提到的32位C28x定点系列DSP包括F281x和C281x，其中F281x包括F2810/1/2，本书主要讲述F2812芯片的相关内容。

本章主要讲述F2812的内部资源，包括中央处理单元CPU、时钟和系统控制、存储器及外部扩展接口、程序流以及中断系统及复位等内容。

3.1 中央处理单元(CPU)

TMS320C28x系列的CPU是一个低成本的32位定点处理器，集中了数字信号处理的最佳特征，包括精简指令集计算功能、微控制器架构、固件和工具集、改进的哈佛结构以及循环寻址。RISC的特点是单周期指令的执行，寄存器到寄存器操作和改进的哈佛结构(冯·诺依曼模式下可用)。微控制器的功能包括通过直观易用的字节的指令集，打包、解包和位操作。

CPU负责程序流的控制和指令的处理，完成数据的传送，执行算术运算、布尔逻辑、乘法和移位操作等。当执行有符号的数学运算时，CPU采用二进制补码进行运算。改进的哈佛架构使CPU的指令和数据获取可并行执行。CPU可以在写入数据的同时进行读取指令和数据，还可以同时进行流水线中的单周期指令操作。CPU通过6组独立的地址和数据总线完成这些操作。

1. CPU的兼容性

之前TI公司推出的TMS320C2000系列DSP中，CPU内核有C2xLP和C27x，而TMS320C28x的CPU内核是C28x。这些CPU的硬件结构有一定的差别，指令集也有所不同。但是，在C28x系列中可以通过选择兼容特性模式，使C28x CPU与C2xLP CPU、C27x CPU具有良好的兼容性。

C28x系列具有3种操作模式：C28x模式、C2xLP源-兼容模式和C27x目标-兼容模式。通过选择状态寄存器ST1的OBJMODE位和AMODE位的组合，可以选择其中之一，如表3-1所列。

表3-1 C28x CPU的兼容模式

操作模式	ST1的位	
	OBJMODE 第9位	AMODE 第8位
C28x模式	1	0
C2xLP源-兼容模式	1	1
C27x目标-兼容模式 *	0	0

注：* C28x CPU复位时处于C27x目标-兼容模式。

① C28x模式：在该模式中，用户可以使用C28x的所有有效特性、寻址方式和指令系统。因此一般应使C28x工作于该模式下，才能充分发挥自身的优势。但在C28x复位后，其ST1中的OBJMODE位和AMODE位均被清0，因而使CPU工作在C27x目标-兼容模式，且与C27x CPU完全兼容。因此，在C28x复位后，用户应首先通过"C28OBJ"指令或"SETC OBJMODE"指令将ST1中的OBJMODE位置1(注意：除非特别声明外，本书都假设芯片工作在C28x模式下)。

② C2xLP源-兼容模式：该模式允许用户运行由C28x代码生成的C2xLP源代码。更多信息可参考TI网站的相关资料。

③ C27x目标-兼容模式：在复位时，C28x CPU处于C27x目标-兼容模式。在该模式下，C28x的目标码与C27x CPU完全兼容，且它的循环-计数也与C27x CPU兼容。

2. CPU的组成及主要特性

C28x系列CPU内核的逻辑图如图3-1所示，包括3部分，即CPU内核、仿真逻辑单元和CPU信号。

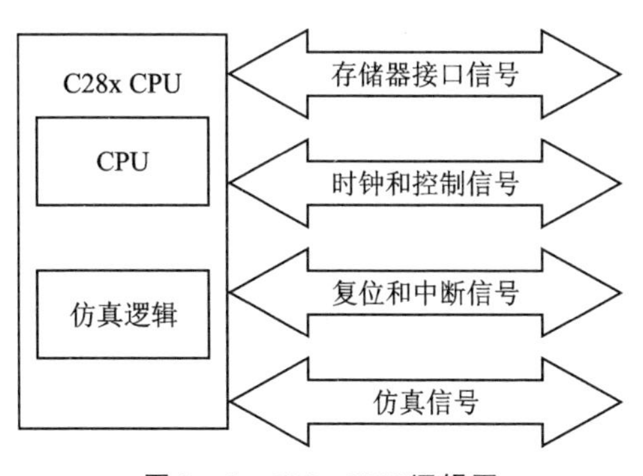

图3-1 C28x CPU逻辑图

① CPU内核能够产生数据和地址存储地址，它的主要任务是编码和运行指令；执行算术、逻辑和移位操作；控制寄存器阵列内的数据转移、数据存储和程序存储等。

② 仿真逻辑单元的功能是监视、控制CPU以及DSP各个部分及其运行状态，并实现对设备的测试、调试。用户通过CCS的调试器工具以及硬件JTAG仿真器来

访问和操作仿真逻辑单元。

③ CPU信号单元是存储器、外设、时钟、CPU以及调试单元之间的信号传输通道，主要包括有4种信号。

- 存储器接口信号：这些信号在CPU、存储器和外设之间进行数据传输；进行程序存储器和数据存储器的访问，并根据不同存储器的字段长度区分不同的存取操作（16位或32位）。
- 时钟和控制信号：为CPU和仿真逻辑提供时钟，它们可以用来控制和监视CPU状态。
- 复位和中断信号：这些信号用来产生硬件复位和中断请求，并监视中断的状态。
- 仿真信号：这些信号用来测试和调试。

C28x系列CPU的主要特性如下：

① 保护流水线：CPU具有8级流水线操作，可以避免同时对一个地址空间的数据进行读/写。

② 独立寄存器空间：CPU中的寄存器包含一些独立的寄存器，这些并没有映射到数据存储空间的寄存器。这些寄存器的功能可以作为系统控制寄存器、数学寄存器和数据指针。系统控制寄存器可由特殊的指令进行操作。其他寄存器则通过特殊指令或特殊寻址模式（寄存器寻址模式）来操作。

③ 算术逻辑单元（ALU）：32位ALU可以完成二进制补码的算术和布尔逻辑操作。

④ 地址寄存器算术单元（ARAU）：ARAU产生数据存储地址以及与ALU并行操作的增量和减量指针。

⑤ 桶形移位器：该移位器可以执行所有的数据左移和右移操作，但最多左移16位和右移16位。

⑥ 乘法器：该乘法器可执行32位×32位的二进制补码乘法运算得到64位的乘积。乘法可以在2个有符号数之间、2个无符号数之间或者一个有符号数与一个无符号数之间进行操作。

3. CPU的结构及总线

所有C28x都具有相同的CPU结构，包含有一个中央处理单元CPU、一个仿真逻辑和用于存储器及片内外设的接口信号。这些信号在3组地址总线和3组数据总线上进行传送。图3-2给出了C28x系列CPU的主要组成单元和数据通道，值得用户注意的是，它并不反映芯片的实际实现。其中，灰底部分的总线是通向CPU外部的存储器接口总线。操作数总线为乘法器、移位器和ALU的操作提供操作数，结果总线把运算结果送到寄存器和存储器中。CPU的主要组成单元有：

① 程序和数据控制逻辑：这种逻辑用来存储从程序存储器中取出的指令队列。

② 实时仿真和可视化：仿真逻辑能实现可视化操作。

③ 地址寄存器算术单元(ARAU):ARAU为从数据存储器中取出的值分配地址。对于数据读操作,它把地址置于数据读地址总线(DRAB)上;对于数据写操作,它把地址装入数据写地址总线(DWAB)中。ARAU也可以增加或减少堆栈指针(SP)和辅助寄存器(XAR0~XAR7)的值。

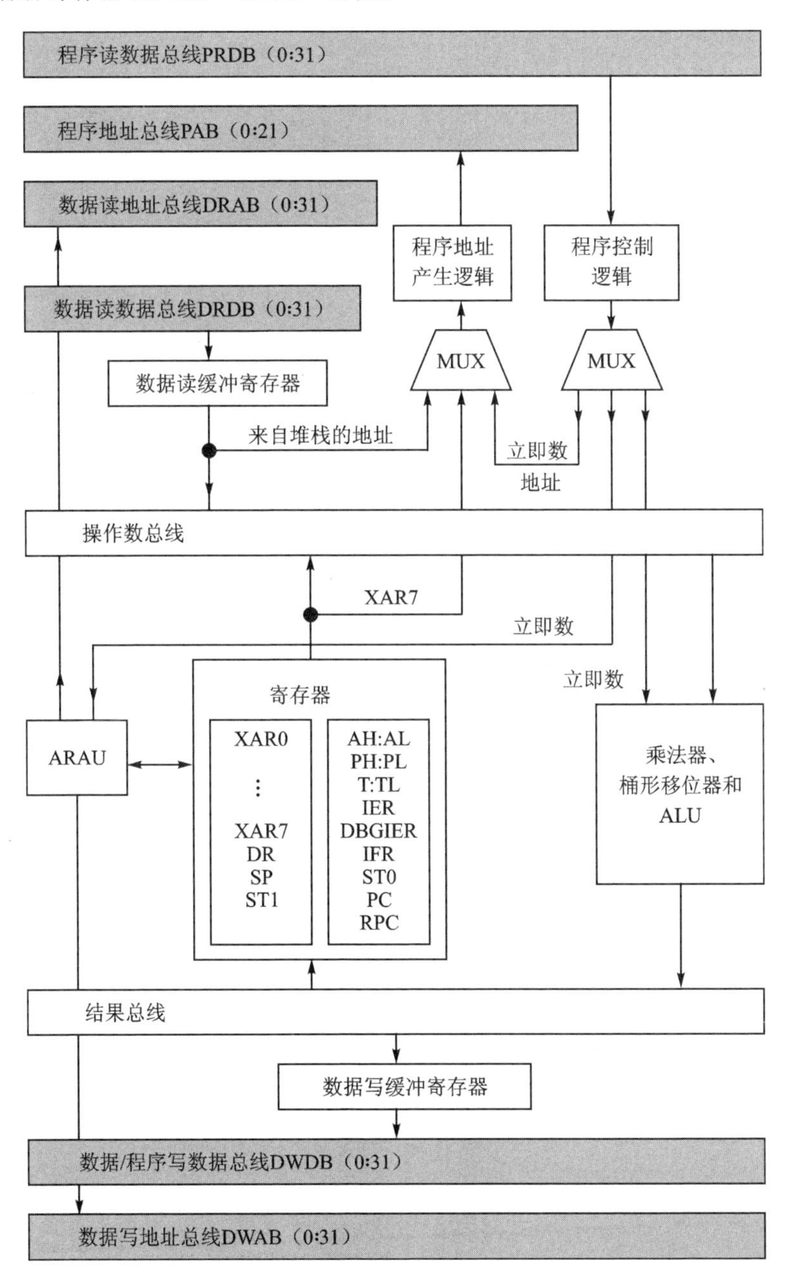

图3-2 C28x的CPU主要结构框图

④ 算术逻辑单元(ALU):32位ALU可以完成二进制补码的算术和布尔逻辑操作。在运算之前,ALU接收来自于寄存器、数据存储器或程序控制逻辑单元中的数据,运算后,ALU将结果保存入寄存器或数据存储器中。

⑤ 预取队列和指令译码。

⑥ 程序和数据地址发生器。

⑦ 定点MPY/ALU:乘法器可执行32位×32位的二进制补码乘法运算得到64位的乘积。为了同乘法器关联,C28x CPU采用了32位被乘数寄存器(XT)、32位乘积寄存器(P)和32位累加器(ACC)。XT寄存器提供一个乘法的被乘数,乘积被送到P寄存器或者ACC中。

⑧ 中断处理。

CPU与存储器的接口地址和数据总线有6组,包括3组地址总线和3组数据总线。CPU通过这6组独立的地址和数据总线来完成指令和数据的并行读/写及处理。

存储器接口包括3组地址总线:

① 程序地址总线PAB(Program Address Bus),用来传送来自程序空间的读地址和写地址。PAB是一组22位的总线,可以访问4M字的存储空间。

② 数据读地址总线DRAB(Data - Read Address Bus),32位,用来传送来自数据空间的读地址。

③ 数据写地址总线DWAB(Data - Write Address Bus),32位,用来传送来自数据空间的写地址。

存储器接口还包括3组数据总线:

① 程序读数据总线PRDB(Program - Read Data Bus),32位,读取程序空间时用来传送指令或数据。

② 数据读数据总线DRDB(Data - Read Data Bus),32位,读取数据空间时用来传送数据。

③ 数据/程序写数据总线DWDB(Data/Program - Write Data Bus),32位的DWDB在对数据空间或程序空间进行写数据时用来传送数据。

表3-2给出了在访问数据空间和程序空间时如何使用这些总线。

表3-2 数据空间和程序空间访问时总线概览表

存取类型	地址总线	数据总线
从程序空间读	PAB	PRDB
从数据空间读	DRAB	DRDB
向程序空间写	PAB	DWDB
向数据空间写	DWAB	DWDB

通常，数据存储器用于存放用户定义的变量，由用户通过指令访问。C28x 的 CPU 内部对数据存储器的读、写地址总线是分开的，读、写数据总线也是分开的。另外，向程序空间和数据空间写操作都要通过 DWDB 传递数据。需要用户注意的是，程序空间的读和写不能同时发生，因为它们都要使用程序地址总线 PAB。同样，程序空间的写和数据空间的写也不能同时发生，因为两者都要使用数据/程序写数据总线 DWDB。而运用不同总线的传送是可以同时发生的。如 CPU 可以在程序空间完成读操作(使用 PAB 和 PRDB)，同时在数据空间完成读或写操作；或者在数据空间完成读操作(使用 DRAB 和 DRDB)，同时在数据空间进行写操作(使用 DWAB 和 DWDB)。

4. CPU 的寄存器

表 3-3 列出了 CPU 的主要寄存器和它们复位后的初值。

表 3-3　CPU 主要寄存器概览表

寄存器	大　小	描　述	复位后的值
ACC	32 位	累加器	0x0000 0000
AH	16 位	累加器的高 16 位	0x0000
AL	16 位	累加器的低 16 位	0x0000
XAR0～7	32 位	辅助寄存器 0～7	0x0000 0000
AR0～7	16 位	辅助寄存器 0～7 的低 16 位	0x0000
DP	16 位	数据页指针	0x0000
IFR	16 位	中断标志寄存器	0x0000
IER	16 位	中断使能寄存器	0x0000(INT1～14，DLOGINT，RTOSINT 禁止)
DBGIER	16 位	调试中断使能寄存器	0x0000(INT1～14，DLOGINT，RTOSINT 禁止)
P	32 位	结果寄存器	0x0000 0000
PH	16 位	P 的高 16 位	0x0000
PL	16 位	P 的低 16 位	0x0000
PC	22 位	程序计数器	0x3F FFC0
RPC	22 位	返回程序寄存器	0x00 0000
SP	16 位	堆栈指针	0x0400
ST0	16 位	状态寄存器 0	0x0000
ST1	16 位	状态寄存器 1	0x080B
XT	32 位	被乘数寄存器	0x0000 0000
T	16 位	XT 的高 16 位	0x0000
TL	16 位	XT 的低 16 位	0x0000

(1) 累加器(ACC、AH、AL)

累加器(ACC)是CPU的主要工作寄存器。除了那些对存储器和寄存器的直接操作外,所有的ALU操作结果最终都要送入ACC。ACC支持单周期数据传送操作、加法、减法和来自数据存储器的宽度为32位的比较运算,也可以接收32位乘法操作的运算结果。

ACC有一个非常重要的特点就是既可以作为一个32位的寄存器使用,也可以对ACC单独进行16位/8位的访问,如图3-3所示,即把ACC分为2个独立的16位寄存器AH(高16位)和AL(低16位)。而且可以对AH和AL中的字节进行独立访问,用专门的字节传送指令能够装载和存储AH/AL的最高或最低字节,甚至AH和AL的高8位和低8位也可以通过专用字节传送指令进行独立访问,这使得有效字节捆绑和解捆绑操作成为可能。

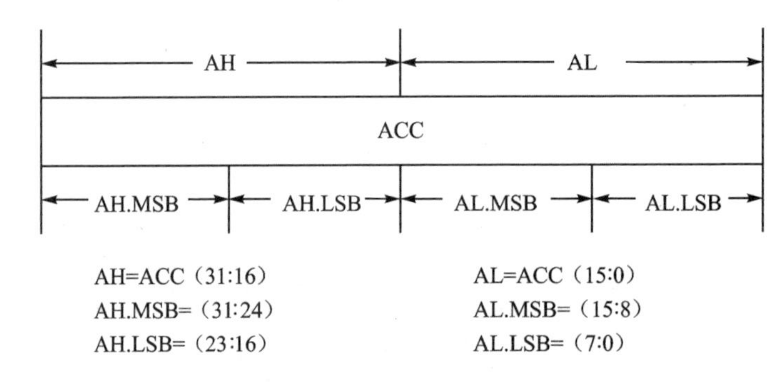

图3-3 累加器可单独存取的部分

表3-4给出了移位ACC、AH或AL内容的方法。

表3-4 累加器移位值的可用操作

寄存器	移位方向	移位类型	指 令
ACC	左	逻辑	LSL或LSLL
		循环	ROL
	右	算术	SFR(SXM=1)或ASRL
		逻辑	SFR(SXM=0)或LSRL
		循环	ROR
AH或AL	左	逻辑	LSL
	右	算术	ASR
		逻辑	LSR

与累加器相关的状态位还有溢出模式位(OVM)、符号扩展模式位(SXM)、测试/控制标志位(TC)、进位位(C)、零标志位(Z)、负标志位(N)、溢出标志位(V)以及溢出计数位(OVC)。这些状态位将在CPU的状态寄存器0(ST0)中介绍。

(2) 被乘数寄存器(XT)和乘积结果寄存器(P、PH、PL)

被乘数寄存器(XT)主要用在32位乘法操作之前,存放一个32位有符号整数值。XT寄存器可以分为2个独立的16位寄存器T和TL,如图3-4所示。XT寄存器的低16位部分是TL寄存器,该寄存器能装载一个16位有符号数,能自动对该数进行符号扩展,然后将其送入32位XT寄存器。XT寄存器的高16位部分是T寄存器,该寄存器主要用来存储16位乘法操作之前的16位整数值。T寄存器也可以为一些移位操作设定移位值,在这种情况下根据指令只可以使用T寄存器的一部分。

32位的乘积寄存器(P)主要用来存放乘法运算的结果,也可以直接装入一个16位常数,或者从一个16位/32位的数据存储器、16位/32位的可寻址CPU寄存器以及32位累加器中读取数据。P寄存器可以作为一个32位寄存器或2个独立的16位寄存器:PH(高16位)和PL(低16位)来使用,如图3-5所示。

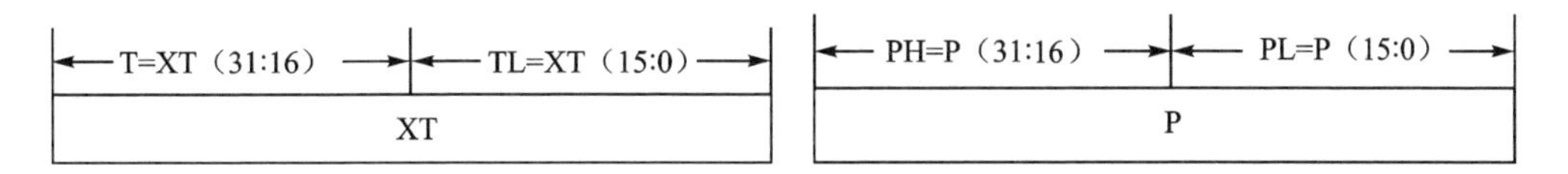

图3-4 XT寄存器的单独存取部分　　图3-5 P寄存器的单独存取部分

当通过一些指令存取P、PH或PL时,所有的32位数都要复制到ALU移位器模块中,在这里桶形移位器可以执行左移、右移或不移位操作。这些指令的移位操作由状态寄存器ST0中的乘积移位模式(PM)位来决定,详细内容见后续对ST0的介绍。当桶形移位器执行左移时,低位补零;当执行右移时,P寄存器进行符号扩展。使用PH或PL的值作为操作数的指令忽略乘积移位模式。

(3) 数据页指针(DP)

在直接寻址方式中,操作数的地址由两部分组成:一个页地址(Data Page)和一个页内的偏移量。对数据存储器的寻址要在64个字(即一个页面为64个字)的数据页中进行。C28x的数据存储器中每64个字构成一个数据页,由低4M字的数据存储器共有65 536个数据页,用0～65 535进行标号,如表3-5所列。在DP直接寻址方式下,当前的页地址存放于16位的数据页指针寄存器(DP)中,可以通过给DP赋新值去改变数据页号。

表3-5 数据存储器的数据页

数据页	偏移量	数据存储器
00 0000 0000 0000 00 … 00 0000 0000 0000 00	00 0000 … 11 1111	页 0:0000 0000h～0000 003Fh
00 0000 0000 0000 01 … 00 0000 0000 0000 01	00 0000 … 11 1111	页 1:0000 0040h～0000 007Fh

续表 3-5

数据页	偏移量	数据存储器
00 0000 0000 0000 10 … 00 0000 0000 0000 10	00 0000 … 11 1111	页 2:0000 0080h～0000 00BFh
…	…	…
11 1111 1111 1111 11 … 11 1111 1111 1111 11	00 0000 … 11 1111	页 65 535:003F FFC0h～003F FFFFh

注意,4M 以上字的数据存储器用 DP 不能访问。当 CPU 工作在 C2xLP 源-兼容模式时,使用一个 7 位的偏移量,并忽略 DP 寄存器的最低位。

(4) 堆栈指针(SP)

堆栈指针(SP)允许在数据存储器中使用软件堆栈。堆栈指针为 16 位,可以对数据空间的低 64K 字(数据存储器 0000H～FFFFH)进行寻址,如图 3-6 所示。当使用 SP 时,将 32 位地址的高 16 位置 0。复位后 SP 指向地址 0000 0400h。

有关堆栈的操作说明如下:

① 堆栈从低地址向高地址增长。

② SP 总是指向堆栈中的下一个空域。

③ 复位时,SP 被初始化,指向地址 0000 0400h。

④ 将 32 位数值存入堆栈时,先存入低 16 位,然后将高 16 位存入下一个高地址中。

⑤ 读/写 32 位的数值时,C28x CPU 期望存储器或外设接口逻辑把读/写排成偶数地址。例如,如果 SP 包含一个奇数地址 0000 0083h,那么,进行一个 32 位的读操作时,则从地址 0000 0082h 和 0000 0083h 中读取数值。

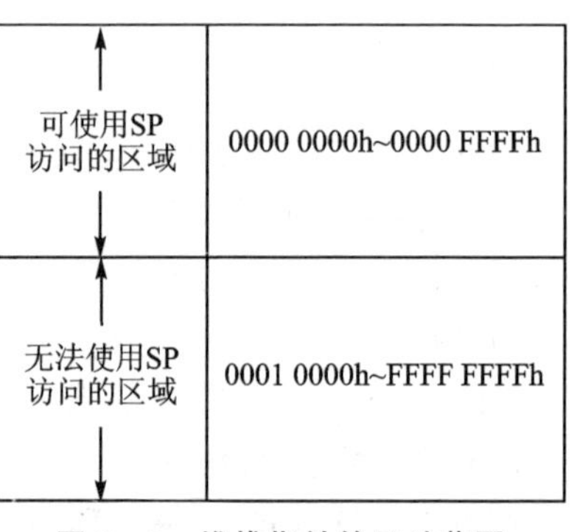

图 3-6　堆栈指针的寻址范围

⑥ 如果增加 SP 的值,使它超过 FFFFh,或者减少 SP 的值,使它低于 0000h,则表明 SP 已经溢出。如果增加 SP 的值使它超过了 FFFFh,它就会从 0000h 开始计数。例如,如果 SP＝FFFFh,而一个指令又向 SP 加 3,则结果就是 00002h。当减少 SP 的值使它到达 0000h,它就会重新从 FFFFh 计数。例如,如果 SP＝0002h 而一个指令又从 SP 减 4,则结果就是 FFFEh。

⑦ 当数值存入堆栈时,SP 并不要求排成奇数或偶数地址。排列由存储器或外设接口逻辑完成。

(5) 辅助寄存器(XAR0～XAR7、AR0～AR7)

CPU 提供 8 个 32 位的辅助寄存器:XAR0、XAR1、XAR2、XAR3、XAR4、XAR5、XAR6 和 XAR7(XARn,n＝0～7)。在间接寻址方式中,它们可以存放指向存储器的指令操作数的地址指针,或者也可以作为通用目的寄存器使用。许多指令可以访问 XAR0～XAR7 的低 16 位,其中,辅助寄存器的低 16 位用 AR0～AR7,表示用作循环控制和 16 位比较的通用目的寄存器,如图 3-7 所示。

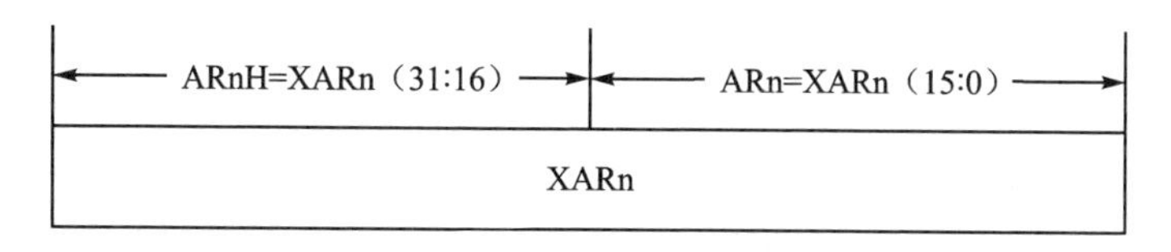

图 3-7 XAR0～XAR7 寄存器

当访问 AR0～AR7 时,寄存器的高 16 位(AROH～AR7H)可能改变或不改变,这主要取决于所应用的指令。AR0H～AR7H 只能作为 XAR0～XAR7 的一部分来读取,不能单独访问。

(6) 程序计数器(PC)

C28x 的程序计数器是一个 22 位的寄存器,存放当前 CPU 正在操作指令的地址。当流水线满的时候,22 位的程序指针总是指向当前操作的指令,该指令刚刚到达流水线译码的第二阶段。一旦指令到达了流水线的这一阶段,它就不会再被中断从流水线中清除掉,而是在中断执行之前就被执行。

(7) 返回程序寄存器(RPC)

当通过 LCR 指令执行一个调用操作时,返回地址存储在 RPC 寄存器中,RPC 以前的值存在堆栈中(在 2 个 16 位的操作中)。当通过 LRETR 指令执行一个返回操作时,返回地址从 RPC 寄存器中读出,堆栈中的值被写回 RPC 寄存器(在 2 个 16 位的操作中)。其他的调用指令并不使用 RPC 寄存器。

有 2 对长调用指令:LC 和 LRET,LCR 和 LRETR。LCR 和 LRETR 执行效率更高,只有 LCR 和 LRETR 指令使用 RPC。当使用 LCR 指令时,当前 RPC 的值被压入堆栈。返回地址将被装载到 RPC 寄存器中,而 22 位的函数入口地址将被装载到 PC 计数器,从而使流程转入函数体中运行。调用结束通过 LRETR 指令返回时存放在 RPC 内的返回地址装载到 PC 中,而之前压入堆栈中的 RPC 的值从堆栈中装载到 RPC 内。

(8) 中断控制寄存器(IFR、IER、DBGIER)

C28x 有 3 个寄存器用于控制中断:中断标志寄存器(IFR)、中断使能寄存器(IER)和调试中断使能寄存器(DBGIER)。IFR 包含的标志位用于可屏蔽中断(可以用软件进行屏蔽)。当通过硬件或软件设定了其中某位时,相应的中断就被使能。可以用 IER 中的相应位屏蔽和使能中断。当 DSP 工作在实时仿真模式并且 CPU 被挂起时,DBGIER 表明可以使用时间临界中断(如果被使能)。

(9) 状态寄存器 0(ST0)

C28x 有 2 个状态寄存器 ST0 和 ST1,其中包含不同的标志位和控制位。这些寄存器可以和数据寄存器交换数据,也可以保存机器的状态和为子程序恢复状态。ST0 包含指令操作所使用或影响的控制或标志位,如溢出、进位、符号扩展等。所有这些位都可以在流水线执行的过程中进行更改,即状态位根据流水线中位值的改变而改变,ST0的位在流水线的执行阶段中改变。

状态寄存器ST0的位图如图3-8所示,各位的含义如表3-6所列。

15~10	9~7	6	5	4	3	2	1	0
OVC/OVCU	PM	V	N	Z	C	TC	OVM	SXM
R/W-00 0000	R/W-0	R/W-0	R/W-0	R/W-0	R/W-0	R/W-0	R/W-0	R/W-0

注: R=可读; W=可写; –后的值是复位后的值。

图3-8 状态寄存器ST0的位图

表3-6 状态寄存器ST0各位含义描述表

位	名 称	描 述
15~10	OVC/OVCU	溢出计数器。溢出计数器在执行有符号数操作和无符号数操作时是不同的。影响OVC/OVCU指令的详细说明可参考TI公司相关技术手册
9~7	PM	乘积移位模式位。这3位的值决定了任何从乘积结果寄存器P的输出操作的移位模式。移位后的输出可以存入ALU或存储器中。在右移位操作中,所有受乘积移位模式影响的指令都将对P寄存器中的值进行符号扩展。复位时,PM被清0(默认左移一位)。PM移位模式如下: 000 左移一位。在移位过程中,低位补0。复位时,选择这一模式。 001 没有移位。 010 右移一位。在移位过程中,低位丢失,移位时进行有符号扩展。 011 右移2位。在移位过程中,低位丢失,移位时进行有符号扩展。 100 右移3位。在移位过程中,低位丢失,移位时进行有符号扩展。 101 右移4位。在移位过程中,低位丢失,移位时进行有符号扩展。 如果AMODE=1,则101为左移4位。 110 右移5位。在移位过程中,低位丢失,移位时进行有符号扩展。 111 右移6位。在移位过程中,低位丢失,移位时进行有符号扩展
6	V	溢出标志位。如果指令操作结果引起保存结果的寄存器发生溢出,则V置1并锁定,否则V不改变
5	N	负标志位。在一些操作中,若操作结果为负,则N被置1,否则N被清0。复位时N清0
4	Z	零标志位。若操作结果为零则Z被置1,否则Z被清0
3	C	进位标志位。该位表明一个加法或增量操作产生了进位,或者一个减法、比较或减量操作产生了借位
2	TC	测试/控制标志位。该位表示由TBIT(测试位)指令或NORM(归一化)指令所完成的测试结果
1	OVM	溢出模式位。当ACC接收加减结果时,若结果产生溢出,则OVM=0或1决定CPU如何处理溢出

续表 3-6

位	名 称	描 述
0	SXM	符号扩展模式位。在32位累加器中进行16位操作时，SXM会影响MOV、ADD以及SUB指令。SXM按照以下方式决定是否进行有符号扩展： 0 禁止有符号扩展(数值作为无符号数) 1 可以进行有符号扩展(数值作为有符号数)。 该位可以由SETC SXM和CLRC SXM指令进行置位和复位。复位时SXM被清0

(10) 状态寄存器1(ST1)

与状态寄存器0(ST0)不同的是，状态寄存器1主要包含一些特殊的控制位，如处理器的兼容模式选择、寻址模式配置以及调试和中断的控制位等。在程序初始化的阶段，用户必须对ST1进行适当的配置。状态位根据流水线中位值的改变而改变，ST1的位在流水线的译码2阶段中改变。状态寄存器ST1的位图如图3-9所示，各位的含义如表3-7所列。

15–13	12	11	10	9	8
ARP	XF	M0M1MAP	Reserved	OBJMODE	AMODE
R/W-000	R/W-0	R/W-1	R/W-0	R/W-0	R/W-0

7	6	5	4	3	2	1	0
IDLESTAT	EALLOW	LOOP	SPA	VMAP	PAGE0	DBGM	INTM
R-0	R/W-0	R-0	R/W-0	R/W-1	R/W-0	R/W-1	R/W-1

注：R=可读；W=可写；-后的值是复位后的值；保留位总是0，不受写的影响。

图3-9 状态寄存器ST1的位图

表3-7 状态寄存器ST1各位含义描述表

位	名 称	描 述
15～13	ARP	辅助寄存器指针位。这3位用于选择8个32位辅助寄存器XAR0～XAR7中的一个作为当前辅助寄存器。如ARP=000时指向XAR0，依次类推
12	XF	XF状态位，用于控制输出引脚XF的状态，与C2xLP CPU兼容
11	M0M1MAP	存储器M0和M1映射模式位。在C28x目标模式下，M0M1MAP应一直保持为1，这也是复位后的默认值
10	Reserved	保留位，写此位无效
9	OBJMODE	目标兼容模式位。用来在C27x目标模式(OBJMODE =0)和C28x目标模式(OBJMODE =1)之间进行选择，详见表3-1

续表 3-7

位	名 称	描 述
8	AMODE	寻址模式位。在C28x寻址模式(AMODE=0)和C2xLP寻址模式(AMODE=1)之间进行选择,详见表3-1。 注:PAGE0=AMODE=1仅对存储器和寄存器寻址模式域(loc16或loc32)译码的指令产生一个非法指令陷阱
7	IDLESTAT	空闲状态位。该位是只读位,执行IDLE指令时该位会被置位,随后CPU进入低功耗模式。如下任一情况均可使其复位清0: ➢ 中断发生后; ➢ 中断没有发生但CPU退出IDLE状态; ➢ 一个有效指令进入指令寄存器(寄存器含有的指令正在被译码); ➢ 某一设备发生复位
6	EALLOW	仿真读取使能位。为1时,可以访问受保护的外设寄存器
5	LOOP	循环指令状态位。该位是只读位,除循环指令外,它不受其他指令的影响。当循环指令LOOPNZ或LOOPZ在流水线中执行到第二译码阶段时,该位被置位。只有当满足特定的条件时循环指令才结束,然后LOOP位清0
4	SPA	堆栈指针定位,表明CPU是否已通过ASP指令预先把堆栈指针定位到偶数地址上。 0 堆栈指针还未被定位到偶数地址。 1 堆栈指针已被定位到偶数地址
3	VMAP	向量映射位,决定CPU的中断向量表(包括复位向量)被映射到程序存储器的最低地址还是最高地址。 0 CPU的中断向量表映射到程序存储器的最低地址:0x00 0000～0x00 003Fh。 1 CPU的中断向量表映射到程序存储器的最高地址:0x3F FFC0～0x3F FFFFh
2	PAGE0	寻址模式设置位。 0 PAGE0堆栈寻址模式。 1 PAGE0直接寻址模式。 注:设置PAGE0=AMODE=1时将产生一个非法指令陷阱。PAGE0=1与C27x兼容。而C28x的推荐操作模式是PAGE0=0。复位时PAGE0位被清0,选择PAGE0堆栈寻址模式
1	DBGM	调试使能屏蔽位。当该位被置位时,仿真器不能实时访问存储器和寄存器,且调试器不能更新它的窗口。在实时仿真模式下,若该位为1,则CPU忽略暂停或硬件断点请求直到该位被清0

续表 3-7

位	名　称	描　述
0	INTM	中断全局屏蔽位。该位可以全局使能或禁止所有的 CPU 可屏蔽中断(即那些可以用软件进行阻止的中断)。 0　可屏蔽中断被全局使能。为了能被 CPU 确认,必须由中断使能寄存器(IER)产生局部使能的可屏蔽中断。 1　可屏蔽中断被全局禁止。即使可屏蔽中断由 IER 局部使能,也不能被 CPU 确认。 INTM 位对非屏蔽中断、硬件复位和硬件中断 $\overline{\text{NMI}}$ 没有影响,另外当 CPU 在实时仿真模式下暂停时,即使 INTM 位已经设置为禁止可屏蔽中断,仍可由 IER 和 DBGIER 激活一个可屏蔽中断

3.2　时钟和系统控制

3.2.1　时　钟

F2812 的内部时钟和复位电路结构框图如图 3-10 所示。图中 CLKIN 是经时

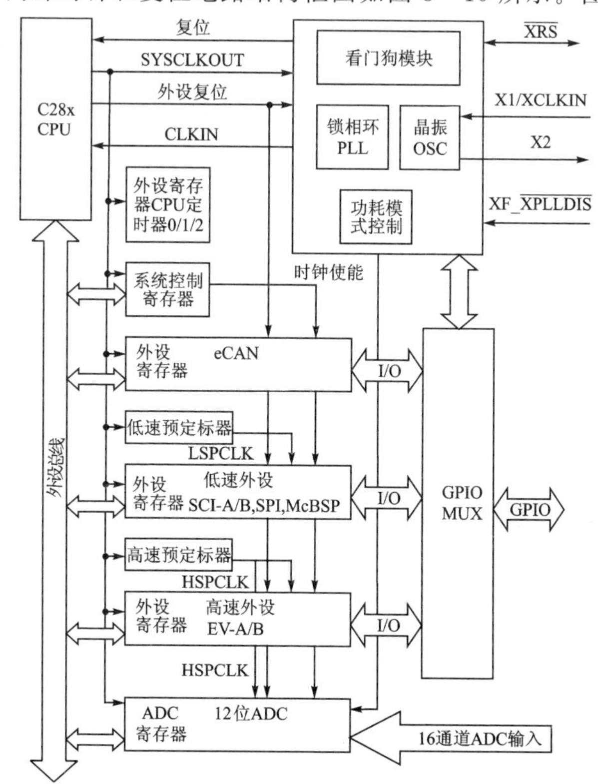

注：图中CLKIN是送往CPU的时钟，SYSCLKOUT是从CPU输出的时钟，二者频率相等。

图 3-10　F2812 内部时钟和复位电路结构框图

钟产生电路提供给CPU的时钟信号,未做处理就直接从CPU输出,成为系统时钟SYSCLKOUT信号,作为片内集成外设模块的时钟源,二者频率相等,即SYSCLK-OUT=CLKIN。此外,片内外设模块的时钟分成LSPCLK(低速)和HSPCLK(高速)两组,以方便用户设置各个外设模块的工作频率。

在F2812上,所有的时钟、锁相环、低功耗模式以及看门狗等都要通过相应的控制寄存器配置,各个控制寄存器如表3-8所列。

表3-8 时钟、锁相环、低功耗模式以及看门狗控制寄存器

名 称	地 址	大小(×16)	描 述
保留	0x0000 7010～0x0000 7019	10	—
HISPCP	0x0000 701A	1	HSPCLK时钟的高速外设时钟预定标寄存器
LOSPCP	0x0000 701B	1	LSPCLK时钟的低速外设时钟预定标寄存器
PCLKCR	0x0000 701C	1	外设时钟控制寄存器
保留	0x0000 701D	1	—
LPMCR0	0x0000 701E	1	低功耗模式控制寄存器0
LPMCR1	0x0000 701F	1	低功耗模式控制寄存器1
保留	0x0000 7020	1	—
PLLCR	0x0000 7021	1	锁相环控制寄存器
SCSR	0x0000 7022	1	系统控制和状态寄存器
WDCNTR	0x0000 7023	1	看门狗计数器寄存器
保留	0x0000 7024	1	—
WDKEY	0x0000 7025	1	看门狗复位密钥寄存器
保留	0x0000 7026～0x0000 7028	3	—
WDCR	0x0000 7029	1	看门狗控制寄存器
保留	0x0000 702A～0x0000 702F	6	—

下面介绍这些寄存器的位图及其含义,注意这些寄存器仅通过执行EALLOW指令来访问。

1. 外设时钟控制寄存器(PCLKCR)

外设时钟控制寄存器控制芯片上各种时钟的工作状态,使能或禁止相关外设的时钟。外设时钟控制寄存器的位图如图3-11所示,各位的功能定义描述如表3-9所列。

15	14	13	12	11	10	9	8
Reserved	ECANENCLK	Reserved	MCBSPENCLK	SCIBENCLK	SCIAENCLK	Reserved	SPIBENCLK
R-0	R/W-0	R-0	R/W-0	R/W-0	R/W-0	R-0	R/W-0

7～4	3	2	1	0
Reserved	ADCENCLK	Reserved	EVBENCLK	EVAENCLK
R-0	R/W-0	R-0	R/W-0	R/W-0

注：R=可读；W=可写；-0=复位后的值为0；对于低功耗操作，可通过复位或由用户将其清0。

图3-11 外设时钟控制寄存器的位图

表3-9 外设时钟控制寄存器的功能定义描述表

位	名 称	描 述
15	Reserved	保留位
14	ECANENCLK	若该位为1，则使能CAN外设中的系统时钟
13	Reserved	保留位
12	MCBSPENCLK	若该位为1，则使能McBSP外设中的低速时钟LSPCLK
11	SCIBENCLK	若该位为1，则使能SCI-B外设中的低速时钟LSPCLK
10	SCIAENCLK	若该位为1，则使能SCI-A外设中的低速时钟LSPCLK
9	Reserved	保留位
8	SPIBENCLK	若该位为1，则使能SPI外设中的低速时钟LSPCLK
7～4	Reserved	保留位
3	ADCENCLK	若该位为1，则使能ADC外设中的高速时钟HSPCLK
2	Reserved	保留位
1	EVBENCLK	若该位为1，则使能EVB外设中的高速时钟HSPCLK
0	EVAENCLK	若该位为1，则使能EVA外设中的高速时钟HSPCLK

2. 系统控制和状态寄存器(SCSR)

系统控制和状态寄存器包含看门狗溢出位和看门狗中断屏蔽/使能位。系统控制和状态寄存器的位图如图3-12所示。各位的功能定义描述如表3-10所列。

表3-10 系统控制和状态寄存器的功能定义描述表

位	名 称	描 述
15～3	Reserved	保留位
2	WDINTS	看门狗中断状态位，反映看门狗模块的$\overline{\text{WDINT}}$信号的状态。如果使用看门狗中断信号将器件从IDLE或STANDBY状态唤醒，则再次进入到IDLE或STANDBY状态唤醒之前必须保证WDINTS信号无效(WDINTS=1)

续表 3-10

位	名 称	描 述
1	WDENINT	看门狗中断使能位。如果该位为 1，则 WD 复位 $\overline{\text{WDRST}}$ 输出信号被禁止，看门狗 WD 中断信号 $\overline{\text{WDINT}}$ 使能。若该位为 0，则 WD 复位 $\overline{\text{WDRST}}$ 输出信号被使能，看门狗 WD 中断信号 $\overline{\text{WDINT}}$ 被禁止
0	WDOVERRIDE	该位是一个只能清除的位，复位后值为 1。通过向该位写 1 对其清 0。为 0 保护 WD，防止 WD 被软件禁止

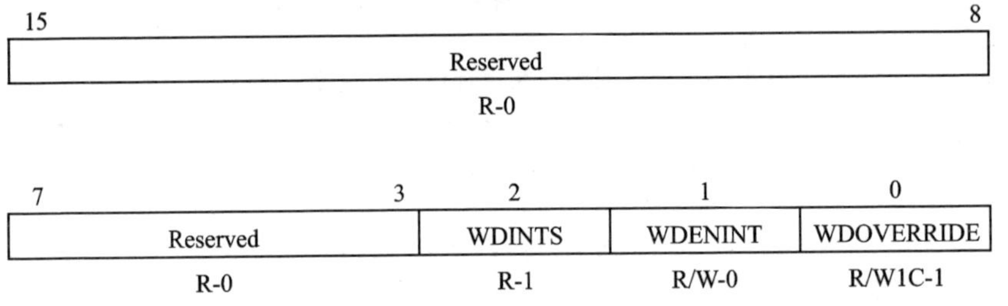

注：R=可读；W=可写；-0=复位后的值为0；W1C=写1清0。

图 3-12 系统控制和状态寄存器的位图

3. 高/低速外设时钟预定标寄存器（HISPCP/ LOSPCP）

高/低速外设时钟预定标寄存器分别用来控制高/低速的外设时钟。这 2 个寄存器的具体位图如图 3-13 和图 3-14 所示，各位的功能定义描述如表 3-11 和表 3-12 所列。

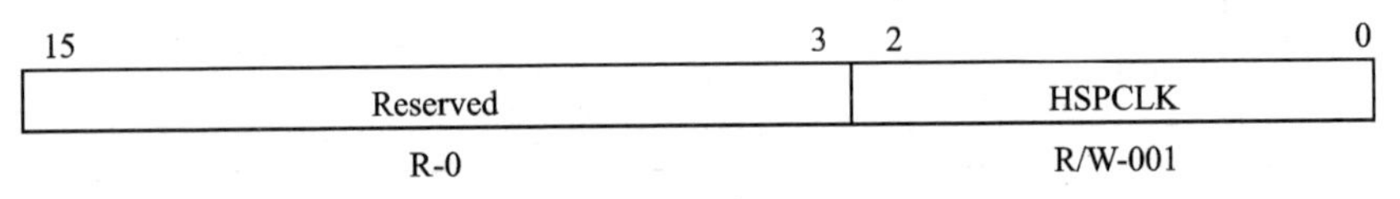

注：R=可读；W=可写；“-”后的值为复位后的值。

图 3-13 高速外设时钟预定标寄存器的位图

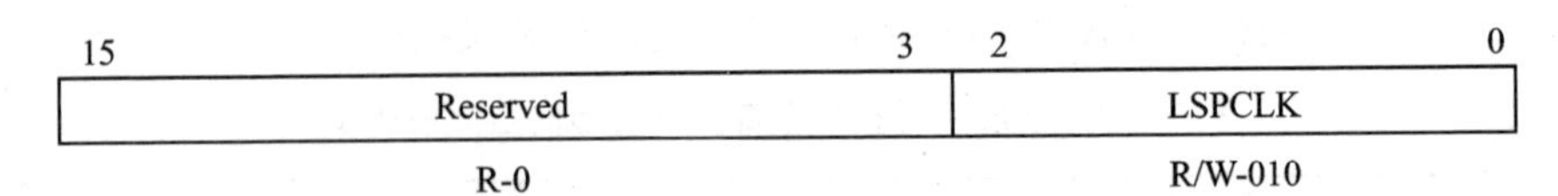

注：R=可读；W=可写；“-”后的值为复位后的值。

图 3-14 低速外设时钟预定标寄存器的位图

表3-11 高速外设时钟预定标寄存器的功能定义描述表

位	名 称	描 述
15～3	Reserved	保留位
2～0	HSPCLK	该3位配置高速外设时钟相对于SYSCLKOUT的倍频系数。若HISPCP不为0,则HSPCLK=SYSCLKOUT/(2 * HISPCP2～0)。复位时,默认值001,HSPCLK=SYSCLKOUT/2;若HISPCP=0,则HSPCLK=SYSCLKOUT。具体如下: 000 高速时钟= SYSCLKOUT/1 001 高速时钟= SYSCLKOUT/2(复位默认值) 010 高速时钟= SYSCLKOUT/4 011 高速时钟= SYSCLKOUT/6 100 高速时钟= SYSCLKOUT/8 101 高速时钟= SYSCLKOUT/10 110 高速时钟= SYSCLKOUT/12 111 高速时钟= SYSCLKOUT/14

表3-12 低速外设时钟预定标寄存器的功能定义描述表

位	名 称	描 述
15～3	Reserved	保留位
2～0	LSPCLK	该3位配置低速外设时钟相对于SYSCLKOUT的倍频系数。若LOSPCP不为0,则LSPCLK=SYSCLKOUT/(2 * LOSPCP2～0)。复位时,默认值010,HSPCLK=SYSCLKOUT/4,若LOSPCP=0,则LSPCLK=SYSCLKOUT。具体如下: 000 低速时钟= SYSCLKOUT/1 001 低速时钟= SYSCLKOUT/2 010 低速时钟= SYSCLKOUT/4(复位默认值) 011 低速时钟= SYSCLKOUT/6 100 低速时钟= SYSCLKOUT/8 101 低速时钟= SYSCLKOUT/10 110 低速时钟= SYSCLKOUT/12 111 低速时钟= SYSCLKOUT/14

3.2.2 晶体振荡器及锁相环

F2812上有基于锁相环(PLL)时钟产生模块,目的是便于通过软件实时配置CPU和各种外设的可编程时钟频率,每个外设的时钟都可以通过相应的寄存器使能或关闭,以提高系统的灵活性和可靠性。时钟产生模块由片内振荡器和锁相环电路组成,如图3-15所示。芯片内部的PLL电路利用高稳定度的锁相环锁定时钟振荡频率,可以提供稳定、高质量的时钟信号。同时,可以通过锁相环的4位倍频系数设置位来选择不同的CPU时钟速率,以便用户灵活设定需要的处理器速度。同时还提供了低功耗方式的控制入口。

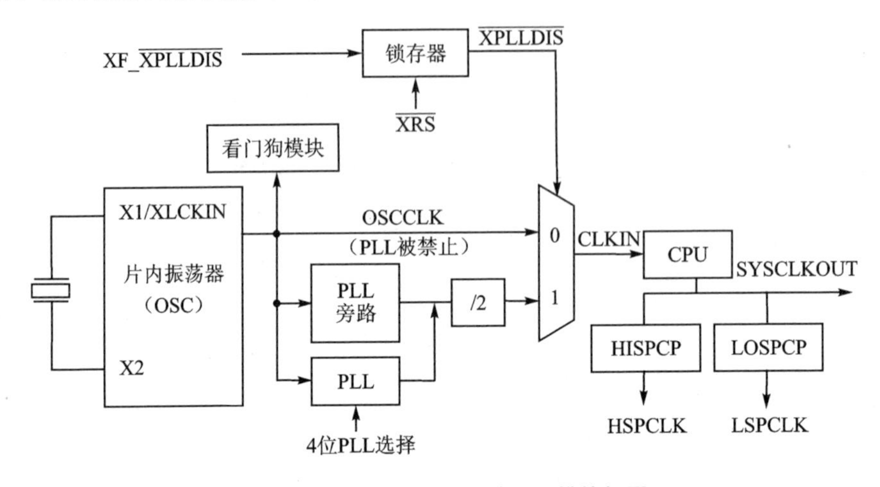

图3-15　晶体振荡器及锁相环模块框图

基于PLL的时钟模块提供2种操作模式:

① 内部振荡器:如果使用内部振荡器,则必须在X1/XCLKIN和X2这2个引脚之间连接一个石英晶体。

② 外部振荡器:如果使用外部振荡器,可以将输入的时钟信号直接连到X1/XCLKIN引脚上,而X2悬空。在这种情况下,不使用内部振荡器,由外部时钟源提供时钟信号。

外部$\overline{\text{XPLLDIS}}$引脚可以选择系统的时钟源。当$\overline{\text{XPLLDIS}}$为低电平时,系统直接采用外部时钟或晶振直接作为系统时钟;当$\overline{\text{XPLLDIS}}$为高电平时,外部时钟经PLL倍频后为系统提供时钟。系统可以通过锁相环控制寄存器来选择锁相环的工作模式和倍频的系数。表3-13给出了锁相环配置模式。图3-16和表3-14分别给出了锁相环控制寄存器(PLLCR)的位图和各位的功能描述表。

表3-13　锁相环配置模式表

PLL模式	功能描述	SYSCLKOUT
PLL被禁止	复位时$\overline{\text{XPLLDIS}}$引脚若是低电平,则PLL被禁用。CPU直接使用X1/XCLKIN引脚输入的时钟信号	XCLKIN
PLL旁路	上电时默认配置,如果PLL没有被禁止,PLL将变成旁路。在X1/XCLKIN引脚输入的时钟经过2分频后提供给CPU	XCLKIN/2
PLL使能	使用PLL,向PLLC寄存器写一个非零值n,可以产生n倍频的振荡信号,该信号除以2后再输出	(XCLKIN×n)/2

15～4	3～0
Reserved	DIV
R-0	R/W-0

注：R=可读；W=可写；-后的值为复位后的值。

图3-16　锁相环控制寄存器的位图

表3-14　锁相环控制寄存器的功能定义描述表

位	名　称	描　述
15～4	Reserved	保留位
3～0	DIV	该4位选择PLL是否为旁路，若不是旁路，则设置相应的倍频系数。 0000　　CLKIN= OSCCLK/2(PLL旁路) 0001～1010　CLKIN= (OSCCLK×DIV)/2，其中DIV为1,2,…,10。 1011～1111　保留 注：通过$\overline{XRS}$复位，PLLCR寄存器复位成已知状态。CCS软件调试中的复位命令将不对此4位控制位做清0操作，即PLL时钟速率不能改变

F2812的主频最高可达150 MHz，如果外部时钟源也选择为150 MHz，那么将对周边电路产生较强的高频干扰，影响系统的稳定性。实际应用中，通常使用PLL使能的模式，即选用第一种基于PLL的时钟模块操作模式，可以将一个较低的外部时钟源通过内部倍频的方法达到DSP的工作频率，PLL的倍频因子由PLLCR寄存器的3～0位DIV决定。通常选择使用30 MHz晶振为F2812提供时基，利用DSP内部的PLL倍频至150 MHz。在此设置PLLCR寄存器中的3～0位DIV为1010，利用公式时钟输入CLKIN=(OSCCLK×10.0)/2，可得到CLKIN=150 MHz。

在设计时钟电路和设置时钟倍频时，要注意切忌使倍频系数与外部时钟源频率的乘积大于F2812的最高主频150 MHz，否则芯片将不能正常工作。

【例3-1】 时钟模块和PLL初始化C语言程序段。

```
void InitSysCtrl(void)                          //系统初始化子程序
 {
      EALLOW;                                   //#define EALLOW asm (“EALLOW”)宏定义
      DisableDog();                             //关看门狗
      SysCtrlRegs.PLLCR = 0x000A;               //初始化锁相环，OSCCLK = 30 MHz
                                                //DIV = 0x0A，CLKIN = 30MHz * 10/2 = 150 MHz
      asm(“NOP”);
      asm(“NOP”);
      for (i = 0; i<3000; i ++ ) {;}            //延时，等待锁相环稳定
       SysCtrlRegs.HISPCP.all = 0x0000;         //HSPCLK =  SYSCLKOUT = 150 MHz
      SysCtrlRegs.LOSPCP.all = 0x0002;          //LSPCLK =  SYSCLKOUT/4 = 37.5 MHz
      SysCtrlRegs.PCLKCR.bit.EVAENCLK = 1;      //使能 EVA
```

```
    SysCtrlRegs.PCLKCR.bit.EVBENCLK = 1;  //使能 EVB
    SysCtrlRegs.PCLKCR.bit.SCIAENCLK = 1; //使能 SCI_A
    SysCtrlRegs.PCLKCR.bit.SCIBENCLK = 0; //不用的外设不使能,以降低功耗,不使能 SCI_B
    SysCtrlRegs.PCLKCR.bit.ADCENCLK = 1;  //使能 ADC
    EDIS;     //#define EDIS asm ("EDIS")宏定义
}
```

3.2.3 低功耗模式

对功耗较为敏感的DSP系统,如依靠电池供电的手持式设备,F2812还提供了3种低功耗工作模式。F2812的低功耗模式与F240x系列DSP的低功耗模式基本相同,各种操作模式如表3-15所列。

表3-15 F2812低功耗模式表

模 式	LPMCR0(1~0)	OSCCLK	CLKIN	SYSCLKOUT	唤醒信号
正常 NORMAL	xx	开	开	开	—
空闲 IDLE	00	开	开	开	$\overline{\text{XRS}}$ WAKEINT 任何被使能的中断 XNMI_XINT13
备用 STANDBY	01	开 (看门狗仍然运行)	关	关	$\overline{\text{XRS}}$ WAKEINT XINT1 XNMI_XINT13 $\overline{\text{T1/2/3/4CTRIP}}$ $\overline{\text{C1/2/3/4/5/6TRIP}}$SCIRXDA SCIRXDB CANRX 仿真调试
暂停 HALT	1x	关 (晶振和PLL关闭,看门狗不工作)	关	关	$\overline{\text{XRS}}$ XNMI_XINT13 仿真调试

由表3-15可以看出,除正常工作模式外,F2812提供了3种低功耗模式,可使芯片核心部分进入休眠状态,耗散更少的功率。其中,唤醒信号表示何种条件或何种信号可使DSP退出低功耗模式。这种信号必须保持足够长的时间,以便DSP能响应它的中断申请,否则DSP不会退出该低功耗模式。

在暂停(HALT)和备用(STANDBY)模式下,甚至在CPU时钟(CLKIN)关掉

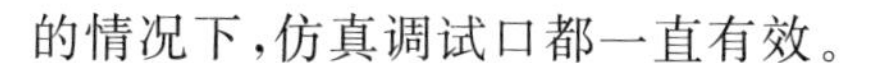
的情况下,仿真调试口都一直有效。

F2812 的 3 种低功耗模式如下:

① 空闲(IDLE)模式。任何被使能的中断或 NMI 中断都可以使处理器退出 IDLE 模式。在这种模式下,如果 LPMCR(1~0)位都设置成零,LPM 模块将不完成任何工作。F2812 在该模式下,CPU 的时钟输出 SYSCLKOUT 一直有效。

② 暂停(HALT)模式。只有复位 $\overline{\text{XRS}}$ 和 XNMI_XINT13 外部信号能够唤醒器件,使其退出 HALT 模式。在外部 NMI 中断控制寄存器(XMNICR)中,CPU 有一位使能/禁止 XNMI。F2812 在该模式下,甚至在 CPU 时钟关掉的情况下,仿真调试口都一直有效。

③ 备用(STANDBY)模式。如果在 LPMCR1 寄存器中被选中,所有信号(包括 XNMI)都能够将处理器从 STANDBY 模式唤醒,用户必须选择具体哪个信号唤醒处理器。在唤醒处理器之前,要通过 OSCCLK 确认被选定的信号。OSCCLK 的周期数在 LPMCR0 寄存器当中确定。F2812 在该模式下,甚至在 CPU 时钟关掉的情况下,仿真调试口都一直有效。

F2812 的低功耗模式通过 LPMCR0 和 LPMCRl 这 2 个寄存器来控制。

1. 低功耗模式控制寄存器 0(LPMCR0)

图 3-17 和表 3-16 分别给出了低功耗模式控制寄存器 0(LPMCR0)的位图和各位的功能描述表。

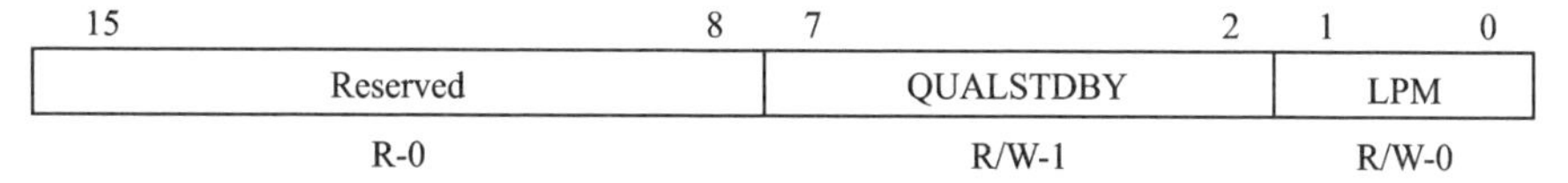

图 3-17 低功耗模式控制寄存器 0 的位图

表 3-16 低功耗模式控制寄存器 0 的功能定义描述表

位	名 称	描 述
15~8	Reserved	保留位
7~2	QUALSTDBY	确定从备用(STANDBY)低功耗模式唤醒到正常工作模式的时钟周期个数: 000000=2 OSCCLK 000001=3 OSCCLK …… 111111=65 OSCCLK(复位值)
1~0	LPM	该 2 位设置低功耗模式。 00　空闲(IDLE)模式 01　备用(STANDBY)模式 1x　暂停(HALT)模式

2. 低功耗模式控制寄存器1(LPMCR1)

图3-18和表3-17分别给出了低功耗模式控制寄存器1的位图和各位的功能描述表。

15	14	13	12	11	10	9	8
CANRX	SCIRXB	SCIRXA	C6TRIP	C5TRIP	C4TRIP	C3TRIP	C2TRIP
R/W-0	R/W-0	R/W-0	R/W-0	R/W-0	R/W-0	R/W-0	R/W-0

7	6	5	4	3	2	1	0
C1TRIP	T4CTRIP	T3CTRIP	T2CTRIP	T1CTRIP	WDINT	XNMI	XINT1
R/W-0	R/W-0	R/W-0	R/W-0	R/W-0	R/W-0	R/W-0	R/W-0

注：R=可读；W=可写；-0=复位后的值为0。

图3-18　低功耗模式控制寄存器1的位图

表3-17　低功耗模式控制寄存器1的功能定义描述表

<table>
<tr><th>位</th><th>名　称</th><th>描　述</th></tr>
<tr><td>15</td><td>CANRX</td><td rowspan="16">① 如果相应的控制位设置为1,则使能对应的信号将器件从备用(STANDBY)低功耗模式唤醒,进入到正常工作模式;
② 如果设置为0,则相应的信号没有影响;
③ 这些位通过系统复位($\overline{XRS}$)时所有位被清0</td></tr>
<tr><td>14</td><td>SCIRXB</td></tr>
<tr><td>13</td><td>SCIRXA</td></tr>
<tr><td>12</td><td>C6TRIP</td></tr>
<tr><td>11</td><td>C5TRIP</td></tr>
<tr><td>10</td><td>C4TRIP</td></tr>
<tr><td>9</td><td>C3TRIP</td></tr>
<tr><td>8</td><td>C2TRIP</td></tr>
<tr><td>7</td><td>C1TRIP</td></tr>
<tr><td>6</td><td>T4CTRIP</td></tr>
<tr><td>5</td><td>T3CTRIP</td></tr>
<tr><td>4</td><td>T2CTRIP</td></tr>
<tr><td>3</td><td>T1CTRIP</td></tr>
<tr><td>2</td><td>WDINT</td></tr>
<tr><td>1</td><td>XNMI</td></tr>
<tr><td>0</td><td>XINT1</td></tr>
</table>

3.2.4　看门狗模块

在设计DSP应用系统时,系统的抗干扰能力也特别重要。为了解决干扰问题,除了对干扰源采用各种抑制措施外,在系统设计时应采取一些专门的防范措施,尽可能避免由于外界干扰而引起的程序"跑飞"或死机现象。看门狗模块可用来监视用户程序的运行,在CPU混乱时完成系统的复位功能。如果软件进入死循环或CPU发生暂时混乱,则看门狗定时器上溢,并产生一个系统复位。绝大多数情况下,片内操作的暂时混乱并抑制CPU的正确运作都可以被看门狗清除并复位。正因为它的稳定性,看门狗提高了系统的软件抗干扰能力和CPU的可靠性,从而保证了系统的完整性。

为了提高系统的抗干扰能力,F2812中配置了看门狗的定时器电路,用来监视DSP的运行状况。一般有一个输入,叫喂狗;一个输出至DSP的复位端。当DSP正常工作时,每隔一段时间输出一个信号到喂狗端,给看门狗计数器清零;如果超过规定的时间不喂狗(一般在程序跑飞或系统进入不可预知的状态时),就返回给一个复位信号到DSP,使DSP复位,防止DSP死机,从而使DSP进入一个已知的起始位置重新运转。

F2812内的看门狗模块与F240x芯片内的基本相同。看门狗功能模块的框图如图3-19所示。

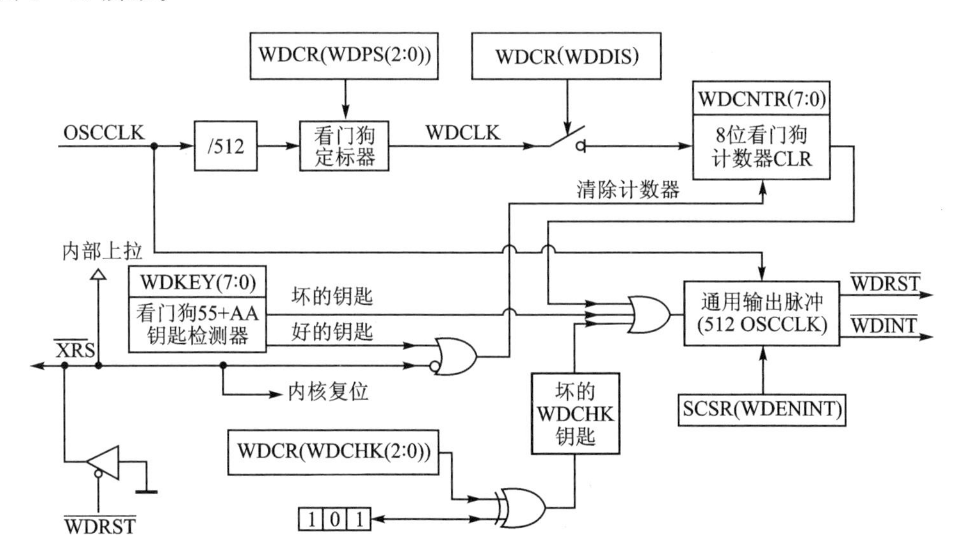

图3-19 看门狗模块功能框图

可以得到,F2812的看门狗电路有一个8位看门狗计数器(WDCNTR),一旦WDCNTR计数到最大值时,看门狗模块就会产生一个输出脉冲($\overline{\text{WDRST}}$或$\overline{\text{WDINT}}$),脉冲宽度为512个振荡器时钟宽度(OSCCLK),使DSP复位。为了防止WDCNTR溢出,通常采用2种方法:一种是用户需要禁止看门狗,使得计数器WD-CNTR无效;另一种是定期喂狗,通过软件向负责复位看门狗计数器的看门狗复位密钥寄存器(8位的WDKEY)周期性地写入"0x55+0xAA",紧跟着0x55数后写入0xAA数值,可清除WDCNTR位。当向WDKEY写入0x55时,WDCNTR复位到使能的位置;只有再向WDKEY写0xAA后才会使WDCNTR真正地被清除。写任何其他的值都会使系统立即复位。只要向WDKEY写0x55和0xAA,无论写的顺序如何都不会导致系统复位,只有先写0x55再写0xAA才会清除WDCNTR。另外,看门狗还与系统控制和状态寄存器(SCSR)中的WDOVERRIDE位有关。

逻辑检验位(WDCHK)是看门狗的另一个安全机制,所以访问看门狗控制寄存器(WDCR)的写操作中,相应的校验位WDCHK必须是"101",否则将会拒绝访问并立即触发系统复位。

$\overline{\text{WDINT}}$信号有效时,看门狗可以将DSP从空闲(IDLE)或备用(STANDBY)模式唤醒。在备用模式下,除了看门狗外芯片上所有的外设都关闭,看门狗模块将关闭PLL时钟或振荡器时钟。$\overline{\text{WDINT}}$信号反馈到低功耗模式控制寄存器1(LPMCR1)中,就可以将DSP从(STANDBY)模式唤醒(如果使能)。而在空闲(IDLE)模式下,$\overline{\text{WDINT}}$信号可以产生至CPU中断(PIE中的WAKEINT中断)以使CPU退出空闲(IDLE)模式。在暂停(HALT)模式下由于振荡器已经被关闭而不能使用看门狗唤醒功能。

为了实现看门狗的各项功能,内部有3个功能寄存器,分别是看门狗计数器寄存器(WDCNTR)、看门狗复位密钥寄存器(WDKEY)和看门狗控制寄存器(WDCR),全部受EALLOW保护。

当$\overline{\text{XRS}}$为低电平时,看门狗标志位(WDFLAG位)被强制拉低。如果在$\overline{\text{WDRST}}$信号的上升沿被检测到(同步且4个周期延迟后)并且$\overline{\text{XRS}}$信号为高电平,WDFLAG位被置1。当$\overline{\text{WDRST}}$处于上升沿时,如果$\overline{\text{XRS}}$信号是低电平,则WDFLAG位仍保持低电平。在典型的应用中,用户可以将$\overline{\text{WDRST}}$信号连接到$\overline{\text{XRS}}$信号上。因此,要想区分看门狗复位和外部器件复位,必须使外部复位比看门狗复位的脉冲长。

【例3-2】 使用看门狗定时器的C语言程序段。

```
void DisableDog(void)              //禁止看门狗定时器
{
    EALLOW;                        //#define EALLOW asm ("EALLOW") 宏定义,解除保护
    SysCtrlRegs.WDCR = 0x0068;     //屏蔽看门狗,WDDIS = 1,WDCHK = 101,WDPS = 000
    EDIS;                          //#define EDIS asm ("EDIS") 宏定义,设置保护
    InitSysCtrl( )                 //系统初始化子程序
}
void EnableDog(void)               //使能看门狗定时器
{
    EALLOW;
    SysCtrlRegs.WDCR = 0x0028;     //使能看门狗,WDDIS = 0,WDCHK = 101,WDPS = 000
    EDIS;
}
void KickDog(void)                 //"喂狗",复位看门狗定时器,清零看门狗计数寄存器
{
```

```
    EALLOW;
    SysCtrlRegs.WDKEY = 0x0055;
    SysCtrlRegs.WDKEY = 0x00AA; //周期性写入 0x55,0xAA,使 WDCNTR 清 0
    EDIS;
}
```

需要用户注意的是,F2812 上电时看门狗是工作的,所以应尽快禁止看门狗或向 WDKEY 寄存器周期性地写入"0x55+0xAA",以免程序跑飞。

3.2.5 CPU 定时器

F2812 与 240x 相比,增加了 3 个 32 位的 CPU 定时器 0/1/2(TIMER0/1/2)。CPU 定时器 1 和 2 被保留用作实时操作系统(如 DSP-BIOS),只有 CPU 定时器 0 留给用户使用。CPU 定时器的结构框图如图 3-20 所示。

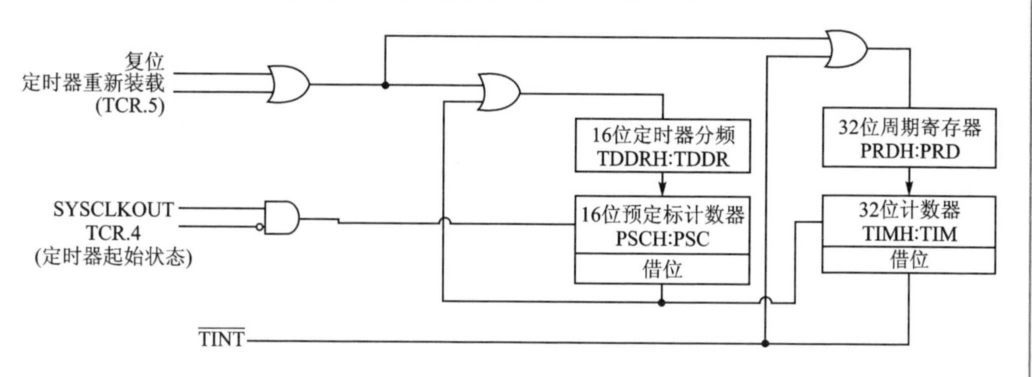

图 3-20 CPU 定时器结构框图

注意,CPU 定时器与事件管理器模块(EVA、EVB)中的两个 16 位通用定时器(GP)不同。这里讲述的 CPU 定时器模块没有对应的外部引脚,只能作为通用定时器使用,无法对外部脉冲进行计数。而事件管理器模块中的通用定时器既可以作为定时器产生定时事件,如设定 PWM 脉冲周期,也可以作为计数器对外部输入脉冲进行计数操作,如对增量式光电编码器输出的脉冲进行计数。

在 F2812 中,3 个 CPU 定时器的中断信号($\overline{TINT0}$、$\overline{TINT1}$ 和 $\overline{TINT2}$)在 DSP 内部与 DSP 中断信号间的连接关系图如图 3-21 所示。其中,定时器 1 和定时器 2 为 CPU 级中断,而定时器 0 为外设级中断(PIE)。另外,CPU 定时器寄存器连接到 C28x 芯片的存储器总线上,CPU 定时器的定时与芯片时钟的 SYSCLKOUT 同步。

由图 3-20 可以看到 CPU 定时器的几个寄存器,分别是 32 位的周期寄存器(PRDH:PRD)、32 位的计数器寄存器(TIMH:TIM)、16 位的定时器分频器寄存器(TDDRH:TDDR)、16 位的预定标计数器寄存器(PSCH:PSC)。F2812 DSP 的寄存器都是 16 位的,但 CPU 定时器是 32 位的,用"XH:X"来表示 CPU 定时器的 32 位寄存器,XH 表示高位,X 表示低位。

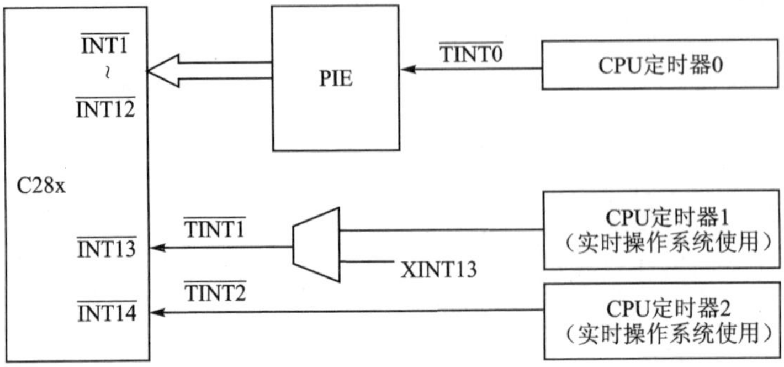

图3-21　CPU定时器中断

由图3-20可以得知CPU定时器只有一种计数模式，工作原理如下：定时器在工作过程中，首先把周期寄存器(PRDH：PRD)内设定的定时时间常数装载到32位计数寄存器(TIMH：TIM)中，然后计数寄存器根据SYSCLKOUT时钟递减计数。将设定的定时器分频器寄存器的值装载入预定标计数器寄存器中，在每隔一个SYSCLKOUT脉冲后，预定标计数器寄存器中的值减1，一直减到0。在下一个SYSCLKOUT周期，定时器分频器寄存器中的值重新装载入预定标计数器寄存器中，并使计数寄存器(TIMH：TIM)减1，周而复始循环下去，直到计数寄存器中的值减为0，定时器中断输出产生一个中断脉冲。

每经过(TDDRH：TDDR＋1)个SYSCLKOUT周期，TIMH：TIM减1。当PRDH：PRD、TDDRH：TDDR或两者都不为零时，定时器中断频率即TINT的频率f_{TINT}为

$$f_{\text{TINT}} = f_{\text{CLKOUT1}} \times \frac{1}{(\text{TDDRH}:\text{TDDR}+1)\times(\text{PRDH}:\text{PRD}+1)}$$

式中，f_{CLKOUT1}为SYSCLKOUT(系统时钟输出，SYSCLKOUT＝CLKIN)的频率。

下面介绍与CPU定时器相关的寄存器。

1. 定时/计数器寄存器(TIMERxTIMH：TIMERxTIM，x＝0，1，2)

图3-22和表3-18分别给出了定时/计数器寄存器的位图和各位的功能描述表。

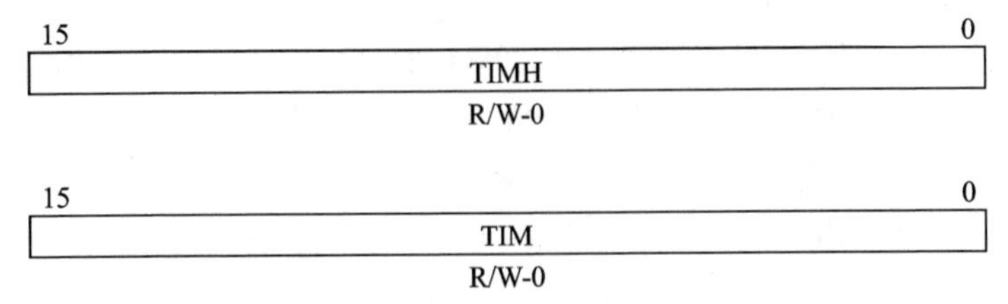

注：R=可读；W=可写；-0=复位后的值为0。

图3-22　定时/计数器寄存器位图

表 3-18 定时/计数器寄存器的功能定义描述表

位	名 称	描 述
15～0	TIMH/TIM	CPU 定时/计数器寄存器。TIMH 寄存器保存当前 32 位 CPU 定时/计数器寄存器(TIMH：TIM)的高 16 位，TIM 保存低 16 位。每隔(TDDRH：TDDR+1)个时钟周期 TIMH：TIM 减 1，其中 TDDRH：TDDR 是定时器预定标分频系数。当 TIMH：TIM 递减到 0 时，计数寄存器(TIMH：TIM)重新装载周期寄存器(PRDH：PRD)的值，并产生定时器中断 $\overline{\text{TINT}}$ 信号

2. 定时器周期寄存器(TIMERxPRDH：TIMERxPRD，x=0，1，2)

图 3-23 和表 3-19 分别给出了定时器周期寄存器的位图和各位的功能描述表。

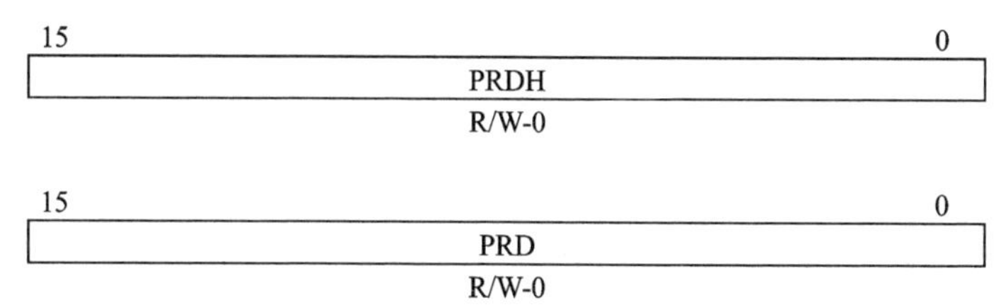

图 3-23 定时器周期寄存器位图

表 3-19 定时器周期寄存器的功能定义描述表

位	名 称	描 述
15～0	PRDH/PRD	CPU 定时器周期寄存器。PRDH 寄存器保存当前 32 位 CPU 定时器周期寄存器(PRDH：PRD)的高 16 位，PRD 保存低 16 位。当 TIMH：TIM 递减到 0 时，在下一个定时器输入时钟周期开始时(预定期的输出)，TIMH：TIM 寄存器重载 PRDH：PRD 寄存器内的周期值。当用户在定时器控制寄存器(TCR)中对重载位(TRB)进行置位时，PRDH：PRD 中的内容也重载到 TIMH：TIM 寄存器中

3. 定时器控制寄存器(TIMERxTCR，x=0，1，2)

图 3-24 和表 3-20 分别给出了定时器控制寄存器的位图和各位的功能描述表。

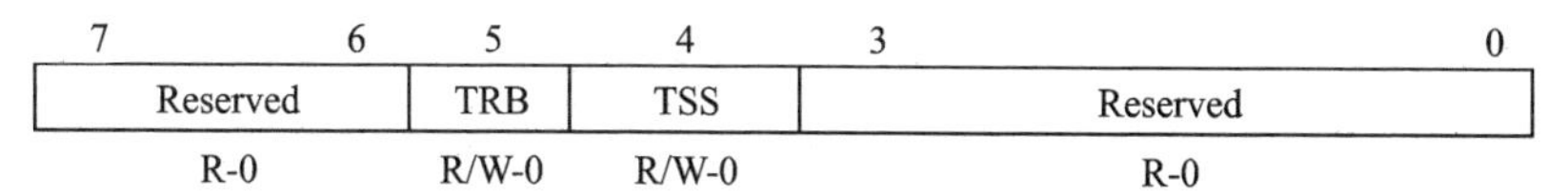

图 3-24 定时器控制寄存器位图

表3-20 定时器控制寄存器的功能定义描述表

位	名 称	描 述
15	TIF	CPU定时器中断标志位。当定时器计数器减到0时,该位置1。可通过软件向该位写1对TIF位清0,但是只有定时器计数器递减到0时该位才会被置位 0 写0对该位无效;1 写1将该位清0
14	TIE	CPU定时器中断使能位。如果定时器计数器递减到0,该位置1,定时器将会向CPU提出中断请求
13~12	Reserved	保留位
11	FREE	CPU定时器仿真模式位。 FREE SOFT CPU定时器仿真模式 0 0 下次TIMH:TIM递减操作完成后定时器停止(hard stop) 0 1 TIMH:TIM递减到0后定时器停止(soft stop) 1 x 自由运行
10	SOFT	
9~6	Reserved	保留位
5	TRB	定时器重载位。向该位写1时,TIMH:TIM会重新装载PRDH:PRD寄存器内的周期值,预定标计数器寄存器(PSCH:PSC)装载定时器分频器寄存器(TDDRH:TDDR)中的值。读该位总是返回0
4	TSS	定时器停止状态位。 0 为了启动或重新启动定时器,将该位清0;在系统复位时,该位清0并定时器立即启动。 1 要停止定时器,将该位置1
3~0	Reserved	保留位

4. 定时器预定标寄存器(TIMERxTPRH:TIMERxTPR,x=0,1,2)

图3-25和表3-21分别给出了定时器预定标寄存器的位图和各位的功能描述表。

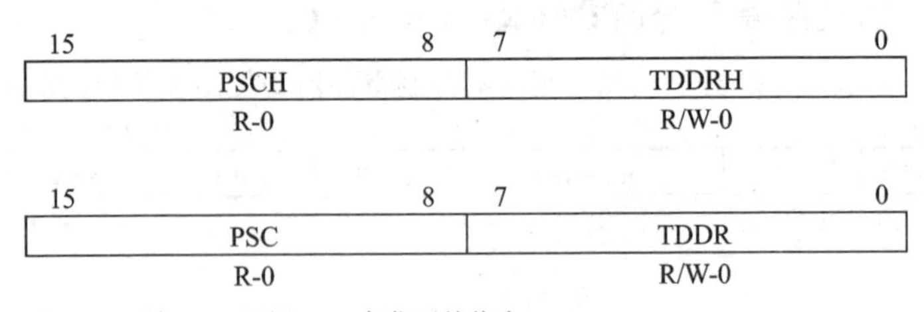

图3-25 定时器预定标寄存器位图

表3-21 定时器预定标寄存器的功能定义描述表

位	名 称	描 述
15～8	PSCH/PSC	CPU定时器预定标计数器。PSCH是预定标计数器的高8位,而PSC是低8位。对每一个定时器时钟源周期,PSCH：PSC的值大于0,PSCH：PSC逐个递减1直到0后是一个定时器时钟(定时器预定标器的输出)周期,TDDRH：TDDR的值装载入PSCH：PSC,定时器计数器寄存器TIMH：TIM减1。无论何时,定时器重载位TRB由软件置1时,也重载PSCH：PSC。复位时,PSCH：PSC清0
7～0	TDDRH/TDDR	CPU定时器分频器。TDDRH是定时器分频数器的高8位,而TDDR是低8位。每隔(TDDRH：TDDR+1)个定时器时钟源周期,TIMH：TIM减1。复位时TDDRH：TDDR位清0。当PSCH：PSC值为0时,一个定时器时钟源周期后,PSCH：PSC重载TDDRH：TDDR内的值,并使TIMH：TIM减1。无论何时,定时器重载位TRB由软件置1时,也重载TDDRH：TDDR

3.3 存储器及外部扩展接口XINTF

F2812采用改进的哈佛总线结构,可以并行访问程序和数据存储空间,片内集成了大量的SRAM、ROM以及Flash等存储器,并且采用统一寻址方式(程序和数据统一寻址),大大提高了存储空间的利用率,方便程序的开发。另外,该芯片还提供外部并行总线扩展接口,更加有利于开发大规模复杂系统。片内存储器操作具有速度快、价格低、功耗小等优点,而外部存储器操作的优点是可以访问更大的地址空间。本节主要介绍F2812的存储器结构、存储器映射图以及寻址空间和外部扩展接口(XINTF)等内容。

1. F2812的存储器结构

F2812的CPU本身不含有存储器,但可以访问DSP片内其他地方的存储器或者片外存储器。F2812的存储空间被分成了2大块:一块用于存放程序代码的程序空间;一块用于存放各种数据的数据空间。这2个存储器都统一映射到程序空间和数据空间,而无论是程序空间还是数据空间,都要借助于2种总线——地址总线和数据总线,来传送相应的内容。

F2812具有32位数据总线和22位程序总线,理论上可寻址的数据空间和程序空间分别为4G和4M字单元(每单元可存放16位的字),但是实际线性地址能达到的只有4M,因为F2812的存储器分配采用的是分页机制,分页机制采用的是形如0xXXXXXXX的线性地址,所以数据空间能寻址的只有4M字(见表3-5)。因此程序空间和数据空间共同占用0x00 0000h～0x3F FFFFh共4M字的空间。F2812芯片的存储器被分为以下3个部分:

① 程序/数据存储器空间。F2812具有的片内单口随机存储器SARAM、只读存储器ROM和Flash存储器都被统一编址映射到程序空间和数据空间,用于存放执行指令代码或数据变量。F2812内部具体的片内存储器资源如表3-22所列。

表3-22 F2812片内存储器资源一览表

存储器名称	容量大小	存储器名称	容量大小
M0(SARAM)	1K×16位	H0(SARAM)	8K×16位
M1(SARAM)	1K×16位	Flash	128K×16位
L0(SARAM)	4K×16位	OTP	1K×16位
L1(SARAM)	4K×16位	Boot ROM	4K×16位

② 保留区。数据空间里面某些地址被保留了,作为CPU的仿真寄存器使用,这些地址不向用户开放。

③ CPU中断向量。程序空间中保留了64个地址作为CPU的32个中断向量。通过设置CPU的状态寄存器ST1中的VMAP位来将这一段地址映射到程序空间的底部或者顶部。

2. F2812的存储器映射图

从图2-4也可以看出各个存储器模块的大小,而图3-26则给出了F2812的详细的存储器映射图。

F2812片内数据/程序存储器的低64K×16位存储器的地址为0x00 0000h～0x00 FFFFh,相当于F24x/F240x的数据空间,而高64K×16位存储器的地址为0x3F 0000h～0x3F FFFFh,相当于F24x/F240x的程序空间。与F24x/F240x兼容的代码只能在高64K的存储空间运行。

由图3-26可知,程序存储器和数据存储器共同占用0x00 0000h～0x3F FFFFh这4M字的空间,包括片内SARAM、片内Flash、片内一次性可编程ROM(OTP)、片内引导ROM(Boot ROM)、128位密钥安全模块(CSM)、中断向量表、外设寄存器映射以及外部存储器等部分。

对于图3-26所示的F2812的存储器映射图,有几点需要注意:

① 图3-26中的存储器模块区域面积并不代表实际的空间大小,只是一种表示方法。

② 被保留的单元用于未来的扩展,在实际应用中不应访问这些区域。

③ Boot ROM和区域7内存映射可在芯片内或者XINIF上被激活,这取决于$MP/\overline{MC}$,但是不能同时激活。

④ 外设帧0～2(PF0～PF2)内存映射仅与数据存储器有关,用户程序不能在程序空间内访问这些存储器。

⑤ 某一时刻,只对M0向量、PIE向量、BROM向量以及XINTF向量中的一种

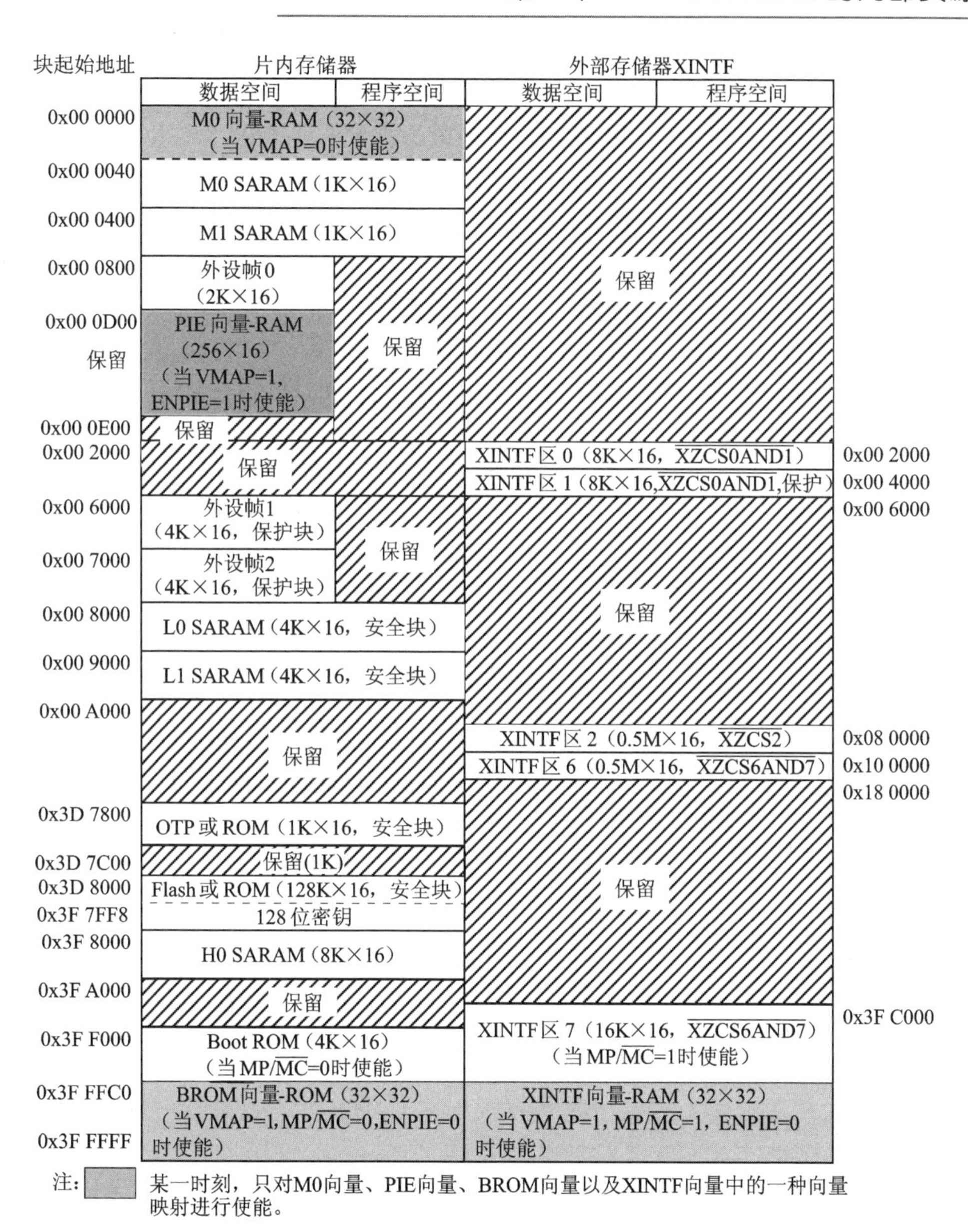

图3-26　F2812的存储器映射图

向量映射使能。

⑥"保护"意味着写后读操作的顺序被保护,而不再使用流水线命令。

⑦ 某些范围的存储器区域受到EALLOW保护,以防配置之后的改写。

⑧ 区域0和区域1、区域6和区域7共用一个的片选信号,因此,这些内存块为镜像区域。

⑨ ENPIE位(PIE配置寄存器PIECTRL.0):从PIE块取回向量使能位,0为

PIE无效,1为所有向量取自PIE向量表。

⑩ MP/$\overline{\text{MC}}$位(XINTF配置寄存器XINTCNF2.8):该位反映了XMP/$\overline{\text{MC}}$引脚的状态。MP/$\overline{\text{MC}}$位配置为0,即被配置为微计算机模式;MP/$\overline{\text{MC}}$位配置为1,即被配置为微处理器模式。微计算机是微处理器、存储器与外设的集合。微计算机模式从芯片内部启动,而微处理器模式从芯片外部启动。因此,用户可以选择从片上存储器或片外存储器启动。

⑪ VMAP位(状态寄存器ST1.3):向量映射位,决定CPU的中断向量表(包括复位向量)被映射到程序存储器的最低地址还是最高地址。复位默认值为1。

0　CPU的中断向量表映射到程序存储器的最低地址:0x00 0000～0x00 003Fh。

1　CPU的中断向量表映射到程序存储器的最高地址:0x3F FFC0～0x3F FFFFh。

⑫ 图3-26中用虚线表示的:M0向量-RAM是M0 SARAM的一部分;128位密钥是Flash的一部分;BROM向量-ROM是Boot ROM的一部分;XINTF向量-RAM是XINTF区域7的一部分。

⑬ F2812 CPU采用32位格式访问存储器或外设时,分配的地址必须是偶地址。如果操作的是奇地址,则CPU自动操作紧邻奇地址之前的偶地址。当程序存放到程序空间时,必须分配到偶数地址空间,这可以通过编写链接命令文件(CMD)来设置。

根据图3-26,各个存储器块的地址范围如表3-23所列,其中保留空间未被列出。

表3-23 F2812各个存储器块的名称与地址范围对照表

存储器块名称	地址范围
M0向量-RAM(VMAP=0)	0x00 0000～0x00 003F
M0 SARAM(1K×16)	0x00 0040～0x00 03FF
M1 SARAM(1K×16)	0x00 0400～0x00 07FF
外设帧0(2K×16)	0x00 0800～0x00 0CFF
PIE向量-RAM(VMAP=1,ENPIE=1)	0x00 0D00～0x00 0DFF
外扩的XINTF区域0(8K×16)	0x00 2000～0x00 3FFF
外扩的XINTF区域1(8K×16,受EALLOW保护)	0x00 4000～0x00 5FFF
外设帧1(4K×16,受EALLOW保护)	0x00 6000～0x00 6FFF
外设帧2(4K×16,受EALLOW保护)	0x00 7000～0x00 7FFF
L0 SARAM(4K×16,受密钥保护)	0x00 8000～0x00 8FFF
L1 SARAM(4K×16,受密钥保护)	0x00 9000～0x00 9FFF
外扩的XINTF区域2(512K×16)	0x08 0000～0x0F FFFF

续表 3-23

存储器块名称	地址范围
外扩的 XINTF 区域 6(512K×16)	0x10 0000～0x17 FFFF
OTP 或 ROM(1K×16,受密钥保护)	0x3D 7800～0x3D 7BFF
Flash 或 ROM(128K×16,受密钥保护)	0x3D 8000～0x3F 7FF7
128 位密钥	0x3F 7FF8～0x3F 7FFF
H0 SARAM(8K×16)	0x3F 8000～0x3F 9FFF
Boot ROM(4K×16, MP/MC=0)	0x3F F000～0x3F FFBF
BROM 向量-ROM(VMAP=1,MP/$\overline{\text{MC}}$=0,ENPIE=0)	0x3F FFC0～0x3F FFFF
外扩的 XINTF 区域 7(16K×16,MP/$\overline{\text{MC}}$=1)	0x3F C000～0x3F FFBF
XINTF 向量-RAM(VMAP=1,MP/$\overline{\text{MC}}$=1,ENPIE=0)	0x3F FFC0～0x3F FFFF

F2812 对数据空间和程序空间进行了统一编址,有些地址空间既可以用作数据空间,也可以用作程序空间,而有的地址空间只能用作数据空间,不能用作程序空间,这一点也可以从图 3-26 中看出得到。

3. 片内 SARAM

SARAM 为单口随机读/写存储器,在单个机器周期内只能被访问一次。F2812 片内共有 18K×16 位的 SARAM,分成 M0、M1、L0、L1 和 H0 共 5 个区域,具体如表 3-23 所列。其中,L0 和 L1 受代码安全模块 CSM 的保护,即需要密码才能从 JTAG 口读取,而 M0、M1 和 H0 不受代码安全模块 CSM 的保护。复位时,自动将堆栈指针 SP 设置在 M1 块的顶部,即地址 0x00 0400h 处。

① M0 和 M1:每块的大小为 1K×16 位,其中,M0 映射至地址 0x00 0000h～0x00 03FFh,M1 映射至地址 0x00 0400h～0x00 07FFh;

② L0 和 L1:每块的大小为 4K×16 位,其中,L0 映射至地址 0x00 8000h～0x00 8FFFh,L1 映射至地址 0x00 9000h～0x00 9FFFh;

③ H0:大小为 8K×16 位,映射至地址 0x3F 8000h～0x3F 9FFFh。

注意,在硬件仿真环境中,由于 CCS 的控制,CPU 从 H0 启动,所以在从 0x3F 8000h 开始的空间内应当存放仿真程序的启动代码。

片内 SARAM 的共同特点是:

- 每个存储器块都可以被单独访问。
- 每个存储器块都可映射到程序空间或数据空间,用以存放指令代码或存储数据变量。
- 每个存储器块在读/写访问时都可以全速运行,即等待状态为零等待。

4. 片内 Flash 和 OTP 存储器

(1) 片内 Flash 存储器

F2812 有 128K×16 的 Flash 存储器,地址为 0x3D 8000h～0x3F 7FFFh。

F2812的片内Flash既可映射到程序空间,也可映射到数据空间,用以存放指令代码或存储数据变量,其内容也受代码安全模块CSM的保护。F2812的片内Flash分为4个8K×16和6个16K×16共10个扇区段,因此Flash的操作是分扇区段进行的,用户可以单独擦除、编程和验证某个扇区段且不会影响其他Flash扇区段,并通过专用的存储器流水线进行操作。片上Flash存储器主要有以下几个特点:

- 多扇区段。
- 代码安全性。
- 低功耗模式。
- 可基于CPU时钟频率调整可配置的等待周期。
- 可提高线性代码执行效率性能的Flash流水线模式。

F2812片内Flash具体扇区段的划分如表3-24所列。

表3-24 F2812片内Flash具体扇区段划分表

地址范围	扇区段名称	地址范围	扇区段名称
0x3D 8000~0x3D 9FFF	Sector J,8K×16位	0x3E C000~0x3E FFFF	Sector D,16K×16位
0x3D A000~0x3D BFFF	Sector I,8K×16位	0x3F 0000~0x3F 3FFF	Sector C,16K×16位
0x3D C000~0x3D FFFF	Sector H,16K×16位	0x3F 4000~0x3F 5FFF	Sector B,8K×16位
0x3E 0000~0x3E 3FFF	Sector G,16K×16位	0x3F 6000~0x3F 7FF6~0x3F 7FF7	Sector A, 8K × 16 位,Boot到Flash的入口处,此处有程序分支指令
0x3E 4000~0x3E 7FFF	Sector F,16K×16位	0x3F 7FF8~0x3F 7FFF	128位密钥,8×16位
0x3E 8000~0x3E BFFF	Sector E,16K×16位		

(2) 片内OTP存储器

F2812片内含有2K×16位的OTP(One Time Programmable,一次性可编程的ROM),映射至地址0x3D 7800h~0x3D 7FFFh,其中1K×16位的OTP存储器由TI公司保留用作系统测试使用,剩余的1K×16位的OTP存储器供用户使用,地址映射至0x3D 7800h~0x3D 7BFFh。OTP存储器只能编程一次,不能擦除,其内容也受到代码安全模块CSM的保护。

另外,与片内Flash和OTP相关的寄存器有:Flash选择寄存器FOPT、Flash功率模式寄存器FPWR、Flash状态寄存器FSTATUS 、Flash休眠备用等待周期寄存器FSTDBY-WAIT 、Flash备用激活等待周期寄存器FACTIVEWAIT 、Flash读访问等待周期寄存器FBANKWAIT以及OTP读访问等待周期寄存器FOTPWAIT ,这些寄存器初学者使用较少,本书不再详细介绍,详细信息可参考TI官方网站相关技术手册。

5. 片内Boot ROM

Boot ROM又称为引导ROM,是掩膜型片内ROM存储器,是出厂时已写好的存储器,用户只能读不能写。F2812片内含有4K×16位的Boot ROM(引导

ROM),映射至地址0x3F F000h~0x3F FFFFh。而BROM向量-ROM(当VMAP=1,MP/$\overline{MC}$=0,ENPIE=0时使能)映射至该段地址中的0x3F FFC0h~0x3F FFFFh空间。片内Boot ROM存储器空间内由TI公司装载了产品的版本号、发布的数据、校验求和信息、引导函数、复位向量、CPU向量(仅为测试时使用)及标准的数学表IQMath(如正弦表、余弦表、规格化平方根表等)。Boot ROM的主要作用是实现DSP的Bootloader功能。芯片出厂时,Boot ROM的0x3F FC00h~0x3F FFBFh空间内装载有厂家的引导程序,芯片只有在模式选择位MP/$\overline{MC}$位(XINTF配置寄存器XINTCNF2.8)配置为0,即被配置为微计算机模式时,CPU在复位后才执行这段程序,从而完成DSP的Bootloader功能。用户可以选择从内部Flash存储器引导程序,也可以选择从外部存储器引导程序。

6. 代码安全模块(CSM)

CSM(Code Security Module)是代码安全模块,在开发完程序、将代码烧写入芯片的存储器后,CSM可以防止非法通过JTAG口从存储器中将代码读出或从外部存储器运行代码去装载某些不合法的软件(这些软件可能会盗取片内存储器模块的内容)。为了保护代码的安全,防止程序代码外泄,F2812设计有代码安全模块CSM,映射至地址0x3F 7FF8h~0x3F 7FFFh,共128位。受CSM保护的存储器有L0、L1、Flash以及OTP,详细内容如表3-23所列。

代码安全模块CSM由8个16位的单元组成,默认的各位全为1。当128位全为1时,说明芯片此时是不安全的,未受密码保护。值得用户注意的是,不能使用全0作为一个密码或者在Flash存储器上执行一个清0程序后再复位该芯片,否则,该芯片不能调试或再编程。

有时候用户在烧写Flash时,打开CCS3.3"工具"选项中的F28xx On-Chip Flash Programmer界面时发现,除了Unlock功能按键外其余功能按键都不能使用,这很有可能是由于片内Flash已经烧写了代码并且设置了密码,所以无法再烧写Flash。

7. 外设帧PF

F2812片内数据存储器空间具有3个外设帧PF0、PF1和PF2,专门用作外设寄存器的映射空间。除了CPU寄存器之外,其他存储器映射寄存器均放在了PF0、PF1和PF2的3个外设帧空间内。

① PF0(Peripheral Frame 0):PF0为2K×16位的空间,映射至地址0x00 0800h~0x00 0FFFh;它直接映射至CPU内存总线,可支持16位和32位访问。如果寄存器受EALLOW保护,在用户执行EALLOW指令之前,不能执行写入操作。EDIS指令会禁用写入操作,防止杂散代码或者指针损坏寄存器内容。Flash寄存器同时受到代码安全模块CSM的保护。

② PF1:PF1为4K×16位的空间,映射至地址0x00 6000h~0x00 6FFFh;它直接映射至32位外设总线,只支持32位读取/写入操作,所有32位存取与偶数地址边

界对齐(即对偶地址访问)。

③ PF2:PF2为4K×16位的空间,映射至地址0x00 7000h～0x00 7FFFh;它直接映射至16位外设总线,只允许16位访问,所有32位访问被忽略(可能返回或写入无效数据)。

外设寄存器的具体映射空间如表3-25所列。

表3-25　F2812外设寄存器映射空间分布表

外设帧	名　称	地址范围	大小(×16)	说　明
PF0	器件仿真寄存器	0x00 0880～0x00 09FF	384	受EALLOW保护
	保留	0x00 0A00～0x00 0A7F	128	—
	Flash寄存器	0x00 0A80～0x00 0ADF	96	受EALLOW保护,受CSM保护
	CSM模块寄存器	0x00 0AE0～0x00 0AEF	16	受EALLOW保护
	保留	0x00 0AF0～0x00 0B1F	48	—
	XINTF寄存器	0x00 0B20～0x00 0B3F	32	不受EALLOW保护
	保留	0x00 0B40～0x00 0BFF	192	—
	CPU定时器0/1/2寄存器	0x00 0C00～0x00 0C3F	64	不受EALLOW保护
	保留	0x00 0C40～0x00 0CDF	160	—
	PIE寄存器	0x00 0CE0～0x00 0CFF	32	不受EALLOW保护
	PIE向量表	0x00 0D00～0x00 0DFF	256	受EALLOW保护
	保留	0x00 0E00～0x00 0FFF	512	—
PF1	eCAN寄存器	0x00 6000～0x00 60FF	256 (128×32)	某些eCAN控制寄存器受EALLOW保护
	eCAN邮箱RAM	0x00 6100～0x00 61FF	256 (128×32)	不受EALLOW保护
	保留	0x00 6200～0x00 6FFF	3584	—
PF2	保留	0x00 7000～0x00 700F	16	—
	系统控制寄存器	0x00 7010～0x00 702F	32	受EALLOW保护
	保留	0x00 7030～0x00 703F	16	—
	SPI寄存器	0x00 7040～0x00 704F	16	不受EALLOW保护
	SCI-A寄存器	0x00 7050～0x00 705F	16	不受EALLOW保护
	保留	0x00 7060～0x00 706F	16	—
	外部中断寄存器	0x00 7070～0x00 707F	16	不受EALLOW保护
	保留	0x00 7080～0x00 70BF	64	—
	GPIO复用寄存器	0x00 70C0～0x00 70DF	32	受EALLOW保护

续表 3 - 25

外设帧	名　称	地址范围	大小(×16)	说　明
PF2	GPIO 数据寄存器	0x00 70E0～0x00 70FF	32	不受 EALLOW 保护
	ADC 寄存器	0x00 7100～0x00 711F	32	不受 EALLOW 保护
	保留	0x00 7120～0x00 73FF	736	—
	EVA 寄存器	0x00 7400～0x00 743F	64	不受 EALLOW 保护
	保留	0x00 7440～0x00 74FF	192	—
	EVB 寄存器	0x00 7500～0x00 753F	64	不受 EALLOW 保护
	保留	0x00 7540～0x00 774F	528	—
	SCI - B 寄存器	0x00 7750～0x00 775F	16	不受 EALLOW 保护
	保留	0x00 7760～0x00 77FF	160	—
	McBSP 寄存器	0x00 7800～0x00 783F	64	不受 EALLOW 保护
	保留	0x00 7840～0x00 7FFF	1 984	—

从表 3 - 25 可以看出，有的外设寄存器受 EALLOW 指令的保护，如 DSP 仿真寄存器、Flash 寄存器、CSM 寄存器、PIE 向量表、系统控制寄存器、GPIO MUX 寄存器、特定的 eCAN 寄存器，而有的却不受 EALLOW 指令的保护。在编写外设寄存器相关程序时，对于受 EALLOW 保护的外设寄存器，在操作之前需要加指令 EALLOW 取消写保护功能，操作结束后通过使用指令 EDIS 使能写保护，复位时 EALLOW 保护被使能。使用 EALLOW 指令的保护可以防止一些偶然代码或指针去破坏寄存器的内容。

8. 外部扩展接口 XINTF

F2812 的外部扩展接口(External Interface，XINTF)采用非复用异步总线(Non-multiplexed Asynchronous Bus)，是用来扩展外部存储器或片外设备的，通常可用于扩展 SRAM、Flash、ADC、DAC 等模块。需要说明的是 F2812 不支持 I/O 空间，需要对片外设备进行操作时，可以使用 XINTF 接口或 GPIO 进行扩展。

由于 F2812 采用统一寻址方式，这些外部接口分别和 CPU 的某个存储空间相对应，CPU 通过对存储空间的读/写操作来间接控制外部接口。在使用 XINTF 接口同外部设备进行通信时，无论是写还是读操作，CPU 都作为主设备，外部设备作为从设备。外部设备不能控制 F2812 的 XINTF 接口信号线，只能读取、判断信号线的状态来进行相应的操作。F2812 的外部扩展接口 XINTF 结构框图如图 3 - 27 所示。

由图 3 - 27 可以看出，F2812 的 XINTF 接口由 19 条地址线(XA0～XA18)、16 条数据线(XD0～XD15)、3 个片选信号线和控制信号线等组成，且被映射到 5 个独立的存储空间，即 Zone0、Zone1、Zone2、Zone6 和 Zone7。扩展的外部存储空间既可以作为数据存储器，也可以作为程序存储器。Zone0 和 Zone1 共用 $\overline{\text{XZCS0AND1}}$ 片选信号，Zone6 和 Zone7 共用 $\overline{\text{XZCS6AND7}}$ 片选信号，Zone2 由 $\overline{\text{XZCS2}}$ 片选信号

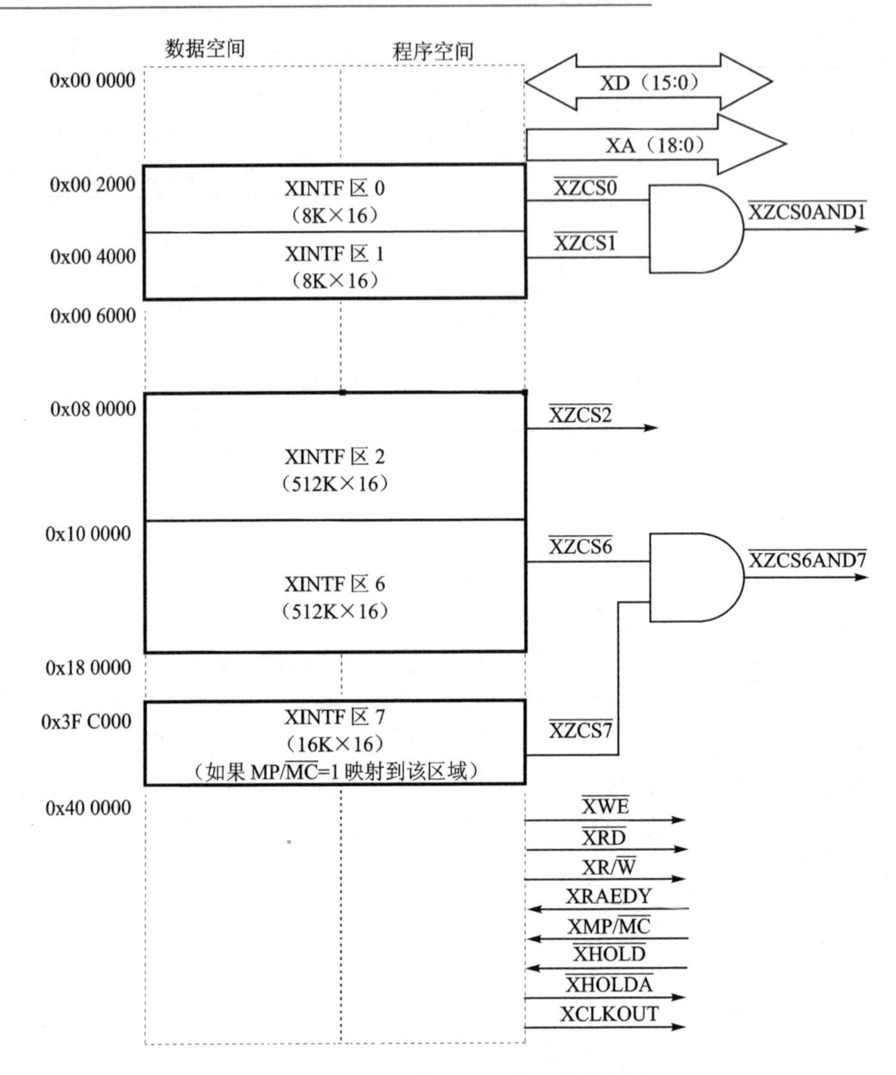

图 3－27　F2812 的 XINTF 接口结构框图

决定。每个 XINTF 区的一个片选信号和芯片内部地址进行或逻辑控制后，形成一个公用的片选信号，对一个特定区域进行访问时这些信号就会出现。

XINTF 支持外部程序/数据存储空间的直接存储器访问（Direct Memory Access，DMA），DMA 操作由 $\overline{\text{XHOLD}}$ 信号输入和 $\overline{\text{XHOLDA}}$ 信号输出控制完成。如果 $\overline{\text{XHOLD}}$ 输入一个低电平时，XINTF 释放外部总线，并把所有的 XINTF 总线和选通端置为高阻态。当完成对所有外部接口的访问后，$\overline{\text{XHOLDA}}$ 会输出一个低电平，来通知外部扩展单元的输出都呈高阻态，其他设备可以控制访问存储器或外部设备。

(1) Zone0 和 Zone1

Zone0 和 Zone1 共用 $\overline{\text{XZCS0AND1}}$ 片选信号，但采用不同的内部地址。Zone0 的寻址范围是 0x00 2000h～0x00 3FFFh，Zone1 的寻址范围是 0x00 4000h～0x00

5FFFh,可见低12位地址XA0～XA11的变化范围都是000h～FFFh,肯定不能作为区分这两个区域的信号。要区分这2个区域空间的访问,需要增加其他的控制逻辑。访问Zone0时,XA13为高电平,XA14为低电平;访问Zonel时,XA13为低电平,XA14为高电平。可见,XA13或XA14都可以作为区分Zone0和Zone1的逻辑控制信号。

另外,在F2812芯片上,Zonel区域为默认的写操作紧跟读操作流水线保护,而写操作紧跟读操作的流水线保护会影响Zonel区域的访问,尤其是在访问高速的存储设备时,因此Zonel区域适合用于扩展外设,而不适合用于扩展外部存储器。

(2) Zone2和Zone6

Zone2和Zone6共享外部地址总线。CPU访问Zone2和Zone6空间的第一个字时,地址总线产生0x00000地址;CPU访问Zone2和Zone6空间的最后一个字时,地址总线产生0xFFFFF地址。访问两者的唯一区别在于控制的片选信号不同,Zone2使用$\overline{\text{XZCS2}}$片选信号,而Zone6使用$\overline{\text{XZCS6AND7}}$片选信号。因为Zone2和Zone6这2个区域的访问使用不同的片选信号,所以这2个区域的访问可以采用不同的时序,可以同时使用片选信号来区分对2个区域空间的访问,使用地址总线控制具体访问的地址。

(3) Zone7

Zone7的访问使用跟前面几个地址空间不同。Zone7的访问会受到引脚XMP/$\overline{\text{MC}}$的影响。DSP复位时,XMP/$\overline{\text{MC}}$引脚的值被采样,然后锁存入XINTF配置寄存器XINTCNF2中MP/$\overline{\text{MC}}$位(XINTCNF2.8),该位反映了XMP/$\overline{\text{MC}}$引脚的状态,决定了Boot ROM还是Zone7被使能。

若复位时XMP/$\overline{\text{MC}}$引脚为高电平,则系统处于微处理器模式(Microprocessor Mode),此时,Zone7空间映射到0x3F C000h的高位置地址空间,而片上Boot ROM将被屏蔽,此时中断向量表可以定位在外部存储器空间,在该模式下,用户必须确实将复位向量指向一个有效的可执行代码的存储器位置。

若复位时,XMP/$\overline{\text{MC}}$引脚为低电平,则系统处于微计算机模式(Microcomputer Mode),此时Zone7不能映射到0x3F C000h存储空间,而片上的Boot ROM将映射到该存储空间。在该模式下,DSP从芯片内部启动,即Zone7被屏蔽且中断向量表从Boot ROM中获取。

因此,用户可以选择从片上存储器或片外存储器启动。Zone7的映射与XMP/$\overline{\text{MC}}$位有关,而Zone0、Zonel、Zonc2、Zone6总是有效的存储空间,与XMP/$\overline{\text{MC}}$位状态无关。

如果用户需要建立自己的引导程序,则可以存放在外部空间Zone7中,并从Zone7空间进行程序的引导。引导成功后,通过软件使能内部的ROM,以便可以访问存放在ROM中的数学表等。Boot ROM映射到Zone7空间时,Zone7空间的存储器仍然可以访问,这是因为Zone7和Zone6空间共用$\overline{\text{XZCS6AND7}}$片选信号。访问外部Zone7空间的地址范围是0x7 C000h～0x7 FFFh(外部19根地址总线地址),Zone6也使用这个地址空间。Zone7空间的使用只影响Zone6的高16K地址空间。

每个区域都可以独立地设定为不同的等待状态数量、选通信号设置和保持时序,并且每个区域可被外部设定为扩展等待状态或者没有扩展等待状态。可编程等待状态、芯片选择和可编程选通时序可实现到外部存储器或外设的无缝对接。同时还可以使用XREADY信号来控制外设的访问。外部接口的访问时钟频率由内部的XINTF定时时钟XTIMCLK提供,XTIMCLK可以等于SYSCLKOUT或SYSCLKOUT/2。

XINTF对外访问时序被分成3个阶段,即建立(Lead)阶段、激活(Active)阶段和跟踪(Trail)阶段。XINTF对不同的地址区域进行访问时,可以通过对应各区的XTIMING寄存器对访问时序加等待状态进行延时,等待状态可配置为若干个XTIMCLK的周期数。

XINTF的配置和控制寄存器如表3-26所列。只有通过运行XINTF区之外的代码才能修改这些寄存器,而对这些寄存器的修改会影响XINTF的访问时序。

表3-26 XINTF配置和控制寄存器映射表

名称	地址	大小(×16)	描述
XTIMING0	0x00 0B20	2	XINTF时序寄存器,0区可作为2个16位或一个32位寄存器进行访问
XTIMING1	0x00 0B22	2	XINTF时序寄存器,1区可作为2个16位或一个32位寄存器进行访问
XTIMING2	0x00 0B24	2	XINTF时序寄存器,2区可作为2个16位或一个32位寄存器进行访问
XTIMING6	0x00 0B2C	2	XINTF时序寄存器,6区可作为2个16位或一个32位寄存器进行访问
XTIMING7	0x00 0B2E	2	XINTF时序寄存器,7区可作为2个16位或一个32位寄存器进行访问
XINTCNF2	0x00 0B34	2	XINTF配置寄存器可作为2个16位或一个32位寄存器进行访问
XBANK	0x00 0B38	1	XINTF组控制寄存器
XREVISION	0x00 0B3A	1	XINTF修订版本寄存器

3.4 程序流

程序控制逻辑和程序地址产生逻辑共同工作来产生适当的程序流。通常情况下,程序流是连续顺序执行的,即CPU在连续的程序存储器寻址下执行指令。但有时候,程序必须转移到非顺序的地址并在新地址处开始顺序执行指令。为此,C28x系列DSP支持中断、分支、调用、返回和重复操作。

正确的程序流也需要平稳的指令级的程序流。为了满足这种需求,C28x系列DSP有一个保护流水线和一个取指令机制,从而保持流水线是饱和的。

1. 中　断

中断是硬件或软件驱动事件,使CPU暂停当前的程序顺序,而去执行一个中断服务程序。

2. 分支、调用及返回

分支、调用及返回通过把控制传送到程序存储器的另一地址单元,而中断顺序执行程序流。分支仅把控制传送到新的地址。调用还把返回地址(跟随在调用之后的指令地址)保存到硬件堆栈的顶部。每一被调用的子程序或中断服务子程序都以返回指令结束,该指令把返回地址弹出堆栈,或经XAR7或PRC把此地址放到程序计数器(PC)中去。

以下的指令是有条件的:B、BANZ、BAR、BF、SB、SBF、XBANZ、XCALL和XRETC,只有在特定或预定义的条件下才能执行。

3. 单个指令的重复执行

重复指令(RPT)允许将单条指令执行N+1次,N为RPT指令中的操作数。指令执行一次,然后重复N次。当执行RPT时,将N加载到重复计数器(RPTC),然后被重复的指令每执行一次,RPTC减1,直到其为0。

4. 指令流水线

每条指令都要经过8个独立的执行过程,形成了指令流水线。在任意给定的时间内,最多有8条指令被激活,每条指令处于不同的执行阶段。不是所有的读和写在同一阶段发生,但是流水线的保护机制能够按照需要去延迟指令,以确保根据程序控制顺序对相同位置进行读和写操作。为了提高流水线的效率,芯片内含一个取指令机制,以确保流水线处于饱和。

在执行程序时,C28x CPU执行以下基本操作:

① 从程序存储器中取指令。

② 指令译码。

③ 从存储器或CPU寄存器中读取数据值。

④ 执行指令。

⑤ 向存储器或CPU寄存器中写入结果。

为了提高指令执行效率,C28x CPU在8个独立的阶段执行这些操作。

① 取指1(F1):在取指1阶段,CPU将一个程序存储器地址送往22位程序地址总线PAB(21:0)。

② 取指2(F2):在取指2阶段,CPU通过32位的程序读地址总线PRDB(31:0)

读取程序地址，并将指令装载入取指令队列中。

③ 译码1(D1)：C28x支持32位和16位指令，一条指令可以被安排到偶地址或奇地址。译码1的硬件辨别出取指令队列指令的边界，并决定下一条待执行指令的长度；它也决定了指令的合法性。

④ 译码2(D2)：译码2的硬件向取指令队列请求一条指令，并将该指令放入指令寄存器中来完成译码操作。一旦指令达到D2阶段，就会一直执行完毕。在这个流水线阶段将执行以下操作：

- 如果从存储器中读取数据，则CPU产生源地址或地址。
- 如果向存储器中写入数据，则CPU产生目标地址。
- 地址寄存器算术单元(ARAU)完成对堆栈指针(SP)、辅助寄存器或辅助寄存器指针(ARP)的修改。
- 如果需要，可打断程序流的连续顺序执行（如分支或非法指令陷阱）。

⑤ 读1(R1)：如果从存储器中读取数据，读1(R1)硬件将会把地址送到相应的地址总线上。

⑥ 读2(R2)：如果数据在R1阶段被寻址，则读2(R2)硬件就通过相应的数据总线取回数据。

⑦ 执行(E)：在执行阶段，CPU执行所有的乘法、移位和ALU操作，包括所有的使用累加器和乘积寄存器的主要算术和逻辑操作，包括读数据、修改数据和向原位置写回数据的操作。修改数据的操作（尤其是算术和逻辑操作）都将在流水线的执行(E)阶段执行。由乘法器、移位器和ALU使用的任何CPU寄存器值都将在执行(E)阶段开始时从寄存器中读取，在执行(E)阶段结束时将结果写回到CPU寄存器。

⑧ 写(W)：在写阶段完成一个转换值或结果写入寄存器的操作。CPU会驱动目标地址、相应的写选通信号和数据来完成写操作。实际写操作至少需要一个以上的时钟周期，由存储器管理器或外设接口逻辑来控制完成，这是CPU流水线中不可见的部分。

尽管每一条指令都需要经过8个阶段的流水线操作，但是对于具体指令来看，并非每一个阶段都是有效的。一些指令在译码2阶段就已经完成，另外一些指令在执行(E)阶段结束，还有一些指令在写阶段结束。例如不需要从存储器读的指令在读阶段没有操作，不向寄存器写的指令在写阶段没有操作。

3.5　中断系统及复位

中断(Interrupt)是指这样一个过程：CPU正处理某件事情（执行程序）时，外部发生了某一事件并向CPU发信号请求去处理，CPU暂时中断当前工作，转去处理这一事件（进入中断服务程序），处理完再回来继续原来的工作。实现这种功能的部件称为中断系统，产生中断的请求源称为中断源。F2812的中断源如图3-28所示。

F2812 的 CPU 共有 16 根中断线，其中包括 14 个通用的可屏蔽中断 $\overline{\text{INT1}}$～$\overline{\text{INT14}}$、2 个不可屏蔽中断 $\overline{\text{RS}}$ 和 $\overline{\text{NMI}}$。CPU 定时器 1 和 CPU 定时器 2 是预留给实时操作系统使用的，用户不能使用，CPU 定时器 1 和 CPU 定时器 2 的中断分别分配给了 $\overline{\text{INT13}}$ 和 $\overline{\text{INT14}}$。不可屏蔽中断 $\overline{\text{RS}}$ 和 $\overline{\text{NMI}}$ 以及 $\overline{\text{INT13}}$ 和 $\overline{\text{INT14}}$ 中断直接送至 CPU，其余中断则通过外设级中断和 PIE 级中断送至 CPU。

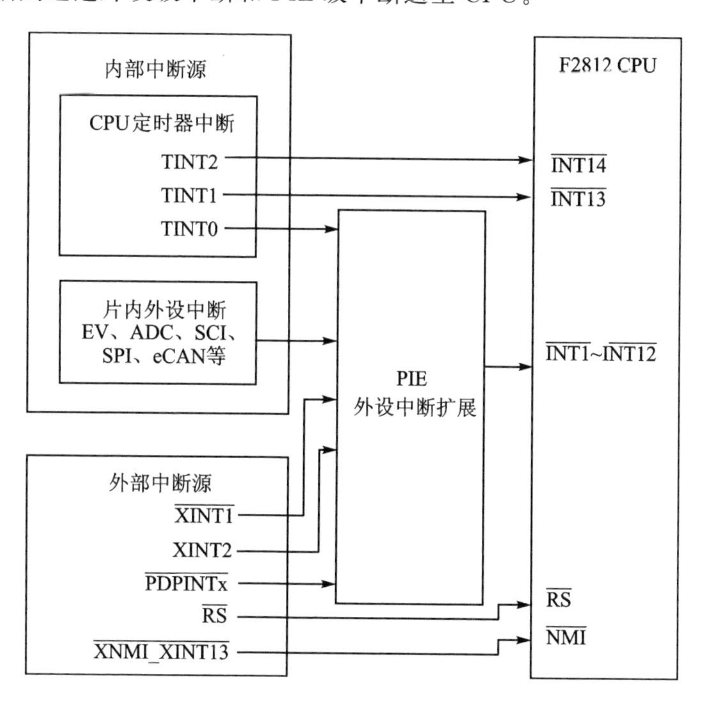

图 3-28 F2812 的中断源

1. TMS320F2812 中断概述

中断请求信号是硬件和软件驱动的信号，可以使 C28x 暂停当前的主程序并转去执行一个中断服务程序。通常，中断申请由外设和硬件产生，以便完成 C28x 数据的传送或者从 C28x 接收数据（如 A/D 和 D/A 转换器或其他处理器）。中断也可以作为一个特殊事件发生的标志信号（如一个已经完成计数的定时器）。

F2812 的中断主要有 2 种方式触发：一种是软件触发（如 INTR、OR IFR 或 TRAP 指令），另一种是硬件方式触发（如一个引脚、一个外围设备或片内外设）。如果多个硬件中断被同时触发，C28x 就按照它们的中断优先来提供服务。

每个 F2812 的中断，不论是软件中断还是硬件中断，都可以归结为可屏蔽中断和不可屏蔽中断：

① 可屏蔽中断：可以用软件来屏蔽或用软件来使能的中断源。F2812 片内外设所产生的中断都是可屏蔽中断，每一个中断都可以通过相应寄存器的中断使能位来禁止或使能该中断。

② 不可屏蔽中断:是不能被屏蔽的。一旦中断申请信号发出,F2812 CPU 将立即无条件地响应该类中断并转入相应的子程序去执行。所有用软件调用的中断都属于该类中断。

F2812 CPU 按照以下 4 个步骤来处理中断:

① 接收中断请求。由软件中断(从程序代码中)或者硬件中断(从一个引脚或一个片上设备)提出请求去暂停当前主程序的执行。

② 响应中断。F2812 CPU 接收到硬件或软件的申请后,要判断是否响应该中断。软件中断和非屏蔽的硬件中断可以立即被响应,而可屏蔽的硬件中断必须满足一定的条件下才能被响应。

③ 准备执行中断服务程序并保存寄存器值。该阶段主要完成以下工作:

- 完整地执行完当前指令,清除流水线中还没有到达译码第二阶段的所有指令。
- 将寄存器 ST0、T、AH、AL、PH、PL、AR0、AR1、DP、ST1、DBGSTAT、PC 和 IER 的内容保存到堆栈中,以便自动保存主程序的运行状态(保护现场)。
- 取回中断向量并把它放入程序寄存器 PC 中。

④ 执行中断服务子程序。中断服务程序(ISR)调用,F2812 转到相应的子程序去。该阶段是 F2812 进入预先规定的向量地址,并且执行已写好的中断服务程序 ISR。

2. 中断向量和优先级

F2812 支持包括复位中断在内的 32 个 CPU 中断向量,每一个向量是一个 22 位的地址,该地址是相应中断服务程序的入口地址。每一个向量被保存在两个连续地址的 32 位中(每个为 16 位,2 个共 32 位)。地址的低 16 位保存该向量的低 16 位(LSB),地址的高 16 位则以右对齐方式保存该向量的高 6 位(MSB)。当一个中断被响应时,其 22 位的向量被取出,而地址的高 10 位被忽略。

F2812 包含一个外设中断扩展模块(PIE),中断向量表会重新映射并扩展到 PIE 向量表中。表 3-27 列出了 F2812 可以使用的中断向量、各个向量的存储位置以及各自的优先级,其中存储地址按十六进制方式保存。DLOGINT 和 RTOSINT 中断是内部仿真逻辑向 CPU 发出的中断。

表 3-27 F2812 CPU 中断向量和优先级

中断向量	绝对地址(十六进制)		硬件优先级	描 述
	VMAP=0	VMAP=1		
RESET	0x00 0000h	0x3F FFC0h	1(最高)	复位中断
INT1	0x00 0002h	0x3F FFC2h	5	可屏蔽中断 1
INT2	0x00 0004h	0x3F FFC4h	6	可屏蔽中断 2
INT3	0x00 0006h	0x3F FFC6h	7	可屏蔽中断 3

续表 3-27

中断向量	绝对地址(十六进制)		硬件优先级	描 述
	VMAP=0	VMAP=1		
INT4	0x00 0008h	0x3F FFC8h	8	可屏蔽中断 4
INT5	0x00 000Ah	0x3F FFCAh	9	可屏蔽中断 5
INT6	0x00 000Ch	0x3F FFCCh	10	可屏蔽中断 6
INT7	0x00 000Eh	0x3F FFCEh	11	可屏蔽中断 7
INT8	0x00 0010h	0x3F FFD0h	12	可屏蔽中断 8
INT9	0x00 0012h	0x3F FFD2h	13	可屏蔽中断 9
INT10	0x00 0014h	0x3F FFD4h	14	可屏蔽中断 10
INT11	0x00 0016h	0x3F FFD6h	15	可屏蔽中断 11
INT12	0x00 0018h	0x3F FFD8h	16	可屏蔽中断 12
INT13	0x00 001Ah	0x3F FFDAh	17	可屏蔽中断 13
INT14	0x00 001Ch	0x3F FFDCh	18	可屏蔽中断 14
DLOGINT	0x00 001Eh	0x3F FFDEh	19(最低)	可屏蔽数据标志中断
RTOSINT	0x00 0020h	0x3F FFE0h	4	可屏蔽实时操作系统中断
Reserved	0x00 0022h	0x3F FFE2h	2	保留
NMI	0x00 0024h	0x3F FFE4h	3	不可屏蔽中断
ILLEGAL	0x00 0026h	0x3F FFE6h	—	非法指令陷阱
USER1	0x00 0028h	0x3F FFE8h	—	用户自定义软件中断
USER2	0x00 002Ah	0x3F FFEAh	—	用户自定义软件中断
USER3	0x00 002Ch	0x3F FFECh	—	用户自定义软件中断
USER4	0x00 002Eh	0x3F FFEEh	—	用户自定义软件中断
USER5	0x00 0030h	0x3F FFF0h	—	用户自定义软件中断
USER6	0x00 0032h	0x3F FFF2h	—	用户自定义软件中断
USER7	0x00 0034h	0x3F FFF4h	—	用户自定义软件中断
USER8	0x00 0036h	0x3F FFF6h	—	用户自定义软件中断
USER9	0x00 0038h	0x3F FFF8h	—	用户自定义软件中断
USER10	0x00 003Ah	0x3F FFFAh	—	用户自定义软件中断
USER11	0x00 003Ch	0x3F FFFCh	—	用户自定义软件中断
USER12	0x00 003Eh	0x3F FFFEh	—	用户自定义软件中断

表 3-27 列出了 CPU 中断向量的 2 种绝对地址,即 CPU 的向量表可以映射到程序空间的底部或顶部,这取决于状态寄存器 ST1 的向量映射位 VMAP(状态寄存器 ST1.3),该位决定 CPU 的中断向量表(包括复位向量)被映射到程序存储器的最低地址还是最高地址。如果 VMAP 位是 0,向量就映射在以 0x00 0000h 开始的地

址上;如果其值是 1,向量就映射到以 0x3F FFC0h 开始的地址上。复位默认值为 1。VMAP 位可以由 SETC VMAP 指令置 1,由 CLRC VMAP 指令清 0。

在 F2812 中,中断向量表可以映射到 5 个不同的存储空间,即 M1 SARAM、M0 SARAM、BROM、XINTF Zone 7 块和 PIE 向量块。中断向量表的映射主要由以下几个信号位来控制:

① VMAP:是状态寄存器 ST1 的位 3。芯片复位后的值为 1。对于正常的 F2812 操作,可把该位设置为 1。

② M0M1MAP:是状态寄存器 ST1 的位 11。芯片复位后的值为 1。通过写 ST1 或执行 SETC/CLRC M0M1MAP 指令可以修改该位的状态。对于正常的 F2812 操作,该位应该保持为 1。M0M1MAP=0 保留,仅用于 TI 测试。

③ MP/$\overline{\text{MC}}$:是 XINTCNF2 寄存器的位 8。在有外部接口(XINTF)的芯片上,复位时,该位的默认值由 XMP/$\overline{\text{MC}}$ 输入信号设置。在没有 XINTF 的芯片上,在内部将 XMP/$\overline{\text{MC}}$ 拉为低电平。复位后,通过写 XINTCNF2 寄存器来修改该位状态,该寄存器的地址为 0x0000 0B34h。

④ ENPIE:是寄存器 PIECTRL 的位 0。复位时该位的默认值设为 0(PIE 无效)。复位后,通过写 PIECTRL 寄存器来修改该位状态,该寄存器的地址为 0x0000 0CE0h。

表 3-28 列出了上述 4 个信号位决定的中断向量表映射的关系。

表 3-28　中断向量表映射关系

向量映射	向量获取位置	地址范围	VMAP	M0M1MAP	MP/$\overline{\text{MC}}$	ENPIE
M1 向量	M1 SARAM	0x00 0000~0x00 003F	0	0	X	X
M0 向量	M0 SARAM	0x00 0000~0x00 003F	0	1	X	X
BROM 向量	ROM	0x3F FFC0~0x3F FFFF	1	X	0	0
XINTF 向量	XINTF Zone7	0x3F FFC0~0x3F FFFF	1	X	1	0
PIE 向量	PIE	0x00 0D00~0x00 0DFF	1	X	X	1

M1 和 M0 向量表映射仅留作 TI 测试,当使用其他向量映射时,M0 和 M1 存储器可以用作普通的 RAM。在 F2812 提供的源文件中没有涉及 VMAP 位的操作,所以当 DSP 上电复位时,VMAP 取默认值 1。又由于在通常设计中,将引脚 XMP/$\overline{\text{MC}}$ 拉为低电平,即 MP/$\overline{\text{MC}}$ 位的值位 0,工作在微计算机模式,而在源文件 DSP281x_PieCtrl. c 中,可以看到语句"PieCtrlRegs. PIECRTL. bit. ENPIE = 1;",即在初始化 PIE 时,将 ENPIE 位设置为 1,因此 F2812 DSP 芯片正常情况下只使用 PIE 向量表映射。

注意,如果 DSP 芯片复位,没有初始化 PIE 之前,即 ENPIE 位为 0,使用的是 BROM 向量。因此,在复位和程序引导完成之后,应该由用户对 PIE 向量表进行初始化,然后由应用程序使能 PIE 向量表,这样 CPU 响应中断时就从 PIE 向量表所指出的位置上取回中断向量,即取出中断服务子程序的地址。

3. 可屏蔽中断

在表3-27所列的CPU中断里，$\overline{\mathrm{INT1}}$～$\overline{\mathrm{INT14}}$是14个通用中断，而DLOGINT(可屏蔽数据标志中断)和TOSINT(可屏蔽实时操作系统中断)是为仿真而设计的两个中断。通常在实际应用中使用最多的还是通用中断$\overline{\mathrm{INT1}}$～$\overline{\mathrm{INT14}}$。这16个中断都属于可屏蔽中断，可用软件来屏蔽或使能相应的中断。F2812的PIE级中断也是可屏蔽中断。

F2812有3个寄存器用于控制这些中断，即中断标志寄存器(IFR)、中断使能寄存器(IER)和调试中断使能寄存器(DBGIER)。IFR包含的标志位用于可屏蔽中断(可以用软件进行屏蔽)。当通过硬件或软件设定了其中某位时，相应的中断就被使能。当DSP工作在实时仿真模式并且CPU被挂起时，DBGIER表明可以使用临界时间中断(如果被使能)。

可屏蔽中断也利用状态寄存器STl的中断全局屏蔽位INTM(ST1.0)来进行全局使能中断和禁止中断，INTM=0时，可屏蔽中断被全局使能；当INTM=1时，可屏蔽中断被全局禁止。通过SETC INTM和CLRC INTM指令(或DINT、EINT指令)可以将INTM置1和清0。

当一个中断标志被锁存在IFR中时，直到IER、DBGIER和INTM位中的两个被使能，CPU才能响应相应的中断。使能可屏蔽中断的请求取决于中断处理过程，如表3-29所列。通常，CPU处于标准处理过程中，DBGIER被忽略。如果DSP工作在实时仿真模式下并且CPU被暂停，将会采用不同的中断处理过程，即使用DBGIER而忽略INTM位。如果DSP工作在实时仿真模式下，但CPU正在运行，则可以使用标准的中断处理过程。

表3-29　使能一个可屏蔽中断的条件

中断处理过程	使能可屏蔽中断的条件
标准处理过程(忽略DBGIER)	INTM=0,IER中的相应位是1
DSP工作在实时仿真模式且CPU暂停	IER和DBGIER中的相应位是1

(1) 中断标志寄存器(IFR)

16位寄存器IFR包含的每一个标志位都与一个CPU中断相对应，表明相应中断在等待CPU的确认。外部输入线$\overline{\mathrm{INT1}}$～$\overline{\mathrm{INT14}}$在CPU的每一个时钟周期都被检测采样。如果识别出一个中断信号，IFR相应的位就被置位和锁存。对于DLOGINT或RTOSINT，CPU片内分析逻辑送来的信号使得相应标志位被设置和锁存。若一个可屏蔽中断等待CPU响应，则IFR相应的位是1，否则为0。中断标志寄存器(IFR)的位图如图3-29所示。各位的功能定义描述如表3-30所列。

15	14	13	12	11	10	9	8
RTOSINT	DLOGINT	INT14	INT13	INT12	INT11	INT10	INT9
R/W-0	R/W-0	R/W-0	R/W-0	R/W-0	R/W-0	R/W-0	R/W-0

7	6	5	4	3	2	1	0
INT8	INT7	INT6	INT5	INT4	INT3	INT2	INT1
R/W-0	R/W-0	R/W-0	R/W-0	R/W-0	R/W-0	R/W-0	R/W-0

注：R=可读；W=可写；-0=复位后的值为0。

图 3-29　中断标志寄存器(IFR)的位图

表 3-30　中断标志寄存器(IFR)的功能定义描述表

位	名　称	描　述
15	RTOSINT	实时操作系统标志位。 0　RTOSINT 已响应；1　RTOSINT 未响应
14	DLOGINT	数据标志中断标志位。 0　DLOGINT 已响应；1　DLOGINT 未响应
13～0	INTx	INTx 标志位(x=1,2,3,…,14) 0　$\overline{\text{INTx}}$ 已响应；　1　$\overline{\text{INTx}}$ 未响应

(2) 中断使能寄存器(IER)

中断使能寄存器包含的每一位为可屏蔽中断进行使能或禁止位。若要使能中断,需要把它的相应位置1;若要禁止中断,应该清除它的相应位,即清0。复位时,IER所有的位都被清0,禁止所有的中断。中断使能寄存器的位图如图3-30所示。各位的功能定义描述如表3-31所列。

15	14	13	12	11	10	9	8
RTOSINT	DLOGINT	INT14	INT13	INT12	INT11	INT10	INT9
R/W-0	R/W-0	R/W-0	R/W-0	R/W-0	R/W-0	R/W-0	R/W-0

7	6	5	4	3	2	1	0
INT8	INT7	INT6	INT5	INT4	INT3	INT2	INT1
R/W-0	R/W-0	R/W-0	R/W-0	R/W-0	R/W-0	R/W-0	R/W-0

注：R=可读；W=可写；-0=复位后的值为0。

图 3-30　中断使能寄存器的位图

表 3-31　中断使能寄存器的功能定义描述表

位	名　称	描　述
15	RTOSINT	实时操作系统使能位。 0　RTOSINT 中断禁止；　1　RTOSINT 中断使能

续表 3-31

位	名 称	描 述
14	DLOGINT	数据标志中断使能位。 0 DLOGINT 中断禁止； 1 DLOGINT 中断使能
13～0	INTx	INTx 使能位(x=1,2,3,…,14) 0 $\overline{\text{INTx}}$ 中断禁止；1 $\overline{\text{INTx}}$ 中断使能

(3) 调试中断使能寄存器(DBGIER)

调试中断使能寄存器包含的每一位为可屏蔽中断进行使能和禁止位，表明了当CPU处于实时仿真模式且被暂停时哪一个中断可以使用。CPU处于实时仿真模式且被暂停时的中断称为临界时间中断，只有当与之对应的IER和DBGIER中的相应位是1即同时被使能时，该中断才能被服务。同IER一样，可通过读DBGIER来识别使能或禁止中断，或通过写DBGIER来使能或禁止中断。若要使能中断，需要把它的相应位置1；若要禁止中断，应该相应位清0。在复位时，DBGIER的所有位被清0。调试中断使能寄存器的位图如图3-31所示，各位的功能定义描述如表3-32所列。

15	14	13	12	11	10	9	8
RTOSINT	DLOGINT	INT14	INT13	INT12	INT11	INT10	INT9
R/W-0	R/W-0	R/W-0	R/W-0	R/W-0	R/W-0	R/W-0	R/W-0

7	6	5	4	3	2	1	0
INT8	INT7	INT6	INT5	INT4	INT3	INT2	INT1
R/W-0	R/W-0	R/W-0	R/W-0	R/W-0	R/W-0	R/W-0	R/W-0

注：R=可读；W=可写；-0=复位后的值为0。

图3-31 调试中断使能寄存器的位图

表3-32 调试中断使能寄存器的功能定义描述表

位	名 称	描 述
15	RTOSINT	实时操作系统使能位。 0 RTOSINT 中断禁止；1 RTOSINT 中断使
14	DLOGINT	数据标志中断使能位。 0 DLOGINT 中断禁止；1 DLOGINT 中断使能
13～0	INTx	INTx 使能位(x=1,2,3,…,14) 0 $\overline{\text{INTx}}$ 中断禁止；1 $\overline{\text{INTx}}$ 中断使能

(4) 可屏蔽中断的标准处理过程

当同时有多个中断发出请求时，CPU按照其优先级高低依次进行响应。当某个可屏蔽中断提出请求时，将其在中断标志寄存器中的相应中断标志位置1。CPU检测到该中断标志位被置位后去读中断使能寄存器中相应位的值，从而检测该中断是否被使能。如果该中断并未使能，则CPU将不会理会此中断，直到该中断被使能为止。如果该中断已经被使能，则CPU还会继续检测中断全局屏蔽位是否被使能，如果没有，则依然不会响应中断；如果中断全局屏蔽位已经被使能，则CPU响应该中断，暂停主程序并转向执行相应的中断服务子程序。CPU响应中断后，中断标志寄存器中的相应中断标志位就会被自动清0，目的是使CPU能够去响应其他中断或者是该中断的下一次中断。

4. 不可屏蔽中断

不可屏蔽中断不能够通过任何使能位（INTM位、DBGM位和IFR、IER、DBGIER中的使能位）来禁止。F2812立即响应这种类型的中断，并执行相应的中断服务程序。但有一个例外，当CPU在停止模式中被暂停时（一种仿真模式），不会响应任何中断。F2812的不可屏蔽中断包括软件中断（INTR和TRAP指令）、硬件中断$\overline{\text{NMI}}$、非法指令陷阱和硬件复位中断$\overline{\text{RS}}$。

(1) INTR指令

用户可以使用INTR指令对中断$\overline{\text{INT1}}$～$\overline{\text{INT14}}$、DLOGINT、RTOSINT和$\overline{\text{NMI}}$进行初始化操作。一旦使用INTR指令对中断进行了初始化，具体的执行则要看指定的是哪一个类型的中断：

① $\overline{\text{INT1}}$～$\overline{\text{INT14}}$、DLOGINT和RTOSINT。这些可屏蔽中断在中断标志寄存器（IFR）中都有相应的标志位，当外部引脚收到一个中断请求时，相应的标志位置1，则中断使能。但当这些中断是由INTR指令初始化时，中断标志寄存器中相应的标志位并未置1，中断仍被响应和服务，这与中断使能位的值无关。但是INTR指令又与硬件中断请求有相似之处，例如都是在中断过程中清除中断标志寄存器（IFR）中的相应位。

② $\overline{\text{NMI}}$。由于该中断是一个不可屏蔽中断，引脚上的硬件请求和使用INTR指令的软件请求都会导致同样的事件发生，这些事件与执行TRAP指令中发生的时间是一样的。

(2) TRAP指令

用户可以使用TRAP指令来初始化任何中断，包括用户定义的软件中断（见表3-30中USER1～USER12）。TRAP指令可以操作32个CPU级中断（0～31）中的任何一个。例如用户可以使用如下指令来执行$\overline{\text{INT1}}$的中断复位程序：

```
TRAP    #1
```

TRAP指令不受中断标志寄存器和中断使能寄存器中各位的影响，也不影响这两个寄存器中的任何位。

值得用户注意的是，TRAP #0指令不会对芯片的完全复位进行初始化，只是强制执行RESET中断向量对应的中断复位服务程序。

(3) 不可屏蔽硬件中断 $\overline{\text{NMI}}$

用户可以通过 $\overline{\text{NMI}}$ 输入引脚进行不可屏蔽硬件中断请求，该引脚必须在低电平时才允许初始化中断。尽管 $\overline{\text{NMI}}$ 是不可屏蔽的，但有些调试执行状态也无法对 $\overline{\text{NMI}}$ 进行中断服务。CPU 一旦在 $\overline{\text{NMI}}$ 引脚上检测到一个有效请求，则和执行 TRAP 指令一样来进行中断处理。

5. 非法指令陷阱

以下 5 种事件中的任一种都会造成非法指令陷阱：

- 一个无效的指令被译码(包括无效的寻址模式)。
- 操作码 0000h 被译码时，这个操作码对应于指令 ITRAP0。
- 操作码 FFFFh 被译码时，这个操作码对应于指令 ITRAP1。
- 试图使用 SP 寄存器寻址方式进行一个 32 位的操作。
- 寻址方式设置位 AMODE=1 和 PAGE0=1。

一个非法指令陷阱不能被屏蔽，即使在仿真过程中也不能。一旦被初始化，则非法指令陷阱的操作就像 TRAP #19 指令一样。作为中断操作的一部分，非法指令陷阱会把返回地址保存到堆栈中，因此，用户可以通过检查这个保存在堆栈中的数值来查找被破坏的地址。

在 CCS 下查看反汇编窗口时，一些没有使用的空间内容多是 0000h，这些内容被反汇编成 ITRAP0。

6. 硬件复位操作

复位信号 $\overline{\text{RS}}$ 是优先级最高的中断，为非屏蔽外部中断。当复位输入信号 $\overline{\text{RS}}$ 被确认后，CPU 就会进入一个确定的状态。CPU 硬件复位后，所有当前操作均被放弃，流水线被清除，相关的 CPU 寄存器进行复位，然后将取回复位中断向量并执行相应的中断服务程序。需要用户注意的是，复位通常在电源打开之后被启动，每次复位之后必须重新初始化系统。

7. 片内外设中断扩展(PIE)

F2812 只有 32 个 CPU 中断源，而片上有非常丰富的外设，每个片上外设均可产生一个或多个中断请求，以响应众多的片上外设事件，所以 F2812 的中断要比 F240x 系列 DSP 复杂。F2812 CPU 没有足够的中断源来管理所有的片上外设中断请求，所以在 F2812 中设置了一个外设中断扩展控制器(Peripheral Interrupt Expansion, PIE)来管理片上外设和外部引脚引起的中断请求。PIE 把许多中断源多路复用成一个较小的中断输入集。F2812 的 PIE 中断共有 96 个，分为 12 组(INT1～INT12)，每组内有 8 个片上外设中断请求，复用一个 CPU 中断。每个中断都有自己的 PIE 向量表存放在 RAM 中，构成整个系统的中断向量表，用户可以根据需要对中断向量表进行调整。在响应中断时，CPU 自动从中断向量表中获取相应的中断向量。CPU 获取中断向量和保存重要的寄存器只需 9 个 CPU 时钟周期。因此，CPU

能够快速地响应中断。每一个中断可以在PIE模块内使能或屏蔽。ADC、定时器、SCI等外设编程均以中断方式进行,可提高CPU的利用率。

96个片上外设中断请求信号可记为INTx.y(x=1,2,3,…,12;y=1,2,3,…,8)。每个组输出一个中断请求信号给CPU,即PIE的输出INTx(1≤x≤12)对应CPU中断输入的。TMS320F28x系列DSP的96个可能的PIE中断有45个被F2812使用,其余的保留为以后的DSP器件使用。外设中断在PIE中的分布情况如表3-33所列。

表3-33 外设中断在PIE中的分布表

CPU中断	PIE中断							
	INTx.8	INTx.7	INTx.6	INTx.5	INTx.4	INTx.3	INTx.2	INTx.1
INT1	WAKEINT (LPM/WD)	TINT0 (TIMER 0)	ADCINT (ADC)	XINT2	XINT1	保留	PDPINTB (EV-B)	PDPINTA (EV-A)
INT2	保留	T1OFINT (EV-A)	T1UFINT (EV-A)	T1CINT (EV-A)	T1PINT (EV-A)	CMP3INT (EV-A)	CMP2INT (EV-A)	CMP1INT (EV-A)
INT3	保留	CAPINT3 (EV-A)	CAPINT2 (EV-A)	CAPINT1 (EV-A)	T2OFINT (EV-A)	T2UFINT (EV-A)	T2CINT (EV-A)	T2PINT (EV-A)
INT4	保留	T3OFINT (EV-B)	T3UFINT (EV-B)	T3CINT (EV-B)	T3PINT (EV-B)	CMP6INT (EV-B)	CMP5INT (EV-B)	CMP4INT (EV-B)
INT5	保留	CAPINT6 (EV-B)	CAPINT5 (EV-B)	CAPINT4 (EV-B)	T4OFINT (EV-B)	T4UFINT (EV-B)	T4CINT (EV-B)	T4PINT (EV-B)
INT6	保留	保留	MXINT (McBSP)	MRINT (McBSP)	保留	保留	SPITXINTA (SPI)	SPIRXINTA (SPI)
INT7	保留	保留	保留	保留	保留	保留	保留	保留
INT8	保留	保留	保留	保留	保留	保留	保留	保留
INT9	保留	保留	ECAN1INT (eCAN)	ECAN0INT (eCAN)	SCITXINTB (SCI-B)	SCIRXINTB (SCI-B)	SCITXINTA (SCI-A)	SCIRXINTA (SCI-A)
INT10	保留	保留	保留	保留	保留	保留	保留	保留
INT11	保留	保留	保留	保留	保留	保留	保留	保留
INT12	保留	保留	保留	保留	保留	保留	保留	保留

在PIE同组内,INTx.1的优先级比INTx.2的优先级高,INTx.2的优先级比INTx.3的优先级高,以此类推,即PIE同组内排在前面的优先级比排在后面的优先级要高;而在PIE不同组之间,排在前面组内的任何一个中断的优先级要比排在后面组内的任何一个中断的优先级都要高。

可屏蔽CPU中断都可以通过中断使能寄存器和中断标志寄存器来进行可编程控制。同样PIE的每组中都有2个相关的寄存器,分别是PIE中断使能寄存器(PIEIERx,x=1,2,3,…,12)和PIE中断标志寄存器(PIEIFRx,x=1,2,3,…,12),

低 8 位(bit7～0)有效。另外还有 2 个 PIE 控制寄存器(PIECTRL)和 PIE 中断应答寄存器(PIEACK)PIE 寄存器，如表 3－34 所列，注意，PIE 寄存器不受 EALLOW 保护，但是 PIE 向量表受 EALLOW 保护。

表 3－34　PIE 寄存器一览表

名　称	地　址	大小(×16)	描　述
PIECTRL	0x0000 0CE0	1	PIE 控制寄存器
PIEACK	0x0000 0CE1	1	PIE 应答寄存器
PIEIER1	0x0000 0CE2	1	PIE，INT1 组使能寄存器
PIEIFR1	0x0000 0CE3	1	PIE，INT1 组标志寄存器
PIEIER2	0x0000 0CE4	1	PIE，INT2 组使能寄存器
PIEIFR2	0x0000 0CE5	1	PIE，INT2 组标志寄存器
PIEIER3	0x0000 0CE6	1	PIE，INT3 组使能寄存器
PIEIFR3	0x0000 0CE7	1	PIE，INT3 组标志寄存器
PIEIER4	0x0000 0CE8	1	PIE，INT4 组使能寄存器
PIEIFR4	0x0000 0CE9	1	PIE，INT4 组标志寄存器
PIEIER5	0x0000 0CEA	1	PIE，INT5 组使能寄存器
PIEIFR5	0x0000 0CEB	1	PIE，INT5 组标志寄存器
PIEIER6	0x0000 0CEC	1	PIE，INT6 组使能寄存器
PIEIFR6	0x0000 0CED	1	PIE，INT6 组标志寄存器
PIEIER7	0x0000 0CEE	1	PIE，INT7 组使能寄存器
PIEIFR7	0x0000 0CEF	1	PIE，INT7 组标志寄存器
PIEIER8	0x0000 0CF0	1	PIE，INT8 组使能寄存器
PIEIFR8	0x0000 0CF1	1	PIE，INT8 组标志寄存器
PIEIER9	0x0000 0CF2	1	PIE，INT9 组使能寄存器
PIEIFR9	0x0000 0CF3	1	PIE，INT9 组标志寄存器
PIEIER10	0x0000 0CF4	1	PIE，INT10 组使能寄存器
PIEIFR10	0x0000 0CF5	1	PIE，INT10 组标志寄存器
PIEIER11	0x0000 0CF6	1	PIE，INT11 组使能寄存器
PIEIFR11	0x0000 0CF7	1	PIE，INT11 组标志寄存器
PIEIER12	0x0000 0CF8	1	PIE，INT12 组使能寄存器
PIEIFR12	0x0000 0CF9	1	PIE，INT12 组标志寄存器
Reserved	0x0000 0CFA～0x0000 0CFF	6	保留

F2812 有 3 个外部中断引脚：XINT1、XINT2 和 XINT13，XINT13 和不可屏蔽中断 XNMI 复用一个引脚。每个中断可以设置为上升沿触发或下降沿触发，还可以选择被使能或禁止(包括 XNMI)。对于每一个外部可屏蔽中断，包含一个 16 位自由运行的递增计数器，每当检测到有效中断沿时，计数器就复位到 0，用于给中断提供

一个精确的时间标记。外部中断寄存器如表3-35所列。

表3-35 外部中断寄存器一览表

名 称	地 址	大小(×16)	描 述
XINT1CR	0x00 7070	1	XINT1 控制寄存器
XINT2CR	0x00 7071	1	XINT2 控制寄存器
Reserved	0x00 7072~0x00 7076	5	—
XNMICR	0x00 7077	1	XNMI 控制寄存器
XINT1CTR	0x00 7078	1	XINT1 计数寄存器
XINT2CTR	0x00 7079	1	XINT2 计数寄存器
Reserved	0x00 707A~0x00 707E	5	—
XNMICTR	0x00 707F	1	XNMI 计数寄存器

PIE可支持96个中断,每个中断都有中断服务子程序ISR,CPU通过查找中断服务子程序去响应相对应的中断,而DSP的各个中断服务子程序的地址存储在由256×16位的连续SARAM空间内,这就是PIE中断向量表。如果不使用PIE模块,则这个空间可以作为通用的RAM使用,且只能映射到数据空间。

F2812正常情况下只使用PIE向量表映射。如果DSP复位,没有初始化PIE之前,即ENPIE位为0,使用的是BROM向量。因此,在复位和程序引导完成之后,应该由用户对PIE向量表进行初始化,然后由应用程序使能PIE向量表,这样CPU响应中断时,就从PIE向量表所指出的位置上取回中断向量,即取出中断服务子程序的地址。

图3-32给出了复用的PIE中断操作顺序,而非复用中断源直接送至CPU。由图3-32的中断操作顺序可知,F2812的中断系统采用的是3级中断机制,即外设级、PIE级和CPU级。对于某一个具体的外设中断请求,只要有任意一级不许可,CPU最终都不会执行该外设中断。

(1) 外设级

如果在程序的执行过程中,某一个外设产生了一个中断事件,那么在这个外设的某个寄存器中与该中断事件相关的中断标志位(IF=Interrupt Flag)被置为1。此时,如果该中断相应的中断使能位(IE=Interrupt Flag)已经被置位为1,外设的中断请求信号INTx.y(x=1,2,3,…,12;y=1,2,3,…,8)就会向PIE控制器产生一个中断请求。如果虽然中断事件产生了,相应的中断标志位也被置1了,但是该中断没有被使能(相应的使能位为0),那么外设就不会向PIE发出中断请求。如果该中断在外设级使能无效,则相应的IF位会一直保持直到用软件清除它为止。如果在以后使能该中断,且中断标志仍然置位,那么就会向PIE发出一个中断请求。外设寄存器中的中断标志必须采用软件进行清除。

(2) PIE级

PIE模块将96个外设和外部引脚的中断进行了分组,每8个中断为1组,一共

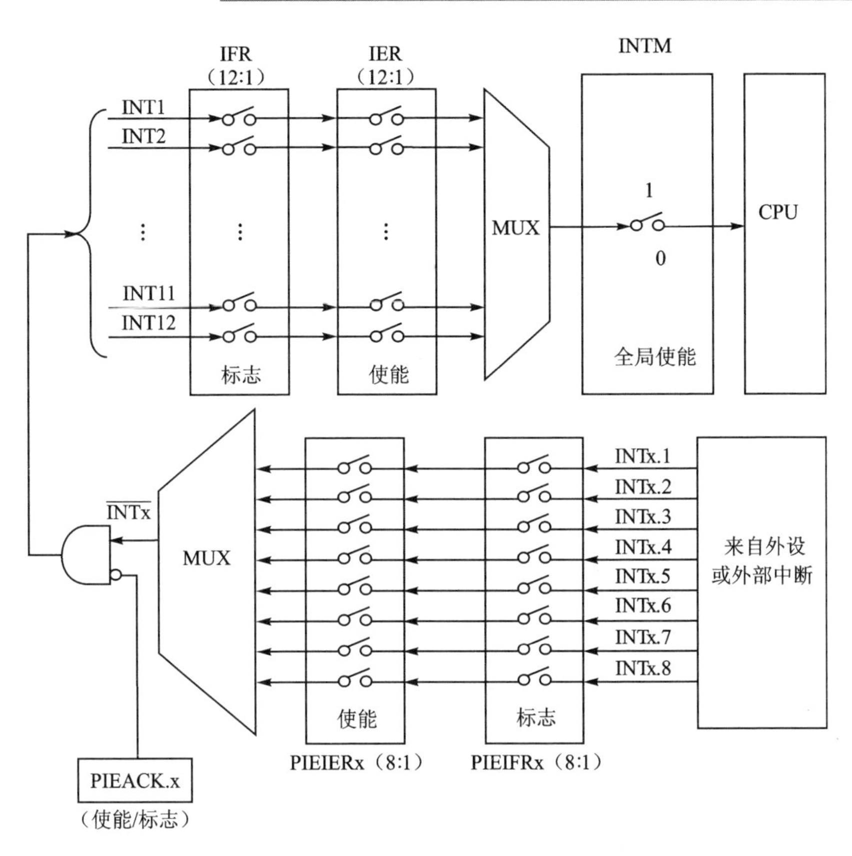

图 3-32　复用 PIE 的中断操作顺序

是 12 组,分别是 PIE1～PIE12。PIE 模块复用 8 个外设和外部引脚的中断进入一个 CPU 中断,详细内容见表 3-39。当外设产生中断事件、相关中断标志位置位、中断使能位使能之后,外设就会把中断请求发送给 PIE 模块。和外设级类似的,PIE 控制器中的每个组都会有一个中断标志寄存器 PIEIFRx 和中断使能寄存器 PIEIERx,而每一个中断都有一个中断标志位 PIEIFRx. y 和一个中断使能位 PIEIERx. y(x=1,2,3,…,12;y=1,2,3,…,8),每个寄存器的低 8 位对应于 8 个外设中断,高 8 位保留。对每个 CPU 中断组 INT1～INT12 都有一个应答位 PIEACK. x(位 0～11)。

当外设中断源向 PIE 发出中断请求后,PIE 中断标志寄存器中相应的中断标志位 PIEIFRx. y 就会被置位,此时如果 PIE 使能标志寄存器中相应的中断使能位 PIEIERx. y 也被置位,相应的 PIEACK. x 应答位值为 0,则 PIE 将向 CPU 发出中断请求;否则如果相应的中断使能位 PIEIERx. y 没有被使能,或者相应的 PIEACK. x 应答位的值为 1,即便 PIE 正在处理同组的其他中断,都暂时不会响应外设的中断请求。

(3) CPU 级

一旦中断请求送入 CPU 后,CPU 级的中断标志寄存器 IFR 中与 INTx 相关的中断标志(IFR)位就被置位。该标志位被锁存在 IFR 后,如果此时 CPU 中断使能寄存器IER或仿真中断使能寄存器DBGIER中的相应位为1,且全局中断屏蔽位INTM (ST1.0)为0,则CPU就进入中断服务程序,响应中断。

在CPU级,使能可屏蔽中断的请求取决于中断处理过程,如表3-32所列。CPU接到中断的请求,就得暂停正在执行的程序,转而去响应中断程序,但是此时,CPU必须做一些准备工作,以便于执行完中断程序之后再回到原来的地方和原来的状态。CPU会将相应的IER和IFR位进行清除,EALLOW也被清除,INTM被置位,即不能响应其他中断。然后,CPU会存储返回地址并自动保存相关的信息,CPU做好准备工作之后会从PIE中取出对应的中断向量ISR,从而转去执行中断服务子程序。从这个过程可以看到,CPU级的操作都是自动的,不管是中断标志位,还是中断使能位。

用户可以通过图3-35更好地理解掌握F2812的3级中断机制。

【例3-3】 PIE控制寄存器初始化C语言程序段。

```
#include "DSP281x_Device.h"
void  InitPieCtrl(void)                              //系统PIE初始化子程序
{
    PieCtrlRegs.PIECRTL.bit.ENPIE = 0;               //禁止PIE
    PieCtrlRegs.PIEIER1.all = 0;                     //清除PIEIER寄存器
    ...
    PieCtrlRegs.PIEIER12.all = 0;
    PieCtrlRegs.PIEIFR1.all = 0;                     //清除PIEIFR寄存器
    ...

    PieCtrlRegs.PIEIFR12.all = 0;
    PieCtrlRegs.PIECRTL.bit.ENPIE = 1;               //使能PIE中断
    PieCtrlRegs.PIEACK.all = 0xFFFF;                 //写1清0
}
```


习　题

1. F2812的CPU的主要组成单元和总线有哪些?

2. F2812的CPU有哪些寄存器?

3. 辅助寄存器有哪些?其作用是什么?状态寄存器ST0,ST1的作用是什么?

4. 如何由外部晶振或外部时钟频率确定CPU时钟频率?

5. 设F2812外接30 MHz晶振,现要求F2812主频为150 MHz,高速外设时钟HSPCLK为25 MHz,低速外设时钟LSPCLK为15 MHz,使能片内外设EVA、EVB、ADC、SPI模块。试写出相应的初始化C语言程序段,并给出相应的注释。

6. 什么是DSP的低功耗模式?如何使用看门狗定时器?

7. 如果F2812的时钟频率是150 MHz,试根据周期寄存器和预定标寄存器的取值范围计算CPU定时器0可实现的定时周期最大值。

8. 简述F2812的片内存储器组成(包括地址与用途)。存储器扩展外部接口XINTF的作用是什么？如何使用DSP片内Flash和OTP存储器？

9. 试分析Zone0、Zone1、Zone2和Zone6空间的特点和应用上的区别。

10. F2812的中断是如何组织的？有哪些中断源？响应中断后，如何找到中断入口地址？DSP复位后从哪里开始执行程序？

11. 简述F2812的指令流水线。

12. 简述F2812的PIE模块的用途以及中断系统的3级中断机制。

第 4 章

TMS320F28x 系列 DSP 的寻址方式及指令系统

寻址方式是指 CPU 根据指令中给出的地址信息来寻找指令中操作数物理地址的方式，即获得操作数的方式。指令系统即各种指令的集合，或称指令集。本章简要介绍 C28x 系列 DSP 的寻址方式和指令系统。

4.1 TMS320F28x 系列 DSP 的寻址方式

C28x 系列 DSP 支持 4 种基本的寻址方式：直接寻址方式、堆栈寻址方式、间接寻址方式和寄存器寻址方式。另外，该系列 DSP 还支持其他的寻址方式：数据、程序、I/O 空间立即寻址方式、程序空间间接寻址方式和字节寻址方式。F2812 支持除 I/O 空间立即寻址方式外的其他寻址方式。

大多数的 C28x 指令利用操作码中的 8 位字段来选择寻址方式和对该寻址方式进行修改。在 C28x 的指令系统中，这个 8 位字段用于以下寻址方式：

- loc16，为 16 位数据访问选择直接/堆栈/间接/寄存器寻址方式。
- loc32，为 32 位数据访问选择直接/堆栈/间接/寄存器寻址方式。

在直接寻址方式中，loc16/loc32 指一个用标号表示的地址，这个地址由 16 位的 DP 寄存器作为固定的页指针，在指令中提供 6 位或 7 位的偏移量，这些偏移量与 DP 寄存器中的值相连接。[loc16]/[loc32]表示这个地址对应的 16/32 位数据。

1. 寻址方式选择位 AMODE

(1) AMODE 位对指令操作码的影响

C28x 系列提供了多种寻址方式，因此用寻址方式选择位 AMODE 位（ST1. 8 位）来选择 8 位字段（loc16/loc32）的译码。对于同一指令，AMODE 的取值不同，指令操作码中对应寻址的 8 位操作码不同。寻址方式可以大致归类如下：

① AMODE＝0，是 DSP 复位时的默认方式，也是 C28x 的 C/C＋＋编译器使用的方式。这种方式不完全兼容 C2xLP CPU 的寻址方式，数据页指针偏移量为 6 位（C2xLP 中为 7 位），并且不支持所有的间接寻址方式。

② AMODE＝1，此方式完全兼容 C2xLP CPU 的寻址方式，数据页指针偏移量

为7位，并支持所有C2xLP CPU支持的间接寻址方式。

(2) 汇编器/编译器对AMODE位的追踪

C/C++编译器是假定寻址方式设定在AMODE=0，而汇编器可以通过设置命令行选项实现默认AMODE=0或者AMODE=1。

```
-v28            ;假设AMODE=0(C28x寻址方式)
-v28 -m20       ;假设AMODE=1(C2xLP兼容寻址方式)
```

另外，汇编器还允许文件中嵌套指令改变寻址方式。

```
.c28_amode      ;告知汇编器后面的代码为AMODE=0(C28x寻址方式)
.lp_amode       ;告知汇编器后面的代码为AMODE=1(与C2xLP兼容寻址方式)
```

2. 直接寻址方式

在直接寻址方式中，操作数的22位物理地址被分成两部分，16位的DP寄存器作为固定的页指针，在指令中提供6位或7位的偏移量，这些偏移量与DP寄存器中的值相连接构成完整的操作数的地址。该寻址方式对固定寻址的数据结构，如外围寄存器和C/C++中的全局或静态变量，是一种有效的方法。直接寻址方式一般只能访问C28x系列DSP数据地址的低4 MB的空间范围(21:0)。

【例4-1】 在不完全兼容寻址模式下，通过直接寻址方式访问16位数据。

```
; 当AMODE = 0时
MOVW   DP,#VarB          ; 用变量VarB所在页面值装载DP指针
ADD    AL,@VarB          ; 将VarB存储单元内容与AL中的内容相加,结果存至AL中
MOV    @VarA,AL          ; 将AL中的内容存入VarA存储单元
                         ; VarA与VarB应在同一个64字的数据页内
MOVW   DP,#VarC          ; 用变量VarC所在页面值装载DP指针
SUB    AL,@VarC          ; AL中的内容与VarC存储单元内容相减,结果存至AL中
MOV    @VarD,AL          ; 将AL中的内容存入VarD存储单元
                         ; VarC与VarD应在同一个64字的数据页内
                         ; VarC、VarD与VarA、VarB在不同的数据页内
```

【例4-2】 在兼容寻址模式下，通过直接寻址方式访问16位数据。

```
SETC   AMODE             ; 必须令AMODE = 1
.lp_amode                ; 告知汇编器后面的代码为AMODE = 1(与C2xLP兼容寻址方式)
MOVW   DP,#VarA          ; 用变量VarA所在页面值装载DP指针
ADD    AL,@@VarA         ; 将VarA存储单元内容与AL中的内容相加,结果存至AL中
MOV    @@VarB,AL         ; 将AL中的内容存入VarB存储单元
                         ; VarB与VarA应在同一个128字的数据页内
MOVW   DP,#VarC          ; 用变量VarC所在页面值装载DP指针
SUB    AL,@@VarC         ; AL中的内容与VarC存储单元内容相减,结果存至AL中
MOV    @@VarD,AL         ; 将AL中的内容存入VarD存储单元
                         ; VarC与VarD应在同一个128字的数据页内
                         ; VarC、VarD与VarA、VarB在不同的数据页内
```

3. 堆栈寻址方式

在堆栈寻址方式中,16位的SP指针(堆栈指针)用于访问软件堆栈的信息,即操作数物理地址由堆栈指针SP给出。C28x的软件堆栈从存储器的低地址变化到高地址,堆栈指针总是指向下一个空位置。在指令中提供6位的偏移量,SP的值减去指令中提供的6位偏移量作为被访问数据的地址,而堆栈指针将在压栈或出栈前修改。

指令执行后,若是loc16,则SP=SP+1或SP=SP−1;若是loc32,则SP=SP+2或SP=SP−2。

【例4-3】 堆栈寻址方式递增/递减访问堆栈区16/32位数据。

```
MOV   *SP++,AL    ; 将16位AL寄存器的值压入栈顶,且SP = SP + 1
MOVL   *SP++,P    ; 将32位P寄存器的值压入栈顶,且SP = SP + 2
ADD  AL,*--SP    ; SP = SP - 1,再把新SP指向的16位堆栈栈顶内容弹出加到AL寄存器中
MOVL  ACC,*--SP   ; SP = SP - 2,再把新SP指向的32位堆栈栈顶内容弹出存入ACC寄存器中
```

4. 间接寻址方式

在间接寻址方式中,32位的XARn寄存器(辅助寄存器,n=0～7)作为一般性数据指针,操作数物理地址存放在其中。可根据一个3位立即数偏移量或其他16位寄存器的内容,通过相应的指令实现对辅助寄存器XARn加1或加2、减1或减2和进行变址操作(操作前/后)。间接寻址的能力在很大程度上反映了指令系统的方便性灵活性。

在C28x的间接寻址方式中所用的辅助寄存器的指针是隐含指定的。而在C2xLP的间接寻址方式中,3位长度的辅助寄存器指针(ARP)用来选择当前使用哪个辅助寄存器和下一次操作中将使用的哪个辅助寄存器。

【例4-4】 利用间接寻址方式实现将起始地址Array1开始的N个存储单元(32位)的内容复制到Array2开始的存储单元。

```
MOVL  XAR2,#Array1     ; 将Array1的起始地址装入XAR2
MOVL  XAR3,#Array2     ; 将Array2的起始地址装入XAR3
MOV   @AR0,#N - 1      ; 将循环次数N装入AR0
Loop:
MOVL  ACC,*XAR2++      ; 将XAR2所指定存储单元的内容装入ACC,之后XAR2 = XAR2 + 2
MOVL   *XAR3++,ACC     ; 将ACC内容存入有XAR3所指定的存储单元ACC,之后
;XAR3 = XAR3 + 2
BANZ  Loop,AR0--       ; 循环直至AR0 == 0,且AR0 = AR0 - 1
```

【例4-5】 利用循环间接寻址方式计算有限脉冲响应(FIR)滤波器(X[N]为数据阵列,C[N]为系数矩阵)。

```
MOVW  DP,#Xpointer              ; 将X[N]数据阵列Xpointer的页地址装入DP
MOVL  XAR6,@Xpointer            ; 将当前的Xpointer装入XAR6
MOVL  XAR7,#C                   ; 将C阵列的起始地址装入XAR7
MOV   @AR1,#N                   ; 将阵列大小N装入AR1
```

```
SPM    -4                              ; 设置乘积移位模式为右移4位
ZAPA                                   ; ACC = 0,P = 0,OVC = 0
RPT    #N-1                            ; 重复执行下一条指令N次
||QMACL   P,*AR6%++,*XAR7++            ; ACC = ACC + P >> 4,
                                       ; P = (*AR6%++ * *XAR7++) >> 32
ADDL   ACC,P << PM                     ; 最后累加
MOVL    @Xpointer,XAR6                 ; 将XAR6存入当前Xpointer
MOVL    @Sum,ACC                       ; 将结果存入sum
```

5. 寄存器寻址方式

在寄存器寻址方式中,另一个寄存器可作为访问的源操作数或目标操作数,这就在C28x中能实现寄存器到寄存器的操作。该寻址方式包括对32位和16位寄存器的寻址。

【例4-6】 ACC寄存器寻址32位数据。

```
MOVL  XAR6,@ACC                        ; 将ACC内容装入XAR6
MOVL   @ACC,XT                         ; 将XT寄存器内容装入ACC
ADDL  ACC,@ACC                         ; ACC = ACC + ACC
```

【例4-7】 AX寄存器寻址16位数据。

```
MOV   PH,@AL                           ; 将AL的内容装入PH
ADD   AH,@AL                           ; AH = AH + AL
MOV   T,@AL                            ; 将AL内容装入T
```

6. 其他寻址方式

1) 数据/程序/IO空间立即寻址方式

在该寻址方式中,存储器操作数的地址被包含在指令中。数据/程序/I/O空间立即寻址方式有4种语法*(0:16bit)、*(PA)、0: pma和*(pma)。F2812不支持I/O空间立即寻址方式。

2) 程序空间间接寻址方式

在该寻址方式中,某些指令可以通过间接指针来访问位于程序空间中的存储器操作数。由于在C28x CPU中存储器是统一寻址的,这就使在一个机器周期中进行两次读操作成为可能。程序空间间接寻址方式的访问程序空间有3种语法:*AL、*XAR7和*XAR7++。

3) 字节寻址方式

字节寻址方式的访问有3种语法*+XARn[AR0]、*+XARn[AR1]和*+XARn[3 bit]。

只有少数指令使用上述寻址方式,通常它们都与loc16/loc32语法组合起来使用。

7. 32位操作数的定位

所有对存储器的32位读/写操作都定位于存储器接口的偶数地址边界,即32位

数据的最低有效字被定位到存储器的偶数地址。地址生成器的输出不需要强制定位,因此指针值保持原值。例如:

```
MOVB  AR0,#5        ;AR0 = 5
 MOVL   *AR0,ACC    ;将 AL 的内容存储于 0x000004
                    ;将 AH 的内容存储于 0x000005
                    ;AR0 = 5(保持不变)
```

当产生的地址并不定位于偶数边界的地址时,用户必须考虑上述内容。

32 位操作数按照如下顺序存放:低位数,0～15;接下来是高位数,16～31;然后是最高的 16 位地址增量(低位在前的二进制数据格式)。

4.2　TMS320F28x 系列 DSP 指令系统

汇编语言包括汇编指令、伪指令和宏指令。汇编指令即指令系统,其在汇编时产生一一对应的目标代码。伪指令仅在汇编和连接时提供控制信息和数据,并不产生目标代码。宏指令是用户创建的“指令”,在汇编时将其展开并汇编为对应的目标代码。

C28x DSP 指令系统按功能可分为 17 类,共 302 条指令,总结如下:

寄存器 XARn(AR0～AR7)的操作 14 条;DP 寄存器操作 3 条;SP 寄存器操作 34 条;AX 寄存器操作(AH、AL)38 条;16 位 ACC 寄存器操作 26 条;32 位 ACC 寄存器操作 41 条;64 位 ACC: P 寄存器操作 9 条;P 或 XT 寄存器的操作(P、PH、PL、XT、T、TL)21 条;16×16 乘法操作 20 条;32×32 乘法操作 13 条;直接存储器操作 17 条;I/O 空间操作 3 条;程序空间操作 5 条;跳转/调用/返回操作 31 条;中断寄存器操作 9 条;状态寄存器操作(ST0、ST1)26 条;其他操作 10 条。

C28x 系列 DSP 支持通过汇编、C 以及 C++语言开发其软件。一般来说,C 编译器与 C++编译器具有更高的编译效率,同时随着 C 编译器的发展,利用 C 编译器和 C 语言源文件所生成的目标代码,其执行的效率也非常高。C 或 C++语言相对于庞大、复杂的汇编语言来说,具有不可比拟的优势。因此,在大多数应用场合下,推荐用户使用 C 或 C++语言来开发 DSP 的软件程序。因此,在本节不再具体介绍 C28x 系列 DSP 汇编语言的指令系统。

习　题

1. C28x 系列 DSP 有哪些寻址方式? 这几种寻址方式有什么不同?
2. 直接寻址方式中,数据存储单元的地址是如何形成的?
3. 举例说明 loc16 和 loc32 在指令中的含义。
4. C28x 系列 DSP 的指令集包含了哪些基本类型的操作?

第5章

TMS320F28x系列DSP的软件开发

TMS320F28x系列DSP软件开发的一般流程为：首先使用C语言编写源代码，通过编译器将C语言源程序编译为汇编语言源程序，编译好的汇编语言源程序经过汇编器转换成COFF格式的目标文件，目标文件经过链接器生成可执行的COFF文件。在调试阶段，可以利用软件仿真器将可执行的COFF文件下载到开发环境中，在计算机中模拟程序运行；也可以通过硬件仿真器的JTAG口，将可执行的COFF文件下载到目标板的DSP中，通过计算机监控、调试运行程序。调试完成后，通过十六进制转换程序(Hex - Conversion Utility)将可执行的COFF文件转换为TI、Intel或Tektronix公司的文件格式，转换后的文件可以通过EPROM编程器固化，使目标系统脱离计算机独立运行。图5-1给出了TMS320F281x软件开发的流程图，阴影部分是常用的软件开发流程，其余部分可选。

5.1 集成开发环境CCS

随着DSP应用的日益广泛，DSP系统的软硬件开发和系统集成也成为开发者日益关注的问题。大多数DSP系统的开发包括4个基本阶段：应用设计、代码编写、编译调试、分析调整，如图5-2所示。TI公司提供的集成开发环境CCS支持DSP系统开发的各个阶段，提供了项目建立、源程序编辑、环境配置、编译、链接、程序调试、状态显示、任务切换跟踪等功能，可以加速软件开发进程，提高工作效率。CCS不仅仅是代码生成工具，把软件开发系统及硬件开发工具集成在一起，使程序的编写、编译、仿真、调试等工作可以在一个统一的环境中进行，简化了DSP的开发工作。

Code Composer Studio5.3(CCS5.3)是TI公司推出的集成开发环境，主要完成系统的软件开发和调试。它可以支持包括TI的TMS320C6000、TMS320C5000、TMS320C2000、MSP430及OMAP等多种类型处理器的开发调试，集成了代码编辑器、C编译器、汇编器、链接器，提供了基本调试工具，支持多DSP调试，提供了断点管理器、探针工具、分析工具、可视化数据显示工具、GEL工具，支持寄存器、变量、反汇编查看，可满足高级嵌入式系统开发的需求，并加快新产品开发进程。CCS5.3功能强大，方便易用，提供了一整套的程序编制、维护、编译、调试环境，能将汇编语言和C语言程序编译链接生成COFF(公共目标文件)格式的可执行文件，并能将程序下载到目标DSP上运行调试。而且它基于原版的Eclipse,用户可以将其他厂商的Eclipse插件或TI的工具拖放到现有的Eclipse环境中,也可享受到Eclipse中所有最新的改进所带来的便利。

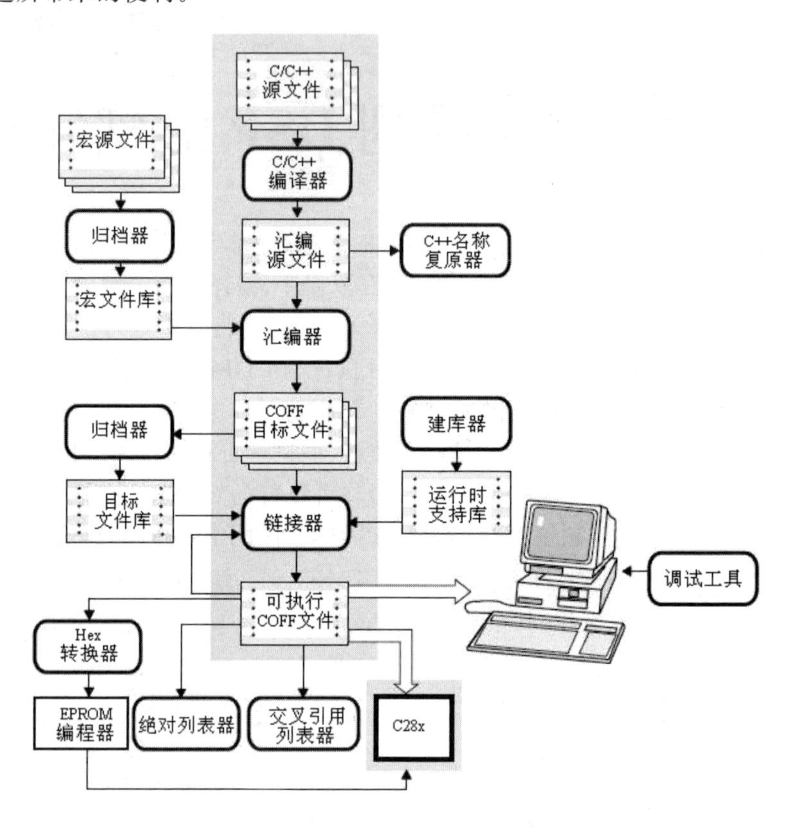

图5-1 TMS320F281x软件开发的流程图

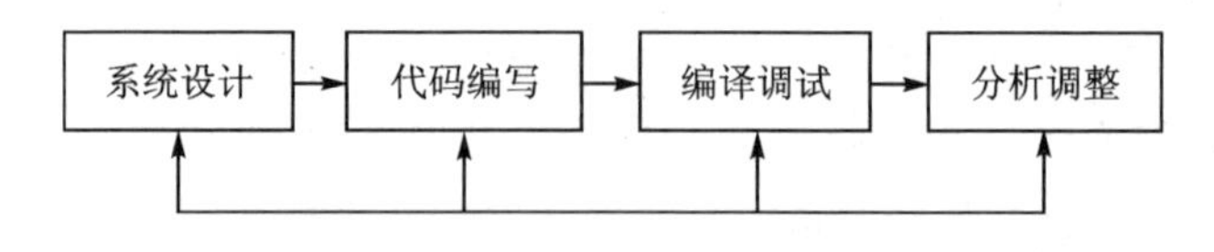

图5-2 DSP系统开发的4个基本阶段

5.1.1 CCS5.3的窗口和工具栏

安装好CCS程序并进行正确配置后便可以进入CCS集成开发环境,如图5-3所示,可以看到CCS的编辑界面。当进入调试时,可以看到如图5-4所示的调试界面。CCS的编辑和调试界面由标题栏、菜单栏、编辑工具栏、调试工具栏、项目管理窗口、源代码编辑窗口和状态栏组成。

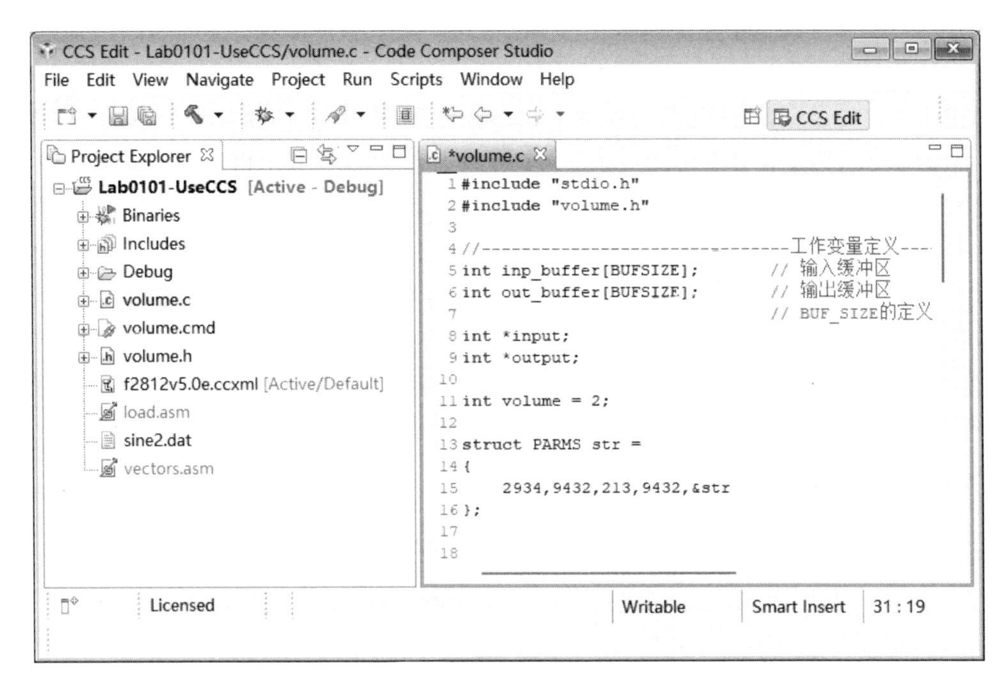

图 5-3 CCS 编辑界面

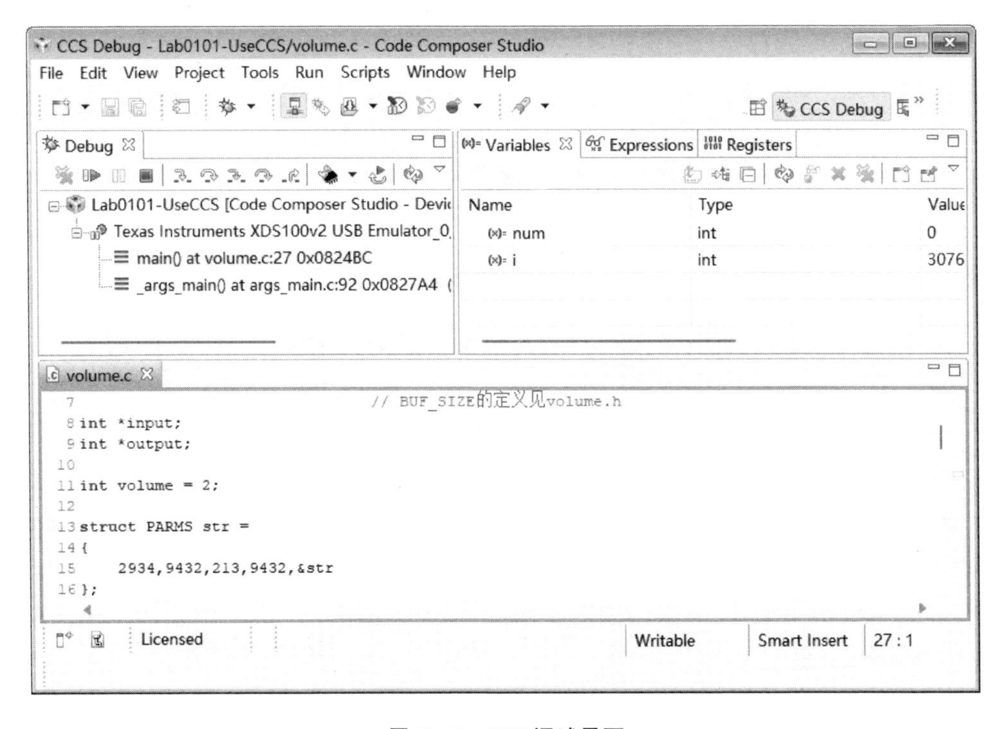

图 5-4 CCS 调试界面

CCS 编辑和调试菜单栏如图 5－5 所示，其中每个项目都包含了一系列的命令，通过这些项目可以找到对 CCS 进行操作的所有命令。其中，File 菜单项提供了对文件进行操作的命令；Edit 菜单项提供了对文本文件进行操作的相关命令；View 菜单项中的命令决定了在开发环境中哪些窗口和对话框可以被显示以及对存储器、寄存器和变量等操作命令；Navigate 菜单项提供了用来打开函数原型、查看之前编辑的代码位置等命令；Project 菜单项提供了对工程文件进行管理的相关命令；Run 菜单项提供了常见的调试命令，例如，添加断点、控制程序的执行、对 DSP 进行复位等；Scripts 菜单项提供了实时硬件仿真控制、初始化存储器映射、看门狗操作、设置锁相环时钟等命令；Tools 菜单项提供了常用的工具命令，例如，系统分析、图形显示、程序分析与统计等；Window 菜单项中的命令主要控制窗口在集成开发环境中的显示；Help 菜单项提供了 CCS 的帮助文件。

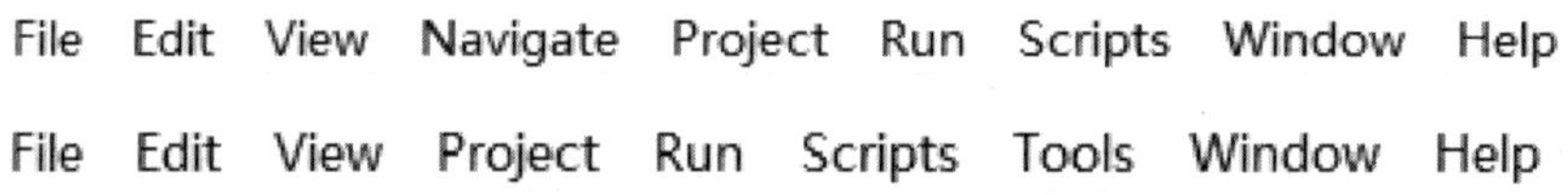

File　Edit　View　Navigate　Project　Run　Scripts　Window　Help

File　Edit　View　Project　Run　Scripts　Tools　Window　Help

图 5－5　CCS 编辑和调试菜单栏

CCS 编辑界面标准工具栏如图 5－6 所示，主要图标的功能有新建文件、保存文件、编译工程文件、调试工程文件、查找等。

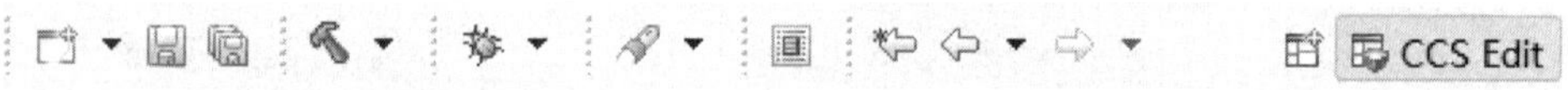

CCS Edit

图 5－6　CCS 编辑界面标准工具栏

CCS 调试界面标准工具栏如图 5－7 所示，主要图标的功能有新建文件、显示当前工程文件、保存、调试工程文件、断开连接目标板、下载、设置新的断点、查找等。

CCS Debug

图 5－7　CCS 调试界面标准工具栏

调试工具栏如图 5－8 所示，主要图标的功能有运行程序、暂停运行、终止程序、单步进入执行(Step Into)、单步越过执行(Step Over)、单步返回(Step Return)、复位 CPU 等。

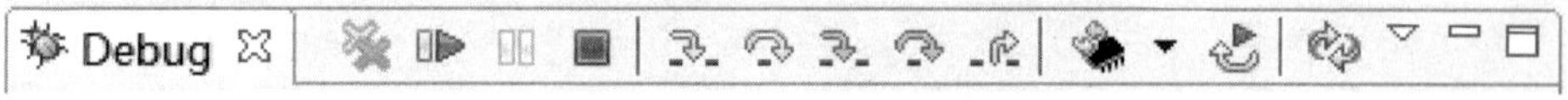

Debug

图 5－8　调试工具栏

观察变量、表达式与寄存器界面如图 5－9 所示，主要功能是打开变量、表达式与寄存器查看界面，用于观察程序运行中变量值、表达式值的变化以及寄存器的变化。

Variables | Expressions | Registers

Name	Type	Value	Location
num	int	0	0x00000400@Data
i	int	0	0x000003FF@Data

图 5－9　观察变量、表达式与寄存器界面

项目管理界面如图 5－10 所示，已经打开的工程文件会显示在此界面中，向工程中添加、移除文件、编译工程、设置工程属性等操作都可以在该界面中通过鼠标操作完成。

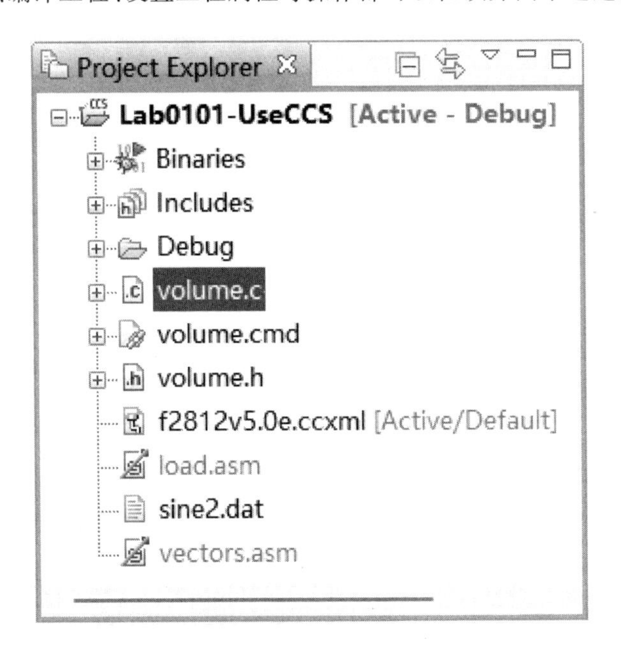

图 5－10　项目管理界面

源代码编辑界面如图 5－11 所示，对代码的编辑和修改都在这里完成，CCS 的编辑器提供了常见的代码高亮显示、自动缩进等功能。

控制台状态栏如图 5－12 所示，其中可以显示工程文件在编译过程中的状态信息。

```
*volume.c
1 #include "stdio.h"
2 #include "volume.h"
3
4 //------------------------------工作变量定义--------------
5 int inp_buffer[BUFSIZE];        // 输入缓冲区
6 int out_buffer[BUFSIZE];        // 输出缓冲区
7                                 // BUF_SIZE的定义见volume.h
8 int *input;
9 int *output;
10
11 int volume = 2;
12
13 struct PARMS str =
14 {
15     2934,9432,213,9432,&str
16 };
17
18
19 //------------------------------调用子程序规则-------------
20 int read_signals(int *input);
21 int write_buffer(int *input,int *output,int count);
```

图 5-11 源代码编辑界面

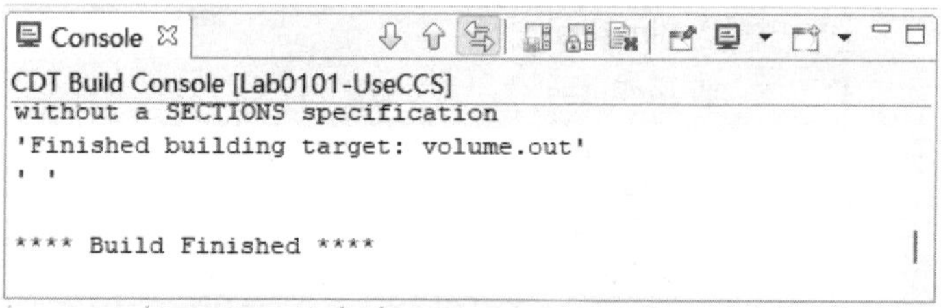

```
Console
CDT Build Console [Lab0101-UseCCS]
without a SECTIONS specification
'Finished building target: volume.out'
' '

**** Build Finished ****
```

图 5-12 控制台状态栏

5.1.2 CCS5.3 中代码生成工具

CCS 的代码生成工具可以将 C 语言、汇编语言或两者混合编写的程序代码转换为可以被 DSP 处理器执行的目标代码,包括:

- C 编译器:将 C 语言代码编译为 TMS320F281x 的汇编语言代码。
- 汇编器:将汇编语言源文件编译成机器语言 COFF 目标文件,汇编语言源文件可以包括汇编指令、伪指令、宏指令。
- 链接器:把汇编生成的可重新定位的 COFF 目标文件链接在一起,以产生一个可执行模块,从而形成 DSP 的目标代码。
- 归档器:允许将一组文件保存到一个存档文件里,称为库。归档器也允许开发人员对库进行删除、替换、提取和添加文件。
- 运行支持库:包括 C 编译器所支持的 ANSI 标准运行支持函数、编译器公用程序函数、浮点运算函数和 C 编译器支持的 I/O 函数。

- 十六进制转换程序:能够将 COFF 目标文件转化成 TI‐Tagged、16 进制 ASCII 码、Intel、Motorola‐S 或 Tektronix 等目标格式,也可以把转换好的文件下载到 EPROM 编程器中。
- 交叉引用列表器:可以利用目标文件生成参考列表文件,可显示符号及其定义,以及符号所在的源文件。
- 绝对列表器:输入为链接器所生成的目标文件,输出为.abs 文件,通过汇编.abs 文件可以产生含有绝对地址的列表文件。

5.1.3 通用扩展语言 GEL

GEL 是通用扩展语言(General Extension Language)的英文缩写,是 CCS 提供的一种解释性语言,大小写敏感但缺少类型检测,在语法上可看作 C 语言的一个子集。GEL 可以用来扩展 CCS 功能,方便用户调试程序,也可以调用 GEL 语言通过软件或硬件仿真器直接访问目标板上的 DSP 处理器。如果希望 CCS 启动后立刻开启或实现某些功能,那么可以在项目中装载 GEL 文件(由 TI 提供或用户自行编写)来实现,启动 CCS 后会在 GEL 菜单中出现相关的命令。

下面给出一个实例来说明 GEL 文件的使用。

f2812.gel

```
/* StartUp()                  - Executed whenever CCS is invoked        */
/* OnReset()                  - Executed after Debug->Reset CPU         */
/* OnRestart()                - Executed after Debug->Restart           */
/* OnPreFileLoaded()          - Executed before File->Load Program      */
/* OnFileLoaded()             - Executed after File->Load Program       */
/* OnTargetConnect()          - Executed after Debug->Connect           */
/*                                                                      */
/************************************************************************/

StartUp()
{

/* The next line automatically loads the .gel file that comes    */
/* with the DSP281x Peripheral Header Files download.  To use,   */
/* uncomment, and copy the peripheral header .gel file to        */
/* same directory as device .gel file.                           */
//  GEL_LoadGel("$(GEL_file_dir)\\DSP281x_Peripheral.gel");

}

OnReset(int nErrorCode)
{
    if (GEL_IsInRealtimeMode())    /* If in real-time-mode */
    {
    }
    else    /* Put device in C28x mode */
    {
         C28x_Mode();
    }
    Unlock_CSM();
}
```

对于TMS320F2812,TI公司提供了一个专门的GEL文件——f2812.gel,其中包含一个StartUp()函数。每当CCS启动时,GEL文件将加载到计算机的内存中;如果GEL文件内包含StartUp()函数,则系统自动执行StartUp()函数内定义的其他GEL函数。f2812.gel可被添加到一个工程文件或者通过CCS的配置工具被指定。如果要使用GEL文件,则首先需要进行加载。GEL文件可以看成所建项目的“小助手”,可以帮助开发者处理一些繁琐的操作,详细操作可以参阅TI公司编号为spraa74a的文档。

5.2 构成一个完整工程的文件

在CCS中进行DSP项目开发时,需要先建立软件工程的概念。TMS320F281x的工程文件是一系列文件的集合,包括C语言源程序(.c)、头文件(.h)、运行支持库(.lib)、内存配置文件(.cmd)等。在CCS完成DSP系统软件部分的开发,一般有以下几个步骤:

① 新建工程文件;

② 向工程文件中添加各种类型的文件;

③ 编译、运行、调试程序;

④ 根据调试结果,对源程序进行修正和完善。

1. F2812头文件

头文件的扩展名为.h,主要包括寄存器结构定义文件、外设头文件、器件的宏与类型的定义,CCS已经为开发者提供了F2812常用的头文件,编程时只要将所需的头文件添加进来就可以了,常用的头文件如下所示:


```
DSP28_Adc.h                  // 模数转换寄存器的定义
DSP28_CpuTimers.h            // CPU定时器寄存器的定义
DSP28_DefaultIsr.h           // 默认中断服务程序的定义
DSP28_DevEmu.h               // 设备仿真寄存器的定义
DSP28_Device.h               // 包括了所有其他外设头文件及一些常量的定义
DSP28_ECan.h                 // 增强CAN寄存器的定义
DSP28_Ev.h                   // 事件管理器寄存器的定义
DSP28_GlobalPrototypes.h     // 全局函数原型
DSP28_Gpio.h                 // 通用I/O寄存器的定义
DSP28_Mcbsp.h                // 多通道缓冲串口寄存器的定义
DSP28_PieCtrl.h              // PIE控制寄存器的定义
DSP28_PieVect.h              // PIE中断向量表的定义
DSP28_Sci.h                  // 串行通信接口寄存器的定义
DSP28_Spi.h                  // 串行外围接口寄存器的定义
DSP28_SysCtrl.h              // 系统控制寄存器的定义
DSP28_Xintf.h                // 外部接口寄存器的定义
DSP28_XIntrupt.h             // 外部中断寄存器的定义
```

其中,DSP28_Device.h中有一段代码已经包含了其他头文件,如图5-13所示。所以在编写代码时只要添加一条语句:#include "DSP28_Device.h",CCS在编译时就会自动扫描并将相关头文件添加进来。

```
1  //--------------------------------------------------------------------------
2  // Include All Peripheral Header Files:
3  //
4  #include "DSP28_GlobalPrototypes.h"  // Prototypes for global functions within the .c files.
5  #include "DSP28_SysCtrl.h"     // System Control/Power Modes
6  #include "DSP28_DevEmu.h"      // Device Emulation Registers
7  #include "DSP28_Xintf.h"       // External Interface Registers
8  #include "DSP28_CpuTimers.h"   // 32-bit CPU Timers
9  #include "DSP28_PieCtrl.h"     // PIE Control Registers
10 #include "DSP28_PieVect.h"     // PIE Vector Table
11 #include "DSP28_DefaultIsr.h"  // Software Prioritization for PIE Interrupts
12 #include "DSP28_Spi.h"         // SPI Registers
13 #include "DSP28_Sci.h"         // SCI Registers
14 #include "DSP28_Mcbsp.h"       // McBSP Registers
15 #include "DSP28_ECan.h"        // Enhanced eCAN Registers
16 #include "DSP28_Gpio.h"        // General Purpose I/O Registers
17 #include "DSP28_Ev.h"          // Event Manager Registers
18 #include "DSP28_Adc.h"         // ADC Registers
19 #include "DSP28_XIntrupt.h"    // External Interrupts
```

图5-13 DSP28_Device.h包含了其他头文件

2. 库文件

库文件的扩展名为.lib,CCS中有关TMS320F281x的库文件放在其安装目录下,位于"\C2000\cgtools\lib",共有4个文件,分别是rts2800.lib、rts2800_ml.lib、rts2800_eh.lib、rts2800_ml_eh.lib。其中,rts是英文run time support的缩写,即"运行支持库";ml是large memory model的缩写,即大内存模式;eh是exception handling support的缩写,即带异常处理支持。在压缩文件rtssrc.zip中还提供了库文件中函数实现的源程序。如果没有特殊需求,建立工程文件时一般只需要添加rts2800.lib就可以了;库文件中包括C编译器所支持的ANSI标准运行支持函数、编译器公用程序函数及C编译器支持的I/O函数。如果在采用C语言编写的工程文件中没有添加rts2800.lib,则编译器会给出entry point symbol _c_int00 undefined的警告信息,这是因为rts2800.lib库中定义了C程序的入口地址_c_int00,进入之后会对系统进行一系列的初始化,这些初始化是发生在main函数之前的。

3. 应用程序中调用的源文件

C语言编写的源文件的扩展名为.c,包含了可以实现功能的代码,是整个工程的核心部分。CCS为开发者提供了大量的源文件,如下所示:

- DSP28_Adc.c:A/D的初始化函数;
- DSP28_CpuTimers.c:CPU定时器的初始化和配置函数;
- DSP28_DefaultIsr.c:包含了TMS320F281x所有外设的中断函数;
- DSP28_ECan.c:增强型CAN的初始化函数;

- DSP28_Ev.c:事件管理器EV的初始化函数;
- DSP28_GlobalVariableDefs.c:全局变量的定义,定义了寄存器、中断向量表等内容;
- DSP28_Gpio.c:GPIO的初始化函数;
- DSP28_InitPeripherals.c:外设的初始化函数;
- DSP28_Mcbsp.c:多通道缓冲串口的初始化函数;
- DSP28_PieCtrl.c:PIE控制模块的初始化函数;
- DSP28_PieVect.c:PIE中断向量表定义以及初始化;
- DSP28_Sci.c:串行通信接口的初始化函数;
- DSP28_Spi.c:串行外围接口的初始化函数;
- DSP28_SysCtrl.c:系统初始化,主要对看门狗、时钟等模块进行初始化;
- DSP28_Xintf.c:外部接口的初始化函数;
- DSP28_XIntrupt.c:外部中断的初始化函数。

每次新建的工程文件可以将DSP28_DefaultIsr.C、DSP28_GlobalVariableDefs.C、DSP28_PieCtrl.C、DSP28_PieVect.C、DSP28_SysCtrl.C添加进去,其他外设文件按照系统需要做相应添加,main函数所在文件需要开发者根据系统功能自行编写。

4. CMD文件

CMD文件的扩展名为.cmd,是链接器配置文件,主要用于描述程序代码编译后产生的各个段在DSP地址空间中的存放位置。CMD文件非常重要,下一节具体说明CMD文件的编写以及与之密切相关的COFF文件格式。

5.3 CMD文件的使用

CMD文件的全称是链接器配置文件(Linker Command Files),扩展名为.cmd,CCS通过CMD文件来管理、分配系统中的所有物理存储器和地址空间。要掌握CMD文件,必须对COFF(通用目标文件格式,Common Object File Format)有所了解。

5.3.1 COFF格式和段的定义

CCS的汇编器和链接器生成的目标文件采用了COFF文件格式,有利于开发者采用模块化的方式来编写代码和管理数据,这些模块构成了COFF文件格式中的"段",为管理代码和目标系统存储空间提供了强大而灵活的方法。详细的COFF格式文件包括段头、可执行代码、初始化数据、可重定位信息、行号入口、符号表、字符串等信息。从应用的角度来看,开发者关注的只有两点:一是目标系统有哪些存储空间可以使用,二是这些存储空间如何分配给段来使用。CCS首先通过编译器将源程序编译成可重新定位的目标文件(.obj文件),每个目标文件都有自己的段,接下来链接器根据链接器配置文件(.cmd)将一个或多个COFF格式的目标文件链接起来,将各目标文件的段合并后分配到目标系统的存储空间中，并对各个符号和段进行重新定位，给它们指定一个最终的地址，这样就可以完成开发者所关注的两个问题。接下来介绍的是在 COFF 格式的目标文件中包含了哪些段。汇编语言编译生成的段包含了未初始化段和已初始化段。

未初始化段包括：

.bss　　默认段，为未初始化变量保留存储空间；
.usect　　用户自行定义的未初始化段。

已初始化段包括：

.text　　默认段，包含可执行的代码；
.data　　默认段，包含已初始化的数据；
.sect　　用户自行定义的已初始化段。

C 语言编译生成的段同样包含了未初始化段和已初始化段。

未初始化段包括：

.bss　　用于存放全局变量和静态变量；
.ebss　　在远访问和大存储模式下使用，用于存放全局变量和静态变量；
.stack　　为系统的堆栈预留存储空间；
.sysmem　　用于 malloc 函数，为动态存储分配保留的空间，如果没有，段的大小为 0；
.esysmem　　用于外部 malloc 函数，为动态存储分配保留的空间，如果没有，段的大小为 0。

已初始化段包括：

.text　　用于存放可执行代码和常量；
.cinit　　用于存放对全局和静态变量进行初始化的常数；
.const　　用于存放字符串和被明确初始化过的全局和静态变量；
.econst　　在使用大存储器模式时使用的，用于存放字符串和被明确初始化过的全局和静态变量；
.pinit　　用于存放全局构造器(C++)的列表；
.switch　　用于存放执行 switch 语句所需要的列表。

5.3.2　CMD 文件的编写

编写 DSP 程序时可以将程序分为若干段，比如.text、.const、.bss 等，这些段的用途不同，实际运行时在目标系统的存储空间中所处的位置也不同，比如.text 段一般放在 Flash 中，而.const 段和.bss 段一般放在 RAM 中。但是链接器并不知道开发者希望将段放在什么存储器的什么位置，这就需要开发者自行编写一个链接器配置文件(.cmd)，告诉链接器目标系统内部存储空间的分配和 COFF 文件中各段的具体存放位置。在 CMD 文件中通过 MEMORY 伪指令说明目标系统内部存储空间的分配，通过 SECTIONS 伪指令说明 COFF 文件中各段的具体存放位置。

1. 通过MEMORY伪指令说明目标系统内部存储空间的分配

MEMORY伪指令的一般语法如下：

```
MEMORY
{
    [PAGE 0 : ] name [(attr)] : origin = constant, length = constant[, fill = constant];
    [PAGE n : ] name [(attr)] : origin = constant, length = constant[, fill = constant];
}
```

其中,PAGE关键字用于说明指定存储空间所处的页面,通常PAGE0代表程序存储空间,PAGE1代表数据存储空间,n最大为255。name用于指定存储空间的名称,可以为1～8个字符。attr用于指定所命名的存储空间的属性,具体属性为R、W、X、I,其中,R表示该存储空间可读,W表示该存储空间可写,X表示该存储空间包含可执行代码,I表示该存储空间可被初始化,若不指定属性,则默认该存储空间同时具有上述4种属性。origin用于指定存储空间的起始地址,以字节为单位,可简写为org或o。length用于指定存储空间的长度,以字节为单位,可简写为len或l。fill用于为存储空间填充一个数,可简写为f。

2. 通过SECTIONS伪指令说明COFF文件中各段的具体存放位置

SECTIONS伪指令的一般语法如下：

```
SECTIONS
{
    name:[property, property,…]
    name:[property, property,…]
    name:[property, property,…]
}
```


其中,name用于说明输出段的名称,property用于说明该段的内容及相关性能参数。常用的性能参数如下：

① load:用于定义将段加载到存储器的什么位置,语法如下：

load=allocation 或 allocation 或 > allocation,其中,allocation是关于段地址的说明。

② run:用于定义段在存储器的什么位置开始运行,语法如下：

run=allocation 或 run> allocation。链接器为每个段在目标存储空间中分配2个地址:一个是加载地址,另一个是程序开始运行的地址,通常情况下这两个地址是相同的。如果想把程序加载到ROM,然后在速度较快的RAM中运行,这样段的加载地址和运行地址就不相同了,需要使用SECTIONS对这个段的加载地址和运行地址做2次定位。

③ input section:用于定义由哪些输入段组成输出段,语法如下：

{input_sections},例如可以将位于不同目标文件中的.text 链接为一个输出段。

④ PAGE:用于定义段被分配到存储空间的哪个页面,语法如下:

PAGE=n,当 PAGE=0 时,段被分配到存储空间的第 0 页,通常被认为是程序存储空间;当 PAGE=1 时,段被分配到存储空间的第 1 页,通常被认为是数据存储空间。

下面给出一个实例来说明 CMD 文件的使用。在本例中通过 MEMORY 伪指令将目标系统的存储空间划分为 RAM 区和 ROM 区 2 块,RAM 区的起始地址为 0x100,长度为 0x0100;ROM 区的起始地址为 0x01000,长度为 0x0100;通过 SECTIONS 伪指令将.text、.data、.pinit、.cinit、.switch 分配至 ROM 区,按照先后顺序依次存放,.bss、.const、.stack、.sysmem 被分配至 RAM 区,按照先后顺序依存放。

```
1   MEMORY
2   {
3       RAM: origin = 100h length = 0100h
4       ROM: origin = 01000h length = 0100h
5   }
6   SECTIONS
7   {
8       .text: > ROM
9       .data: > ROM
10      .bss: > RAM
11      .pinit: > ROM
12      .cinit: > ROM
13      .switch: > ROM
14      .const: > RAM
15      .stack: > RAM
16      .sysmem: > RAM
17  }
```

5.4　C 语言与汇编语言的混合编程

DSP 系统的软件设计可以采用汇编语言、高级语言(C)以及 C 语言与汇编语言的混合编程。完全采用汇编语言编写程序较为复杂、开发周期长,而完全采用 C 语言编写的程序执行效率相对较低,难以满足实时性的要求。在开发复杂 DSP 系统,为了降低开发强度、减少开发周期并满足实时性的需求,可以采用混合语言编程,把 C 语言和汇编语言的优点有效地结合起来。

CCS 支持 C 语言与汇编语言的混合编程,通常有以下 3 种方法:独立的 C 模块和汇编模块接口、在 C 程序中直接嵌入汇编指令、C 源程序中访问汇编程序中定义的变量。

1. 独立的 C 模块和汇编模块接口

单独编写 C 程序和汇编语言源程序,分别编译、汇编生成各自的目标代码模块,然后用链接器将其链接起来,这是一种灵活性较大的方法。采用这种方法,C 程序可以调用汇编程序，并且可以访问汇编程序中定义的变量，同样，汇编程序也可以调用C程序并访问C程序中定义的变量。下面给出了一个在C程序中调用汇编程序的例子。本例在C程序中定义了全局变量gvar，经过编译器后自动在变量名前加下划线“_”，这样在汇编程序中就可以通过“_gvar”来访问C程序中定义的变量了。而在汇编程序中函数“_asmfunc”加下划线，这样在C程序中就可以通过asmfunc来调用汇编程序中定义的函数，在C程序调用汇编程序的过程中通过寄存器AL完成值的传送。从这个例子可以看出，在C程序中调用汇编程序需要满足一定的寄存器使用约定和调用约定。

```
1  extern int asmfunc(int a); /* 声明外部的汇编程序 */
2  int gvar = 0; /* 定义全局变量 */
3
4  void main()
5  {
6      int i = 5;
7      i = asmfunc(i); /* 进行汇编程序的调用 */
8  }
```

```
1      .global _gvar
2      .global _asmfunc
3  _asmfunc:    ;函数名前一定要有下划线
4     MOVZ DP,#_gvar
5     ADDB AL,#5
6     MOV @_gvar,AL
7     LRETR
```

2. 在C程序中直接嵌入汇编指令

这种方法可以在C程序中实现难以用C语言完成的硬件控制功能，例如修改中断控制寄存器、插入NOP指令等。这种方法实现较为简单，只需要在汇编语句的两边加上括号和双引号，并且在括号前加上asm标识符即可，即asm(“汇编语句”)。需要注意的是括号中的汇编语句必须以标号、空格、tab、分号开头，这和通常的汇编语法一样，下面给出一个在C程序中直接嵌入汇编指令的例子，注意第6行NOP前的空格。

```
1  void delay(void)
2  {
3      unsigned int i = 0;
4      for(i = 0; i < 255; i++)
5      {
6          asm(" NOP");
7      }
8  }
```

在C程序中直接嵌入汇编指令时务必谨慎操作，C编译器在编译时不会检查和

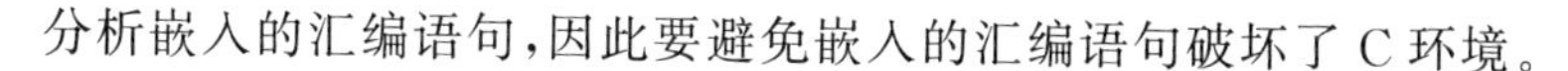

分析嵌入的汇编语句，因此要避免嵌入的汇编语句破坏了 C 环境。

- 在 C 代码中嵌入跳转指令可能引起不可预测的后果，因为可使代码生成器使用的寄存器跟踪算法产生混乱；
- 避免在嵌入的汇编语句中使用改变段或其他影响汇编环境的伪指令；
- 在嵌入的汇编语句中可以读取 C 程序中变量的值，但不要对它进行修改。

3. C 源程序中访问汇编程序中定义的变量

在 C 程序中访问定义在.bss 段中的初始化变量可以采用如下方法：

- 在汇编程序中用.bss 定义变量；
- 用.global 将变量声明为外部变量；
- 在变量名前面加上下划线"_"；
- 在 C 程序中将变量声明为外部变量，就可以访问了。

下面给出一个例程说明。

在汇编程序中定义变量：

```
1   .bss _var,1   ; 定义变量，注意变量名前的下划线
2   .global _var  ; 声明为外部变量，以便在C程序中访问
```

在 C 程序中访问汇编程序中定义的变量：

```
1  extern int var; /* 使用前首先声明为外部变量 */
2  var = 1;        /* 访问汇编程序.bss段中定义的变量 */
```

在 C 程序中访问非.bss 段中的变量要稍繁琐一些，通常的办法是在汇编语言中定义一个数据块，然后在 C 语言中通过指针来访问。在汇编程序中首先定义数据块，最好存放在单独的初始化块中。然后定义一个全局的标识指向数据块的起始地址，数据块可以分配在存储器空间的任何位置。在 C 程序中将这个数据块声明为外部数组，就可以对其进行正常访问。下面给出一个例程说明如何在 C 程序中访问汇编程序中定义的数据。

在汇编程序中定义数据：

```
1      .global _sine     ; 将数据块的起始地址声明为外部变量
2      .sect "sine_tab"  ; 放在独立的初始化块中
3  _sine:                ; 数据块的起始地址
4      .float 0.0
5      .float 0.015987
6      .float 0.022145
```

在 C 程序中访问汇编程序中定义的数据块：

```
1  extern float sine[];  /* 声明为外部数组，变量名不带下划线"_" */
2  float *sine_p = sine; /* 声明一个指针指向外部数组首地址 */
3  f = sine_p[4];        /* 访问数组中的元素 */
```

习　题

1. CCS 中代码生成工具包含了哪些内容？

2. 什么是通用扩展语言,作用有哪些？

3. 一个完整的 DSP 工程文件最少需要包含哪些文件？

4. 什么 COFF 文件格式,试列举 COFF 文件的常用段,并说明.text 段、.data 段、.bss 段分别包含什么内容？

5. 链接命令文件包含哪些主要内容？如何编写？

6. CCS 支持 C 语言与汇编语言混合编程的方法有哪几种？

第6章

通用输入/输出多路复用器(GPIO)

数字I/O是微处理器系统和外界联系的一种典型接口。F2812提供了56个通用双向的数字I/O(GPIO)引脚,其中大多数都是基本功能和通用I/O复用引脚。这些引脚既可以作为片内外设的输入/输出引脚,也可以作为通用的数字I/O口。本章主要介绍由这些引脚组成的通用输入/输出多路复用器GPIO的工作原理及相关的寄存器。

6.1 GPIO概述

F2812为用户提供了56个通用双向的数字I/O引脚,这些引脚基本上都是多功能复用引脚,既可以作为DSP片内外设(基本功能),如EV、SCI、SPI等功能引脚,也可以作为通用数字I/O口,通过寄存器来设置。如当某个外设功能模块被屏蔽时,对应的引脚可以用作通用I/O,这种灵活的设计方法提高了DSP芯片引脚的利用率。需要注意的是当DSP复位时,所有的GPIO引脚配置为输入引脚。

F2812的通用输入/输出多路复用器GPIO就是这些引脚的管理机构,在将这些引脚用作数字通用I/O口时,它将56个引脚分成6组进行管理,其中,GPIOA和GPIOB各管理16个,GPIOD管理4个,GPIOE管理3个,GPIOF管理15个,GPIOG管理2个。GPIO多路功能复用的原理框图如图6-1所示。

从图6-1中可以看出,GPIO的数字输入功能和外设输入功能的路径总是连通使能的,而数字输出功能和外设输出功能通过多路选择开关MUX相互切换。因为引脚的输出缓冲器总是连回到输入缓冲器,所以作为数字I/O使用时,输出数字信号可传递到外设输入,从而产生意外的触发中断。因此,当某个引脚配置为数字I/O时,引脚相应的外设功能(包括中断)必须禁止。

另外,这些引脚无论工作在何种模式,用户都可以通过GPxDAT(x=A,B,D,E,F,G)寄存器读取相应引脚的状态。此外,用作数字I/O功能时,GPxQUAL(x=A,B,D,E)寄存器用来量化采样周期。采样窗口为6个采样周期宽度,只有当6个采样数据结果完全相同(全为0或全为1)时,输出结果才会改变,如图6-2所示。这也是F2812与C24x系列DSP相比改进的特点,对按键消除抖动、有效地消除毛刺脉冲对输信号的干扰等方面十分有用。

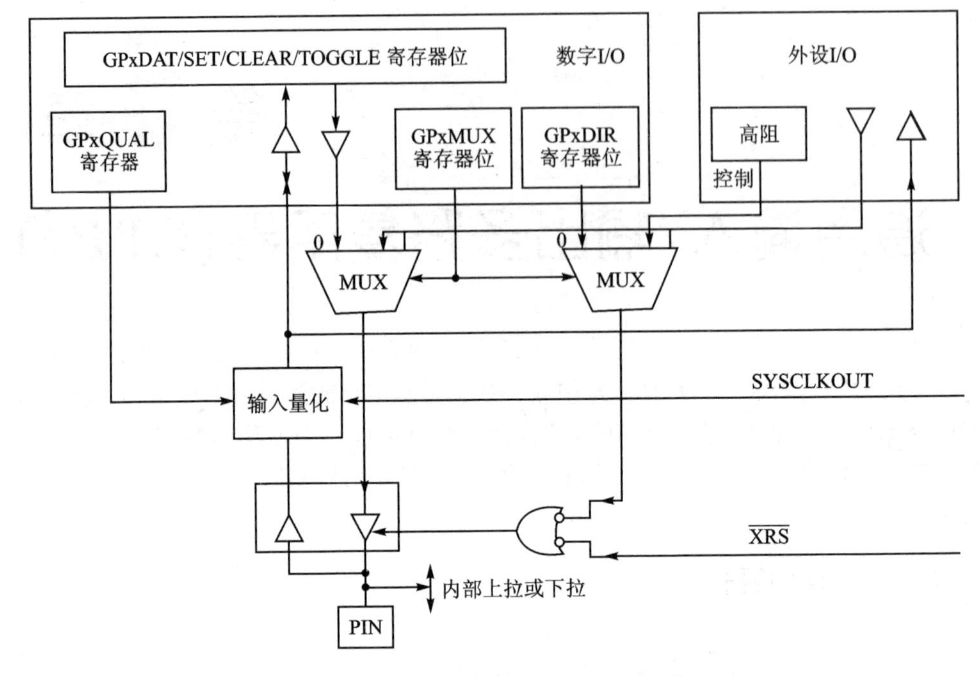

图 6－1　GPIO 多路功能复用原理框图

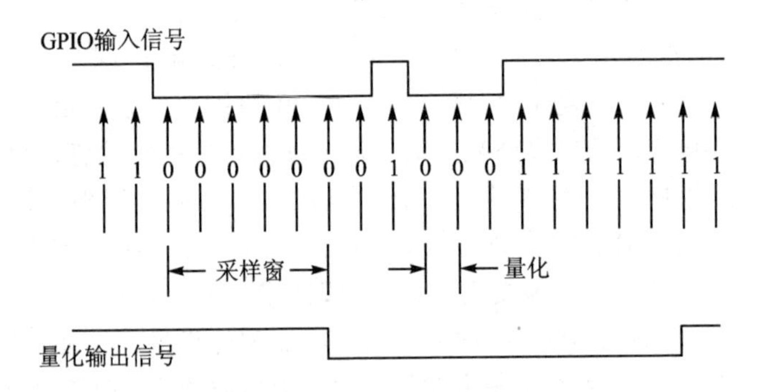

图 6－2　输入量化时钟周期图

输入信号首先与内核时钟(SYSCLKOUT)同步，然后通过量化寄存器进行量化输出。由于输入信号相对来说是一个异步信号，因此在送到采样窗口与 SYSCLKOUT 同步时最多会有一个 SYSCLKOUT 周期的延时。

6.2 GPIO 寄存器

1. 概　述

对于 F2812 GPIO 引脚的操作都是通过寄存器的设置来实现的。通过功能选择控制寄存器 GPxMUX(x=A,B,D,E,F,G)来选择具体引脚功能是外设功能还是通用数字 I/O 口;当引脚作为通用数字 I/O 时,可以通过方向控制寄存器 GPxDIR(x=A,B,D,E,F,G)控制 I/O 口的方向是输入还是输出,并且可以通过输入量化寄存器 GPxQUAL(x=A,B,D,E)量化输入信号,消除外部噪声信号。另外,如何确定输出或输入高电平还是低电平、如何使其引脚电平翻转、如何确定引脚上的电平是高电平还是低电平,这些都通过对 GPIO 寄存器的操作来实现。GPIO 的寄存器总的来说分为 2 大类:一类是复用控制寄存器,如表 6-1 所列;一类是数据寄存器,如表 6-2 所列。

表 6-1　GPIO 的复用控制寄存器

名　称	地　址	大小(×16 位)	寄存器描述
GPAMUX	0x0000 70C0	1	GPIOA 功能选择控制寄存器
GPADIR	0x0000 70C1	1	GPIOA 方向控制寄存器
GPAQUAL	0x0000 70C2	1	GPIOA 输入量化寄存器
Reserved	0x0000 70C3	1	保留
GPBMUX	0x0000 70C4	1	GPIOB 功能选择控制寄存器
GPBDIR	0x0000 70C5	1	GPIOB 方向控制寄存器
GPBQUAL	0x0000 70C6	1	GPIOB 输入量化寄存器
Reserved	0x0000 70C7～ 0x0000 70CB	5	保留
GPDMUX	0x0000 70CC	1	GPIOD 功能选择控制寄存器
GPDDIR	0x0000 70CD	1	GPIOD 方向控制寄存器
GPDQUAL	0x0000 70CE	1	GPIOD 输入量化寄存器
Reserved	0x0000 70CF	1	保留
GPEMUX	0x0000 70D0	1	GPIOE 功能选择控制寄存器
GPEDIR	0x0000 70D1	1	GPIOE 方向控制寄存器
GPEQUAL	0x0000 70D2		GPIOE 输入量化寄存器
Reserved	0x0000 70D3	1	保留
GPFMUX	0x0000 70D4	1	GPIOF 功能选择控制寄存器
GPFDIR	0x0000 70D5	1	GPIOF 方向控制寄存器
Reserved	0x0000 70D6～ 0x0000 70D7	2	保留
GPGMUX	0x0000 70D8	1	GPIOG 功能选择控制寄存器
GPGDIR	0x0000 70D9	1	GPIOG 方向控制寄存器
Reserved	0x0000 70DA～ 0x0000 70DF	6	保留

对 GPIO 的复用控制寄存器需要注意以下 3 点：

① 并不是所有引脚的输入都支持输入量化功能，GPIOF 和 GPIOG 这两组内的引脚就没有该功能，即没有 GPxQUAL 寄存器。

② 表 6-1 中所有的保留位都是无效的，读取值不确定，而对其写入时则无影响。

③ 表 6-1 中所有的寄存器都受 EALLOW 指令保护。

表 6-2 GPIO 的数据控制寄存器

名 称	地 址	大小(×16 位)	寄存器描述
GPADAT	0x0000 70E0	1	GPIOA 数据寄存器
GPASET	0x0000 70E1	1	GPIOA 置位寄存器
GPACLEAR	0x0000 70E2	1	GPIOA 清除寄存器
GPATOGGLE	0x0000 70E3	1	GPIOA 取反寄存器
GPBDAT	0x0000 70E4	1	GPIOB 数据寄存器
GPBSET	0x0000 70E5	1	GPIOB 置位寄存器
GPBCLEAR	0x0000 70E6	1	GPIOB 清除寄存器
GPBTOGGLE	0x0000 70E7	1	GPIOB 取反寄存器
Reserved	0x0000 70E8～0x0000 70EB	4	保留
GPDDAT	0x0000 70EC	1	GPIOD 数据寄存器
GPDSET	0x0000 70ED	1	GPIOD 置位寄存器
GPDCLEAR	0x0000 70EE	1	GPIOD 清除寄存器
GPDTOGGLE	0x0000 70EF	1	GPIOD 取反寄存器
GPEDAT	0x0000 70F0	1	GPIOE 数据寄存器
GPESET	0x0000 70F1	1	GPIOE 置位寄存器
GPECLEAR	0x0000 70F2	1	GPIOE 清除寄存器
GPETOGGLE	0x0000 70F3	1	GPIOE 取反寄存器
GPFDAT	0x0000 70F4	1	GPIOF 数据寄存器
GPFSET	0x0000 70F5	1	GPIOF 置位寄存器
GPFCLEAR	0x0000 70F6	1	GPIOF 清除寄存器
GPFTOGGLE	0x0000 70F7	1	GPIOF 取反寄存器
GPGDAT	0x0000 70F8	1	GPIOG 数据寄存器
GPGSET	0x0000 70F9	1	GPIOG 置位寄存器
GPGCLEAR	0x0000 70FA	1	GPIOG 清除寄存器
GPGTOGGLE	0x0000 70FB		GPIOG 取反寄存器
Reserved	0x0000 70FC～0x0000 70FF	4	保留

注意：

① 表 6-2 中所有的保留位都是无效的，读取值不确定，而对其写入时则无影响。

② 表6-2中所有的寄存器都不受EALLOW指令保护，用户可以正常访问。

2. GPIO寄存器的使用

每个GPIO端口都受功能选择控制、方向、数据、置位、清除和取反等寄存器的控制。

(1) GPIOx功能选择控制寄存器GPxMUX(x=A,B,D,E,F,G)

每个I/O口都有一个功能选择控制寄存器，用来配置I/O工作在基本片内外设功能或通用数字I/O口功能。复位时所有GPIO配置成为I/O功能：

- 如果GPxMUX.bit=0，引脚配置为通用I/O功能(复位状态)；
- 如果GPxMUX.bit=1，引脚配置为基本片内外设功能。

I/O的输入功能和外设的输入通道总是被使能的，输出通道是GPIO和外设公用的。因此，引脚如果配置成为I/O功能，就必须屏蔽相应的外设功能，否则，将会产生随机的中断信号。

(2) GPIOx方向控制寄存器GPxDIR(x=A,B,D,E,F,G)

每个I/O口都有一个方向控制寄存器，用来控制I/O口的数据方向是输入还是输出。在复位时所有GPIO配置为输入。

- 如果GPxDIR.bit= 0，引脚配置为输入(复位值)；
- 如果GPxDIR.bit= 1，引脚配置为输出。

(3) GPIOx数据寄存器GPxDAT(x=A,B,D,E,F,G)

每个I/O口都有一个可以读/写的数据寄存器，用来控制I/O引脚的数据。如果I/O配置为输入，反映当前经过量化后I/O输入信号的状态(作为输入端口)。如果I/O配置为输出，向寄存器写值设定I/O的输出(作为输出端口)。

- 如果GPxDAT.bit=0，且设置为输出功能，将相应的引脚拉低；
- 如果GPxDAT.bit= 1，且设置为输出功能，将相应的引脚拉高。

(4) GPIOx置位寄存器GPxSET(x=A,B,D,E,F,G)

每个I/O口有一个只写的置位寄存器，任何读操作都返回0。该寄存器用来设置输出引脚的数据(高电平有效)，即如果引脚配置成输出，则向寄存器中写1后相应的引脚将被拉高，可以使输出为1，写0没有影响。

- 如果GPxSET.bit=0，忽略；
- 如果GPxSET.bit=1且引脚设置为输出，将相应的引脚置成高电平。

(5) GPIOx清除寄存器GPxCLEAR(x=A,B,D,E,F,G)

每个I/O口有一个只写的清除寄存器，任何读操作都返回0。该寄存器用来清除输出引脚的数据(高电平有效)，即如果引脚配置成输出，则向寄存器中写1后相应的引脚将被拉低，可以使输出清0，写0没有影响。

- 如果GPxCLEAR.bit=0，忽略；
- 如果GPxCLEAR.bit=1，且引脚设置为输出，将相应的引脚置成低电平。

(6) GPIOx 取反触发寄存器 GPxTOGGLE(x=A,B,D,E,F,G)

每个 I/O 口有一个只写的取反触发寄存器，任何读操作都返回 0。该寄存器用来切换输出引脚的数据(高电平有效)。如果引脚配置成输出，则向寄存器中写 1 后相应的引脚信号将被取反，即原来为 1 则变为 0，原来为 0 则变为 1，写 0 没有影响。

- 如果 GPxTOGGLE. bit=0，忽略；
- 如果 GPxTOGGLE. bit=1，且引脚设置为输出，将相应的引脚信号取反。

(7) GPIOx 输入量化寄存器 GPxQUAL(x=A,B,D,E)

并不是所有引脚的输入都支持输入量化功能，GPIOF 和 GPIOG 两组内的引脚就没有该功能，即没有 GPxQUAL 寄存器。该寄存器用来量化输入信号，消除外部噪声信号。图 6-3 和表 6-3 分别给出了输入量化寄存器 GPxQUAL 的位图和各位的功能描述。

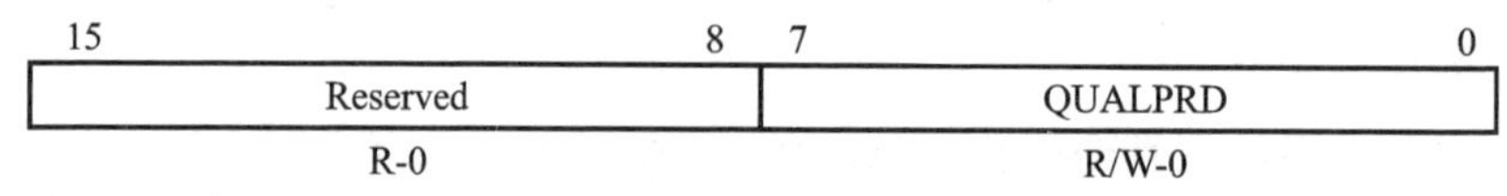

注：R=可读；W=可写；-0=复位后的值为0。

图 6-3　输入量化寄存器 GPxQUAL 的位图

表 6-3　输入量化寄存器 GPxQUAL 的功能定义描述表

位	名　称	描　述
15～8	Reserved	保留位
7～0	QUALPRD	设定量化采样周期位。 0x00　无量化(仅与 SYSCLKOUT 同步) 0x01　QUALPRD=2 个 SYSCLKOUT 周期 0x02　QUALPRD=4 个 SYSCLKOUT 周期 ⋮ 0xFF　QUALPRD=510 个 SYSCLKOUT 周期

6.3　GPIO 寄存器的位与 I/O 引脚对应关系

对于 F2812 的 GPIO 每一组内的各个寄存器，如功能选择控制、方向、输入量化、数据、置位、清除和取反等，其位图和 I/O 引脚的对应关系都是一样的。本节以功能选择控制寄存器 GPxMUX(x=A,B,D,E,F,G)为例讲述具体的寄存器位与 I/O 引脚的对应关系，如表 6-4～表 6-9 所列。各表中状态栏内类型 R 表示可读，W 表示可写，0 表示该位复位后的默认值。

表 6-4　GPAMUX 寄存器各位与 I/O 引脚之间的对应关系表

GPAMUX 位	外设名称(位=1)	I/O 名称(位=0)	类型	输入量化
EVA 外设				
0	PWM1(O)	GPIOA0	R/W-0	是
1	PWM2(O)	GPIOA1	R/W-0	是
2	PWM3(O)	GPIOA2	R/W-0	是
3	PWM4(O)	GPIOA3	R/W-0	是
4	PWM5(O)	GPIOA4	R/W-0	是
5	PWM6(O)	GPIOA5	R/W-0	是
6	T1PWM-T1CMP	GPIOA6	R/W-0	是
7	T2PWM-T2CMP	GPIOA7	R/W-0	是
8	CAP1_QEP1(I)	GPIOA8	R/W-0	是
9	CAP2_QEP2(I)	GPIOA9	R/W-0	是
10	CAP3_QEPI1(I)	GPIOA10	R/W-0	是
11	TDIRA(I)	GPIOA11	R/W-0	是
12	TCLKINA(I)	GPIOA12	R/W-0	是
13	$\overline{\text{C1TRIP}}$(I)	GPIOA13	R/W-0	是
14	$\overline{\text{C2TRIP}}$(I)	GPIOA14	R/W-0	是
15	$\overline{\text{C3TRIP}}$(I)	GPIOA15	R/W-0	是

表 6-5　GPBMUX 寄存器各位与 I/O 引脚之间的对应关系表

GPBMUX 位	外设名称(位=1)	I/O 名称(位=0)	类型	输入量化
EVB 外设				
0	PWM7(O)	GPIOB0	R/W-0	是
1	PWM8(O)	GPIOB1	R/W-0	是
2	PWM9(O)	GPIOB2	R/W-0	是
3	PWM10(O)	GPIOB3	R/W-0	是
4	PWM11(O)	GPIOB4	R/W-0	是
5	PWM12(O)	GPIOB5	R/W-0	是
6	T3PWM-T3CMP	GPIOB6	R/W-0	是
7	T4PWM-T4CMP	GPIOB7	R/W-0	是
8	CAP4_QEP4(I)	GPIOB8	R/W-0	是
9	CAP5_QEP5(I)	GPIOB9	R/W-0	是
10	CAP6_QEPI2(I)	GPIOB10	R/W-0	是
11	TDIRB(I)	GPIOB11	R/W-0	是
12	TCLKINB(I)	GPIOB12	R/W-0	是
13	$\overline{\text{C4TRIP}}$(I)	GPIOB13	R/W-0	是
14	$\overline{\text{C5TRIP}}$(I)	GPIOB14	R/W-0	是
15	$\overline{\text{C6TRIP}}$(I)	GPIOB15	R/W-0	是

表6-6　GPDMUX寄存器各位与I/O引脚之间的对应关系表

GPDMUX位	外设名称(位=1)	I/O名称(位=0)	类型	输入量化
EVA外设				
0	$\overline{\text{T1CTRIP-PDPINTA}}$(I)	GPIOD0	R/W-0	是
1	$\overline{\text{T2CTRIP}}$(I)	GPIOD1	R/W-0	是
2~4	保留	保留	R-0	—
EVB外设				
5	$\overline{\text{T3CTRIP-PDPINTB}}$(I)	GPIOD5	R/W-0	是
6	$\overline{\text{T4CTRIP}}$(I)	GPIOD6	R/W-0	是
7~15	保留	保留	R-0	—

表6-7　GPEMUX寄存器各位与I/O引脚之间的对应关系表

GPEMUX位	外设名称(位=1)	I/O名称(位=0)	类型	输入量化
中断				
0	XINT1_(I)	GPIOE0	R/W-0	是
1	XINT2_ADCSOC(I)	GPIOE1	R/W-0	是
2	XNMI_XINT13(I)	GPIOE2	R/W-0	是
3~15	保留	保留	R-0	—

表6-8　GPFMUX寄存器各位与I/O引脚之间的对应关系表

GPFMUX位	外设名称(位=1)	I/O名称(位=0)	类型	输入量化
SPI外设				
0	SPISIMOA(O)	GPIOF0	R/W-0	否
1	SPISOMIA(I)	GPIOF1	R/W-0	否
2	SPICLKA(I/O)	GPIOF2	R/W-0	否
3	SPISTEA(I/O)	GPIOF3	R/W-0	否
SCI-A外设				
4	SCITXDA(O)	GPIOF4	R/W-0	否
5	SCIRXDA(I)	GPIOF5	R/W-0	否
eCAN外设				
6	CANTXA(O)	GPIOF6	R/W-0	否
7	CANRXA(I)	GPIOF7	R/W-0	否
McBSP外设				
8	MCLKXA(I/O)	GPIOF8	R/W-0	否
9	MCLKRA(I/O)	GPIOF9	R/W-0	否
10	MFSXA(I/O)	GPIOF10	R/W-0	否
11	MSXRA(I/O)	GPIOF11	R/W-0	否
12	MDXA(O)	GPIOF12	R/W-0	否

续表 6-8

GPFMUX 位	外设名称(位=1)	I/O 名称(位=0)	类型	输入量化
13	MDRA(I)	GPIOF13	R/W-0	否
XF CPU 输出信号				
14	XF_$\overline{\text{XPLLDIS}}$(O)	GPIOF14	R/W-0	否
15	保留	保留	R-0	—

表 6-9　GPGMUX 寄存器各位与 I/O 引脚之间的对应关系表

GPGMUX 位	外设名称(位=1)	I/O 名称(位=0)	类型	输入量化
0～3	保留	保留	R-0	—
SCI-B 外设				
4	SCITXDB(O)	GPIOG4	R/W-0	否
5	SCIRXDB(I)	GPIOG5	R/W-0	否
6～15	保留	保留	R-0	—

【例 6-1】 GPIO 初始化 C 语言程序段。

```
#include "DSP281x_Device.h"                        //包含片内外设寄存器头文件
void InitGPIO(void)                                // GPIO 初始化子程序
{
    asm (" EALLOW") ;                              //解除写保护
    GpioMuxRegs.GPAMUX.all = 0x077F;               //EVA:CAP1～3, PWM1-6, T1PWM
    GpioMuxRegs.GPADIR.all = 0x1880;               //方向, GPIOA12,11,7 为输出
    …
    GpioMuxRegs.GPGMUX.bit.SCITXDB_GPIO4 = 1;      //TXDB
    GpioMuxRegs.GPGMUX.bit.SCIRXDB_GPIO5 = 1;      //RXDB
    asm (" EDIS") ;                                //恢复写保护
}
```

【例 6-2】 一个 LED 指示灯连接到 F2812 的通用输入输出引脚 GPIOA0 上，写出使之闪烁的 C 语言程序。

```
#include "DSP281x_Device.h"            //DSP281x 头文件包含文件
void Delay(unsigned int nDelay);       //延时子程序,函数声明
main()
{
    InitSysCtrl();           //初始化 CPU, InitSysCtrl()函数由 DSP281x_SysCtrl 文件
                             //建立,SYSCLKOUT = 150 MHz
    EALLOW;
    GpioMuxRegs.GPAMUX.all = 0x0000;    //设置 GPIOA 为通用输入输出引脚功能
    GpioMuxRegs.GPADIR.all = 0x00FF;    //设置 GPIOA 高 8 位输入, 低 8 位输出
    EDIS;
```

```
    while(1)
        {  GpioDataRegs.GPADAT.bit.GPIOA0 = 0;
           Delay(10);
           GpioDataRegs.GPADAT.bit.GPIOA0 = 1;
           Delay(10);
        }
}
void Delay(unsigned int nDelay)          //延时程序,自定义函数
{
    int i,j,k = 0;
    for (i = 0;i<nDelay;i ++ )
    {
        for ( j = 0;j<512;j ++ )
        {
            k ++ ;
        }
    }
}
```

习　题

1. F2812的通用I/O接口有哪些引脚？有哪些功能？如何使用？

2. 如果要设置GPIOA0～GPIOA6为通用I/O功能,同时该引脚为输出功能且输出为低电平,要实现其置位输出端口状态、清除输出端口状态以及取反触发输出端口状态,如何用C语言实现？

第7章

事件管理器(EV)

在计算机测控系统或电机控制系统中,EV可以实现对各种测量量的定时采集以及对各种控制量定时发出控制信号,方便有效地提供各种控制波形,准确地判断、捕获并记录引脚上的电平变化,准确地测量运动系统的当前运动方向、位置、速度等均离不开精确的定时。F2812片内集成的事件管理器(EV)为用户提供了强大的控制功能,特别适用于运动控制、电机控制、变频器、逆变器等工业控制领域。F2812具有2个相同结构和功能的事件管理器模块EVA和EVB,可用于多电机或多轴运动控制。每个事件管理器包括通用定时器、全比较/PWM单元、捕获单元以及正交编码脉冲电路。本章详细介绍F2812的事件管理器模块的组成、原理、功能以及应用。

7.1 事件管理器功能概述

F2812具有2个事件管理器模块EVA和EVB,每个事件管理器包括2个通用定时器、3个比较单元、3个捕获单元以及一个正交编码脉冲电路。EVA和EVB具有完全相同的结构和功能,只是各个模块的信号名称有所区别,采用高速外设时钟作为时钟源,具有各自的时钟使能控制、控制寄存器、外设中断信号和外部引脚。事件管理器模块的信号接口框图如图7-1所示。EVA和EVB模块的外部信号引脚如表7-1所列。

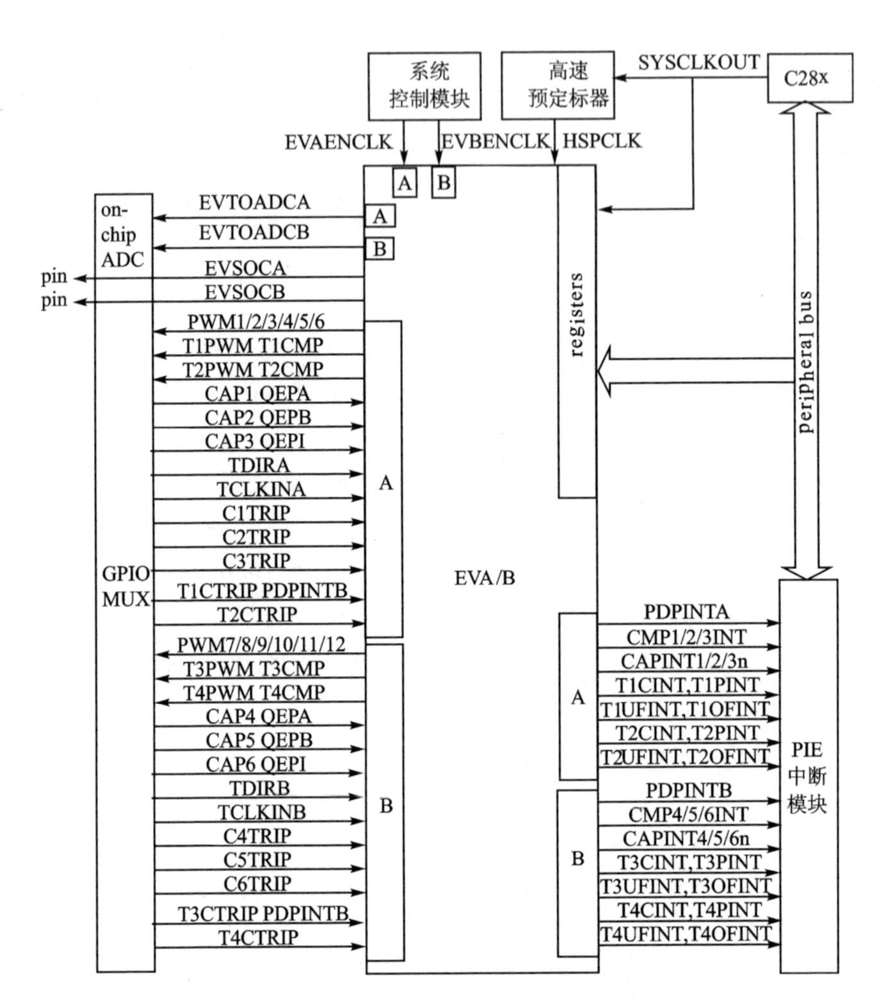

图7-1　事件管理器模块的信号接口框图

表7-1　EVA和EVB模块外部信号引脚

EV模块	EVA		EVB	
	模块	外部信号引脚	模块	外部信号引脚
通用(GP)定时器	GP定时器1	T1PWM/T1CMP	GP定时器3	T3PWM/T3CMP
	GP定时器2	T2PWM/T2CMP	GP定时器4	T4PWM/T4CMP
比较单元	比较单元1	PWM1/2	比较单元4	PWM7/8
	比较单元2	PWM3/4	比较单元5	PWM9/10
	比较单元3	PWM5/6	比较单元6	PWM11/12

续表 7-1

EV 模块	EVA		EVB	
	模块	外部信号引脚	模块	外部信号引脚
捕获单元	捕获单元 1	CAP1_QEP1	捕获单元 4	CAP4_QEP3
	捕获单元 2	CAP2_QEP2	捕获单元 5	CAP5_QEP4
	捕获单元 3	CAP3_QEPI1	捕获单元 6	CAP6_QEPI2
正交编码脉冲电路	QEP	CAP1_QEP1	QEP	CAP4_QEP3
		CAP2_QEP2		CAP5_QEP4
		CAP3_QEPI1		CAP6_QEPI2
外部定时器时钟输入	计数方向	TDIRA	计数方向	TDIRB
	外部时钟	TCLKINA	外部时钟	TCLKINB
比较单元输出的外部控制触发输入	比较单元	$\overline{\text{C1TRIP}}$	比较单元	$\overline{\text{C4TRIP}}$
		$\overline{\text{C2TRIP}}$		$\overline{\text{C5TRIP}}$
		$\overline{\text{C3TRIP}}$		$\overline{\text{C6TRIP}}$
定时器比较输出的外部控制触发输入		$\overline{\text{T1CTRIP\_PDPINTA}}$†		$\overline{\text{T3CTRIP\_PDPINTB}}$†
		$\overline{\text{T2CTRIP/EVASOC}}$		T4CTRIP/EVBSOC
功率驱动保护输入		$\overline{\text{T1CTRIP\_PDPINTA}}$†		$\overline{\text{T3CTRIP\_PDPINTB}}$†
启动 ADC 转换信号		$\overline{\text{T2CTRIP/EVASOC}}$		$\overline{\text{T4CTRIP/EVBSOC}}$

注:† 在 24x/240x 兼容模式下,$\overline{\text{T1CTRIP\_PDPINTA}}$ 引脚用作 $\overline{\text{PDPINTA}}$,$\overline{\text{T3CTRIP\_PDPINTA}}$ 引脚用作 $\overline{\text{PDPINTB}}$。

7.1.1 事件管理器结构功能框图

EVA 的结构功能框图如图 7-2 所示,EVB 与之类似,只是信号的命名不同。

① 通用定时器:EVA 具有 2 个 16 位的通用定时器(通用定时器 1 和通用定时器 2)。事件管理器的通用定时器与前面讲述的 CPU 的定时器类似,也可以用来计时,但是两者也有区别,最明显的区别是 CPU 定时器是 32 位的,而事件管理器的通用定时器是 16 位的,2 种定时器所选用的时钟也不同,工作方式也不一样。通用定时器除了具有计数/定时、为各种应用提供时基功能外,每个定时器还能产生一路独立的 PWM 波形。

② 比较单元:又称为全比较/PWM 单元,EVA 具有 3 个全比较/PWM 单元,每个单元可以生成一对(两路)互补的 PWM 波形,且具有死区逻辑控制等功能。生成的 6 路 PWM 波形正好可以控制一台三相全桥电路驱动的交流电机。

③ 捕获单元:EVA 具有 3 个捕获单元,功能是捕捉外部输入脉冲波形的上升沿或者下降沿,可以统计脉冲的间隔,也可以统计脉冲的个数。通常用来对外部硬件信号的时间间隔进行测量,利用 6 个边沿检测单元精密测量外部事件发生的时刻,常用

于直流无刷电机转子的转速测量。

④ 正交编码脉冲电路:EVA具有一个正交编码脉冲电路,可以对输入的正交脉冲进行编码和计数、实现和增量式光电编码器等测角元件的无缝接口,从而实现运动控制系统的转角、位置和速率检测,多用于电机控制。

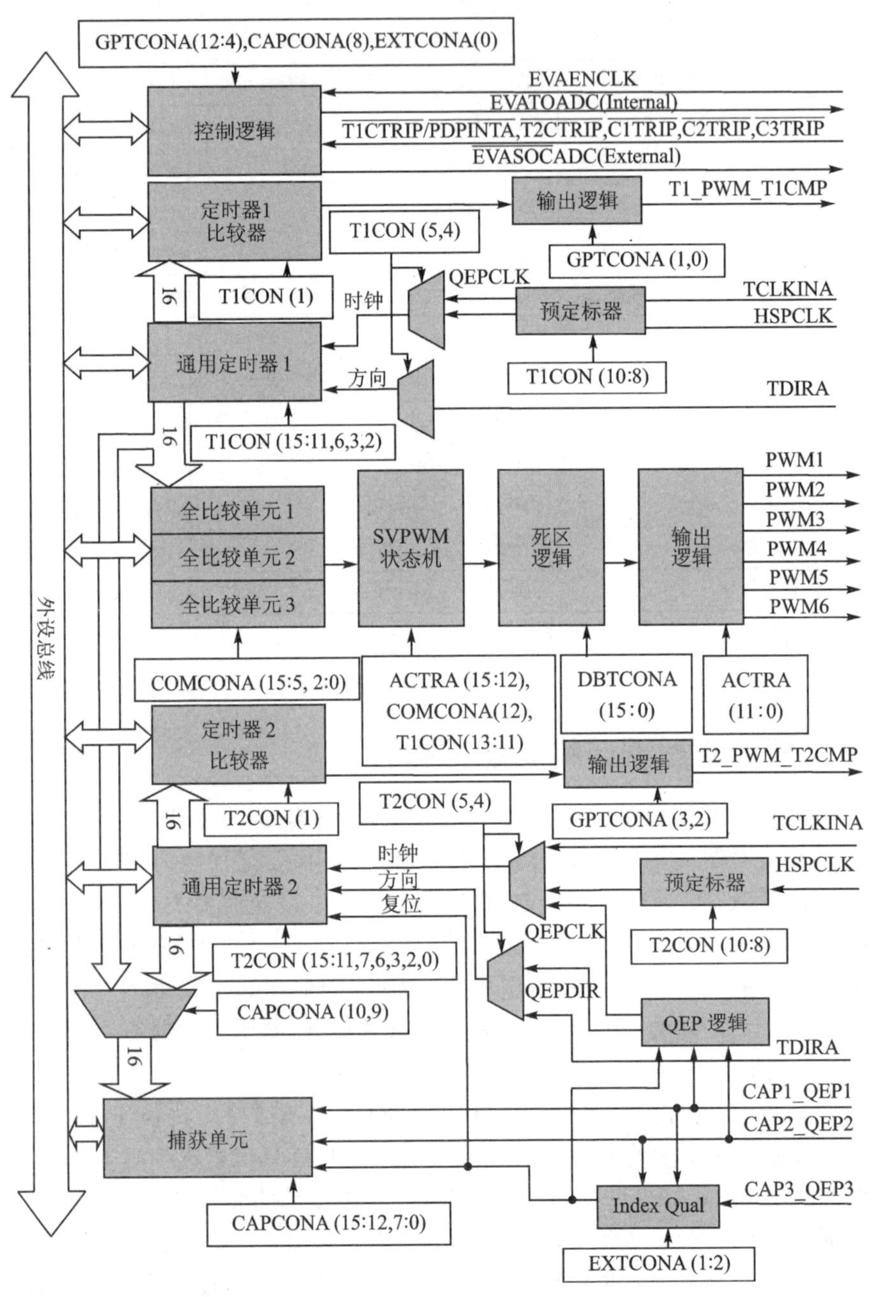

图7-2 EVA结构功能框图

事件管理器的特殊设计使得事件管理器既可以实时控制电机(由PWM电路实现),同时还可以监视电机的运行状态(由正交编码脉冲电路实现)。

F2812与240x系列DSP的事件管理器兼容,但增加了一些功能,称为增强模式。F2812事件管理器的主要增强特性有:

① 每个定时器和全比较单元都有独立的输出使能位。

② 每个定时器和全比较单元都有独立的外部控制触发输入引脚,从而代替240x系列DSP芯片中的 $\overline{\text{PDPINTA}}$ 和 $\overline{\text{PDPINTB}}$ 引脚。

③ 每个外部控制触发输入引脚都有各自的使能位,这一改进可以独立使能或者禁止每个比较输出,从而使每个比较单元能用来控制不同的功率放大器、传动装置或驱动器。

④ 240x系列DSP芯片中的CAP3和CAP6引脚分别被重命名为CAP3_QEPI1(对EVA)和CAP6_QEPI2(对EVB),可以分别用来复位定时器2和4,通过3通道(3引脚)的QEP模块可以实现F2812与工业标准的三线制增量式光电编码器的无缝接口。

⑤ 允许事件管理器输出ADC启动转换信号,从而实现与高精度的外部ADC同步。

⑥ F2812中新增加了扩展控制寄存器EXTCONx(x=A或B),用户必须对该寄存器相应位进行设置后才能使能或禁止各种增强的功能。设置EXTCONx寄存器的目的是保证F2812能够向下兼容240x系列DSP的事件管理器模块。

7.1.2 事件管理器的寄存器列表

EVA和EVB有相同的外设寄存器组,EVA寄存器组的起始地址是7400h,EVB寄存器组的起始地址是7500h。表7-2按功能给出了EVA和EVB的所有寄存器的地址及简要功能描述。

表7-2 EVA和EVB的寄存器一览表

EVA		EVB		寄存器功能描述
名称	地址	名称	地址	
通用定时器寄存器				
GPTCONA	0x00 7400h	GPTCONB	0x00 7500h	通用定时器全局控制寄存器A或B
T1CNT	0x00 7401h	T3CNT	0x00 7501h	通用定时器1或3计数寄存器
T1CMPR	0x00 7402h	T3CMPR	0x00 7502h	通用定时器1或3比较寄存器
T1PR	0x00 7403h	T3PR	0x00 7503h	通用定时器1或3周期寄存器
T1CON	0x00 7404h	T3CON	0x00 7504h	通用定时器1或3控制寄存器
T2CNT	0x00 7405h	T4CNT	0x00 7505h	通用定时器2或4计数寄存器
T2CMPR	0x00 7406h	T4CMPR	0x00 7506h	通用定时器2或4比较寄存器
T2PR	0x00 7407h	T4PR	0x00 7507h	通用定时器2或4周期寄存器

续表 7-2

EVA		EVB		寄存器功能描述
名　称	地　址	名　称	地　址	
T2CON	0x00 7408h	T4CON	0x00 7508h	通用定时器 2 或 4 控制寄存器
新增的扩展控制寄存器				
EXTCONA	0x00 7409h	EXTCONB	0x00 7509h	扩展控制寄存器 A 或 B
比较单元寄存器				
COMCONA	0x00 7411h	COMCONB	0x00 7511h	比较控制寄存器 A 或 B
ACTRA	0x00 7413h	ACTRB	0x00 7513h	比较方式控制寄存器 A 或 B
DBTCONA	0x00 7415h	DBTCONB	0x00 7515h	死区控制寄存器 A 或 B
CMPR1	0x00 7417h	CMPR4	0x00 7517h	比较寄存器 1 或 4
CMPR2	0x00 7418h	CMPR5	0x00 7518h	比较寄存器 2 或 5
CMPR3	0x00 7419h	CMPR6	0x00 7519h	比较寄存器 3 或 6
捕获单元寄存器				
CAPCONA	0x00 7420h	CAPCONB	0x00 7520h	捕获控制寄存器 A 或 B
CAPFIFOA	0x00 7422h	CAPFIFOB	0x00 7522h	捕获 FIFO 状态寄存器 A 或 B
CAP1FIFO	0x00 7423h	CAP4FIFO	0x00 7523h	捕获 FIFO 堆栈 1 或 4 的顶层寄存器
CAP2FIFO	0x00 7424h	CAP5FIFO	0x00 7524h	捕获 FIFO 堆栈 2 或 5 的顶层寄存器
CAP3FIFO	0x00 7425h	CAP6FIFO	0x00 7525h	捕获 FIFO 堆栈 3 或 6 的顶层寄存器
CAP1FBOT	0x00 7427h	CAP4FBOT	0x00 7527h	捕获 FIFO 堆栈 1 或 4 的底层寄存器
CAP2FBOT	0x00 7428h	CAP5FBOT	0x00 7528h	捕获 FIFO 堆栈 2 或 5 的底层寄存器
CAP3FBOT	0x00 7429h	CAP6FBOT	0x00 7529h	捕获 FIFO 堆栈 3 或 6 的底层寄存器
中断寄存器				
EVAIMRA	0x00 742Ch	EVBIMRA	0x00 752Ch	EVA 或 EVB 中断屏蔽寄存器 A
EVAIMRB	0x00 742Dh	EVBIMRB	0x00 752Dh	EVA 或 EVB 中断屏蔽寄存器 B
EVAIMRC	0x00 742Eh	EVBIMRC	0x00 752Eh	EVA 或 EVB 中断屏蔽寄存器 C
EVAIFRA	0x00 742Fh	EVBIFRA	0x00 752Fh	EVA 或 EVB 中断标志寄存器 A
EVAIFRB	0x00 7430h	EVBIFRB	0x00 7530h	EVA 或 EVB 中断标志寄存器 B
EVAIFRC	0x00 7431h	EVBIFRB	0x00 7531h	EVA 或 EVB 中断标志寄存器 C

表 7-2 中的寄存器映射到外设帧 PF2 中，这个空间只允许 16 位访问，32 位的访问会产生未定义的结果。该表中相关的寄存器会在后续内容中讲述，这里只介绍扩展控制寄存器 EXTCONx(x＝A 或 B)。F2812 中新增加了扩展控制寄存器 EXT-CONx(x＝A 或 B)，用户必须对该寄存器相应位进行设置后才能使能或禁止各种增强的功能，使得 F2812 的事件管理器能够向下兼容 240x 系列 DSP 的事件管理器模块。EXTCONA 寄存器或 EXTCONB 寄存器的功能相同，只是分别用于控制 EVA 或 EVB 中的增强功能，默认情况下，这些增强功能是被禁止的。扩展控制寄存器 EXTCONA 的位图如图 7-3 所示，各位的功能定义描述如表 7-3 所列。EXT-

CONB寄存器的功能描述与之类似。

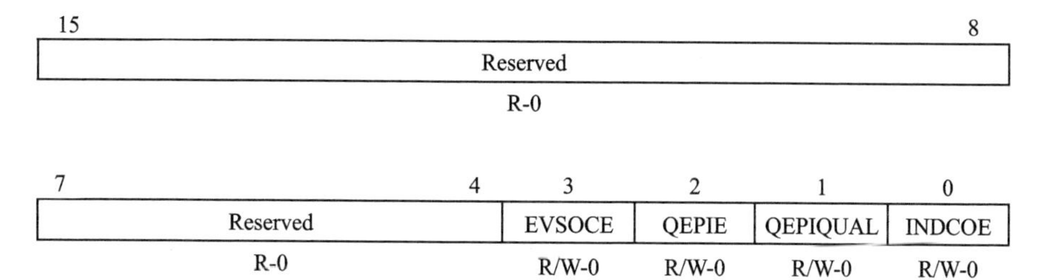

注：R=可读；W=可写；-0=复位后的值为0。

图7-3　扩展控制寄存器EXTCONA的位图

表7-3　扩展控制寄存器EXTCONA的功能定义描述表

位	名　称	描　述
15～4	Reserved	保留位。读返回0,写没有影响
3	EVSOCE	EV启动模数转换信号输出使能位,对EVA是引脚$\overline{\text{EVASOC}}$,对EVB是引脚$\overline{\text{EVBSOC}}$。该位被使能时,当所选EV的ADC启动转换事件发生时会产生一个脉宽为32个HSPCLK周期的负脉冲(低电平有效)。该位不影响送给片内ADC模块的启动转换信号EVTOADC。 0　禁止$\overline{\text{EVASOC}}$引脚输出,$\overline{\text{EVASOC}}$处于高阻态。 1　使能$\overline{\text{EVASOC}}$引脚输出
2	QEPIE	QEP索引(Index)使能位,用来使能或禁止CAP3_QEPI1作为索引脉冲输入。 0　禁止CAP3_QEPI1作为索引脉冲输入,CAP3_QEPI1引脚上的跳变不影响配置的QEP计数器。 1　使能CAP3_QEPI1作为索引脉冲输入。只在CAP3_QEPI1引脚上的0到1的跳变(EXTCONA[1]=0),或CAP1_QEP1和CAP2_QEP2同时为高(EXTCONA[1]=1)时,配置的QEP计数器将复位为0
1	QEPIQUAL	CAP3_QEPI1索引限定模式位,用来打开或关闭QEP索引的限定器。 0　CAP3_QEPI1限定模式关闭,允许CAP3_QEPI1经过限定器而不受影响。 1　CAP3_QEPI1限定模式打开。只有当CAP1_QEP1和CAP2_QEP2同时为高,一个0到1的跳变才允许通过限定器,否则限定器的输出保持为低
0	INDCOE	独立的比较输出使能模式位。该位的设置会影响到寄存器GPTCONA、COMCONA、EVAIFRA和EVAIMRA中的相应位。 0　禁止独立的比较输出使能模式。 1　允许独立的比较输出使能模式

7.1.3 事件管理器的中断

1. 中断组

由于事件管理器的中断事件比较多,为了便于管理,将每个事件管理器(EVA或EVB)的所有15个中断,按照中断优先级次序分为A、B和C这3组,每组均分配一个PIE级中断(PIE1、PIE2、PIE3、PIE4或PIE5),具有各自不同的中断标志、中断屏蔽寄存器,如表7-2所列,同时每个事件管理器的中断组都有多个外设中断请求。表7-4和表7-5分别列出了EVA和EVB的所有中断、分组情况、中断优先级以及每个中断标志/屏蔽寄存器位。如果EVAIMRx(x=A、B或C)相应的位是0,则EVAIFRx(x=A、B或C)中的标志位被屏蔽,不会产生相应的外设中断请求信号。

表7-4 EVA中断

中断组	中断源	组内优先级	向量(ID)*	中断标志寄存器[位]	中断屏蔽寄存器[位]	功能描述	PIE组别
A	$\overline{\text{PDPINTA}}$	1(最高)	0x0020h	EVAIFRA[0]	EVAIMRA[0]	功率驱动保护中断A	PIE1
	CMP1INT	2	0x0021h	EVAIFRA[1]	EVAIMRA[1]	比较单元1比较中断	PIE2
	CMP2INT	3	0x0022h	EVAIFRA[2]	EVAIMRA[2]	比较单元2比较中断	
	CMP3INT	4	0x0023h	EVAIFRA[3]	EVAIMRA[3]	比较单元3比较中断	
	T1PINT	5	0x0027h	EVAIFRA[7]	EVAIMRA[7]	通用定时器1周期中断	
	T1CINT	6	0x0028h	EVAIFRA[8]	EVAIMRA[8]	通用定时器1比较中断	
	T1UFINT	7	0x0029h	EVAIFRA[9]	EVAIMRA[9]	通用定时器1下溢中断	
	T1OFINT	8(最低)	0x002Ah	EVAIFRA[10]	EVAIMRA[10]	通用定时器1上溢中断	
B	T2PINT	1(最高)	0x002Bh	EVAIFRB[0]	EVAIMRB[0]	通用定时器2周期中断	PIE3
	T2CINT	2	0x002Ch	EVAIFRB[1]	EVAIMRB[1]	通用定时器2比较中断	
	T2UFINT	3	0x002Dh	EVAIFRB[2]	EVAIMRB[2]	通用定时器2下溢中断	
	T2OFINT	4(最低)	0x002Eh	EVAIFRB[3]	EVAIMRB[3]	通用定时器2上溢中断	
C	CAP1INT	1(最高)	0x0033h	EVAIFRC[0]	EVAIMRC[0]	捕获单元1中断	PIE3
	CAP2INT	2	0x0034h	EVAIFRC[1]	EVAIMRC[1]	捕获单元2中断	
	CAP3INT	3(最低)	0x0035h	EVAIFRC[2]	EVAIMRC[2]	捕获单元3中断	

注:* 中断向量ID用于DSP/BIOS,不使用DSP/BIOS时可参考PIE中断向量。

表 7-5　EVB 中断

中断组	中断源	组内优先级	向量(ID)*	中断标志寄存器[位]	中断屏蔽寄存器[位]	功能描述	PIE组别
A	$\overline{\text{PDPINTB}}$	1(最高)	0x0019h	EVBIFRA[0]	EVBIMRA[0]	功率驱动保护中断 B	PIE1
	CMP4INT	2	0x0024h	EVBIFRA[1]	EVBIMRA[1]	比较单元 4 比较中断	PIE4
	CMP5INT	3	0x0025h	EVBIFRA[2]	EVBIMRA[2]	比较单元 5 比较中断	
	CMP6INT	4	0x0026h	EVBIFRA[3]	EVBIMRA[3]	比较单元 6 比较中断	
	T3PINT	5	0x002Fh	EVBIFRA[7]	EVBIMRA[7]	通用定时器 3 周期中断	
	T3CINT	6	0x0030h	EVBIFRA[8]	EVBIMRA[8]	通用定时器 3 比较中断	
	T3UFINT	7	0x0031h	EVBIFRA[9]	EVBIMRA[9]	通用定时器 3 下溢中断	
	T3OFINT	8(最低)	0x0032h	EVBIFRA[10]	EVBIMRA[10]	通用定时器 3 上溢中断	
B	T4PINT	1(最高)	0x0039h	EVBIFRB[0]	EVBIMRB[0]	通用定时器 4 周期中断	PIE5
	T4CINT	2	0x003Ah	EVBIFRB[1]	EVBIMRB[1]	通用定时器 4 比较中断	
	T4UFINT	3	0x003Bh	EVBIFRB[2]	EVBIMRB[2]	通用定时器 4 下溢中断	
	T4OFINT	4(最低)	0x003Ch	EVBIFRB[3]	EVBIMRB[3]	通用定时器 4 上溢中断	
C	CAP4INT	1(最高)	0x0036h	EVBIFRC[0]	EVBIMRC[0]	捕获单元 4 中断	PIE5
	CAP5INT	2	0x0037h	EVBIFRC[1]	EVBIMRC[1]	捕获单元 5 中断	
	CAP6INT	3(最低)	0x0038h	EVBIFRC[2]	EVBIMRC[2]	捕获单元 6 中断	

注：* 中断向量 ID 用于 DSP/BIOS，不使用 DSP/BIOS 时可参考 PIE 中断向量。

2. 中断产生

在事件管理器模块中，如果有外设中断发生，EVxIFRA、EVxIFRB 或 EVxIFRC (x=A 或 B)相应的标志位被置 1。如果中断屏蔽寄存器中相应的位也被置 1(使能)，那么外设会向 PIE 控制器发送一个外设中断请求。以通用定时器的中断为例，通用定时器在 EVAIFRA、EVAIFRB、EVBIFRA 和 EVBIFRB 中共有 16 个中断标志。表 7-6 给出了每个通用定时器中断产生的条件。

表 7-6　中断产生的条件

中　断	产生的条件
下溢— TxUFINT(x=1,2,3 或 4)	当计数器的值等于 0x0000h 时
上溢— TxOFINT(x=1,2,3 或 4)	当计数器的值等于 0xFFFFh 时
比较— TxCINT(x=1,2,3 或 4)	当计数寄存器的值和比较寄存器的值匹配时
周期— TxPINT(x=1,2,3 或 4)	当计数寄存器的值和周期寄存器的值匹配时

3. 中断的处理过程

① 中断源。在事件管理器模块中，如果有外设中断发生，EVxIFRA、EVxIFRB

或 EVxIFRC(x=A 或 B)相应的标志位被置 1。

② 中断使能。事件管理器中断可以分别由寄存器 EVxIMRA、EVxIMRB 或 EVxIMRC(x=A 或 B)来使能或禁止。

③ PIE 请求。如果中断标志寄存器和中断屏蔽寄存器中相应的位均被置 1,那么外设会向 PIE 控制器发送一个外设中断请求。

④ CPU 响应。CPU 接收到中断请求后,IFR 相应的位被置 1 并响应中断。PIE 控制器将优先级最高的中断所对应的外设中断向量载入外设中断向量寄存器 PIVR 中。因为每组中断均有多个中断源,所以 CPU 中断请求通过 PIE 控制器来处理。外设中断寄存器 PIVR 中的值可以区分该组哪一个挂起的中断具有最高优先级。CPU 响应中断后,中断响应被软件控制。

⑤ 中断服务子程序(ISR)。在这个阶段,中断软件需要避免不正常的中断响应。在执行中断代码后,程序应当清除 EVxIFRA、EVxIFRB 或 EVxIFRC 寄存器中引起中断服务的中断标志位(直接向中断标志位写 1)。程序在返回之前,中断软件必须通过清除 PIEACK 寄存器中的相应位(直接写 1 到相应位)并且使能全局中断位 INTM(该位清 0),重新使能中断。否则,该中断源将无法再次产生中断请求。

4. EV 中断标志寄存器

这些寄存器都是 16 位寄存器。当软件读这些寄存器时,保留位读出值为 0,向保留位写则无效。中断标志寄存器 EVxIFRy(x=A,B, y=A,B,C)是可读寄存器,可通过软件查询 EVxIFRy 中的相应位来判断是否有中断事件发送。表 7-7～表 7-9 分别列出了 EVA 的中断标志寄存器 EVAIFRA、EVAIFRB 和 EVAIFRC 的各位描述,EVB 与 EVA 类似,读者可参考表 7-5 中的"中断标志寄存器[位]"列自行列出。注意,这些中断标志位写 1 可清除该中断标志,该操作通常由用户在中断服务程序中来完成,以便能够再次响应该中断请求。

表 7-7　EVAIFRA 寄存器各位描述表

位	名　称	类　型	功能描述	
15～11	Reserved	R-0	保留位。读返回 0,写无效	
10	T1OFINT FLAG	RW1C-0	通用定时器 1 上溢中断标志位	读:0—标志被复位 1—标志被置位 写:0—无效 1—复位标志位
9	T1UFINT FLAG	RW1C-0	通用定时器 1 下溢中断标志位	
8	T1CINT FLAG	RW1C-0	通用定时器 1 比较中断标志位	
7	T1PINT FLAG	RW1C-0	通用定时器 1 周期中断标志位	
6～4	Reserved	R-0	保留位。读返回 0,写无效	

续表 7-7

位	名　称	类　型	功能描述	
3	CMP3INT FLAG	RW1C-0	比较单元3中断标志位	读:0—标志被复位 1—标志被置位 写:0—无效 1—复位标志位
2	CMP2INT FLAG	RW1C-0	比较单元2中断标志位	
1	CMP1INT FLAG	RW1C-0	比较单元1中断标志位	
0	PDPINTA FLAG	RW1C-0	功率驱动保护中断标志位。该位的定义与EXTCONA.0位有关,当EXTCONA.0=0时,其定义与240x相同;当EXTCONA.0=1时,允许独立的比较输出使能模式,任何比较触发输出为低且使能时,该位置位	

表 7-8　EVAIFRB 寄存器各位描述表

位	名　称	类　型	功能描述	
15～4	Reserved	R-0	保留位。读返回0,写无效	
3	T2OFINT FLAG	RW1C-0	通用定时器2上溢中断标志位	读:0—标志被复位 1—标志被置位 写:0—无效 1—复位标志位
2	T2UFINT FLAG	RW1C-0	通用定时器2下溢中断标志位	
1	T2CINT FLAG	RW1C-0	通用定时器2比较中断标志位	
0	T2PINT FLAG	RW1C-0	通用定时器2周期中断标志位	

表 7-9　EVAIFRC 寄存器各位描述表

位	名　称	类　型	功能描述	
15～3	Reserved	R-0	保留位。读返回0,写无效	
2	CAP3INT FLAG	RW1C-0	捕获单元3中断标志位	读:0—标志被复位 1—标志被置位。 写:0—无效 1—复位标志位
1	CAP2INT FLAG	RW1C-0	捕获单元2中断标志位	
0	CAP1INT FLAG	RW1C-0	捕获单元1中断标志位	

5. EV 中断屏蔽寄存器

这些寄存器都是16位寄存器。中断屏蔽寄存器与中断标志寄存器的位分配是相同的。中断屏蔽寄存器用于使能或禁止中断,只有当中断屏蔽寄存器中的相应位为1时才能使能该中断。当中断标志寄存器中的对应位也为1时,就会产生一个外设中断请求信号。表7-10～表7-12分别列出了EVA的中断屏蔽寄存器EVAIMRA、EVAIMRB和EVAIMRC的各位描述表,EVB与EVA类似,读者可参考表7-5中的“中断屏蔽寄存器[位]”一列自行列出。

表7-10 EVAIMRA寄存器各位描述表

位	名 称	类 型	功能描述	
15~11	Reserved	R-0	保留位。读返回0,写无效	
10	T1OFINT	R/W-0	通用定时器1上溢中断使能位	0—禁止中断 1—使能中断
9	T1UFINT	R/W-0	通用定时器1下溢中断使能位	
8	T1CINT	R/W-0	通用定时器1比较中断使能位	
7	T1PINT	R/W-0	通用定时器1周期中断使能位	
6~4	Reserved	R-0	保留位。读返回0,写无效	
3	CMP3INT	R/W-0	比较单元3中断使能位	0—禁止中断 1—使能中断
2	CMP2INT	R/W-0	比较单元2中断使能位	
1	CMP1INT	R/W-0	比较单元1中断使能位	
0	PDPINTA	R/W-1	功率驱动保护中断使能位。该位的定义与EXTCONA.0位有关,当EXTCONA.0=0时,其定义与240x相同;当EXTCONA.0=1时,该位只是PDP中断的使能/禁止位	

表7-11 EVAIMRB寄存器各位描述表

位	名 称	类 型	功能描述	
15~4	Reserved	R-0	保留位。读返回0,写无效	
3	T2OFINT	R/W-0	通用定时器2上溢中断使能位	0—禁止中断 1—使能中断
2	T2UFINT	R/W-0	通用定时器2下溢中断使能位	
1	T2CINT	R/W-0	通用定时器2比较中断使能位	
0	T2PINT	R/W-0	通用定时器2周期中断使能位	

表7-12 EVAIMRC寄存器各位描述表

位	名 称	类 型	功能描述	
15~3	Reserved	R-0	保留位。读返回0,写无效	
2	CAP3INT	R/W-0	捕获单元3中断使能位	0—禁止中断 1—使能中断
1	CAP2INT	R/W-0	捕获单元2中断使能位	
0	CAP1INT	R/W-0	捕获单元1中断使能位	

7.2 通用定时器

每个事件管理器有2个通用定时器(GP Timer),可以为下列应用提供独立的时间基准：

- 在控制系统中产生一个采样周期。
- 为 QEP 电路(只可用通用定时器 2 或通用定时器 4)和捕获单元的操作提供时间基准。
- 为比较单元和相应的 PWM 电路操作提供时间基准。

7.2.1 概　述

每个事件管理器模块有 2 个通用定时器，结构框图如图 7－4 所示。通用定时器 x(对于 EVA，x＝1 或者 2；对于 EVB，x＝3 或者 4)包括：

- 一个可用于读取/写入、可递增/递减的 16 位定时器计数器 TxCNT。该寄存器中保存计数器的当前值，并根据计数方向进行递增或递减计数。
- 一个可用于读取/写入的 16 位定时器比较寄存器 TxCMPR(双缓冲，带影子寄存器)。
- 一个可用于读取/写入的 16 位定时器周期寄存器 TxPR(双缓冲，带影子寄存器)。
- 一个可用于读取/写入的 16 位定时器控制寄存器 TxCON，功能主要包括规定通用定时器的 4 种计数模式、用外部时钟还是内部时钟、通用定时器的使

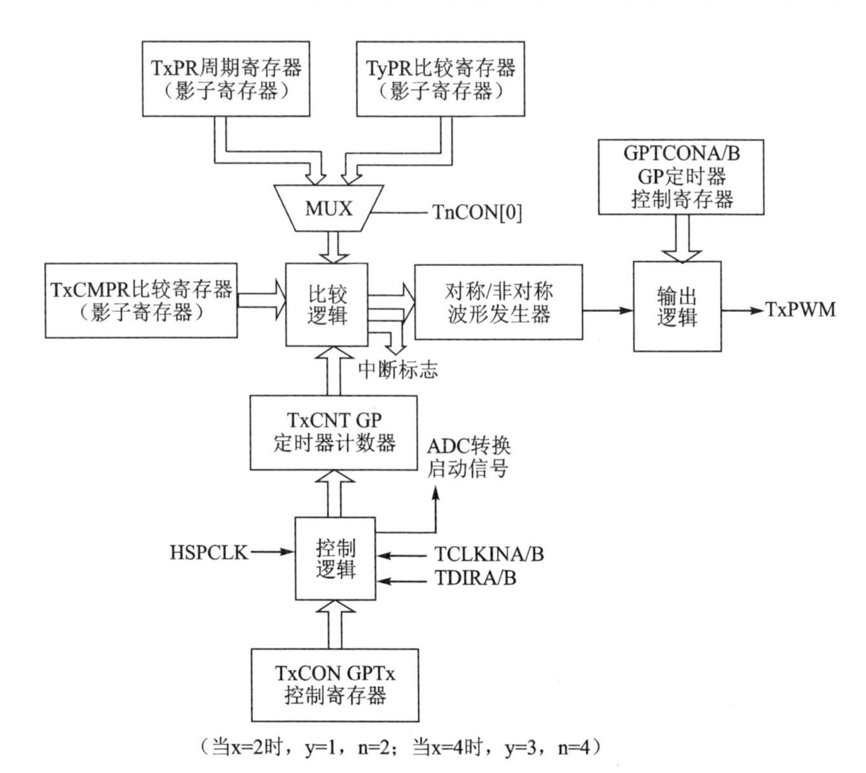

图 7－4　通用定时器结构框图

能/禁止、比较操作的使能/禁止等。
- 一个用于内部或者外部时钟输入的可编程预定标器。
- 控制和中断逻辑,用于4个可屏蔽中断:下溢、上溢、比较和周期中断。
- 一个通用定时器比较输出引脚 TxCMP。
- 输出条件逻辑。
- 一个可选择计数方向的输入引脚 TDIRA/B,当使用定向增/减计数模式时,该引脚用来选择是定向增还是定向减计数。
- 通用定时器全局控制寄存器 GPTCONA/B 确定通用定时器实现具体的定时器事件需要采取的操作方式,并设置所有4个通用定时器的计数方向。GPTCONA/B 是可读/写的寄存器,但对 GPTCONA/B 寄存器的状态位进行写操作是无效的。

值得用户注意的是,通用定时器2可以选择通用定时器1的周期寄存器作为它的寄存器。在图7-4中,只有当图中的通用定时器表示的是通用定时器2时,MUX 才起作用;同样,通用定时器4可以选择通用定时器3的周期寄存器作为它的寄存器。在图7-4中,只有当图中的通用定时器表示的是通用定时器4时,MUX 才起作用。

各个通用定时器可独立运行或者互相之间同步工作。与每个通用定时器相关的比较寄存器可用于比较功能和 PWM 波形生成。每个处在增/减计数运行中的通用定时器有3种连续工作方式。每个通用定时器都可使用可预定标的内部或外部输入时钟。通用定时器还为其他事件管理器子模块提供时基:通用定时器1为所有比较和 PWM 电路提供时基;通用定时器2或1为捕捉单元和正交编码脉冲电路提供时基。周期寄存器和比较寄存器的双缓冲可实现 PWM 周期以及 PWM 脉冲宽度的可编程变化。

7.2.2 通用定时器的输入与输出

(1) 通用定时器的输入

- 内部高速外设时钟 HSPCLK。
- 外部时钟 TCLKINA/B,最大频率是 CPU 时钟频率的1/4。
- 方向输入引脚 TDIRA/B,用于控制定时器增/减计数的方向。
- 复位信号 RESET。

另外,当一个通用定时器用于正交编码脉冲电路时,正交编码脉冲电路同时产生通用定时器的时钟和计数方向。

(2) 通用定时器的输出

- 通用定时器比较输出 TxCMP(x=1,2,3,4)。
- 为 ADC 模块提供 ADC 转换启动信号。
- 为自身比较逻辑和比较单元提供下溢、上溢、比较匹配和周期匹配信号。
- 计数方向指示位。

7.2.3 通用定时器的寄存器

通用定时器的寄存器如表7-2所列，每个事件管理器模块有一个通用定时器全局控制寄存器GPTCONAx(x=A,B)，而每个通用定时器都有通用定时器计数寄存器TxCNT、通用定时器比较寄存器TxCMPR、通用定时器周期寄存器TxPR和通用定时器控制寄存器TxCON(x=1,2,3,4)。这些寄存器都是16位的寄存器。

1. 单个通用定时器控制寄存器TxCON(x=1,2,3,4)

TxCON寄存器决定通用定时器的操作模式，每个通用定时器都可独立配置，具有如下意义：

- 通用定时器处于4种计数模式中的哪一种。
- 通用定时器使用内部还是内部外部时钟。
- 输入时钟使用8种预定标因子中哪一种(范围为1～1/128)。
- 何种条件下重新装载通用定时器的比较寄存器。
- 通用定时器是否使能。
- 通用定时器的比较操作是否使能。
- 通用定时器2使用自己的还是通用定时器1的周期寄存器(EVA)。
- 通用定时器4使用自己的还是通用定时器3的周期寄存器(EVB)。

通用定时器控制寄存器TxCON的位图和各位的功能描述表分别如图7-5和表7-13所示。

15	14	13	12	11	10	9	8
Free	Soft	Reserved	TMODE1	TMODE0	TPS2	TPS1	TPS0
R/W-0	R/W-0	R-0	R/W-0	R/W-0	R/W-0	R/W-0	R/W-0

7	6	5	4	3	2	1	0
T2SWT1/ T4SWT3*	TENABLE	TCLKS1	TCLKS0	TCLD1	TCLD0	TECMPR	SELT1PR/ SELT3PR*
R/W-0	R/W-0	R/W-0	R/W-0	R/W-0	R/W-0	R/W-0	R/W-0

注：R=可读；W=可写；-0=复位后的值为0；* T1CON和T3CON中该位保留。

图7-5 通用定时器控制寄存器TxCON的位图

表7-13 通用定时器控制寄存器TxCON的功能定义描述表

位	名 称	描 述
15～14	Free～Soft	仿真控制位。 00 一旦仿真挂起，立即停止 01 一旦仿真挂起，当前通用定时器周期结束后停止 1x 操作不受仿真挂起的影响

续表 7-13

位	名　称	描　述
13	Reserved	保留位。读返回为 0,写此位无影响
12～11	TMODE1～ TMODE0	计数模式选择位: 00　停止/保持　　01　连续增/减计数模式 10　连续增计数模式　　11　定向增/减计数模式
10～8	TPS2～TPS0	输入时钟预定标系数位: 000　X/1　　001　X/2 010　X/4　　011　X/8 100　X/16　　101　X/32 110　X/64　　111　X/128 X=高速外设时钟 HSPCLK
7	T2SWT1/T4SWT3	T2SWT1 是 EVA 的通用定时器控制位,是使用通用定时器 1 启动通用定时器 2 的使能位,在 T1CON 中是保留位。 T4SWT3 是 EVB 的通用定时器控制位,是使用通用定时器 3 启动通用定时器 4 的使能位,在 T3CON 中是保留位。 0　通用定时器 2、4 使用自身的使能位(TENABLE) 1　不用自身的使能位,使用 T1CON(EVA)或 T3CON(EVB)的使能位来使能或禁止操作,忽略自身的定时器使能位
6	TENABLE	通用定时器使能或禁止位: 0　禁止通用定时器操作。通用定时器被置于保持状态且使预定标计数器被复位 1　使能通用定时器操作
5～4	TCLKS1～ TCLKS0	时钟源选择位: 00　内部时钟(如 HSPCLK) 01　外部时钟(如 TCLKINA/B) 10　保留 11　QEP 电路,只适用于 T2CON 和 T4CON,在 T1CON 和 T3CON 中保留,该操作只在 SELT1PR/SELT3PR=0 时有效
3～2	TCLD1～ TCLD0	通用定时器比较寄存器重载条件位: 00　当计数器的值为 0 时重载 01　当计数器的值为 0 或等于周期寄存器的值时重载 10　立即重载 11　保留

续表 7-13

位	名　称	描　述
1	TECMPR	通用定时器比较使能或禁止位： 0　禁止通用定时器比较操作　　1　使能通用定时器比较操作
0	SELT1PR/SELT3PR	在 EVA 中 SELT1PR(选择周期寄存器)，当 T2CON 中的该位为 1 时，通用定时器 1 和通用定时器 2 都选择通用定时器 1 的周期寄存器，而通用定时器 2 忽略自身的周期寄存器。该位在 T1CON 中是保留位。 在 EVB 中 SELT3PR(选择周期寄存器)，当 T4CON 中的该位为 1 时，通用定时器 3 和通用定时器 4 都选择通用定时器 3 的周期寄存器，而通用定时器 4 忽略自身的周期寄存器。该位在 T3CON 中是保留位。 0　使用自身的周期寄存器 1　使用 T1PR(EVA)或 T3PR(EVB)作为周期寄存器而忽略自身的周期寄存器

2. 通用定时器全局控制寄存器 GPTCONx(x=A,B)

GPTCONx(x=A,B)确定通用定时器实现具体任务需采取的操作方式，并指明计数方向。通用定时器全局控制寄存器 GPTCONB 和 GPTCONA 功能相同，只是控制的通用定时器不同，即把通用定时器 1 和 2 改为通用定时器 3 和 4。通用定时器全局控制寄存器 GPTCONA 的位图和各位的功能描述表分别如图 7-6 和表 7-14 所示，通用定时器全局控制寄存器 GPTCONB 只给出了位图，如图 7-7 所示。

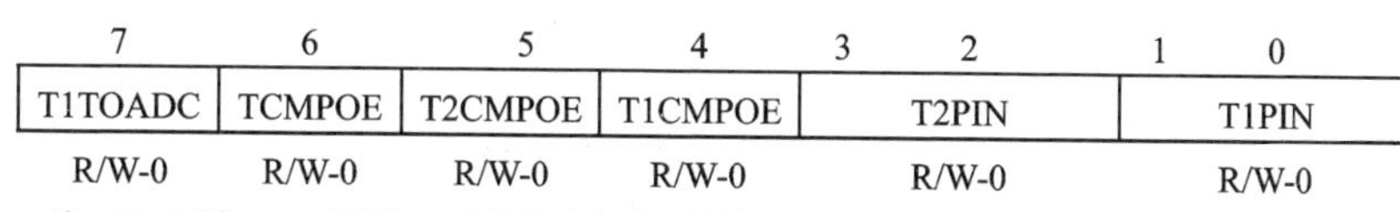

注：R=可读；W=可写；-后的值为复位后的值。

图 7-6　通用定时器全局控制寄存器 GPTCONA 的位图

表 7-14　通用定时器全局控制寄存器 GPTCONA 的功能定义描述表

位	名　称	描　述
15	Reserved	保留位。读返回为 0，写此位无影响
14	T2STAT	通用定时器 2 的状态位，只读。 0　递减计数　　1　递增计数
13	T1STAT	通用定时器 1 的状态位，只读。 0　递减计数　　1　递增计数

续表 7-14

位	名　称	描　述
12	T2CTRIPE	T2CTRIP使能或禁止位。使能或禁止通用定时器2的比较输出(T2CTRIP)。当EXTCONA.0=1时,该位有效,当EXTCONA.0=0时,该位保留。 0　禁止T2CTRIP。T2CTRIP引脚电平不影响通用定时器2的GPT-CON.5或PDPINTA标志位(EVAIFRA.0)以及比较输出 1　使能T2CTRIP。当引脚T2CTRIP为低电平时,通用定时器2比较输出引脚变为高阻状态,GPTCON.5复位为0,同时PDPINT标志位(EVAIFRA.0)置1
11	T1CTRIPE	T1CTRIP使能或禁止位。使能或禁止通用定时器1的比较输出(T1CTRIP)。当EXTCONA.0=1时,该位有效,当EXTCONA.0=0时,该位保留。 0　禁止T1CTRIP。T1CTRIP引脚电平不影响通用定时器2的GPT-CON.4或PDPINTA标志位(EVAIFRA.0)以及比较输出 1　使能T1CTRIP。当引脚T1CTRIP为低电平时,通用定时器1比较输出引脚变为高阻状态,GPTCON.4复位为0,同时PDPINTA标志位(EVAIFRA.0)置1
10～9	T2TOADC	使用通用定时器2启动ADC事件位。 00　无事件启动ADC 01　设置由下溢中断标志来启动ADC 10　设置由周期中断标志来启动ADC 11　设置由比较中断标志来启动ADC
8～7	T1TOADC	使用通用定时器1启动ADC事件位。 00　无事件启动ADC 01　设置由下溢中断标志来启动ADC 10　设置由周期中断标志来启动ADC 11　设置由比较中断标志来启动ADC
6	TCMPOE	通用定时器的比较输出使能或禁止位。当EXTCONA.0=1时,该位有效,当EXTCONA.0=0时,该位保留。当PDPINTA/T1CTRIP为低电平且EVAIMRA.0=1时,该位复位为0。 0　禁止所有通用定时器的比较输出。T1PWM_T1CMP和T2PWM_T2CMP引脚输出高阻态 1　使能所有通用定时器的比较输出。T1PWM_T1CMP和T2PWM_T2CMP由各自的通用定时器比较逻辑驱动

续表 7-14

位	名　称	描　述
5	T2CMPOE	通用定时器 2 的比较输出(T2PWM_T2CMP)使能或禁止位。当 EXTCONA.0=1 时,该位有效,当 EXTCONA.0=0 时,该位保留。当 T2CTRIP 为低电平且被使能时,该位复位为 0。 0　通用定时器 2 的比较输出(T2PWM_T2CMP)为高阻态 1　通用定时器 2 的比较输出(T2PWM_T2CMP)由通用定时器 2 比较逻辑驱动
4	T1CMPOE	通用定时器 1 的比较输出(T1PWM_T1CMP)使能或禁止位。当 EXTCONA.0=1 时,该位有效,当 EXTCONA.0=0 时,该位保留。当 T1CTRIP 为低电平且被使能时,该位复位为 0。 0　通用定时器 1 的比较输出(T1PWM_T1CMP)为高阻态 1　通用定时器 1 的比较输出(T1PWM_T1CMP)由通用定时器 1 比较逻辑驱动
3～2	T2PIN	通用定时器 2 比较输出极性位。 00　强制低　01　低有效　10　高有效　11　强制高
1～0	T1PIN	通用定时器 1 比较输出极性位。 00　强制低　01　低有效　10　高有效　11　强制高

15	14	13	12	11	10～9	8
Reserved	T4STAT	T3STAT	T4CTRIPE	T3CTRIPE	T4TOADC	T3TOADC
R-0	R-1	R-1	R/W-1	R/W-1	R/W-0	R/W-0

7	6	5	4	3～2	1～0
T3TOADC	TCMPOE	T4CMPOE	T3CMPOE	T4PIN	T3PIN
R/W-0	R/W-0	R/W-0	R/W-0	R/W-0	R/W-0

注：R=可读；W=可写；-后的值为复位后的值。

图 7-7　通用定时器全局控制寄存器 GPTCONB 的位图

3. 通用定时器计数寄存器 TxCNT(x=1,2,3,4)

TxCNT 是通用定时器 x 的当前计数值。

4. 通用定时器比较寄存器 TxCMPR(x=1,2,3,4)

与通用定时器相关的比较寄存器存储着持续与通用定时器的计数器进行比较的值,当发生匹配时,将产生如下事件:

- 根据 GPTCONA/B 位的设置不同,相关的比较输出发生跳变或启动 ADC。
- 相应的中断标志将被置位。
- 如中断未被屏蔽,将产生外设中断请求。

通过设置 TxCON 的相应位可使能或禁止比较操作。比较操作和输出适合任何一种定时模式,也包括 QEP 模式。

5. 通用定时器周期寄存器 TxPR(x=1,2,3,4)

通用定时器周期寄存器的值决定了定时器的定时周期。当周期定时器的值与计数器的值匹配时,通用定时器的操作就停止并保持当前值,并根据计数器采用的计数方式执行复位或开始递减计数。

6. 通用定时器比较和周期寄存器的两级缓存

通用定时器的周期寄存器 TxPR 和比较寄存器 TxCMPR 都是带影子寄存器的。在一个周期的任何时刻,都可以向这 2 个寄存器写入新值,实际上,新值是先被写入相应的影子寄存器中的。对比较寄存器,只有当 TxCON 寄存器选定的某一个特定定时事件发生时(TxCON. 3～2 位决定),影子寄存器中的内容才被载入工作的比较寄存器中;而对周期寄存器,只有当计数器寄存器 TxCNT 为 0 时,影子寄存器的值才载入到工作的周期寄存器中。

周期寄存器和比较寄存器的双缓冲特点允许应用代码在一个周期的任意时刻都可以更新周期寄存器和比较寄存器,从而可改变下一个定时器周期及 PWM 脉冲宽度。对于 PWM 发生器来说,定时器周期值的快速变化就意味着 PWM 载波频率的快速变化。

7.2.4 通用定时器的计数操作

每个通用定时器有 4 种可选的操作模式:停止/保持模式、连续增计数模式、定向增/减计数模式和连续增/减计数模式。相应定时器控制寄存器 TxCON 中的位形式决定了通用定时器的操作模式。

1. 停止/保持模式

在这种模式下,通用定时器停止操作并保持其当前状态,定时器的计数器、比较输出和预定标计数器都保持不变。

2. 连续增计数模式

在这种模式下,通用定时器将按照已定标的输入时钟计数,直到定时器计数器的值和周期寄存器的值匹配为止。产生周期匹配后的下一个输入时钟的上升沿到来时,通用定时器复位为 0 ,开始另一个计数周期。

在通用定时器计数器与周期寄存器匹配后的一个时钟周期,通用定时器周期中断标志位被置位。如果该中断未被屏蔽,则产生一个外设中断请求。如果该周期中断已通过 GPTCONA/B 寄存器中的相应位设置去启动 ADC,那么在周期中断标志被置 1 的同时,ADC 启动信号就被送到 ADC 模块。

通用定时器变成 0 的一个时钟周期之后,通用定时器的下溢中断标志位被置位。如果该中断未被屏蔽,则产生一个外设中断请求。如果通用定时器的下溢中断已通过GPTCONA/B寄存器中的相应位设置去启动ADC,那么在通用定时器的下溢中断标志被置1的同时,ADC启动信号就被送到ADC模块。

通用定时器的计数值达到FFFFh后,定时器的上溢中断标志位在一个CPU时钟周期后被置位。如果该中断未被屏蔽,则产生一个外设中断请求。

除第一个计数周期外,定时器周期的时间为TxPR+1个定标后的时钟输入周期。如果通用定时器的计数器开始计数时为0,那么第一个周期也与以后的周期时间相同。

通用定时器的初始值可以是0000h～FFFFh之间的任意值,可以分为以下3种情况:

① 如果初始值大于周期寄存器的值,通用定时器将计数到FFFFh后复位为0,然后从0开始继续计数操作,同初始值为0一样;

② 如果初始值等于周期寄存器的值,周期中断标志被置位,定时器复位为0,下溢中断标志被置位,然后从0开始继续向上计数;

③ 如果通用定时器的初始值在0和周期寄存器的值之间,通用定时器将计数到周期寄存器的值,并且继续完成该计数周期,就如同计数器的初始值与周期寄存器的值相同一样。

在该模式下,GPTCONA/B寄存器中的通用定时器的计数方向位为1。无论是内部时钟还是外部时钟都可选作通用定时器的输入时钟。在这种计数模式下,TDIRA/B引脚输入将被通用定时器忽略。

通用定时器的连续增计数模式特别适用于边沿触发或异步PWM波形产生,也适用于电机和运动控制系统的采样周期的产生。通用定时器连续增计数模式(TxPR=3或2)如图7-8所示。从计数器达到周期寄存器的值,到通用定时器开始另一个计数周期的过程中没有一个时钟周期丢失。

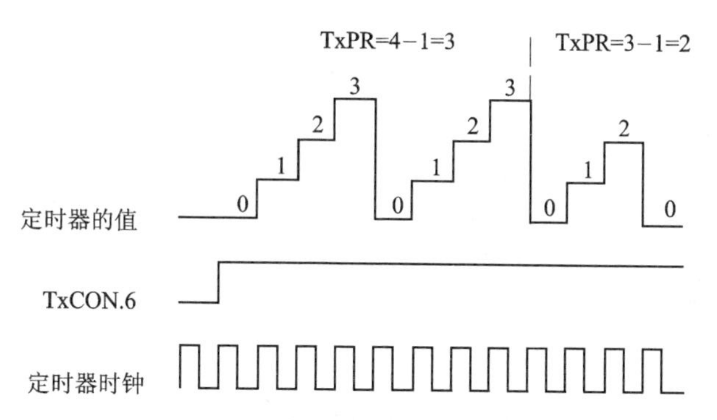

图7-8　通用定时器连续增计数模式

3. 定向增/减计数模式

通用定时器在定向增/减计数模式中,通用定时器将根据定标的时钟和TDIRA/B引脚的输入进行递增或递减计数。当TDIRA/B引脚保持为高时,通用定时器将增计数到周期寄存器的值。当通用定时器的值等于周期寄存器的值或FFFFh,并且TDIRA/B引脚仍保持为高时,通用定时器的计数器复位到0并继续增计数到周期寄存器的值,此类计数情况与连续增计数模式相同。当 TDIRA/B 引脚保持为低时,通用定时器将减计数到 0。当通用定时器的值为 0 且 TDIRA/B 引脚仍保持为低时,通用定时器的计数器将重新载入周期寄存器的值,并继续新的减计数操作。

通用定时器的初始值可以是 0000h～FFFFh 之间的任意值,可以分为以下两种情况:

① 如果初始值大于周期寄存器的值,且 TDIRA/B 引脚保持为高,则通用定时器将计数到 FFFFh 后,才自复位为 0,然后从 0 开始继续计数操作直到周期寄存器的值;

② 如果 TDIRA/B 引脚保持为低,且初始值大于周期寄存器的值,则计数器将减计数到周期寄存器的值,再减计数直到 0,当计数器的值为 0 后,重新载入周期寄存器的值,并开始新的减计数操作。

周期、下溢、上溢中断标志位、中断以及相关的事件都由各自的匹配产生,其产生方式与连续增计数模式一样。

TDIRA/B 引脚的电平发生变化后,通用定时器的计数方向也相应地改变,延时时间为当前计数周期完成后一个时钟。

该计数模式下的计数方向由 GPTCONA/B 寄存器中的通用定时器的计数方向位确定,1 表示增计数,0 表示减计数。无论从引脚 TCLKINA/B 输入的外部时钟还是内部时钟,都可选作该计数模式下通用定时器的输入时钟。

通用定时器 2 和通用定时器 4 的定向增/减计数模式,可用于事件管理器模块中的正交编码脉冲电路。在这种情况下,正交编码脉冲电路为通用定时器 2 和通用定时器 4 提供计数时钟和方向。该计数模式也可用于运动控制、电机控制和电力电子设备应用中的外部事件定时。

通用定时器定向增/减计数模式如图 7－9 所示,其中预定标因子为 1,TxPR＝3。

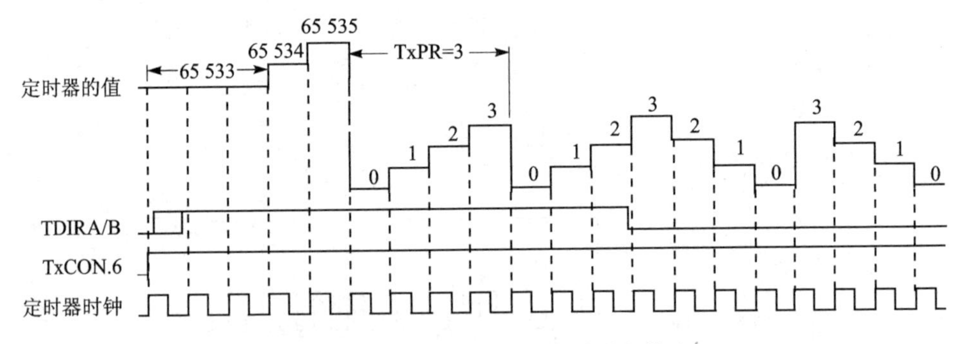

图 7－9　通用定时器定向增/减计数模式

4. 连续增/减计数模式

连续增/减计数模式与定向增/减计数模式基本相同,只是在该计数模式下,引脚 TDIRA/B 的状态对计数的方向没有影响。通用定时器的计数方向仅在定时器的值达到周期寄存器的值时(或 FFFFh,如果初始定时器的值大于周期寄存器的值),才从增计数变为减计数。通用定时器的计数方向仅当计数器的值为 0 时,才从减计数变为增计数。

连续增/减计数模式(TxPR=3 或 2)如图 7－10 所示，特别适用于对称 PWM 波形产生(该波形广泛应用于电机控制、运动控制和电力电子设备中)。

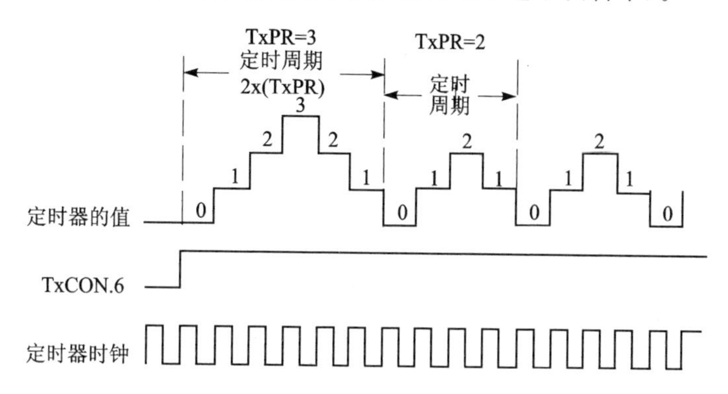

图 7－10 通用定时器连续增/减计数模式

7.2.5 通用定时器的比较操作

每个通用定时器都有一个相关的比较寄存器 TxCMPR 和一个 PWM 输出引脚 TxPWM。通用定时器计数器的值连续地与相应的比较寄存器的值比较，相等时就会发生比较匹配。可通过对 TxCON.1 置 1 来使能比较操作。比较操作使能后，当发生比较匹配时，将发生以下事件(如图 7－4 所示)：

- 通用定时器的比较中断标志位在比较匹配后的一个 CPU 时钟周期后被置位。
- 在比较匹配发生后的一个 CPU 时钟周期后，根据 GPTCONA/B 寄存器中相应位的配置情况，相应的 PWM 引脚的输出电平将发生跳变。
- 如果比较中断标志位已经通过设置 GPTCONA/B 寄存器中的相应位启动 ADC，则当比较中断标志位被置位的同时，也将产生 ADC 的启动信号。

如果比较中断未被屏蔽，则将产生一个外设中断请求。

1. PWM 输出跳变

PWM 输出的跳变由一个非对称和对称的波形发生器以及相应的输出逻辑来控制，并且取决于以下条件：

- GPTCONA/B 寄存器中相应位的设置。
- 定时器所处的计数模式。
- 在连续增/减计数模式下的计数方向。

非对称和对称波形发生器根据通用定时器所处的计数模式产生一个非对称和对称的 PWM 波形输出。

2. 非对称波形的产生

当通用定时器在连续增计数模式时，则产生非对称波形的 PWM 脉冲，如图 7-11 所示。在此计数模式下，波形发生器的输出状态根据以下情况有所变化：

- 计数操作开始前为 0(低电平)。
- 保持不变直到比较匹配发生(TxCNT<TxCMPR)。
- 比较匹配时产生翻转(TxCNT＝TxCMPR)。
- 保持不变直到当前计数周期结束(TxCNT<TxPR)。
- 如果在下一周期新的比较寄存器的值不为 0，则在周期匹配结束后复位为 0 (TxCNT＝TxPR)。

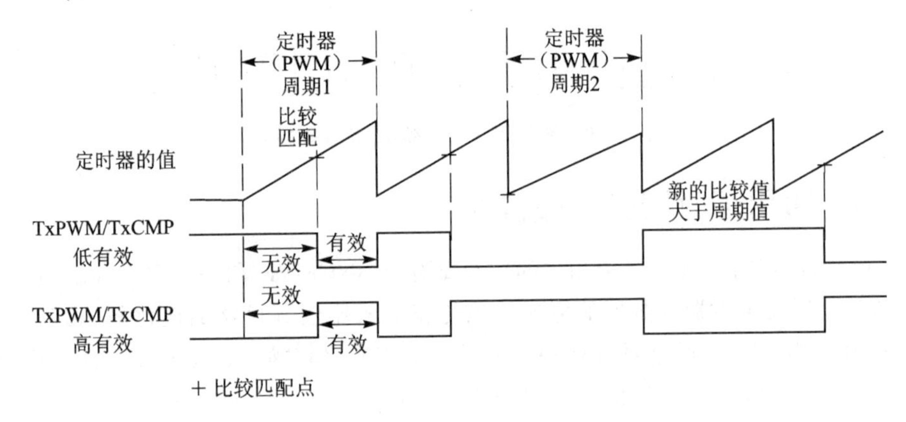

图 7-11　在连续增计数模式下的通用定时器比较/PWM 输出

如果一个周期开始时的比较值是 0，则在整个计数周期内输出为 1 保持不变；如果下一个周期的新比较值也是 0，则输出不会被复位为 0。这一点非常重要，因为它允许产生占空比从 0～100%的无毛刺 PWM 脉冲。如果比较值大于周期寄存器中的值，则整个周期输出为 0；如果比较值等于周期寄存器中的值，则输出为 1，且将保持一个定标后的时钟输入周期。

比较寄存器值的改变只影响 PWM 脉冲的单边，这是非对称 PWM 波形的一个显著特点。

3. 对称波形的产生

当通用定时器在连续增/减计数模式时，则会产生对称波形的 PWM 脉冲，如图 7-12 所示。在此计数模式下，波形发生器的输出状态根据以下情况有所变化：

- 计数操作开始前为 0(低电平)。
- 保持不变直到第一次比较匹配。
- 第一次比较匹配时，PWM 输出信号产生翻转。
- 保持不变直到第二次比较匹配。
- 第二次比较匹配时，PWM 输出信号产生翻转。

➢ 保持不变直到周期结束。

➢ 如果没有第二次匹配且下一周期的新比较值不为0,则在周期结束后复位为0。

注意,输出逻辑决定了所有输出引脚的有效状态。

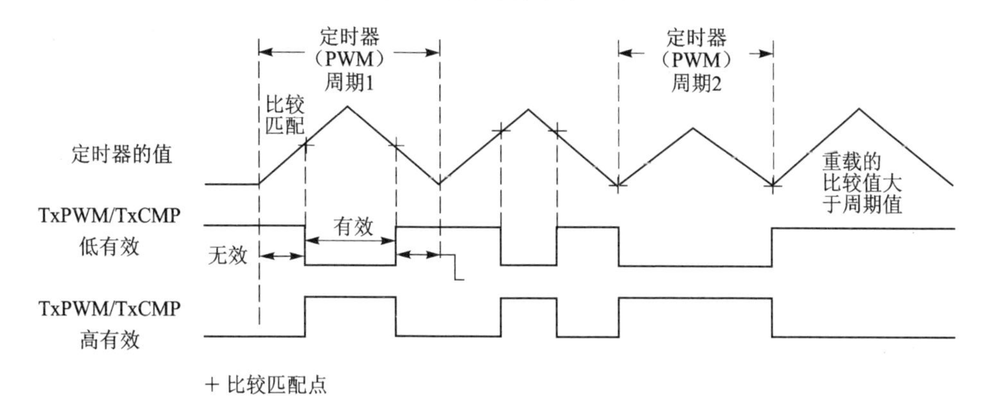

图7-12 在连续增/减计数模式下的通用定时器比较/PWM输出

如果一个周期开始时的比较值是0,则在周期开始时输出为1,且保持1不变直到第二次比较匹配发生。如果比较值在周期的后半部分是0,在第一次跳变后,输出将保持为1直到周期结束。在这种情况下,如果下一周期新的比较值仍为0,则输出将不会复位为0。这会重复出现,以保证占空比为0～100%的无毛刺PWM脉冲产生。如果前半周期的比较值大于或等于周期寄存器的值,则第一次跳变将不会发生。若在后半周期又发生比较匹配,则输出仍将跳变。这种输出错误的跳变经常是由应用程序计算不正确造成的,它将在周期结束时被纠正,除非下一周期的比较值为0,输出才被复位为0,否则输出将保持为1,这将把波形发生器的输出重新设置为正确的状态。

4. 输出逻辑

输出逻辑可以进一步调整波形发生器的输出,以生成不同类型功率设备所需要的PWM波形。PWM输出可通过配置GPTCONA/B寄存器的相应位来设置高有效、低有效、强制高或强制低的。

如图7-11和图7-12所示,当PWM输出设置为高有效时,它的极性与相应非对称/对称波形发生器的输出极性相同;当PWM输出设置为低有效时,它的极性与相应非对称/对称波形发生器的输出极性相反。如果GPTCONA/B寄存器中的相应位设置PWM输出为强制高或强制低后,PWM输出也可被强制为高电平或低电平。

总之,在正常的计数模式下,如果比较已经被使能,则通用定时器的PWM输出就会发生变化。通用定时器在连续增计数模式和连续增/减计数模式下TxPWM输出分别如表7-15和表7-16所列。其中,设置有效是指当高有效时,则输出高电平;当低有效时,则输出低电平。设置无效则与之相反。

表 7-15 在连续增计数模式下通用定时器 TxPWM 输出表

连续增计数模式	
在一个周期的时间	比较输出状态
比较匹配前	不变
比较匹配时	设置有效
周期匹配时	设置无效

表 7-16 在连续增/减计数模式下通用定时器 TxPWM 输出表

连续增/减计数模式	
在一个周期的时间	比较输出状态
第一次比较匹配前	不变
第一次比较匹配时	设置有效
第二次比较匹配时	设置无效
第二次比较匹配后	不变

基于通用定时器计数模式和输出逻辑的非对称和对称波形发生器,同样适用于事件管理器的全比较单元(详见7.3节内容)。出现下列任何一种情况时,所有的通用定时器 PWM 输出都被置为高阻态:

- 软件将 GPTCONA/B.6 位清 0。
- $\overline{\text{PDPINTx}}$ 引脚上的电平被拉低并未被屏蔽。
- 任何一个复位事件发生。
- 软件将 TxCON.1 位清 0。

5. 有效/无效时间计算

对于连续增计数模式,比较寄存器中的值从计数周期开始到发生第一次比较匹配之间经过的时间,就是无效相位的长度。这段时间等于定标的输入时钟周期乘以 TxCMPR 寄存器的值。因此,有效相位长度即输出脉冲宽度等于(TxPR－TxCMPR＋1)个定标的输入时钟周期。如果 TxCMPR 寄存器中的值等于 0,通用定时器的比较输出在整个周期中有效。当 TxCMPR 寄存器中的值大于 TxPR 寄存器中的值时,有效相位长度即输出脉冲宽度为 0。

对于连续增/减计数模式,比较寄存器在减计数和增计数模式下可以有不同的值。对于连续增/减计数模式下的有效相位长度即输出脉冲宽度等于($TxPR-TxCMPR_{up}+TxPR-TxCMPR_{dn}$)个定标的输入时钟周期。$TxCMPR_{up}$ 是增计数模式下的比较值,而 $TxCMPR_{dn}$ 是减计数模式下的比较值。如果 $TxCMPR_{up}$ 中的值等于 0,则比较输出在周期开始时有效;如果 $TxCMPR_{dn}$ 中的值也等于 0,则输出将保持有效直到周期结束。当 $TxCMPR_{up}$ 中的值大于或等于 TxPR 中的值时,第一次跳变将不发生;同样,当 $TxCMPR_{dn}$ 中的值大于或等于 TxPR 中的值时,第二次跳变也不发生;如果同时满足 2 个条件,通用定时器的比较输出在整个周期中都无效。

7.2.6 通用定时器的 PWM 输出

每个通用定时器都可以独立提供一路 PWM 输出通道,因此,事件管理器的通用定时器最多可提供 4 路 PWM 输出。

使用通用定时器产生PWM输出可选用连续增或连续增/减计数模式，选用连续增计数模式时可产生边沿触发或非对称PWM波形，选用连续增/减计数模式时可产生对称PWM波形。为了设置通用定时器以产生PWM输出，须做以下操作：

- 根据所需的PWM(载波)周期设置TxPR。
- 设置TxCON寄存器，以确定计数器模式和时钟源，并启动PWM输出操作。
- 根据软件计算出来的PWM脉冲宽度(占空比)的值加载入TxCMPR寄存器中。

① 当选用连续增计数模式来产生非对称PWM波形时，通过将所需的PWM周期除以通用定时器输入时钟的周期，然后减1，以获得通用定时器的周期；

② 当选用连续增/减计数模式来产生对称PWM波形时，通过将所需的PWM周期除以2倍的通用定时器输入时钟的周期，以获得通用定时器的周期。

通用定时器可以用前面讲述的方法进行初始化。通常在应用程序运行过程中，软件可以计算PWM的占空比，并实时刷新比较寄存器的值，从而实时地改变PWM信号的脉冲宽度。

7.2.7　通用定时器的复位

当任何复位事件发生时，将发生以下情况：

- GPTCONA/B寄存器中除计数方向指示位外，所有与通用定时器相关的位都被复位为0，因此所有通用定时器的操作都被禁止，计数方向指示位都置成1。
- 所有的通用定时器中断标志位均被复位为0。
- 除了$\overline{\text{PDPINTx}}$，所有通用定时器中断屏蔽位都复位为0。即除了$\overline{\text{PDPINTx}}$，所有定时器中断都被屏蔽。
- 所有通用定时器的比较输出都被置为高阻态。

【例7-1】　一个LED指示灯连接到TMS320F2812外部简单接口电路的最低位，其地址为0xc0000。采用通用定时器1中断方式定时200 ms，写出使之闪烁的C语言程序。设XCLKIN=30 MHz，SYSCLKOUT=150 MHz，HSPCLK=25 MHz，通用定时器1采用连续增计数模式，输入时钟预定标系数为128。

```
#include "DSP281x_Device.h"                  //DSP281x头文件包含文件
#define LEDS *((unsigned int *)0xc0000)  //定义指示灯寄存器地址
interrupt void eva_timer1_isr(void);
void EVA_Timer1()                            //通用定时器寄存器具体设置见7.2.3小节
{
    EvaRegs.GPTCONA.all = 0;                 //初始化EVA通用定时器全局控制寄存器
    EvaRegs.T1PR = 0x9895;                   //定时器1周期为5.12 μs×(T1PR+1)=200 ms
    EvaRegs.EVAIMRA.bit.T1PINT = 1;          //使能通用定时器1的周期中断
    EvaRegs.EVAIFRA.bit.T1PINT = 1;          //写1清除通用定时器1的周期中断标志
    EvaRegs.T1CNT = 0x0000;                  //设置通用定时器1计数器从0开始
```

```
    EvaRegs.T1CON.all = 0x1740;     //连续增计数模式,128 分频,使能通用定时器 1
}
main()
{
    InitSysCtrl();                  //初始化 CPU, InitSysCtrl()函数由
                                    //DSP281x_SysCtrl 文件建立,SYSCLKOUT = 150 MHz
    EALLOW;                         //#define EALLOW asm ("EALLOW") 宏定义
    SysCtrlRegs.HISPCP.all = 0x0003; //HSPCLK = 25 MHz
    EDIS;                           //#define EDIS asm ("EDIS") 宏定义
    DINT;                           //关 CPU 中断
    IER = 0x0000;                   //禁止所有 CPU 的中断
    IFR = 0x0000;                   //清除所有 CPU 中断标志位
    InitPieCtrl();                  //初始化 PIE 控制寄存器组到默认状态,这个
                                    //子程序在 DSP281x_PieCtrl.c
    InitPieVectTable();  //初始化 PIE 中断向量表,这个子程序在 DSP281x_PieVect.c
    EVA_Timer1();                   //初始化 EVA Timer1
    EALLOW;
    PieVectTable.TIPINT = &eva_timer1_isr;   //中断向量指向中断服务子程序
                                             //eva_timer1_isr 为 TIPINT 中断的入口地址
    EDIS;
    //依次使能各级中断:外设中相应中断位→PIE 控制器→CPU
    PieCtrlRegs.PIEIER2.bit.INTx4 = 1;       //使能 PIE 中通用定时器 1 的 TIPINT
                                             //2 组第 4 个中断
    IER |= M_INT2;                  //使能连接 EVA Timer1 的 INT2 中断,即第 2 组 PIE 中断
    EINT;                           //使能 INTM 全局中断
    LEDS = 0;                       //指示灯灭
    while ( 1 ){;}                  //等待中断
}

interrupt void eva_timer1_isr(void)
{
    LEDS^ = 1;                               //最低位指示灯亮灭切换
    EvaRegs.EVAIMRA.bit.T1PINT = 1;          //使能通用定时器 1 的周期中断
    EvaRegs.EVAIFRA.bit.T1PINT = 1;          //写 1 清除通用定时器 1 的周期中断标志
    PieCtrlRegs.PIEACK.all = PIEACK_GROUP2;  //清零 PIEACK 中的第 2 组中断对应位
}
```

7.3　全比较单元及 PWM 电路

PWM 信号是脉冲宽度根据某一寄存器内的值的变化而变化的脉冲序列。宽度是根据预定值来决定和调制的。在电机控制中,PWM 信号用来控制开关电源器件

的开关时间,为电机绕组提供所需的电流和能量,控制电机所需转速和转矩。

每个事件管理器模块可以同时产生8路PWM波形输出。7.2节已经介绍了每个通用定时器可产生一路独立的PWM信号输出,本节将介绍每个事件管理器模块中由全比较单元和PWM电路产生6路死区可编程的对称或非对称PWM信号,可用来控制三相交流感应电机或无刷直流电机。另外,在每个EV模块中,3个全比较单元结合使用还可以产生三相对称空间矢量PWM输出。由比较方式控制寄存器提供的输出动作控制的灵活性,使得开关和同步磁阻电机的控制变得非常简单。PWM电路可在单任务或多任务场合控制直流有刷电机和步进电机等。

由全比较单元和PWM电路产生的PWM信号具有以下特性:

- 3个全比较单元可产生3对(6个)互补输出的PWM信号。
- 由全比较单元产生的每一对PWM输出脉冲之间可设置死区,死区时间可编程。
- 可设置最小死区的宽度为一个CPU时钟周期。
- 最小的脉冲宽度是一个CPU时钟周期,脉冲宽度调整的最小量也是一个CPU时钟周期。
- PWM信号的最大分辨率可达16位。
- 采用双缓冲结构的周期寄存器可快速改变PWM信号的载波频率。
- 采用双缓冲结构的比较寄存器可快速改变PWM信号的脉冲宽度(占空比)。
- 带有功率驱动保护中断。
- 能够产生可编程的非对称、对称和空间矢量PWM波形。
- 比较寄存器和周期寄存器可自动装载,从而最大限度地减小CPU的开销。

7.3.1 概　述

事件管理器EVA模块和EVB模块中分别有3个全比较单元,分别为全比较单元1、2、3(EVA)和全比较单元4、5、6(EVB)。每个全比较单元都有两个相关的PWM输出。全比较单元的时基由通用定时器1(EVA)和通用定时器3(EVB)提供。不管在哪一种计数模式下,只要比较使能,比较输出将会发生跳变。全比较单元的结构框图如图7-13所示。

每个事件管理器模块的全比较单元包括:

- 3个可读/写的16位全比较寄存器(双缓冲,带影子寄存器。EVA为CMPR1、CMPR2和CMPR3;EVB为CMPR4、CMPR5和CMPR6)。
- 一个可读/写的16位比较控制寄存器(EVA为COMCONA,EVB为COMCONB)。
- 一个可读/写的16位比较方式控制寄存器(双缓冲,带影子寄存器。EVA为ACTRA;EVB为ACTRB)。

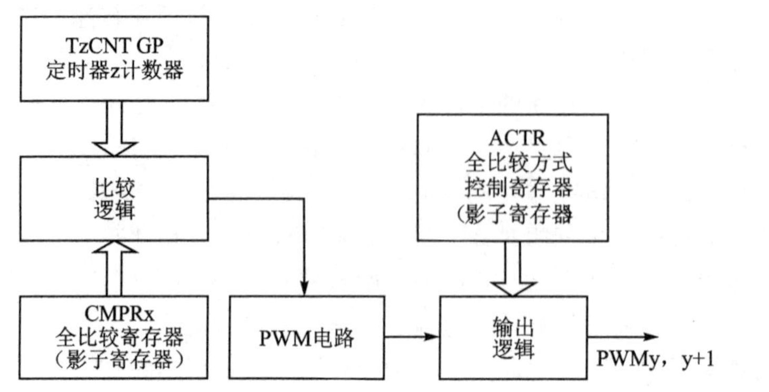

图 7－13　全比较单元结构框图

➢ 6 个 PWM(三态)输出(比较输出)引脚(EVA 是 PWMy,y＝1,2,3,4,5,6；EVB 是 PWMz,z＝7,8,9,10,11,12)。

➢ 控制和中断逻辑。

全比较单元与通用定时器中简单比较单元的区别是：每个全比较单元输出一对 PWM 信号,并具有死区控制和空间向量 PWM 模式输出的功能。而通用定时器中的每个比较单元只能输出一路 PWM 信号,且不具备死区控制和空间向量 PWM 模式输出的功能。

7.3.2　全比较单元的输入与输出

通常一个全比较单元的输入包括：

➢ 控制寄存器的控制信号。

➢ 通用定时器 1 或 3(T1CNT 或 T3CNT)及它们的下溢和周期匹配信号。

➢ 复位信号。

一个全比较单元的输出为一个比较匹配信号。如果比较操作使能,该匹配信号将中断标志位置 1,并使与比较单元相关的两个输出引脚上发生跳变。

7.3.3　全比较单元的寄存器

全比较单元的寄存器如表 7－2 所列。本小节将介绍比较控制寄存器 COMCONA 和 COMCONB、比较方式控制寄存器 ACTRA 和 ACTRB。

1. 比较控制寄存器 COMCONx(x＝A,B)

全比较单元的操作由比较控制寄存器 COMCONA 和 COMCONB 控制,各位定义类似,区别在于各位对应的全比较单元不同,COMCONA 对应 EVA 的全比较单元 1、2 和 3,而 COMCONB 对应 EVB 的全比较单元 4、5 和 6；另外 COMCONA 中使用通用定时器1,而COMCONB中使用定时器3;COMCONA.8位反映引脚$\overline{\text{PDPINTA}}$的当前状态,而COMCONB.8位反映引脚$\overline{\text{PDPINTB}}$的当前状态。比较控制寄存器COMCONA的位图和各位的功能描述表分别如图7-14和表7-17所列,比较控制寄存器COMCONB只给出了位图,如图7-15所示。

15	14	13	12	11	10	9	8
CENABLE	CLD1	CLD0	SVENABLE	ACTRLD1	ACTRLD10	FCMPOE	$\overline{\text{PDPINTA}}$ Status
R/W-0	R/W-0	R/W-0	R/W-0	R/W-0	R/W-0	R/W-0	R-0

7	6	5	4~3	2	1	0
FCMP3OE	FCMP2OE	FCMP1OE	Reserved	C3TRIPE	C2TRIPE	C1TRIPE
R/W-0	R/W-0	R/W-0	R-0	R/W-1	R/W-1	R/W-1

注:R=可读;W=可写;-后的值为复位后的值。

(阴影)表示当EXTCONA.0=1时,该位有效,当EXTCONA.0=0时,该位保留。

图7-14 比较控制寄存器COMCONA的位图

表7-17 比较控制寄存器COMCONA的功能定义描述表

位	名 称	描 述
15	CENABLE	全比较单元使能位。0 禁止比较操作 1 使能比较操作
14~13	CLD1~CLD0	比较寄存器CMPRx重载条件位。 00 当T1CNT下溢时重载(T1CNT=0) 01 当T1CNT下溢或T1CNT周期匹配重载(T1CNT=0或T1PR) 10 立即重载 11 保留,结果不可预测
12	SVENABLE	空间矢量PWM模式使能位。 0 禁止空间矢量PWM模式 1 使能空间矢量PWM模式
11~10	ACTRLD1~ACTRLD0	方式控制寄存器重载条件 00 当T1CNT下溢时重载(T1CNT=0) 01 当T1CNT下溢或当T1CNT周期匹配重载(T1CNT=0或T1PR) 10 立即重载 11 保留,结果不可预测
9	FCMPOE	全比较输出使能位。当该位有效时,可以使能或禁止所有的比较输出。当EXTCONA.0=0时,该位有效,当EXTCONA.0=1时,该位保留。当PDPINTA/T1CTRIP为低电平且EVAIFRA.0=1时,该位复位为0。 0 全比较输出PWM1/2/3/4/5/6处于高阻态 1 全比较输出PWM1/2/3/4/5/6由相应的比较逻辑驱动

续表 7－17

位	名 称	描 述
8	$\overline{\text{PDPINTA}}$ Status	该位反映 $\overline{\text{PDPINTA}}$ 引脚的当前状态
7	FCMP3OE	分别为全比较单元 i (i=1,2,3)的输出 PWM5/6、PWM3/4、PWM1/2 使能位。当 EXTCONA.0=1 时,这 3 位有效,当 EXTCONA.0=0 时,这 3 位保留。当 CiTRIP(i=1,2,3)为低电平且被使能时,则对应位复位为 0 0 全比较单元 i 的输出处于高阻态 1 全比较单元 i 的输出由其比较逻辑驱动
6	FCMP2OE	
5	FCMP1OE	
4～3	Reserved	保留位。读返回为 0,写此位无影响
2	C3TRIPE	分别为 CiTRIP(i=1,2,3)的使能位。当 EXTCONA.0=1 时,这 3 位有效,当 EXTCONA.0=0 时,这 3 位保留。 0 禁止 CiTRIP。CiTRIP 引脚电平不影响全比较单元 i 的输出、COMCONA.(i+5)位或 PDPINTA 标志位(EVAIFRA.0) 1 使能 CiTRIP。当 CiTRIP 引脚为低电平时,全比较单元 i 的 2 个输出引脚处于高阻状态,COMCONA.(i+5)位被复位为 0 且 PDPINTA 标志位(EVAIFRA.0)置 1
1	C2TRIPE	
0	C1TRIPE	

15	14	13	12	11	10	9	8
CENABLE	CLD1	CLD0	SVENABLE	ACTRLD1	ACTRLD10	FCMPOE	$\overline{\text{PDPINTB}}$ Status
R/W-0	R/W-0	R/W-0	R/W-0	R/W-0	R/W-0	R/W-0	R-0

7	6	5	4～3	2	1	0
FCMP6OE	FCMP5OE	FCMP4OE	Reserved	C6TRIPE	C5TRIPE	C4TRIPE
R/W-0	R/W-0	R/W-0	R-0	R/W-1	R/W-1	R/W-1

注：R=可读；W=可写；-后的值为复位后的值。

（阴影）表示当EXTCONA.0=1时，该位有效，当EXTCONA.0=0时，该位保留。

图 7－15 比较控制寄存器 COMCONB 的位图

2. 比较方式控制寄存器 ACTRx(x=A,B)

如果 COMCONx.15 位(x=A 或 B)使能比较操作,则当比较事件发生时,比较方式控制寄存器 ACTRA 和 ACTRB 分别控制 6 个比较输出引脚(ACTRA 为 PWM1～PWM6;ACTRB 为 PWM7～PWM12)的输出方式。比较方式控制寄存器 ACTRA 和 ACTRB 是双缓冲的,其重载的条件由比较控制寄存器 COMCONA 和 COMCONB 中相应的位来确定,它们也包含了空间矢量 PWM 操作所需的 SVRDIR、D2、D1 和 D0 位。比较方式控制寄存器 ACTRA 和 ACTRB 的各位定义类似,区别在于各位对应的PWM引脚序号不同,ACTRA对应EVA的PWM1～PWM6,而ACTRB对应EVB的PWM7～PWM12。比较方式控制寄存器ACTRA的位图和各位的功能描述表分别如图7-16和表7-18所示,比较方式控制寄存器ACTRB位图如图7-17所示。

15	14	13	12	11	10	9	8
SVRDIR	D2	D1	D0	CMP6ACT1	CMP6ACT0	CMP5ACT1	CMP5ACT 0
R/W-0	R/W-0	R/W-0	R/W-0	R/W-0	R/W-0	R/W-0	R/W-0

7	6	5	4	3	2	1	0
CMP4ACT1	CMP4ACT0	CMP3ACT1	CMP3ACT0	CMP2ACT1	CMP2ACT0	CMP1ACT1	CMP1ACT0
R/W-0	R/W-0	R/W-0	R/W-0	R/W-0	R/W-0	R/W-0	R/W-0

注:R=可读;W=可写;-0=复位后的值为0。

图7-16 比较方式控制寄存器ACTRA的位图

表7-18 比较方式控制寄存器ACTRA的功能定义描述表

位	名 称	描 述
15	SVRDIR	空间矢量PWM旋转方向位,仅用于产生空间矢量PWM输出的产生。 0 正向(CCW) 1 负向(CW)
14～12	D2～D0	基本的空间矢量位,仅用于产生空间矢量PWM输出的产生
11～10	CMP6ACT1～ CMP6ACT0	比较输出引脚PWM6(CMP6)上的比较输出方式选择位。 00 强制低 01 低有效 10 高有效 11 强制高
9～8	CMP5ACT1～ CMP5ACT0	比较输出引脚PWM5(CMP5)上的比较输出方式选择位。 00 强制低 01 低有效 10 高有效 11 强制高
7～6	CMP4ACT1～ CMP4ACT0	比较输出引脚PWM4(CMP4)上的比较输出方式选择位。 00 强制低 01 低有效 10 高有效 11 强制高
5～4	CMP3ACT1～ CMP3ACT0	比较输出引脚PWM3(CMP3)上的比较输出方式选择位。 00 强制低 01 低有效 10 高有效 11 强制高
3～2	CMP2ACT1～ CMP2ACT0	比较输出引脚PWM2(CMP2)上的比较输出方式选择位。 00 强制低 01 低有效 10 高有效 11 强制高
1～0	CMP1ACT1～ CMP1ACT0	比较输出引脚PWM1(CMP1)上的比较输出方式选择位。 00 强制低 01 低有效 10 高有效 11 强制高

15	14	13	12	11	10	9	8
SVRDIR	D2	D1	D0	CMP12ACT1	CMP12ACT0	CMP11ACT1	CMP11ACT 0
R/W-0	R/W-0	R/W-0	R/W-0	R/W-0	R/W-0	R/W-0	R/W-0

7	6	5	4	3	2	1	0
CMP10ACT1	CMP10ACT0	CMP9ACT1	CMP9ACT0	CMP8ACT1	CMP8ACT0	CMP7ACT1	CMP7ACT0
R/W-0	R/W-0	R/W-0	R/W-0	R/W-0	R/W-0	R/W-0	R/W-0

注:R=可读;W=可写;-0=复位后的值为0。

图7-17 比较方式控制寄存器ACTRB的位图

7.3.4 全比较单元的操作

(1) 比较单元的操作模式

比较单元的操作模式由比较控制寄存器 COMCON x(x=A,B)来决定,这些位决定以下情况:

- 比较操作是否被使能。
- 比较输出是否被使能。
- 比较寄存器用其影子寄存器的值进行更新的条件。
- 空间矢量 PWM 输出模式是否被使能。

(2) 比较单元操作的寄存器设置

当操作比较单元时,其寄存器的设置应按照表 7-19 所列的顺序进行。

表 7-19 比较单元操作的寄存器配置顺序

对于 EVA	对于 EVB
设置 T1PR	设置 T3PR
设置 ACTRA	设置 ACTRB
初始化 CMPRx	初始化 CMPRx
设置 COMCONA	设置 COMCONB
设置 T1CON	设置 T3CON

(3) 比较单元的中断和复位

在 EVAIFRA 和 EVBIFRA 寄存器中,每个比较单元都有一个可屏蔽的中断标志使能位。如果比较操作被使能,比较匹配后的一个 CPU 时钟周期后,比较单元的中断标志将被置位。如果中断没有被屏蔽,则产生一个外设中断请求。

当任何复位事件发生时,所有与比较单元相关的寄存器都复位为 0,且所有比较输出引脚被置为高阻态。

7.3.5 与全比较单元相关的 PWM 电路

对于每个 EV 模块,与全比较单元相关的 PWM 电路能够产生 6 路带可编程死区和输出极性控制的 PWM 输出。EVA 模块的 PWM 电路结构框图如图 7-18 所示,主要包括 4 个功能单元:对称/非对称波形发生器、可编程的死区单元(DBU)、输出逻辑和空间矢量(SV)PWM 状态机。EVB 模块的 PWM 电路结构框图与 EVA 类似,只是配置寄存器不同。

事件管理器中的每个全比较单元都可以产生对称/非对称 PWM 波形。这里介绍用全比较单元和 PWM 电路产生 PWM 波形输出。

在电机控制和运动控制的应用中,PWM 电路极大地减少了产生 PWM 波形的 CPU 开销和用户的工作量。对于与比较单元相关的 PWM 电路,其波形的产生通过以下寄存器控制:对 EVA 模块为 T1CON、COMCONA、ACTRA 和 DBTCONA;而对 EVB 模块为 T3CON、COMCONB、ACTRB 和 DBTCONB。

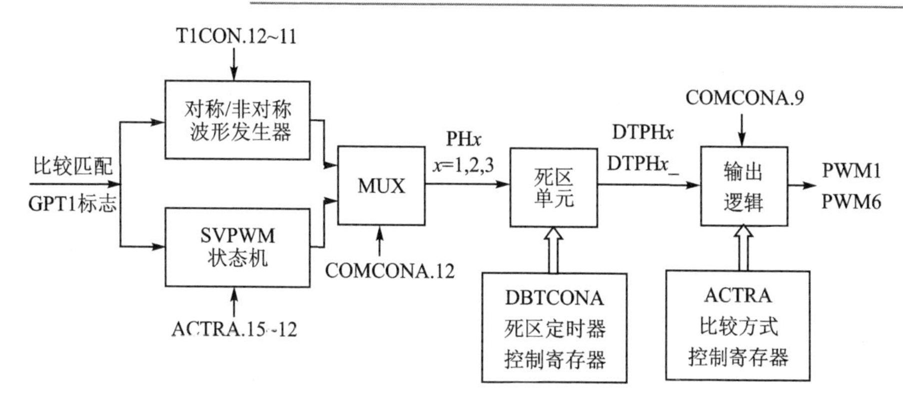

图7-18 EVA模块的PWM电路结构框图

1. 死 区

在许多的运动/电机控制和功率电子应用场合中，通常将两个功率器件(上级和下级，一个正向导通，一个负向导通)串联起来构成一个功率转换桥臂。为避免击穿导致失效，两个功率器件的导通周期不能有重叠。因此，需要一对无重叠的PWM输出信号来正确地开启和关闭这两个桥臂。在一个晶体管被截止和另一个晶体管被导通之间经常要插入一个死区时间，这段时间延迟能确保在一个晶体管导通之前，另一个晶体管已经完全关断。死区时间的长短需要根据功率器件的开关特性和具体应用中的负载特性确定。

2. 可编程死区单元

EVA模块和EVB模块都有各自独立的可编程死区控制单元，分别是DBTCONA和DBTCONB，特点如下：

- 一个16位可读/写死区控制寄存器DBTCONx(x=A,B)。
- 一个输入时钟预定标器：X/1、X/2、X/4、X/8、X/16及X/32。
- 内部CPU时钟输入。
- 3个4位减计数的定时器。
- 控制逻辑。

3. 死区控制寄存器DBTCONx(x=A,B)

死区控制寄存器DBTCONA和DBTCONB控制着死区单元的操作，功能完全相同，只是分别用于EVA和EVB两个事件管理器模块。死区控制寄存器DBTCONA的位图和各位的功能描述表分别如图7-19和表7-20所示，死区控制寄存器DBTCONB的位图和各位的功能描述表分别如图7-20和表7-21所示。

5　　　　　　　　12	11	10	9	8
Reserved	DBT3	DBT2	DBT1	DBT0
R-0	R/W-0			

7	6	5	4	3	2	1　　　0
EDBT3	EDBT2	EDBT1	DBTPS2	DBTPS1	DBTPS0	Reserved
R/W-0	R/W-0	R/W-0	R/W-0	R/W-0	R/W-0	R-0

注：R=可读；W=可写；-0=复位后的值为0。

图7-19　死区控制寄存器DBTCONA的位图

表7-20　死区控制寄存器DBTCONA的功能定义描述表

位	名　称	描　述
15～12	Reserved	保留位。读返回为0,写此位无影响
11～8	DBT3～DBT0	死区定时器周期位。规定了3个4位死区定时器的周期值
7	EDBT3	死区定时器3使能位(用于比较单元3的PWM5和PWM6引脚)。 0　禁止　　1　使能
6	EDBT2	死区定时器2使能位(用于比较单元2的PWM3和PWM4引脚)。 0　禁止　　1　使能
5	EDBT1	死区定时器1使能位(用于比较单元1的PWM1和PWM2引脚)。 0　禁止　　1　使能
4～2	DBTPS2～DBTPS0	死区定时器的预分频因子位。 000　X/1　　　001　X/2 010　X/4　　　011　X/8 100　X/16　　　101　X/32 110　X/32　　　111　X/32 X=高速外设时钟HSPCLK。HSPCLK与SYSCLKOUT的计算关系可参考表3-11,而OSCCLK与SYSCLKOUT的计算关系用户可参考表3-14
1～0	Reserved	保留位。读返回为0,写此位无影响

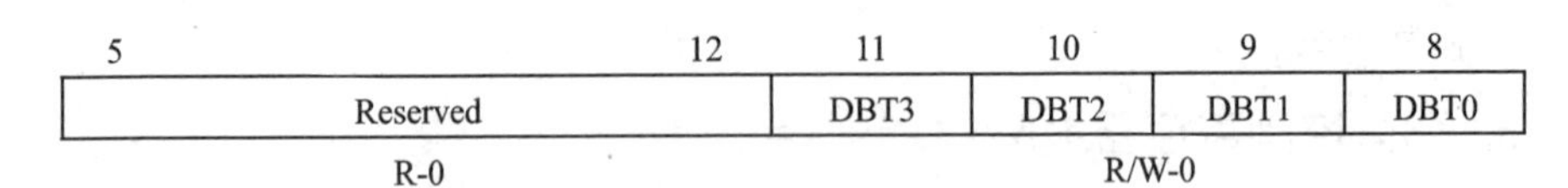

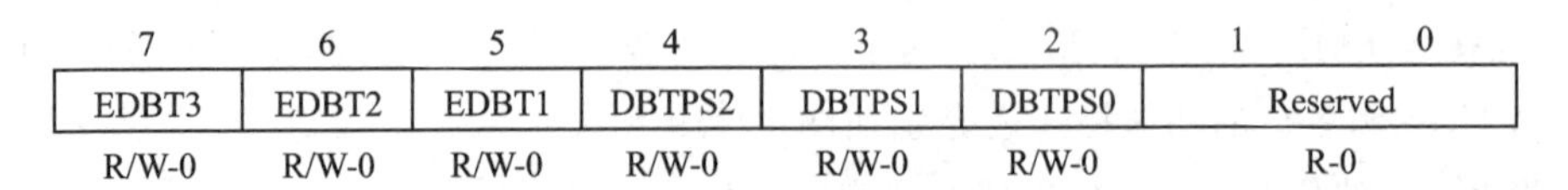

注：R=可读；W=可写；-0=复位后的值为0。

图7-20　死区控制寄存器DBTCONB的位图

表7-21 死区控制寄存器DBTCONB的功能定义描述表

位	名 称	描 述
15～12	Reserved	保留位。读返回为0,写此位无影响
11～8	DBT3～DBT0	死区定时器周期位规定了3个4位死区定时器的周期值
7	EDBT3	死区定时器3使能位(用于比较单元6的PWM11和PWM12引脚)。 0 禁止 1 使能
6	EDBT2	死区定时器2使能位(用于比较单元5的PWM9和PWM10引脚)。 0 禁止 1 使能
5	EDBT1	死区定时器1使能位(用于比较单元4的PWM7和PWM8引脚)。 0 禁止 1 使能
4～2	DBTPS2～DBTPS0	死区定时器的预分频因子位。 000 X/1 001 X/2 010 X/4 011 X/8 100 X/16 101 X/32 110 X/32 111 X/32 X=高速外设时钟HSPCLK
1～0	Reserved	保留位。读返回为0,写此位无影响

4. 死区单元的输入和输出

从图7-18所示的EVA模块的PWM电路结构框图中可以看出,死区单元的输入是由比较单元1、2和3的对称/非对称波形产生器产生的PH1、PH2和PH3。死区单元的输出是DTPH1、DTPH1_、DTPH2、DTPH2_和DTPH3、DTPH3_,分别对应于PH1、PH2和PH3。

5. 死区的产生

死区产生波形图如图7-21所示。每一个输入信号PHx产生两个输出信号,DTPHx和DTPHx_。当比较单元和其相关输出的死区未被使能时,这两个输出信号跳变沿完全相同(信号本身相反)。当比较单元的死区单元使能时,这2个信号的跳变沿被一段称作死区的时间间隔分开。这段时间间隔由DBTCONx寄存器中的相应位来控制。假设DBTCONx.11～8位的值为m,并且DBTCONx.4～2位中相应的预分频因子为X/p,则死区值为(p×m)个HSPCLK时钟周期。

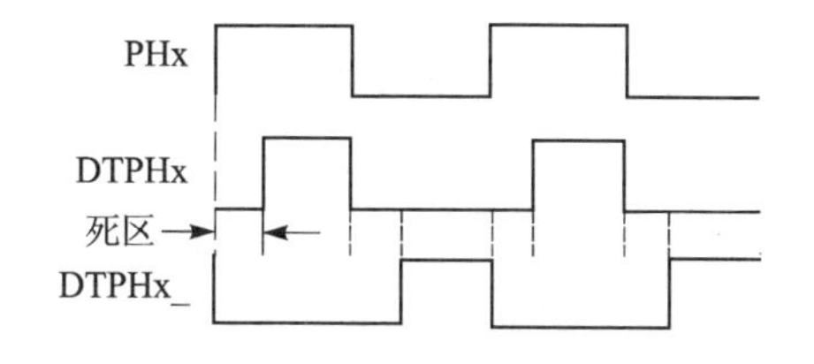

图7-21 死区波形图

7.3.6 全比较单元和PWM电路中的PWM波形产生

为了产生一个PWM信号,需要通过一个合适的定时器不断重复地进行计数操作,计数周期等于PWM的周期。用一个比较寄存器来保存调制值,比较寄存器中的值不断与定时器计数值进行比较,一旦2个值发生匹配,相应的PWM输出引脚上就产生一个电平跳变(从低到高或从高到低),当发生第二次匹配或一个定时器周期结束时,相应的PWM输出引脚上又会产生第二次电平跳变(从高到低或从低到高)。通过这种方式就能产生一个开关时间和比较寄存器的值成比例的输出脉冲。在每个定时器周期里重复上述操作过程,通过改变比较寄存器中保存的调制值就可以在相应的PWM输出引脚上得到不同脉宽的PWM波形信号。通过设置死区控制寄存器可选择死区时间。

1. 事件管理器PWM输出的产生

在事件管理器模块中,每个全比较单元与通用定时器1(EVA)或通用定时器3(EVB)、死区单元以及输出逻辑结合使用,可在两个特定的器件引脚上产生一对具有死区和极性可编程的PWM输出。通过设置ACTRA/B寄存器中的相应位可使输出方式为低有效、高有效、强制高和强制低。如果需要,则每个通用定时器的比较单元可基于自身的定时器产生一路独立的PWM输出。

使用全比较单元以及相关电路产生PWM波形,需要对事件管理器的相关寄存器进行配置,步骤如下:

① 设置和装载ACTRx(x=A,B),以确定输出方式和极性。

② 如果使能死区功能,则须设置和装载寄存器DBTCONx(x=A,B)。

③ 初始化寄存器CMPRx(x=1~6),装载比较值,确定PWM波形占空比。

④ 设置和装载寄存器COMCONx(x=A,B),使能比较操作和PWM输出。

⑤ 设置和装载寄存器T1CON(对EVA)或T3CON(对EVB),以设置计数模式和启动比较操作。

⑥ 用计算的新值更新CMPRx(x=1~6)寄存器的值,以改变PWM波形的占空比。

2. 非对称PWM波形的产生

边沿触发或非对称PWM信号的特点是调制脉冲不是关于PWM周期中心对称的,脉冲宽度只能从脉冲一侧开始变化,而另一侧的位置相对通用定时器周期是固定的。图7-22给出了EVA模块下的非对称PWM波形,图中x=1,3和5,EVB模块也类似。

为了产生非对称PWM波形,需将通用定时器1或3设置为连续增计数模式。其周期寄存器必须载入一个与所需PWM载波周期相对应的值。COMCONx寄存器中的相应位用来设置比较操作使能,再将选中的输出引脚置成PWM输出且使能

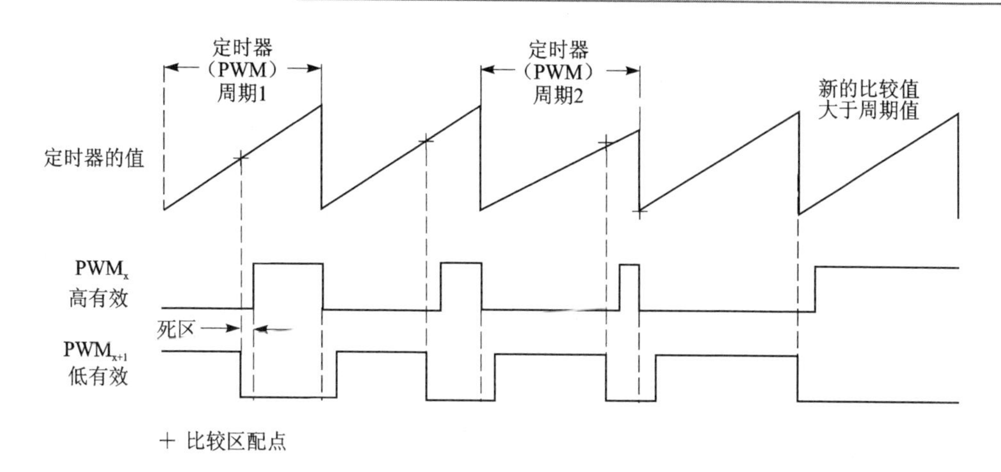

图 7-22　全比较单元和 PWM 电路产生的非对称 PWM 波形(EVA)

这些输出。如果死区被使能,则通过软件将所需的死区值写入到 DBTCONx.11～8 位中,并将它作为4位死区定时器的周期。一个死区值将用于所有 PWM 输出通道。

在每个 PWM 波形周期中,用户可随时将新的比较值、周期值写入比较寄存器、周期寄存器中,用来调整 PWM 输出的占空比和周期,也可改变比较方式控制寄存器 ACTRx 的相关位来变更 PWM 的输出方式。更新的值在下一个 PWM 周期内实现。

3. 对称 PWM 波形的产生

对称 PWM 信号的特点是调制脉冲关于每个 PWM 周期中心对称,和非对称 PWM 信号相比,优势在于每个周期内有2个相同长度的无效区(每个 PWM 周期的开始和结束处)。使用正弦波调制使用时,在交流电机(如感应电机)和直流无刷电机的相电流中,对称的 PWM 信号比非对称的 PWM 信号引起的谐波失真更小。图 7-23 给出了 EVA 模块下的对称 PWM 波形,图中 x=1,3 和 5,EVB 模块类似。

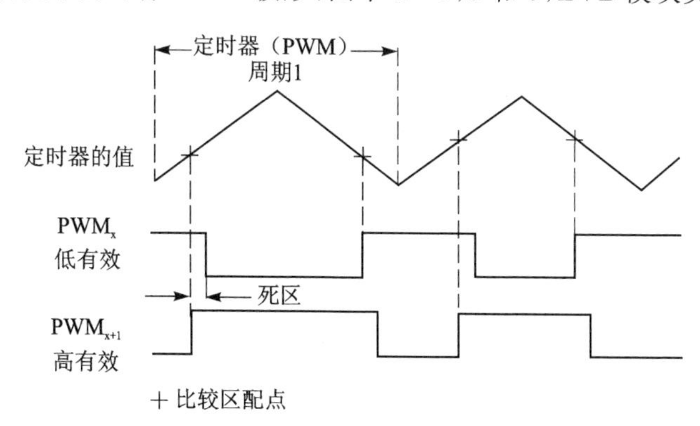

图 7-23　全比较单元和 PWM 电路产生的对称 PWM 波形(EVA)

应用全比较单元和 PWM 电路产生对称 PWM 波形的方法与产生非对称 PWM 波形的方法类似,不同的是产生对称 PWM 波形时,须将通用定时器1或3设置为连续增/减计数模式。

在对称PWM波形产生的一个周期内通常有两次比较匹配,一次在周期匹配前的增计数期间,另一次在周期匹配后的减计数期间。新的比较值在匹配后更新了比较寄存器的值,则可以提前或推迟PWM脉冲第二个边沿的产生。这种修改PWM波形的特性可以弥补由交流电机控制中的死区而引起的电流误差,因此特别适用于交流电机的控制。

因为全比较单元的全比较寄存器和比较方式控制寄存器是影子寄存器,所以在一个周期的任意时刻都可以向其写入新值。同样,新的值也可以在一个周期的任意时刻写入比较方式控制寄存器和周期寄存器,从而改变PWM周期或强制改变PWM输出电平的状态。

4. 双刷新PWM模式

F2812的事件管理器还支持双刷新PWM模式。在该模式中,一个PWM脉冲上升沿和下降沿的位置可在每个PWM周期内独立修改。为了能够支持这种模式,确定一个PWM脉冲边沿位置的比较寄存器值必须允许在一个PWM周期开始和中间被刷新。F2812事件管理器中的比较寄存器是完全缓冲的,且支持3个比较值重新载入/刷新(缓冲器中的值变为有效)模式。支持双刷新PWM模式的重新载入条件包括下溢(PWM周期的开始)或者周期(PWM周期的中间)事件。因此,可利用这些条件实现PWM双刷新模式。

7.3.7 事件管理器的空间矢量PWM波形产生

空间矢量PWM(Space Vector PWM,SVPWM)是实现三相逆变器中6个功率管控制的一种特殊方法,能够保证在电机的定子绕组中产生较小的电流谐波;与采用正弦调制的方法相比,空间矢量PWM能够提高直流侧电压的利用率。空间矢量PWM方法的实质就是利用6个功率管的8种组合开关方式来近似给出电动机的供电电压向量U_{OUT}。

有关空间矢量PWM的详细原理内容请参考相关专业书籍,这里只介绍通过事件管理器产生空间矢量PWM波形的方法。

(1) 产生空间矢量PWM波形寄存器设置

每个EV模块中都具有极大简化对称空间矢量PWM波形产生的内置硬件电路。为了输出空间矢量PWM波形,用户需要设置以下寄存器(以EVA模块为例):

① 设置ACTRA寄存器,用来确定比较输出引脚的输出极性。

② 设置COMCONA寄存器来使能比较操作和空间矢量PWM模式,并将CMPRx(x=1,2)的重装入条件设置为下溢。

③ 将通用定时器1设置成连续增/减计数模式,并启动定时器。

用户还需确定在二维$d-q$坐标系下输入到电机的电压U_{OUT}并分解,以确定每个PWM周期的以下参数:

① 确定2个相邻向量U_x和U_{x+60}。

② 确定参数T_1、T_2和T_0。

③ 将相应于U_x的开启方式写入ACTRA.14～12位中,并将1写入ACTRA.15位中,或者将U_{x+60}的开启方式写入ACTRA.14～12位,并将0写入ACTRA.15位中。

④ 将$T_1/2$的值和$(T_1+T_2)/2$的值分别写入到CMPR1寄存器和CMPR2寄存器。

(2) 空间矢量PWM的硬件

为完成一个空间矢量PWM周期,每个EV模块的空间矢量PWM硬件工作如下(以EVA模块为例):

① 在每个周期开始,将PWM输出置成由ACTRA.14～12位设置的新方式U_y。

② 在增计数过程中,当CMPR1和通用定时器1在$(T_1/2)$处发生第一次比较匹配时,如果ACTRA.15位为1,则PWM输出切换为U_{y+60}模式;如果ACTRA.15位为0,则PWM输出切换为U_y模式($U_{0-60}=U_{300}$,$U_{360+60}=U_{60}$)。

③ 在增计数过程中,当CMPR2和通用定时器1在$(T_1+T_2)/2$处发生第二次比较匹配时,则将PWM输出切换为(000)或(111)。它们与第二类输出方式之间只有1位的差别,如图7-24所示。

④ 在减计数过程中,当CMPR2和通用定时器1在$(T_1+T_2)/2$处发生第一次比较匹配时,将PWM输出置回到第二类输出方式。

⑤ 在减计数过程中,当CMPR1和通用定时器1在$(T_1/2)$处发生第二次比较匹配时,将PWM输出置回到第一类输出方式。

(3) 未使用的比较寄存器

以EVA模块为例,在产生空间矢量PWM输出中只用到了比较寄存器CMPR1和CMPR2。然而比较寄存器CMPR3与通用定时器1的计数器也会不断地进行比较,当发生一次比较匹配时,若相应的比较中断未被屏蔽,则相位的比较标志位将置位并发出中断请求信号。因此,没有用于空间矢量PWM输出的比较寄存器CMPR3仍可用于其他定时事件的发生。同时,由于空间矢量PWM状态机引入了附加延时,在空间矢量PWM模式中,比较输出跳变被延时一个CPU时钟周期。

(4) 空间矢量PWM的边界条件

在空间矢量PWM模式中,当2个比较寄存器CMPR1和CMPR2装入值都是0时,3个比较输出全都变成无效。因此,在使用空间矢量PWM时应满足如下关系式CMPR1≤CMPR2≤T1PR,否则将产生不可预期的结果。

(5) 空间矢量PWM波形

生成的空间矢量PWM波形是关于每个PWM周期中心对称的,因此被称作对称空间矢量PWM,波形如图7-24所示。

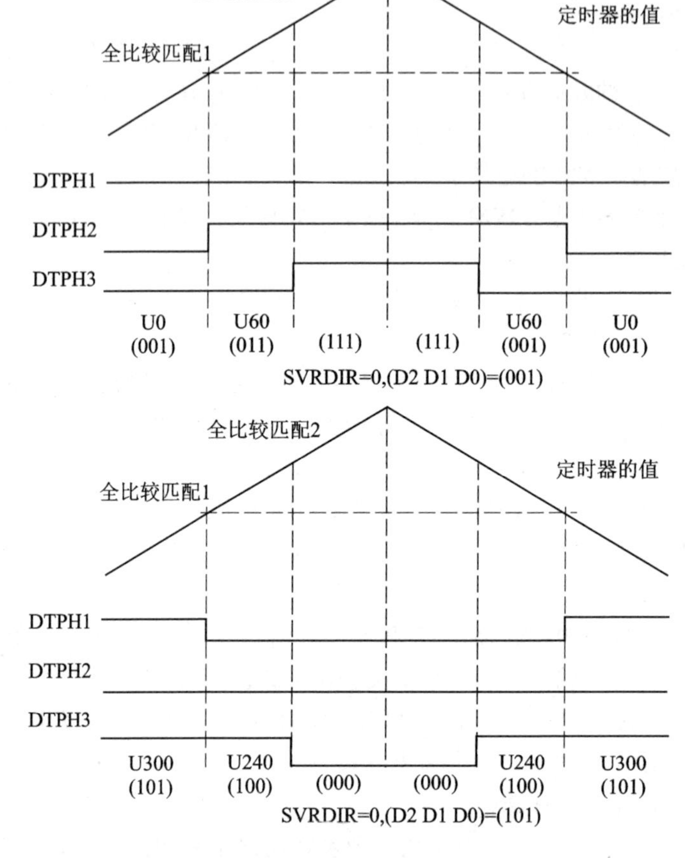

图 7-24 对称空间矢量 PWM 波形

7.4 捕获单元

捕获单元用于捕获输入引脚电平的变化并记录电平跳变的时刻。事件管理器共有6个捕获单元,每个事件管理器有3个捕获单元。其中,EVA对应CAP1、CAP2和CAP3,EVB对应CAP4、CAP5和CAP6。每个捕获单元都有相应的捕获输入引脚。

1. 捕获单元概述

EVA中的每个捕获单元都能选择通用定时器1或者通用定时器2作为它们的时基,但是CAP1和CAP2必须选择相同的通用定时器(通用定时器1或2)来作为它们的时基,CAP3单独使用一个通用定时器(通用定时器2或1)来作为自己独立的时基;EVB中的每个捕获单元都能选择通用定时器3或者通用定时器4作为它们的时基,但是CAP4和CAP5必须选择相同的通用定时器(通用定时器3或4)来作为它们的时基,CAP6 单独使用一个通用定时器(通用定时器 4 或 3)来作为自己独立的时基。捕获单元的操作并不影响任何通用定时器操作或与通用定时器相关的比较/PWM 操作。

当在捕获输入引脚 CAPx(对 EVA,x=1,2 或 3;对 EVB,x=4,5 或 6)上检测到所选的跳变时,通用定时器的计数值将被捕获并存到一个 2 级深度的 FIFO 堆栈中。EVA 的捕获单元结构框图如图 7-25 所示,EVB 的捕获单元结构框图与其类似,只是相应的通用定时器和寄存器的设置不同。

捕获单元具有以下特性:

- 一个可读/写的 16 位捕获控制寄存器(EVA 为 CAPCONA,EVB 为 CAPCONB)。
- 一个 16 位的捕获 FIFO 状态寄存器(EVA 为 CAPFIFOA,EVB 为 CAPFIFOB)。
- 可选择通用定时器 1/2(对于 EVA)或者 3/4(对于 EVB)作为时基。
- 6 个 16 位 2 级深度的 FIFO 栈 CAPnFIFO(n=1,2,3,4,5 或 6),每个对应一个捕获单元。
- 6 个施密特触发的捕获输入引脚(EVA:CAPl/2/3;EVB:CAP4/5/6),每个捕获单元对应于一个输入引脚,所有的输入和内部 CPU 时钟同步,为了使跳变能够被捕获,输入信号必须在当前电平保持 2 个 CPU 时钟周期的上升沿。如果使用了输入限制滤波电路,也必须满足要求的脉冲宽度。输入引脚 CAP1/2 和 CAP4/5 也可用作正交编码脉冲电路的正交编码脉冲输入。
- 用户可定义的跳变检测方式(上升沿、下降沿或上升下降沿)。
- 中断标志寄存器 EVAIFRC 和 EVBIFRC 提供 6 个可屏蔽的中断标志位,每个标志位对应一个捕获单元。中断屏蔽寄存器 EVAIMRC 和 EVBIMRC 为每个捕获单元提供一个中断屏蔽位。

2. 捕获单元的寄存器

每一个捕获单元通过相关寄存器的设置能够捕捉输入波形的上升沿、下降沿或者同时捕捉上升沿和下降沿。捕获单元的操作由 4 个 16 位的捕获控制寄存器 CAPCONx(x=A,B)和捕获 FIFO 状态寄存器 CAPFlFOx(x=A,B)控制。捕获单元的寄存器如表 7-2 所列。因为捕获电路的时间基准是由通用定时器 1/2 或 3/4 提供的,所以 TxCON(x=1,2,3 或 4)寄存器用于控制捕获单元的操作。另外,捕获控制寄存器 CAPCONx(x=A,B)也可用于正交编码脉冲电路的操作。

(1) 捕获控制寄存器 CAPCONx(x=A,B)

捕获控制寄存器 CAPCONA 和 CAPCONB 的各位定义类似,区别在于各位对应的捕获单元不同,捕获控制寄存器 CAPCONA 用于控制 EVA 的捕获单元 1、2 和 3,而捕获控制寄存器 CAPCONB 用于控制 EVB 的捕获单元 4、5 和 6。捕获控制寄存器 CAPCONA 的位图和各位的功能描述表分别如图 7-26 和表 7-22 所示,捕获

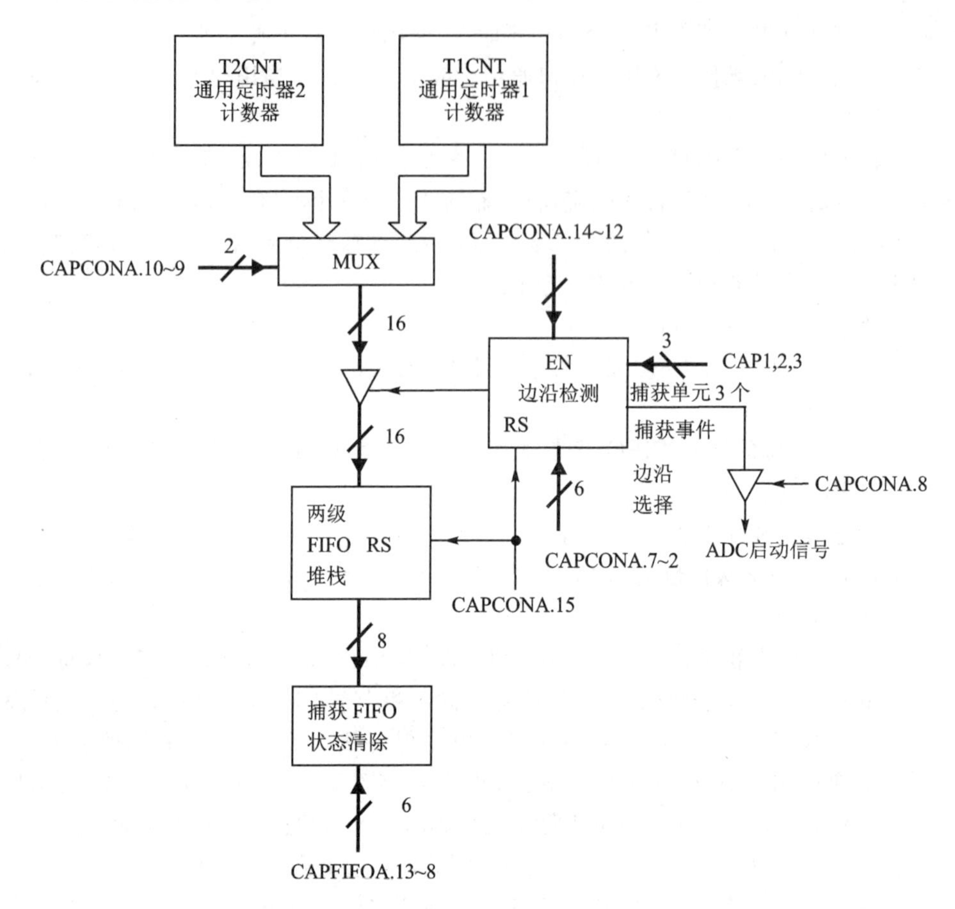

图 7-25 EVA 模块的捕获单元结构框图

控制寄存器 CAPCONB 位图如图 7-27 所示。

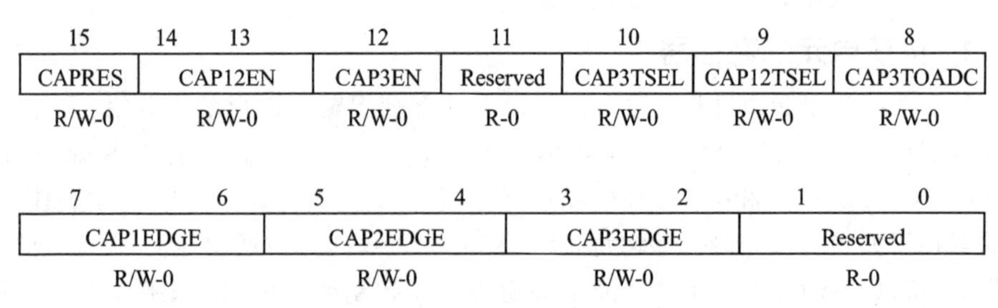

15	14–13	12	11	10	9	8
CAPRES	CAP12EN	CAP3EN	Reserved	CAP3TSEL	CAP12TSEL	CAP3TOADC
R/W-0	R/W-0	R/W-0	R-0	R/W-0	R/W-0	R/W-0

7–6	5–4	3–2	1–0
CAP1EDGE	CAP2EDGE	CAP3EDGE	Reserved
R/W-0	R/W-0	R/W-0	R-0

注：R=可读；W=可写；-0为复位后的值为0。

图 7-26 捕获控制寄存器 CAPCONA 的位图

表7-22 捕获控制寄存器CAPCONA的功能定义描述表

位	名 称	描 述
15	CAPRES	捕获复位位。读返回为0。 0 将所有捕获单元的寄存器清0;1 无操作
14～13	CAP12EN	捕获单元1和2的使能位。 00 禁止捕获单元1和2,FIF0堆栈保持原内容 01 使能捕获单元1和2;1x 保留
12	CAP3EN	捕获单元3使能位。 0 禁止捕获单元3,其FIFO堆栈保持原内容 1 使能捕获单元3
11	Reserved	保留位。读返回为0,写此位无影响
10	CAP3TSEL	捕获单元3的通用定时器选择位。 0 选择通用定时器2;1 选择通用定时器1
9	CAP12TSEL	捕获单元1和2的通用定时器选择位。 0 选择通用定时器2;1 选择通用定时器1
8	CAP3TOADC	捕获单元3事件启动ADC转换位 0 无操作 1 当CAP3INT标志位被置位时,启动ADC
7～6	CAP1EDGE	捕获单元1的边沿检测控制位。 00 无检测 01 检测上升沿 10 检测下降沿 11 上升沿、下降沿均检测
5～4	CAP2EDGE	捕获单元2的边沿检测控制位。 00 无检测 01 检测上升沿 10 检测下降沿 11 上升沿、下降沿均检测
3～2	CAP3EDGE	捕获单元3的边沿检测控制位。 00 无检测 01 检测上升沿 10 检测下降沿 11 上升沿、下降沿均检测
1～0	Reserved	保留位。读返回为0,写此位无影响

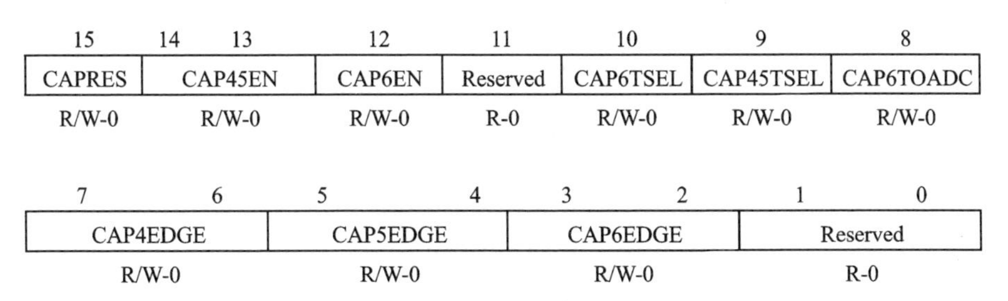

图7-27 捕获控制寄存器CAPCONB的位图

(2) 捕获 FIFO 状态寄存器 CAPFIFOx(x=A,B)

CAPFIFOx(x=A,B)中包括捕获单元的3个FIFO堆栈的状态位。如果因为一个捕获事件的发生,使得CAPFIFOx的状态位CAPnFIFO(对EVA,n=1,2,3;对EVB,n=4,5,6)正在更新,但同时CPU又向CAPFIFOx状态位CAPnFIFO写数据,则写数据优先。捕获FIFO状态寄存器CAPFIFOx(x=A,B)的写操作在编程中很有用。例如,如果将"01"写入状态位CAPnFIFO,则EV模块会认为FIFO有一个捕获事件。随后,每次FIFO获得一个新值,均会产生一个捕获中断。

捕获FIFO状态寄存器CAPFIFOA和CAPFIFOB的各位定义类似,区别在于各位对应的捕获单元的3个FIFO堆栈的状态位不同。CAPFIFOA的位图和各位的功能描述表分别如图7-28和表7-23所示,CAPFIFOB只给出了位图,如图7-29所示。

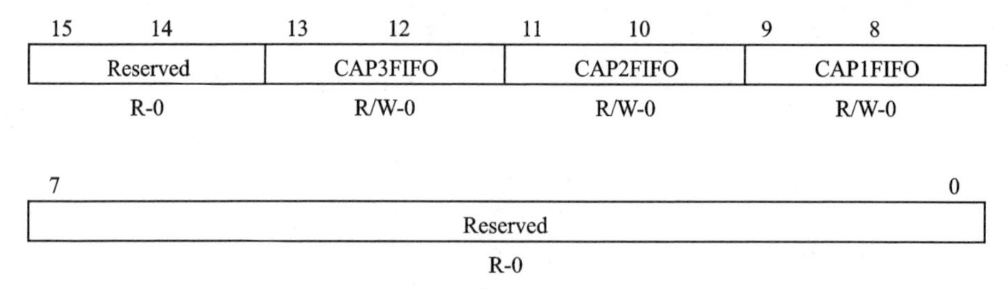

注:R=可读;W=可写;-0为复位后的值为0。

图7-28 捕获FIFO状态寄存器CAPFIFOA的位图

表7-23 捕获FIFO状态寄存器CAPFIFOA的功能定义描述表

位	名 称	描 述
15~14	Reserved	保留位。读返回为0,写此位无影响
13~12	CAP3FIFO	捕获单元3的FIFO栈状态位 00 空 01 有一个值入栈 10 有2个值入栈 11 已有2个值入栈并又捕获到一个,第一个值被丢弃
11~10	CAP2FIFO	捕获单元2的FIFO栈状态位。 00 空 01 有一个值入栈 10 有2个值入栈 11 已有2个值入栈并又捕获到一个,第一个值被丢弃
9~8	CAP1FIFO	捕获单元1的FIFO栈状态位。 00 空 01 有一个值入栈 10 有2个值入栈 11 已有2个值入栈并又捕获到一个,第一个值被丢弃
7~0	Reserved	保留位。读返回为0,写此位无影响

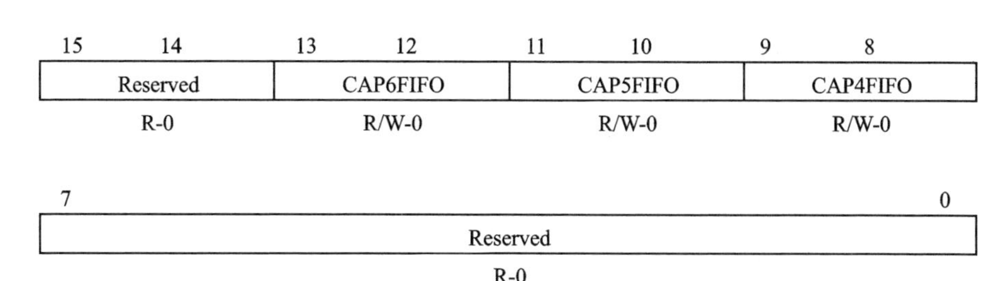

注：R=可读；W=可写；-0为复位后的值为0。

图7-29　捕获FIFO状态寄存器CAPFIFOB的位图

3. 捕获单元的操作

捕获单元被使能后，当输入引脚CAPx(对EVA，x=1,2或3；对EVB，x=4,5或6)检测到指定的信号跳变(由CAPCONA/B确定是检测上升沿还是下降沿)时，则将所选对应的通用定时器的当前计数值装载到相应的FIFO堆栈中；如果同时有一个或更多有效的捕获值保存在FIFO堆栈(捕获FIFO状态寄存器的CAPnFIFO位不等于0)中，则会使相应的中断标志被置位。如果该中断未被屏蔽，则产生一个外设中断请求。整个过程被称为发生了捕获事件。每发生一次捕获事件，新的计数值就将存入FIFO队列，CAPFIFOA/B中相应的状态位可自动调整以反映FIFO栈新的状态。从捕获单元输入引脚处发生跳变，到所选通用定时器的计数值被锁存之间的延时需要2个CPU时钟周期。复位时，所有捕获单元的寄存器都被清0。

为了使捕获单元能正常工作，需对寄存器进行以下设置：

① 初始化捕获FIFO状态寄存器CAPFIFOA/B，并清除相应的状态位。

② 初始化TxCON，以设置选定的通用定时器为一种操作模式(x=1,2,3,4)。

③ 如果需要，设置相应的通用定时器比较寄存器TxCMP或通用定时器周期寄存器TxPR(x=1,2,3,4)。

④ 设置相应的捕获控制寄存器CAPCONA/B。

4. 捕获单元FIFO堆栈

FIFO(First In First Out)即先入先出。FIFO堆栈是内存空间中的一片连续的存储空间，有栈底和栈顶两端，数据只能从栈底进入，从栈顶出去。FIFO堆栈的一个指标是深度，即它的存储容量。如果一个FIFI堆栈最多能够同时存放n个数据，则该FIFO堆栈的深度为n，或者称为n级FIFO堆栈。

如表7-2所列，每个捕获单元都有一个专用的2级深度的FIFO堆栈，顶层堆栈包括CAP1FIFO、CAP2FIFO和CAP3FIFO(对于EVA)或CAP4FIFO、CAP5FIFO和CAP6FIFO(对于EVB)。底层堆栈包括CAP1FBOT、CAP2FBOT和CAP3FBOT(对于EVA)或CAP4FBOT、CAP5FBOT和CAP6FBOT(对于EVB)。所有堆栈的顶层寄存器是只读寄存器，通常存储相应捕获单元捕获到的旧计数值，因此对FIFO堆栈进行读操作的时候，读到的是顶层堆栈中的旧计数值。当FIFO堆栈顶层寄存器中的旧计数值被读取后，堆栈底层寄存器中的新计数值(如果有)就会被压入顶层寄存器。

如果需要，也可以读取FIFO堆栈底层寄存器的值。读堆栈底层寄存器的值可使CAPFIFOA/B的相应位发生变化。如果读取前CAPFIFOA/B的相应位为10或11，则读取后变成01，即栈中只有一个值；如果读取前捕获CAPFIFOA/B的相应位为01，则读取后变成00，即栈为空。

1) 第一次捕获

当捕获单元的输入引脚出现指定的跳变时，则捕获单元将捕获到的所选用通用定时器的计数值写入到空栈的顶层寄存器。同时，CAPFIFOA/B相应的FIFO状态位置为01。如果在下一次捕获前对FIFO栈进行了读访问，则相应的FlFO状态位复位为00。

2) 第二次捕获

如果在前一次捕获计数值被读取之前又发生了另一次捕获，则新捕获的计数器值就会进入底层寄存器。同时，CAPFIFOA/B相应的FIFO状态位被置为10。如果在下一次捕获之前对FlFO栈进行了读访问，顶层寄存器中的旧计数器值被读出，且底层寄存器中的新计数器值被压入顶层寄存器，则相应的FlFO状态位设置为01。

第二次捕获会将寄存器相应的捕获中断标志位置1，如果中断没有被屏蔽，则产生一个外设中断请求。

3) 第三次捕获

如果在捕获发生时，FlFO栈中已有两个捕获到的计数器值，此时堆栈顶层寄存器中最早的计数器值被弹出并且丢弃，然后堆栈底层寄存器的计数器值被向上压到顶层寄存器，新捕获的计数器值被写入底层寄存器，并将FlFO状态位设置为11，表明一个或多个旧计数器值被丢弃。当然，如果在第三次捕捉之前已经读取了第一次捕捉的旧值，那么底层寄存器的值被送入顶层寄存器，新的值被写入底层寄存器，状态位为10，和第二次捕捉的情况相同。

第三次捕获会将寄存器相应的捕获中断标志位置1，如果中断没有被屏蔽，则产生一个外设中断请求。

5. 捕获单元的中断

当捕获单元完成一个捕获时，FIFO中至少有一个捕获到的有效计数值时(CAPnFlFO位不等于0)，则相应的中断标志位置1。如果该中断没有被屏蔽，则产生一个外设中断请求信号。因此，如果使用了捕获中断，则可在中断服务程序中读取捕获到的计数值。如果不使用中断，则也可以通过查询中断标志位和FlFO栈的状态位来确定是否发生了捕获事件，如果已发生捕获事件，则可以从相应的捕获单元的FlFO栈中读取捕获到的计数值。

7.5　正交编码脉冲电路

正交编码脉冲(Quadrature Encoder Pulse,QEP)是两个频率相同且正交(相位差 90°,即 1/4 个周期)的脉冲。每个事件管理器都有一个 QEP,内部有 4 倍频电路。

1. 正交编码脉冲电路概述

如果 QEP 被使能,则可以对 CAP1_QEP1 和 CAP2_QEP2(EVA)或 CAP4_QEP3 和 CAP5_QEP4(EVB)引脚上的正交编码脉冲进行解码和计数。借助于 EXTCONA/B 寄存器中相应位,QEP 也可将 CAP3_QEPI1(EVA)和 CAP6_QEPI2(EVB)用作一个捕获索引引脚。

此外,QEP 与捕获单元共用 DSP 芯片外部引脚,可通过设置 CAPCONA/B. 14～13 位禁止捕获单元功能以使能正交编码脉冲电路功能,从而将相应的芯片外部输入引脚用于正交编码脉冲电路。

QEP 可以对输入的正交脉冲进行编码和计数,实现和增量式光电编码器等测量元件的无缝接口,从而实现运动控制系统的转角、位置和速率检测,多用于电机控制。

通用定时器 2(EVA)或通用定时器 4(EVB)为 QEP 提供时基。通用定时器必须设置成定向增/减计数模式,并以 QEP 作为其输入时钟源。EVA 的 QEP 结构框图如图 7－30 所示,EVB 的 QEP 结构框图与其类似。

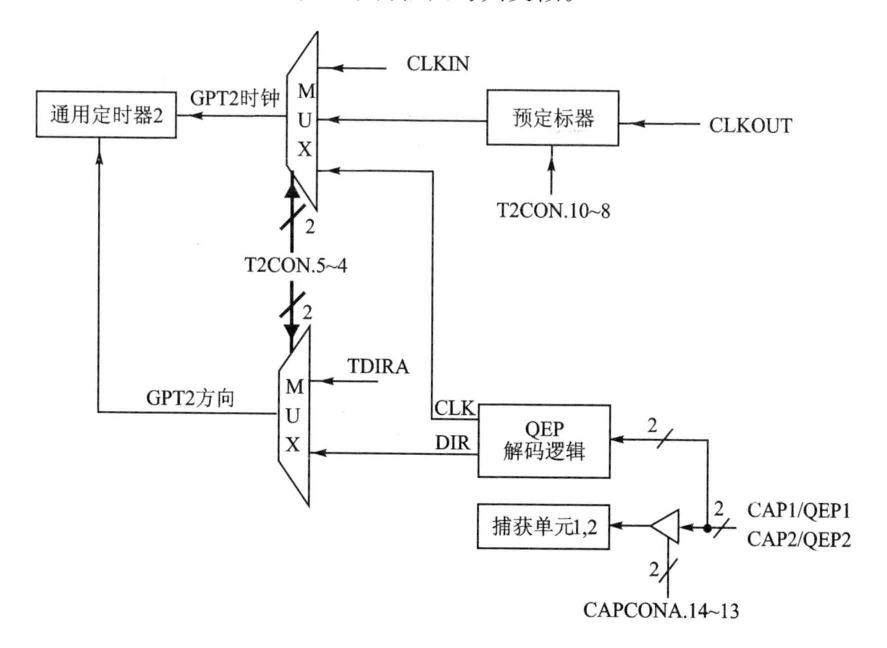

图 7－30　EVA 模块的 QEP 结构框图

2. 正交编码脉冲电路的解码操作

当正交编码脉冲是由电机轴上的光电编码器产生时，电机的旋转方向可通过检测2个脉冲序列先后顺序来确定，而角位置和转速可由脉冲个数和脉冲频率(即齿脉冲和圈脉冲)来决定。

(1) QEP

QEP用来检测两个输入序列中的哪一个是先导序列，从而产生方向信号作为所选通用定时器2(或4)的方向输入。如果CAP1_QEP1(EVB模块是CAP4_QEP3)引脚的脉冲输入是先导序列，则通用定时器2(或4)进行增计数；反之，如果CAP2_QEP2(EVB模块是CAP5_QEP4)引脚的脉冲输入是先导序列，则通用定时器2(或4)进行减计数。

如果QEP同时对这2个正交脉冲输入信号的上升沿和下降沿进行计数，则产生的时钟频率是每个输入序列频率的4倍，并把该时钟作为通用定时器2或4的输入时钟。注意，QEP的脉冲信号频率必须小于等于内部CPU时钟频率的1/4。图7-31给出了正交编码脉冲、时钟以及计数方向的实例。图中QEP1和QEP2分别为两路正交编码脉冲输入，CLK和DIR分别是经过QEP后输出的4倍频时钟和计数方向信号。

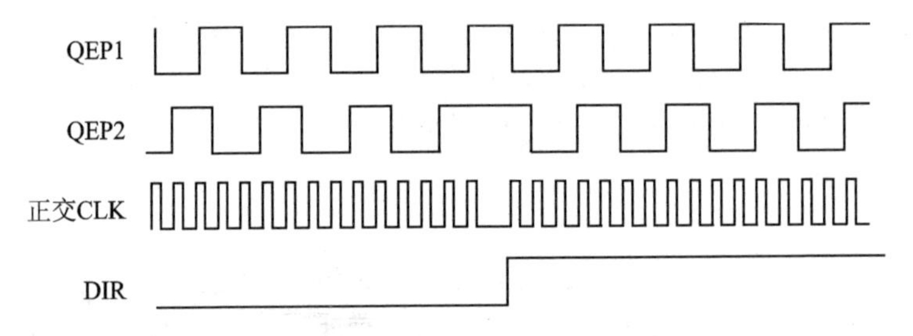

图7-31 正交编码脉冲、解码时钟及方向波形图

(2) QEP的计数

通用定时器2(或4)总是从计数器中的当前值开始计数，因此可以在使能QEP前将所需的初始值装载入所选通用定时器的计数器中。当QEP的时钟作为通用定时器的时钟源时，选定的通用定时器将忽略输入引脚TDIRA/B和TCLKINA/B，即通用定时器的方向和时钟不起作用。

使用QEP作为时钟输入的通用定时器的周期、下溢、上溢和比较中断标志时，将根据各自的匹配产生。如果中断没有被屏蔽，则将产生外设中断请求信号。

(3) QEP中寄存器的设置

① 根据需要，将所需的值装载入到通用定时器2(或4)的计数器、周期和比较寄存器中。

② 设置TxCON(x=2或4)寄存器，使通用定时器2(或4)工作在定向增/减计数模式，以QEP作为时钟源并使能通用定时器2(或4)。

③ 配置CAPCONA(或CAPCONB)寄存器以使能正交编码脉冲电路。

习　题

1. F2812事件管理器有哪些主要组成部分？它们有哪些主要用途？

2. 事件管理器包括哪些中断？

3. 事件管理器有哪些寄存器？如何使用？

4. F2812有哪几个通用定时器？与3.2.5小节介绍的CPU定时器相比，事件管理器中的通用定时器有何特点？如何使用通用定时器？

5. 通用定时器有哪几种工作方式？各用于什么领域？

6. 简述比较单元与PWM电路的工作原理。

7. 与应用通用定时器产生的PWM波形相比，应用全比较单元和PWM电路产生的PWM波形有何特点？

8. 若高速外设时钟HSPCLK=75 MHz，输入时钟的预定标因子为X/1，要产生20 kHz的PWM波形，计算产生对称和非对称PWM波形时的通用定时器周期值TxPR。

9. 采用F2812的通用定时器1中断方式定时，在GPIOB5引脚上产生周期为1s的方波，令一个LED闪烁，即循环亮灭各500 ms，试编写C语言程序。设XCLKIN=30 MHz，SYSCLKOUT=150 MHz，HSPCLK=75 MHz，通用定时器1采用连续增计数模式，输入时钟预定标系数为128。

10. 设通用定时器1时钟周期为10 ns，PWM载波频率为50 kHz，PWM占空比为0.25，试确定在连续增/减计数模式下周期寄存器T1PR及比较寄存器T1CMPR的值。

11. F2812的CPU时钟频率为150 MHz，高速外设时钟为25 MHz，利用通用定时器1的比较器产生一路PWM信号T1PWM；同时，用全比较器产生3对(6路)PWM信号PWM1～PWM6，通用定时器1作为全比较单元的时钟基准。T1PWM信号为单路不带死区控制的PWM输出，而PWM1～PWM6信号带死区，且两两成对，呈互补关系。

12. 捕获单元的主要功能是什么？

13. 简述QEP的工作原理。

14. 如何将事件管理器用于直流电机控制？

第 8 章

模数转换器(ADC)

对一个 DSP 应用系统，数据采集的重要性是十分显著的，而 ADC 是采集通道的核心，也是连接 DSP 与外界模拟信号的桥梁。可通过 ADC 将诸如温度、湿度、压力、流量、电压等外部模拟量转换成数字信号以便提供给 DSP 使用，从而实现数字控制、数字信号处理等。TMS320F281x 片内集成了 ADC，本章详细介绍 ADC 的结构与特点、ADC 的寄存器、ADC 的工作方式以及 ADC 时钟预定标等内容。

8.1 ADC 概述

F2812 片内的 ADC 模块是 12 位分辨率、具有流水线结构，包括模拟电路单元和数字电路单元两部分。其中，模拟电路单元(也称为 ADC 核)包括前端模拟多路复用器(MUXs)、采样保持电路(S/H)、转换内核、电压调节器以及其他模拟支持电路等；数字电路单元(也称为轮询程序)包括可编程转换排序器、转换结果寄存器、模拟电路接口、设备外围总线接口以及其他片上模块接口等。

8.1.1 ADC 的结构与特点

F2812 片内 ADC 模块有 16 个通道，可配置为 2 个独立的 8 通道模块，分别服务于事件管理器 A 和 B，2 个独立的 8 通道模块可以级联构成一个 16 通道的模块。尽管在模数转换模块中有多个输入通道和 2 个排序器，但仅有一个 ADC。F2812 的 ADC 模块的原理框图如图 8-1 所示。

2 个 8 通道模块可自动对一系列转换排序，每个模块可以通过模拟 MUX 选择可用的 8 通道中的任何一个通道。在级联模式中，自动排序器将作为单个 16 通道排序器使用。一旦在每个排序器上完成转换，所选的通道值将存储在各自的 ADCRESULT 结果寄存器中。系统可使用自动排序器功能多次转换同一通道，以便用户执行过采样算法。这种过采样算法可提供比传统的单一采样转换结果更高的分辨率。

ADC 模块的功能包括：

- 共有 16 个模拟量多路复用输入通道引脚，具有内置双采样/保持(S/H-A 和 S/H-B)的 12 位 ADC 内核。模拟输入电压范围为 0～3 V。
- 同步采样模式或顺序采样模式。

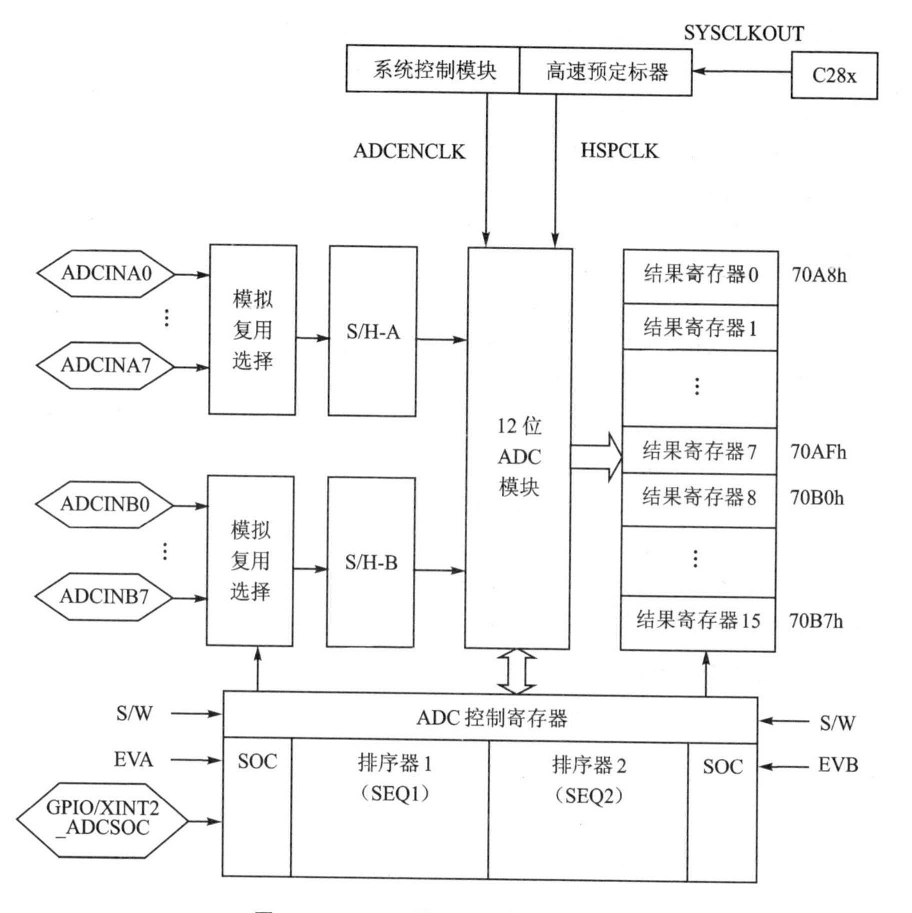

图 8-1　F281x 的 ADC 模块原理框图

- 快速转换时间，ADC 时钟可以配置为 25 MHz，最高采样速率为 12.5 MSPS。
- 自动排序能力，一次可执行多达 16 个通道的自动转换，而每次要转换的通道都可通过编程来选择 16 个通道中任何一个通道。
- 两个独立的可选择 8 个模拟转换通道的排序器(SEQ1 或 SEQ2)可以独立工作于双排序模式，或者级联之后工作在一个可选择 16 个模拟转换通道的排序器模式。
- 可分别寻址的 16 个结果寄存器用于保存转换结果。每个结果寄存器都是 16 位，而 F2812 的 ADC 是 12 位的，因此转换后的数值在结果寄存器中是采用左对齐格式保存的，结果寄存器的高 12 位用于存放转换结果，低 4 位被忽略。输入模拟电压转换为数字值可由下式得到：

$$\text{数字值}=4\ 095\times\frac{\text{输入模拟电压}-\text{ADCLO}}{3}$$

其中，ADCLO 是 A/D 转换低电压参考值。

- 使用多个触发信号源启动模数转换(SOC),包括软件立即启动(S/W)、事件管理EVA和EVB(有多个事件源)可以启动A/D转换和外部引脚GPIOE1/XINT2_ADCSOC触发启动。
- 灵活的中断控制,允许在每个序列的结束(EOS)或其他EOS上产生中断请求。
- 排序器可以工作在启动/停止模式,允许多个按时间排序的触发信号源同步转换。
- 在双排序模式下,EVA和EVB触发源可各自独立地触发SEQ1和SEQ2。
- 采样保持的采集时间窗口有独立控制的预分频。

ADC模块虽然是F2812的片内外设,但它的各个模拟引脚全部引出,包括模拟输入引脚、模拟工作电源、模拟地以及模拟参考电压等。为了获得高精度的模数转换结果,连接到16路输入引脚ADCINxx的模拟输入信号线要尽可能远离数字信号线,这样能使耦合到ADC输入端的数字信号开关噪声大大降低。采用适当的隔离技术将ADC模块电源输入引脚和数字电源隔离。如果采样电路部分是经过多路开关切换的,可以在多路开关输出上接下拉电阻到地。另外,采样通道上的电容效应也可能导致A/D采样误差,因为采样通道上的等效电容可能还在保持上一个采样数据的数值时,就对当前数据进行采样,会造成当前数据不准确。如果条件允许,可以在每次转化完成后先将输入切换到参考地,然后再对信号进行下一次采样。

8.1.2 ADC的寄存器

片上ADC模块有3个控制寄存器(ADCTRL1~ADCTRL3)、一个状态寄存器(ADCST)、4个输入通道选择排序控制寄存器(ADCCHSELSEQ1~ADCCHSELSEQ4)、一个自动排序状态寄存器(ADCASEQSR)、一个最大转换通道寄存器(ADCMAXCONV)以及16个结果寄存器(ADCRESULT0~ADCRESULT15)。ADC模块寄存器如表8-1所列。该表中的寄存器映射到外设帧PF2中,这个空间只允许16位访问,32位的访问会产生未定义的结果。

表8-1 ADC寄存器一览表

名 称	地 址	SIZE(×16)	描 述
ADCTRL1	0x00 7100	1	ADC控制寄存器1
ADCTRL2	0x00 7101	1	ADC控制寄存器2
ADCMAXCONV	0x00 7102	1	ADC最大转换通道寄存器
ADCCHSELSEQ1~ADCCHSELSEQ4	0x00 7103~0x00 7106	4	ADC输入通道选择排序控制寄存器1~4
ADCASEQSR	0x00 7107	1	ADC自动排序状态寄存器
ADCRESULT0~ADCRESULT15	0x00 7108~0x00 7117	15	ADC转换结果缓冲寄存器0~15
ADCTRL3	0x00 7118	1	ADC控制寄存器3
ADCST	0x00 7119	1	ADC状态寄存器
保留	0x00 711A~0x00 711F	6	—

1. ADC 控制寄存器 1(ADCTRL1)

ADC 控制寄存器 1 的位图和各位的功能描述表分别如图 8-2 和表 8-2 所列。

15	14	13	12	11	10	9	8
Reserved	RESET	SUSMOD1	SUSMOD0	ACQ_PS3	ACQ_PS2	ACQ_PS1	ACQ_PS0
R-0	R/W-0	R/W-0	R/W-0	R/W-0	R/W-0	R/W-0	R/W-0

7	6	5	4	3～0
CPS	CONT RUN	SEQ1 OVRD	SEQ CASC	Reserved
R/W-0	R/W-0	R/W-0	R/W-0	R-0

注：R=可读；W=可写；-0=复位后的值为0。

图 8-2　ADC 控制寄存器 1 的位图

表 8-2　ADC 控制寄存器 1 的功能定义描述表

位	名　称	描　述
15	Reserved	保留位。读返回为 0,写此位无影响
14	RESET	ADC 模块软件复位。该位可以使整个 ADC 复位,当芯片的复位引脚被拉低(或上电复位后)时,所有的寄存器和排序器状态机复位到初始状态。这是一个一次性的影响位,即该位置 1 后会立即自动清零。读取该位时返回 0,ADC 的复位信号需要锁存 2 个时钟周期(即 ADC 复位后,2 个时钟周期内不能改变 ADC 的控制寄存器) 0　没有影响 1　复位整个 ADC 模块(ADC 控制逻辑将该位清零) 注:系统复位时,ADC 模块被复位。如果在任意时间需要对 ADC 模块复位,用户可向该位写 1
13～12	SUSMOD1～ SUSMOD0	仿真悬挂模式位,决定产生仿真挂起时执行的操作 00　模式 0,忽略仿真挂起 01　模式 1,当前排序完成后排序器和其他逻辑停止工作,锁存最终结果,更新状态机 10　模式 2,当前转换完成后排序器和其他逻辑停止工作,锁存最终结果,更新状态机 11　模式 3,仿真挂起时,排序器和其他逻辑立即停止
11～8	ACQ_PS3～ ACQ_PS0	采集窗口大小位,控制 SOC 的脉冲宽度,同时也决定了采样开关闭合的时间。SOC 的脉冲宽度是(ADCTRL. 11～8+1)个 ADCCLK 周期数

续表 8-2

位	名 称	描 述
7	CPS	内核时钟预定标器位,用于对高速外设时钟 HSPCLK 分频。 0 ADCCLK=FCLK/1 1 ADCCLK=FCLK/2 注:FCLK=定标后的 HSPCLK/(ADCCLKPS3~0 位)
6	CONT RUN	连续运行位,决定排序器工作在连续转换模式还是启动/停止模式。在一个转换时序有效时,可以对该位进行操作,当转换序列结束时,该位将会生效。 0 启动/停止模式。产生 EOS 信号后排序停止,除非排序器复位,否则在下一个 EOS,排序器将从它停止时的状态开始 1 连续转换模式。产生 EOS 信号后,排序器从 CONV00(对于 SEQ1 和级联排序器)或 CONV08(对于 SEQ2)状态开始
5	SEQ1 OVRD	在连续转换模式下,通过 MAX CONVn 寄存器设置转换结束时发生覆盖返回,从而增加排序器转换的灵活性。用户不用关注,因为一般不用。在版本 A 和 B 的芯片中该位是一个保留的只读位
4	SEQ CASC	级联排序器工作方式位,决定 SEQ1 和 SEQ2 作为 2 个独立的 8 状态排序器还是作为一个 16 状态排序器(SEQ)工作 0 双排序器工作模式,SEQ1 和 SEQ2 作为 2 个 8 状态排序器工作 1 级联模式,SEQ1 和 SEQ2 级联起来作为一个 16 位的排序器工作
3~0	Reserved	保留位。读返回为 0,写此位无影响

2. ADC 控制寄存器 2(ADCTRL2)

ADCTRL2 的位图和各位的功能描述表分别如图 8-3 和表 8-3 所示。

15	14	13	12	11	10	9	8
EVB SOC SEQ	RST SEQ1	SOC SEQ1	Reserved	INT ENA SEQ1	INT MOD SEQ1	Reserved	EVA SOC SEQ1
R/W-0	R/W-0	R/W-0	R-0	R/W-0	R/W-0	R-0	R/W-0

7	6	5	4	3	2	1	0
EXT SOC SEQ1	RST SEQ2	SOC SEQ2	Reserved	INT ENA SEQ2	INT MOD SEQ2	Reserved	EVB SOC SEQ2
R/W-0	R/W-0	R/W-0	R-0	R/W-0	R/W-0	R-0	R/W-0

注:R=可读;W=可写;-0=复位后的值为0。

图 8-3 ADC 控制寄存器 2 的位图

表8-3 ADC控制寄存器2的功能定义描述表

位	名 称	描 述
15	EVB SOC SEQ	为级联排序器使能EVB SOC(注:该位只有级联模式有效)。 0 不起作用 1 该位置位,允许事件管理器B的信号启动级联排序器,可以通过对EVB进行编程,实现EVB的多种事件启动转换
14	RST SEQ1	复位排序器1。向该位写1,立即将排序器复位为一个初始的"预触发"状态,例如,在CONV00等待一个触发,当前执行的转换序列将会失败。 0 不起作用 1 立即复位排序器到CONV00
13	SOC SEQ1	SEQ1的启动转换触发位。 0 清除一个正在挂起的SOC触发 注:如果排序器已经启动,该位自动被清除,因而,向该位写0不会起任何作用。例如,用清除该位的方法不能停止一个已启动的排序。 1 软件触发:从当前停止的位置启动SEQ1(例如,在空闲模式中)。 注:RST SEQ1(ADCTRL2.14位)和SOC SEQ1(ADCTRL2.13位)不应用同样的指令设置,这会复位排序器,但不会启动排序器。正确的排序操作是首先设置RST SEQ1位,然后在下一个指令设置SOC SEQ1位,这会保证复位排序器并启动一个新的排序。这种排序也应用于RST SEQ2(ADCTRL2.6位)和SOC SEQ2(ADCTRL2.5位)位
12	Reserved	保留位。读返回为0,写此位无影响
11	INT ENA SEQ1	SEQ1中断使能位,使能INT SEQ1向CPU发出的中断申请 0 禁止INT SEQ1产生的中断申请 1 使能INT SEQ1产生的中断申请
10	INT MOD SEQ1	SEQ1中断方式位,选择SEQ1的中断方式,在SEQ1转换序列结束时,它影响INT SEQ1的设置。 0 每个SEQ1序列转换结束时,INT SEQ1置位 1 每隔一个SEQ1序列转换结束时,INT SEQ1置位
9	Reserved	保留位。读返回为0,写此位无影响
8	EVA SOC SEQ1	SEQ1的EVA的SOC屏蔽位。 0 EVA的触发信号不能启动SEQ1 1 允许EVA触发信号启动SEQ1/SEQ,可以对事件管理器编程,以便在各种事件下启动转换
7	EXT SOC SEQ1	SEQ1的外部信号启动转换位 0 不起作用 1 外部ADCSOC引脚信号启动ADC自动转换序列

续表 8-3

位	名 称	描 述
6	RST SEQ2	复位 SEQ2 位。 0 不起作用 1 立即复位 SEQ2 到初始的预触发状态。例如,在 CONV08 等待一个触发,将会退出正在执行的转换序列
5	SOC SEQ2	SEQ2 的启动转换触发位,仅适用于双排序模式,在级联模式中被忽略。下列触发可以是该位置位: S/W:软件向该位写 1;EVB:事件管理器 B
4	Reserved	保留位。读返回为 0,写此位无影响
3	INT ENA SEQ2	SEQ2 中断使能位。该位使能 INT SEQ2 向 CPU 发出的中断申请 0 禁止 INT SEQ2 产生的中断申请 1 使能 INT SEQ2 产生的中断申请
2	INT MOD SEQ2	SEQ2 中断方式位。该位选择 SEQ2 的中断方式,在 SEQ2 转换序列结束时,它影响 INT SEQ2 的设置。 0 每个 SEQ2 序列转换结束时,INT SEQ2 置位 1 每隔一个 SEQ2 序列转换结束时,INT SEQ2 置位
1	Reserved	保留位。读返回为 0,写此位无影响
0	EVB SOC SEQ2	SEQ2 的 EVB 的 SOC 屏蔽位。 0 EVB 的触发信号不能启动 SEQ2 1 允许 EVB 触发信号启动 SEQ2,可以对事件管理器编程,以便在各种事件下启动转换

3. ADC 控制寄存器 3(ADCTRL3)

ADCTRL3 的位图和各位的功能描述表分别如图 8-4 和表 8-4 所示。

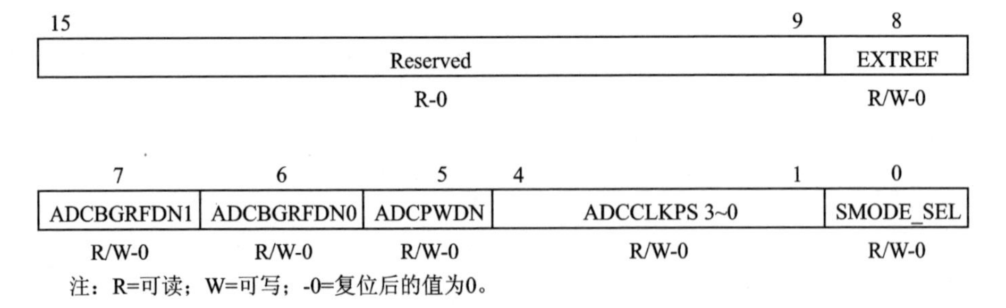

图 8-4 ADCTRL3 的位图

表8-4　ADCTRL3的功能定义描述表

位	名　称	描　述
15～9	Reserved	保留位。读返回为0,写此位无影响
8	EXTREF	使能ADCREFM和ADCREFP引脚作为输入参考源 0　ADCREFP(2 V)和ADCREFM(1 V)引脚是内部参考源电压的输出引脚 1　ADCREFP(2 V)和ADCREFM(1 V)引脚是外部参考源电压的输入引脚
7～6	ADCBGRFDN1～ADCBGRFDN0	ADC带隙和参考电源的控制位。这两位必须同时清零或置位。 00 带隙和参考电源断电　　11 带隙和参考电源上电
5	ADCPWDN	ADC电源控制位,控制模拟内核内除带隙和参考电路外的所有模拟电路的上电和断电。 0　内核内除带隙和参考电路外的所有模拟电路断电 1　内核内的模拟电路上电
4～1	ADCCLKPS 3～0	ADC内核时钟分频器。除了在ADCCLKPS3～0为0000时高速外设时钟HSPCLK直通外,其他情况需将F2812高速外设时钟HSPCLK除以(2×ADCCLKPS3～0),将分频后的时钟进一步除以(ADCTRL1.7+1),以产生ADC内核时钟ADCCLK。 0000　HSPCLK/(ADCTRL1.7+1) 0001　HSPCLK/[2×1×(ADCTRL1.7+1)] 0010　HSPCLK/[2×2×(ADCTRL1.7+1)] …　… 1111　HSPCLK/[2×15×(ADCTRL1.7+1)]
0	SMODE_SEL	采样方式选择位。该位选择顺序采样模式或同步采样模式。 0　选择顺序采样模式　　1　选择同步采样模式

4. ADC最大转换通道寄存器(ADCMAXCONV)

ADCMAXCONV的位图和各位的功能描述表分别如图8-5和表8-5所示。

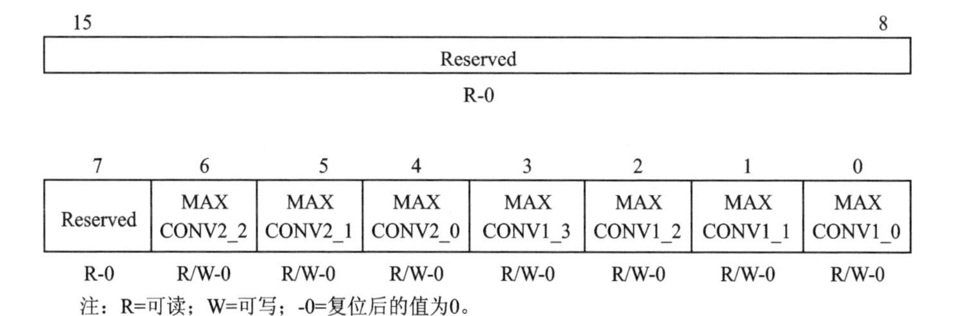

图8-5　ADCMAXCONV的位图

表8-5 ADCMAXCONV的功能定义描述表

位	名 称	描 述
15～7	Reserved	保留位。读返回为0,写此位无影响
6～0	MAX CONVn	MAX CONVn定义了一个自动转换序列中完成的最大转换通道数。这些位的操作随序列发生器模式(双/级联)变化而变化。 对于SEQ1操作,使用位MAX CONV1_2～0 对于SEQ2操作,使用位MAX CONV2_2～0 对于SEQ操作,使用位MAX CONV1_3～0 自动转换序列总是从初始状态开始,并在条件允许的情况下,持续到结束状态,并将转换结果按顺序装载入结果寄存器。每次转换的个数可以通过编程选择1到(MAX CONVn+1)之间的转换数

5. ADC自动排序状态寄存器(ADCASEQSR)

ADCASEQSR的位图和各位的功能描述表分别如图8-6和表8-6所示。

15～12	11	10	9	8
Reserved	SEQ CNTR3	SEQ CNTR2	SEQ CNTR1	SEQ CNTR0
R-0	R-0	R-0	R-0	R-0

7	6	5	4	3	2	1	0
Reserved	SEQ2 STATE2	SEQ2 STATE1	SEQ2 STATE0	SEQ1 STATE3	SEQ1 STATE2	SEQ1 STATE1	SEQ1 STATE0
R-0	R-0	R-0	R-0	R-0	R-0	R-0	R-0

注：R=可读；-0=复位后的值为0。

图8-6 ADCASEQSR的位图

表8-6 ADCASEQSR的功能定义描述表

位	名 称	描 述
15～12	Reserved	保留位。读返回为0,写此位无影响
11～8	SEQ CNTR3～0	排序计数器状态位。SEQ1、SEQ2和级联排序器SEQ使用SEQ CNTRn的4个计数状态位。在级联方式下SEQ2是不相关的。排序计数器位SEQ CNTR3～0在启动一个序列转换时,初始化MAX CONV。在自动转换序列中,每个转换(同步采样模式时为一对转换)完成后排序器的计数器减1。在减计数过程中,SEQ CNTRn位随时可读,以检查排序器的状态。此值和SEQ1、SEQ2的busy标志状态位一起,在任何时间点上,可标识正在执行的排序器的进程或状态
7	Reserved	保留位。读返回为0,写此位无影响
6～0	SEQ2 STATE2～0 SEQ1 STATE3～0	SEQ2 STATE2～0和SEQ1 STATE3～0相应位分别是SEQ2和SEQ1的指针。这些位保留,用于TI测试,不提供给用户使用

6. ADC 状态寄存器(ADCST)

ADCST 的位图和各位的功能描述表分别如图 8-7 和表 8-7 所示。

15~8
Reserved
R-0

7	6	5	4	3	2	1	0
EOS BUF2	EOS BUF1	INT SEQ2 CLR	INT SEQ1 CLR	SEQ2 BSY	SEQ1 BSY	INT SEQ2	INT SEQ1
R-0	R-0	R/W-0	R/W-0	R-0	R-0	R-0	R-0

注：R=可读；W=可写；-0=复位后的值为0。

图 8-7　ADCST 的位图

表 8-7　ADCST 的功能定义描述表

位	名　称	描　述
15～8	Reserved	保留位。读返回为 0,写此位无影响
7	EOS BUF2	SEQ2 的排序缓冲器结束位。在中断模式 0(即当 ADCTRL2.2=0 时)中,不使用该位且保持为 0 值。在中断模式 1(即当 ADCTRL2.2=1 时)中,它在每个 SEQ2 序列结束时进行状态切换。该位在器件复位时清除,且不受排序器复位或清除相应中断标志的影响
6	EOS BUF1	SEQ1 的排序缓冲器结束位。在中断模式 0(即当 ADCTRL2.10=0 时)中,不使用该位且保持为 0 值。在中断模式 1(即当 ADCTRL2.10=1 时)中,它在每个 SEQ2 序列结束时进行状态切换。该位在器件复位时清除,且不受排序器复位或清除相应中断标志的影响
5	INT SEQ2 CLR	中断清除位。读该位总是返回 0 值,可以向该位写 1 清除标志位。 0　将 0 写入该位无影响 1　将 1 写入此位会清除 SEQ2 中断标志位 INT SEQ2。此位不影响 EOS BUF2 位
4	INT SEQ1 CLR	中断清除位。读该位总是返回 0 值,可以向该位写 1 清除标志位。 0　将 0 写入该位无影响 1　将 1 写入此位会清除 SEQ1 中断标志位 INT SEQ1。此位不影响 EOS BUF1 位
3	SEQ2 BSY	SEQ2 忙状态位。 0　SEQ2 空闲,正在等待触发信号 1　SEQ2 正忙,写该位无效

续表 8-7

位	名 称	描 述
2	SEQ1 BSY	SEQ1 忙状态位。 0 SEQ1 空闲,正在等待触发信号 1 SEQ1 正忙,写该位无效
1	INT SEQ2	SEQ2 中断标志位。对该位进行写操作无效。在中断模式 0 中(即当 ADCTRL2.2=0 时),在每个 SEQ2 序列结束时将该位置 1。在中断模式 1 中(即当 ADCTRL2.2=1 时),如果 EOS BUF2 位被置位,则在 SEQ2 序列结束时,该位置 1。 0 无 SEQ2 中断事件 1 发生 SEQ2 中断事件
0	INT SEQ1	SEQ1 中断标志位。对该位进行写操作无效。在中断模式 0 中(即当 ADCTRL2.10=0 时),在每个 SEQ1 序列结束时将该位置 1。在中断模式 1 中(即当 ADCTRL2.10=1 时),如果 EOS BUF1 位被置位,则在 SEQ1 序列结束时,该位置 1。 0 无 SEQ1 中断事件 1 发生 SEQ1 中断事件

7. ADC 输入通道选择排序控制寄存器 1～4(ADCCHSELSEQ1～ADCCHSELSEQ4)

ADCCHSELSEQ1～ADCCHSELSEQ4 的位图分别如图 8-8～图 8-11 所示。对于每一个自动转换,每一个 4 位值 CONVnn 可以选择 ADC 模块 16 个模拟输入通道中的任何一个通道,并非 CONV00 只能选择 A0 通道,CONV07 只能选择 A7 通道。另外,对于 SEQ1 和 SEQ(级联)方式,自动转换从 CONV00 开始;而对于 SEQ2 方式,自动转换从 CONV08 开始。表 8-8 给出了 CONVnn 位的值及其与 ADC 输入通道选择之间的对应关系。

15～12	11～8	7～4	3～0
CONV03	CONV02	CONV01	CONV00
R/W-0	R/W-0	R/W-0	R/W-0

注：R=可读；W=可写；-0=复位后的值为0。

图 8-8 ADC 输入通道选择排序控制寄存器 1 的位图

15～12	11～8	7～4	3～0
CONV07	CONV06	CONV05	CONV04
R/W-0	R/W-0	R/W-0	R/W-0

注：R=可读；W=可写；-0=复位后的值为0。

图 8-9 ADC 输入通道选择排序控制寄存器 2 的位图

15–12	11–8	7–4	3–0
CONV11	CONV10	CONV09	CONV08
R/W-0	R/W-0	R/W-0	R/W-0

注：R=可读；W=可写；-0=复位后的值为0。

图 8-10　ADC 输入通道选择排序控制寄存器 3 的位图

15–12	11–8	7–4	3–0
CONV15	CONV14	CONV13	CONV12
R/W-0	R/W-0	R/W-0	R/W-0

注：R=可读；W=可写；-0=复位后的值为0。

图 8-11　ADC 输入通道选择排序控制寄存器 4 的位图

表 8-8　CONVnn 位的值与 ADC 输入通道选择之间的对应关系表

CONVnn	选择的 ADC 输入通道	CONVnn	选择的 ADC 输入通道
0000	ADCINA0	1000	ADCINB0
0001	ADCINA1	1001	ADCINB1
0010	ADCINA2	1010	ADCINB2
0011	ADCINA3	1011	ADCINB3
0100	ADCINA4	1100	ADCINB4
0101	ADCINA5	1101	ADCINB5
0110	ADCINA6	1110	ADCINB6
0111	ADCINA7	1111	ADCINB7

8. ADC 转换结果缓冲寄存器 0～15(ADCRESULT0～ADCRESULT15)

ADC 共有 16 个转换结果缓冲寄存器 ADCRESULTn(n＝0～15)，用于存放 A/D 转换后的结果。在级联排序器模式中，寄存器 ADCRESULT8～ADCRESULT15 保持第 9～16 次转换的结果。需要注意的是，保存在 12 位转换结果缓冲寄存器中的数值是采用左对齐格式的，转换结果缓冲寄存器的高 12 位用于存放转换结果，低 4 位被忽略。转换结果缓冲寄存器 ADCRESULTn 的位图如图 8-12 所示。

15	14	13	12	11	10	9	8
D11	D10	D9	D8	D7	D6	D5	D4
R-0	R-0	R-0	R-0	R-0	R-0	R-0	R-0

7	6	5	4	3–0
D3	D2	D1	D0	Reserved
R-0	R-0	R-0	R-0	R-0

注：R=可读；-0=复位后的值为0。

图 8-12　ADCRESULTn 的位图

8.2 ADC的工作方式

由图8-1的ADC模块原理框图可以看出，ADC共有16个输入通道引脚，分成为两组，一组是ADCINA0～ADCINA7，使用采样保持器S/H-A，对应于排序器SEQ1；另一组是ADCINB0～ADCINB7，使用采样保持器S/H-B，对应于排序器SEQ2。本节将介绍F2812内部的ADC是如何工作的，即ADC的工作方式。

8.2.1 自动转换排序器的工作原理

自动排序器的作用是为需要转换的模拟输入通道安排转换的顺序，即确定先采哪个通道，后采哪个通道。ADC的排序器由2个8状态排序器SEQ1和SEQ2组成，它们也可以级联成一个16状态排序器。这里所说的状态是指排序器中能够完成A/D转换通道的个数。排序器又可以分为单排序器(级联构成16状态)模式和双排序器(2个相互独立的8状态)模式。图8-13为ADC模块工作在最多可选择16个自动转换模拟通道的单排序器(SEQ)模式下的结构框图，图8-14为ADC模块工作在2个最多可选择8个自动转换模拟通道的双排序器(SEQ1和SEQ2)模式下的结构框图。

在上述两种排序器模式中，ADC可以对一系列转换进行自动排序，即ADC每收到一个启动转换请求(SOC)，它就可以自动执行多个转换。每个转换通过模拟多路开关MUX，可选择16个可用输入通道中的任何一路。转换之后，所选择通道的转换数字值将保存到相应的结果寄存器ADCRESULTn中(第一个结果存储在ADCRESULT0中，第二个结果存储在ADCRESULT1中，依此类推)。用户还可对同一个通道多次采样，即对某一通道执行过采样，从而得到比传统的单采样转换结果更高的分辨率。值得用户注意的是，采用双排序器模式的情况下，规定SEQ1的转换优先级高于SEQ2。

在顺序采样的双排序器模式中，一旦当前工作的排序器完成排序，则执行挂起的来自其他排序器的SOC请求。例如，假定出现来自SEQ1的SOC请求时ADC正忙于处理SEQ2的请求，则A/D转换器将在完成正在处理的SEQ2请求之后立即开始执行SEQ1的请求。如果SEQ1和SEQ2的SOC请求都为挂起状态，则SEQ1的SOC具有优先权。例如，假定ADC正忙于处理SEQ1的请求，同时出现了来自SEQ1和SEQ2的SOC请求，当SEQ1完成其活动序列时，将立即执行SEQ1的SOC请求，SEQ2的SOC请求将保持挂起状态。

为方便起见，规定排序器的状态如下表示：

- 单排序器SEQ1：CONV00～CONV07；
- 单排序器SEQ2：CONV08～CONV15；
- 级联排序器SEQ：CONV00～CONV15。

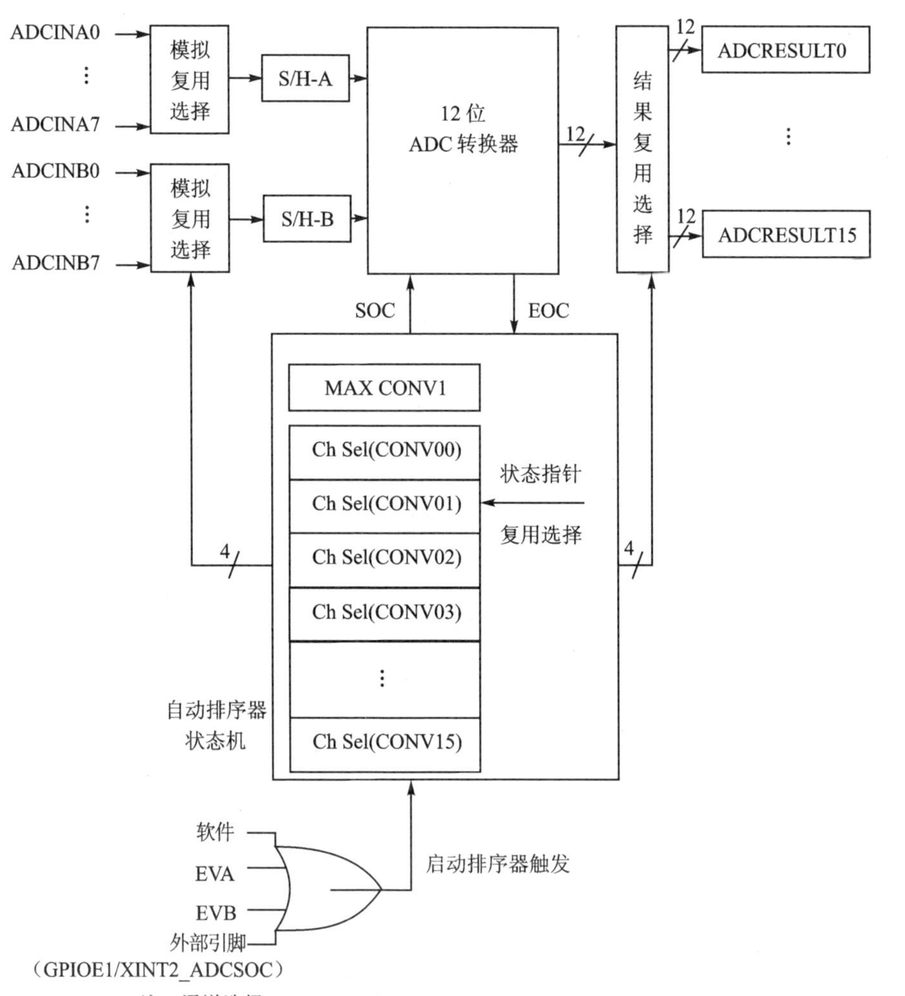

图8-13 单排序器(级联为16状态)模式下自动排序ADC结构框图

F2812的ADC可工作于顺序采样和同步采样2种模式。顺序采样即按照顺序，一个通道、一个通道地采样，如ADCINA0、ADCINA1、…、ADCINA7、ADCINB0、ADCINB1、…、ADCINB7。而同步采样是一对通道、一对通道地采样，即ADCINA0和ADCINB0同时采样等。对于每次转换(或同步采样模式中的每对转换)，当前的CONVxx位字段定义了将要采样和转换的引脚(或引脚对)。

在顺序采样模式中，CONVxx的所有4位用于定义输入引脚。最高位(MSB)用于定义与输入引脚相关联的采样保持器，为0时，采样的是A组，采样保持器用的是S/H-A；为1时，采样的是B组，采样保持器用的是S/H-B。而低3位用于定义偏移，决定了某一组内的特定引脚。例如，如果CONVxx的数值是0101b，则ADCINA5为选定的输入引脚。如果它的数值是1011b，则ADCINB3为选定的输入引脚。

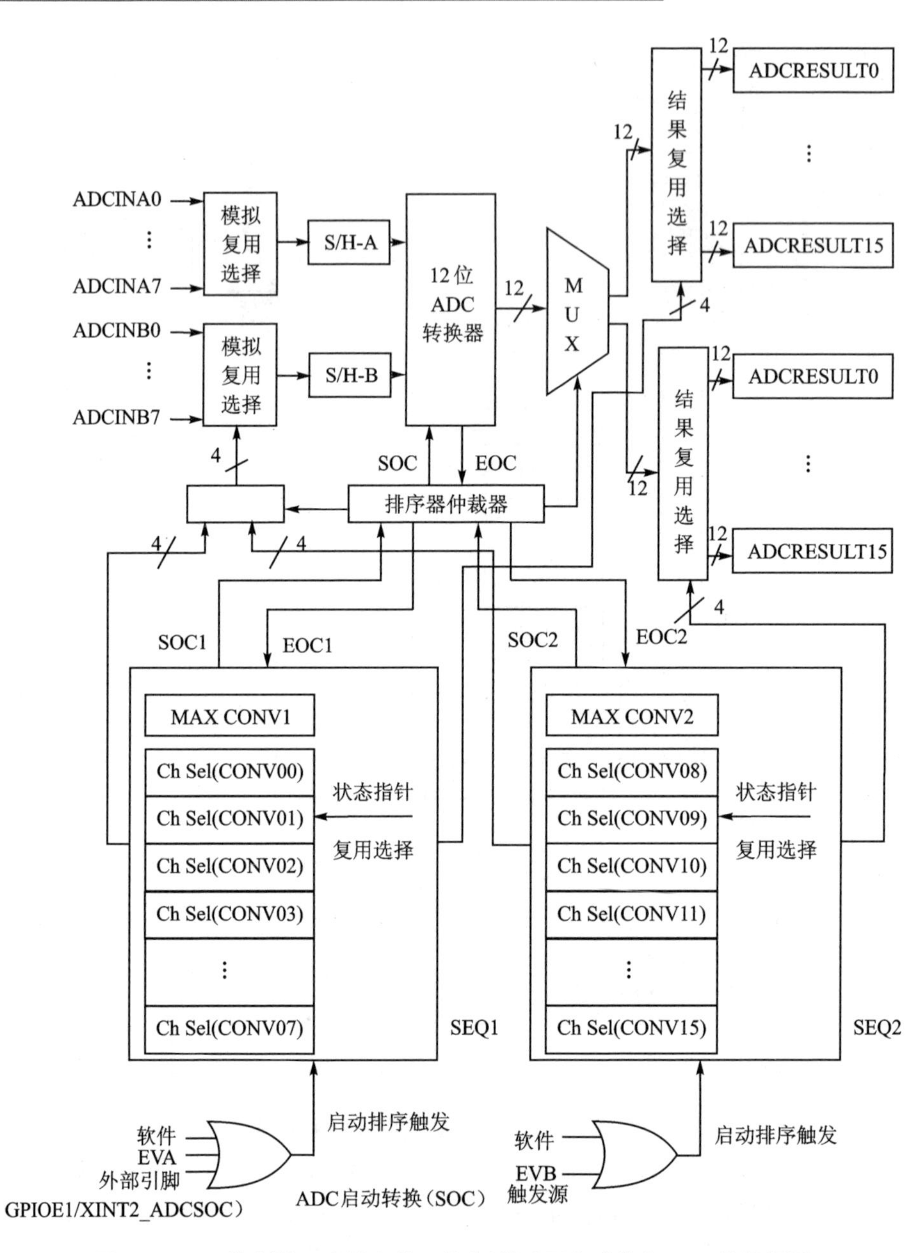

图8-14　双排序器(2个独立的8状态)模式下自动排序ADC结构框图

在同步采样模式中,因为是一对一对进行采样的,S/H-A和S/H-B会同时使用到,所以,CONVxx的最高位(MSB)被舍弃,只有低3位的数据才是有效位。每个采样和保持缓冲器对由CONVxx的低3位提供的偏移给出的关联引脚进行采样。例如,如果CONVxx的数值是0110b,则S/H-A对ADCINA6采样,S/H-B对ADCINB6采样。如果值为1001b,则S/H-A对ADCINA1采样,S/H-B对

ADCINB1 采样。转换器首先转换 S/H－A 的值,然后转换 S/H－B 的值,将 S/H－A 转换的结果存放在当前 ADCRESULTn 寄存器中(对 SEQ1 为 ADCRESULT0,假定排序器已被复位,n=0)。将 S/H－B 转换的结果存放在 ADCRESULT(n+1)寄存器中(对 SEQ1 为 ADCRESULT1,假定排序器已被复位)。然后将结果寄存器指针加 2(指向 SEQ1 的 ADCRESULT2,假定排序器一开始就已被复位)。

在单(级联)排序器模式下的同步采样中,SEQ 将用到 ADC 输入通道选择排序控制寄存器 ADCCHSELSEQ1 和 ADCCHSELSEQ2;而在顺序采样中,SEQ 将用到所有 4 个 ADC 输入通道选择排序控制寄存器 ADCCHSELSEQ1～ADCCH-SELSEQ4。在双排序器模式下的同步采样中,SEQ1 将用到 ADC 输入通道选择排序控制寄存器 ADCCHSELSEQ1,SEQ2 将用到 ADC 输入通道选择排序控制寄存器 ADCCHSELSEQ3;而在顺序采样中,SEQ1 将用到 ADC 输入通道选择排序控制寄存器 ADCCHSELSEQ1 和 ADCCHSELSEQ2,SEQ2 将用到 ADC 输入通道选择排序控制寄存器 ADCCHSELSEQ3 和 ADCCHSELSEQ4。

双排序器模式下、同步采样的初始化例程如下:

```
//初始化程序
 AdcRegs.ADCTRL3.bit.SMODE_SEL = 1;             // 设置同步采样模式
 AdcRegs.ADCMAXCONV.all = 0x0033;               // 每个排序器 4 对转换(共 8 个)
 AdcRegs.ADCCHSELSEQ1.bit.CONV00 = 0x0;         // 设置 ADCINA0 和 ADCINB0 的转换
 AdcRegs.ADCCHSELSEQ1.bit.CONV01 = 0x1;         // 设置 ADCINA1 和 ADCINB1 的转换
 AdcRegs.ADCCHSELSEQ1.bit.CONV02 = 0x2;         // 设置 ADCINA2 和 ADCINB2 的转换
 AdcRegs.ADCCHSELSEQ1.bit.CONV03 = 0x3;         // 设置 ADCINA3 和 ADCINB3 的转换
 AdcRegs.ADCCHSELSEQ3.bit.CONV08 = 0x4;         // 设置 ADCINA4 和 ADCINB4 的转换
 AdcRegs.ADCCHSELSEQ3.bit.CONV09 = 0x5;         // 设置 ADCINA5 和 ADCINB5 的转换
 AdcRegs.ADCCHSELSEQ3.bit.CONV10 = 0x6;         // 设置 ADCINA6 和 ADCINB6 的转换
 AdcRegs.ADCCHSELSEQ3.bit.CONV11 = 0x7;         // 设置 ADCINA7 和 ADCINB7 的转换
```

如果 SEQ1 and SEQ2 同时被执行, 则将结果保存到以下结果寄存器中:

```
ADCINA0 -> ADCRESULT0
ADCINB0 -> ADCRESULT1
ADCINA1 -> ADCRESULT2
ADCINB1 -> ADCRESULT3
ADCINA2 -> ADCRESULT4
ADCINB2 -> ADCRESULT5
ADCINA3 -> ADCRESULT6
ADCINB3 -> ADCRESULT7
ADCINA4 -> ADCRESULT8
ADCINB4 -> ADCRESULT9
ADCINA5 -> ADCRESULT10
ADCINB5 -> ADCRESULT11
```

```
ADCINA6 -> ADCRESULT12
ADCINB6 -> ADCRESULT13
ADCINA7 -> ADCRESULT14
ADCINB7 -> ADCRESULT15
```

值得注意的是,用户不要将顺序采样、同步采样和双排序器模式、单(级联)排序器模式混淆,前者讲的是采样方式,而后者讲的是排序器的模式,即在双排序器模式下可以采用顺序采样或同步采样,同样在单(级联)排序器模式下也可以采用顺序采样或同步采样两种方式。无论何种工作方式,DSP 中只有一个 A/D 转换模块。

8.2.2　连续自动排序模式

以下说明仅适用于最多可实行 8 个状态(通道)的自动转换排序器(SEQ1 或 SEQ2)。当 ADCTRL1.6 位(CONT RUN 位)的值为 1 时,排序器从 CONV00(对于 SEQ1)或 CONV08(对于 SEQ2)状态开始连续自动转换模式。在此模式下,SEQ1/SEQ2 在一次排序过程中,可对多达 8 个转换通道进行自动排序转换。每次转换的结果被保存到 8 个相应的结果寄存器(SEQ1 为 ADCRESULT0～ADCRESULT7,SEQ2 为 ADCRESULT8～RESULT15)中。操作时从最低地址向最高地址填充这些寄存器。

一个排序中的转换通道个数受 ADC 最大转换通道寄存器(ADCMAXCONV)中的 MAX CONVn(ADCMAXCONV 寄存器中的 3 位段域或 4 位段域)控制,该值在自动排序转换开始时被自动装载到 ADC 自动排序状态寄存器中的排序计数器状态位(SEQ CNTR3～0)中,MAX CONVn 位域的值在 0～7 之间,排序器从状态 CONV00 开始转换,SEQ CNTRn 位域的值从装载值开始向下计数,直到 SEQ CNTRn 为 0。一次自动排序中完成的转换数为(MAX CONVn+1)。

连续的自动排序模式 A/D 转换流程图如图 8-15 所示。

图 8-15 中,一旦转换启动(SOC)触发信号被排序器收到后,转换立即开始,转换通道数载入 SEQ CNTRn 位域,按照 ADC 输入通道选择排序控制寄存器 ADCCHSELSEQn 指定的通道顺序进行转换。每个通道转换结束后,SEQ CNTRn 位域的值自动减 1。当 SEQ CNTRn 得值达到 0 时,将根据 ADCTRL1 寄存器的连续运行位(CONT RUN 位)状态,会发生 2 种情况:

① 如果 CONT RUN 位为 1,则转换排序自动再次启动(即 SEQ CNTRn 重载入 MAX CONV1 中的初始值,且 SEQ1 状态被置于 CONV00)。在这种情况下,为了避免数据被下次转换结果覆盖,用户必须确保在下一次转换排序之前读取结果寄存器的值。

② 如果 CONT RUN 位为 0,则排序器工作于启动/停止模式,排序器指针会停留在最后的状态,并且 SEQ CNTRn 的值继续保持 0 值。如果用户想要在下一个 SOC 时重复排序操作,必须在下一个 SOC 到来之前使用 RST SEQn 位复位排序器。

由于 SEQ CNTRn 的值每次到达 0 时中断标志位都被设置为 1(INT ENA SE-

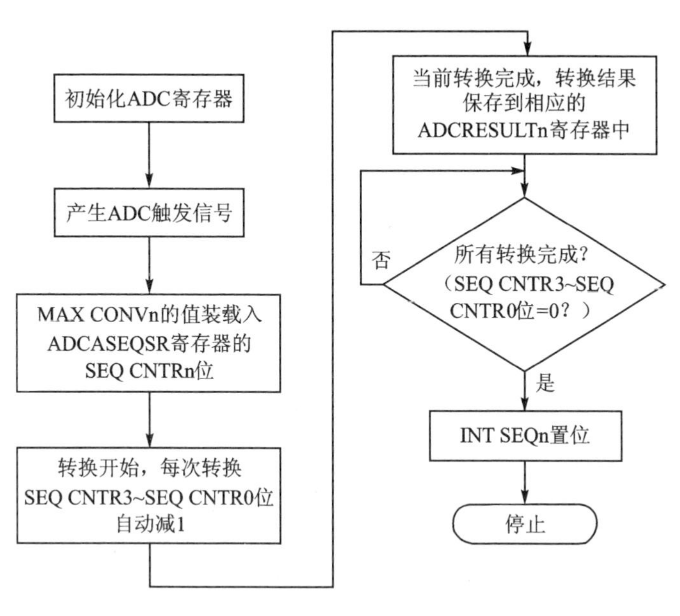

图 8-15　连续的自动排序模式 A/D 转换流程图

Qn=1 且 INT MOD SEQn=0)，所以如有需要，用户可以在中断服务子程序中使用 ADCTRL2 寄存器中的 RST SEQn 位将排序器手动复位，这将使得 SEQn 状态复位成初始值(对 SEQ1 为 CONV00，对 SEQ2 为 CONV08)。此特点在排序器的启动/停止模式操作中非常有用。

8.2.3　排序器的启动/停止模式

除了连续自动排序模式外，任何一个排序器(SEQ1、SEQ2 或 SEQ)都可工作在启动/停止模式。当 ADCTRL1.6 位(CONT RUN 位)的值为 0 时，排序器工作在启动/停止模式。该模式可实现在时间上单独与多个启动转换触发信号源同步的功能。但在该模式下，排序器完成一个转换排序之后，在中断服务程序中不需要被复位，即排序器初始指针不需要指向 CONV00 即可被重新触发。因此当一个转换排序结束后，排序器停留在当前的转换状态。

8.2.4　输入触发源

每一个排序器都具有一组能被使能或禁止的触发源输入。SEQ1、SEQ2 和 SEQ 的有效输入触发源如表 8-9 所列。在数字控制或数字信号处理系统中，通常应用通用定时器中断，通过软件来触发并启动 ADC。当利用事件管理器的 PWM 输出控制电机驱动器时，通常需要借助于事件管理器的特定事件触发 ADC 操作，从而实现对电机电压或电流的同步采样。此外，当需要与外部的特定事件同步时，用户还可以使用外部引脚信号作为 ADC 的触发源。

表8-9 排序器有效输入触发源

排序器1(SEQ1)	排序器2(SEQ2)	级联排序器(SEQ)
软件触发(软件SOC) 事件管理器A(EVA SOC) 外部SOC引脚	软件触发(软件SOC) 事件管理器B(EVB SOC)	软件触发(软件SOC) 事件管理器A(EVA SOC) 事件管理器B(EVB SOC) 外部SOC引脚

用户在使用排序器的有效输入触发源时,需要注意以下几点:

① 无论何时,只要一个排序器处在空闲状态,一个启动信号触发就可以启动一个自动转换序列。空闲状态是指在接收触发源信号之前排序器指向CONV00时,或是转换序列完成时(即SEQ CNTRn计数到0时)排序器所处的任何状态。

② 如果当前转换序列正在进行时出现SOC触发信号,则将ADCTRL2寄存器中的SOC SEQn位置1(此位在前一个转换开始时被清0)。此时,如果还出现另一个SOC触发信号,则该启动触发信号被丢弃,即当SOC SEQn位已经置位(SOC挂起)时,将忽略随后的触发信号。

③ 一旦触发成功,排序器就不能在转换中途被停止或中断。程序必须等待转换结束(EOS)或启动排序器复位,复位使排序器立即返回到空闲起始状态(对SEQ1和级联模式为CONV00,对SEQ2为CONV08)。

④ 当SEQ1/2用于级联模式时,则忽略进入SEQ2的触发信号,而SEQ1的触发信号仍然有效。因此,可将级联模式看作16状态而非8状态的SEQ1。

8.2.5 排序转换时的中断操作

排序器在转换期间可以使用中断方式1和中断方式2这2种方式产生中断,这两种方式由ADCTRL2寄存器中的中断使能位和中断方式控制位决定。中断方式1是每个排序序列转换结束时产生中断请求,即每转换结束一个序列,便产生一次中断请求。中断方式2是每隔一个排序序列转换结束时产生中断请求,即不是每次转换结束都会产生一个中断请求,而是一个隔一个地产生,例如第一次转换结束时并不产生中断请求,第二次转换结束时才产生中断请求,接着,第三次转换结束时也不产生中断请求,第四次转换结束时才产生中断请求,依此类推。

当ADC中断最终被CPU响应时,通常在ADC中断函数里要做的操作就是读取ADC转换结果寄存器中的值以及一些其他的操作。

8.3 ADC时钟预定标

通过前面几章的学习已经知道,晶振经过PLL模块之后产生了SYSCLKOUT,而CPU时钟信号经过高速时钟预定标器之后生成了高速外设时钟HSPCLK提供给像 A/D、EV 这样的高速外设,因此 ADC 模块由高速外设时钟 HSPCLK 提供基时钟。图 8-16 给出了从 DSP 的外部时钟输入至 ADC 模块的整个时钟链。有关 HSPCLK 与 SYSCLKOUT 的计算关系可参考表 3-11,OSCCLK 与 SYSCLKOUT 的计算关系用户可参考表 3-14。

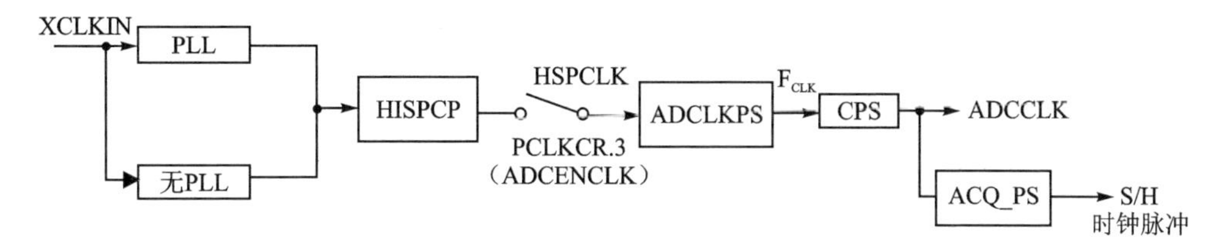

图 8-16 输入至 ADC 的时钟链

当外设时钟控制寄存器(PCLKCR)的第 3 位(ADCENCLK 位,ADC 时钟使能控制位)置 1 时,则开通高速外设时钟 HSPCLK 输入到 ADC 模块,否则,HSPCLK 不向 ADC 模块提供时钟,ADC 也就不能正常工作。

高速外设时钟 HSPCLK 并不是直接用于 ADC 模块,而是将高速外设时钟 HSPCL 除以 ADCTRL3 寄存器的 ADCCLKPS3~0 位的值,然后通过 ADCTRL1 寄存器的 CPS 位提供额外的二分频(CPS=1 时)或不分频(CPS=0 时),就可以得到 ADC 的内核时钟 ADCCLK。另外,可通过控制 ADCTRL1 寄存器的 ACQ_PS3~0 位来增大采样/采集窗口(采样脉冲的宽度),使 ADC 适应源阻抗的变化。这些位不影响 S/H 和转换过程,但由于扩展了 SOC 脉冲,也就延长了采样部分所用的时间,如图 8-17 所示。

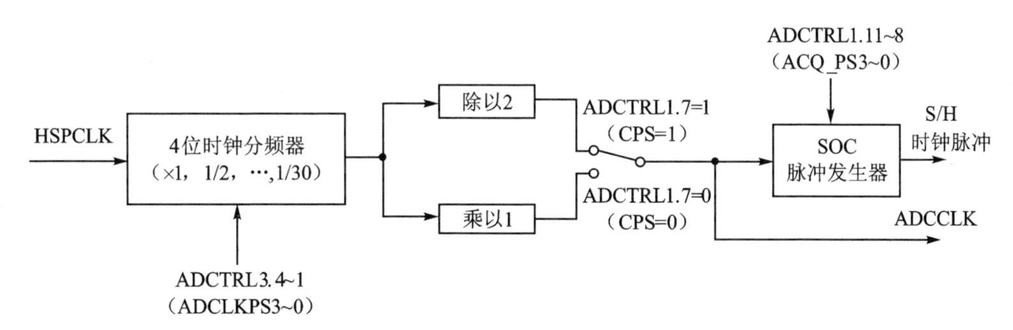

图 8-17 ADC 内核时钟和采样保持时钟

表 8-10 列出了设置 ADC 内核时钟的 2 个例子。

表 8-10 ADC 内核时钟设置表

XCLKIN	PLLCR.3~0	HSPCLK	ADCTRL3.4~1	ADCTRL1.7	ADCCLK	ADCTRL1.11~8
30 MHz	0000b	HISPCP=0	ADCLKPS=0	CPS=1	7.5 MHz	ACQ_PS=0 S/H 脉冲宽度=1
	15 MHz	15 MHz	15 MHz	7.5 MHz		
30 MHz	1010b	HISPCP=3	ADCLKPS=2	CPS=1	3.125 MHz	ACQ_PS=15 S/H 脉冲宽度=16
	150 MHz	150/(2×3)= 25 MHz	25/(2×2)= 6.25 MHz	6.25/(2×1)= 3.125 MHz		

8.4 低功耗模式与上电次序

ADC 模块通过 ADCTRL3 寄存器中相应的 3 位控制位可设置为 3 种独立的供电等级模式：ADC 上电、ADC 断电和 ADC 关闭，组合方式如表 8-11 所列。

表 8-11 ADC 供电等级模式选择

供电等级模式	ADCBGRFDN1	ADCBGRFDN0	ADCPWDN
ADC 上电	1	1	1
ADC 断电	1	1	0
ADC 关闭	0	0	0
保留	1	0	X
保留	0	1	X

当 ADC 复位时处于关闭状态，如果要给 ADC 上电，需要严格遵循以下顺序，以保证 ADC 可靠性和精确性。

① 如果 ADC 使用外部参考源，需要在内部带隙参考源开启之前配置 ADCTRL3 寄存器的第 8 位(置 1)来使能外部参考源电压的输入引脚 ADCREFP(2 V)和 ADCREFM(1 V)，从而避免内部参考源(ADCREFP 和 ADCREFM)来驱动可能存在的板上接入的外部参考源。

② 在给带隙参考源上电至少 7 ms 后再给 ADC 的其他模拟电路部分上电。

③ 当 ADC 模块完全供电后，为了保证 A/D 的转换精度，需要至少延迟 20 μs 才能启动第一次 A/D 转换。

当 ADC 模块断电时，需要同时清除 ADCTRL3 寄存器中相应的 3 位控制位。ADC 模块的功耗模式必须通过软件设置，且与 DSP 的功耗模式是独立设置的。

1. 试将 F2812 中的 ADC 模块与一种 ADC 芯片(如 ADC0809、ADC574 等)进行比较,简述 F2812 的 A/D 转换器的特点。如果片内 ADC 模块的精度无法满足系统设计要求,如何设计 ADC 电路?

2. 简述 F2812 片上 ADC 模块的自动排序器的原理。

3. 如何确定 F2812 片上 ADC 模块的时钟?

4. 掌握 F2812 片上 ADC 模块的寄存器以及使用方法。

5. 采用双排序器和顺序采样模式编程,排序器 SEQ1 对两个模拟输入通道 ADCINA5 和 ADCINA6 的电压信号进行自动转换。排序器采用事件管理器 EVA(通用定时器 1)的周期匹配中断标志作为触发启动信号,通用定时器 1 定时 50 μs。使用 ADC 模块的中断方式,每次排序结束(EOS)都产生中断。在中断服务程序中,读取模拟量的转换结果并存储到 2 个长度为 200 的数组 Voltage1 和 Voltage2 中。设 CPU 时钟频率为 150 MHz。

第 9 章

串行外设接口(SPI)

SPI(Serial Peripheral Interface)串行外围设备接口,是原 Freescale 公司首先在其 MC68HCxx 系列处理器上定义的,是一种同步的高速串行通信协议。SPI 有主从两种工作方式,可以使 DSP 与外围模块之间以串行方式进行通信以及交换信息,比如 EEPROM、Flash、实时时钟、显示驱动器、ADC/DAC 等。SPI 总线是一种高速、全双工、同步的串行外设接口通信总线,并且在芯片的引脚上占用的接口线少(三线或四线,F2812 中 SPI 接口采用四线制),节约了芯片的引脚,同时为 PCB 布局节省空间。另外,SPI 通信效率高,同时有标准的传输协议,而且速度快,能够同时收发,因而得到了广泛应用。本章主要讲述 F2812 内部 SPI 的结构、特点、主要寄存器以及操作等内容。

9.1 增强型 SPI 模块

F2812 芯片包括一个四引脚增强型的串行外设接口模块。SPI 是一个高速同步串行 I/O 端口,可在设定的位传输速率上将一个设定长度(1～16 位)的串行比特流移入和移出器件。通常,SPI 用于 DSP 与外设或者 DSP 与另一个处理器之间的通信,典型应用包括外部 I/O 或者使用移位寄存器、显示驱动器和 ADC 等器件的外设扩展。多种设备的通信受到 SPI 的主从模式支持。同时,F2812 的 SPI 支持 16 级的接收和发送 FIFO,以减少 CPU 的服务开销。

1. SPI 的结构与特点

F2812 中 SPI 与 CPU 的接口结构框图如图 9-1 所示,可以看出 SPI 具有以下主要特点:

① 4 个外部引脚:

- SPISIMO:SPI 从输入/主输出引脚。
- SPISOMI:SPI 从输出/主输入引脚。
- $\overline{\text{SPISTE}}$:SPI 从发送使能引脚。
- SPICLK: SPI 串行时钟引脚。

如果 SPI 模块未被使用,所有 4 个引脚可被用作 GPIO。

② 2 种工作方式:主和从工作方式。

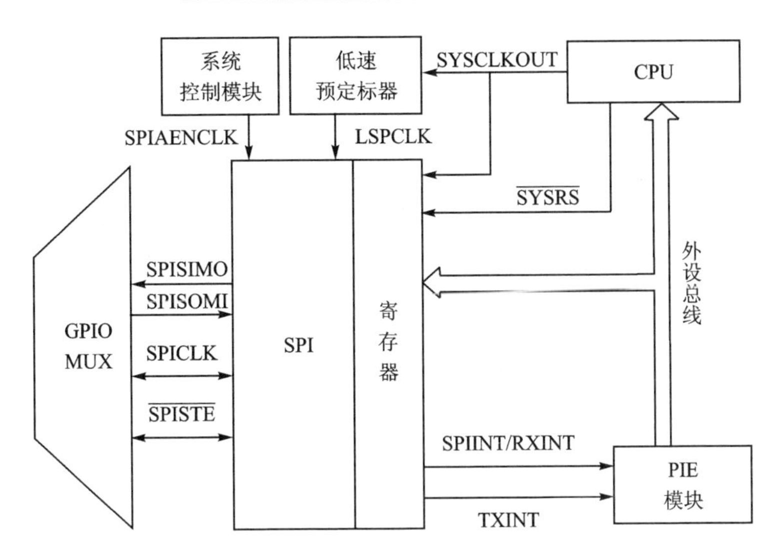

图 9-1　SPI 与 CPU 接口结构框图

③ 波特率:125 种可编程波特率。当 SPIBRR=0、1 或 2 时,SPIBRR 波特率=LSPCLK/4;SPIBRR=3~127 时,SPIBRR 波特率=LSPCLK/(SPIBRR+1);能够使用的最大波特率收到 I/O 缓冲器最大缓存速度的限制,这些缓冲器是使用在 SPI 引脚上的 I/O 缓冲器,而最高的波特率不能超过 LSPCLK/4。

④ 数据字长:可由寄存器设定的 1~16 个数据长度。

⑤ 4 种时钟模式(由时钟极性和时钟相位控制):无相位延时的下降沿、有相位延时的下降沿、无相位延时的上升沿和有相位延时的上升沿。

⑥ 接收和发送可同时操作,也就是可以实现全双工通信(发送功能可以通过 SPICTL 寄存器的 TALK 位软件屏蔽或使能)。

⑦ 通过中断或查询方式实现发送或接收操作。

⑧ 增强型特性:

- 2 个 16 级发送/接收数据 FIFO,一个用于发送数据,一个用于接收数据。
- 延时发送控制。发送数据时,数据与数据之间的延时可以通过编程进行控制。

⑨ 在标准 SPI 模式(非 FIFO 模式)下,发送中断和接收中断都使用 SPIINT/RXINT。在 FIFO 模式中,接收中断使用 SPIINT/RXINT,而发送中断使用的是 SPITXINT。

2. SPI 的功能框图与信号

SPI 的功能框图如图 9-2 所示,其中,DSP 为从动方式。SPI 的接口信号由外部引脚信号、时钟(控制)信号和中断信号组成,3 种接口信号与功能描述如表 9-1 所列。

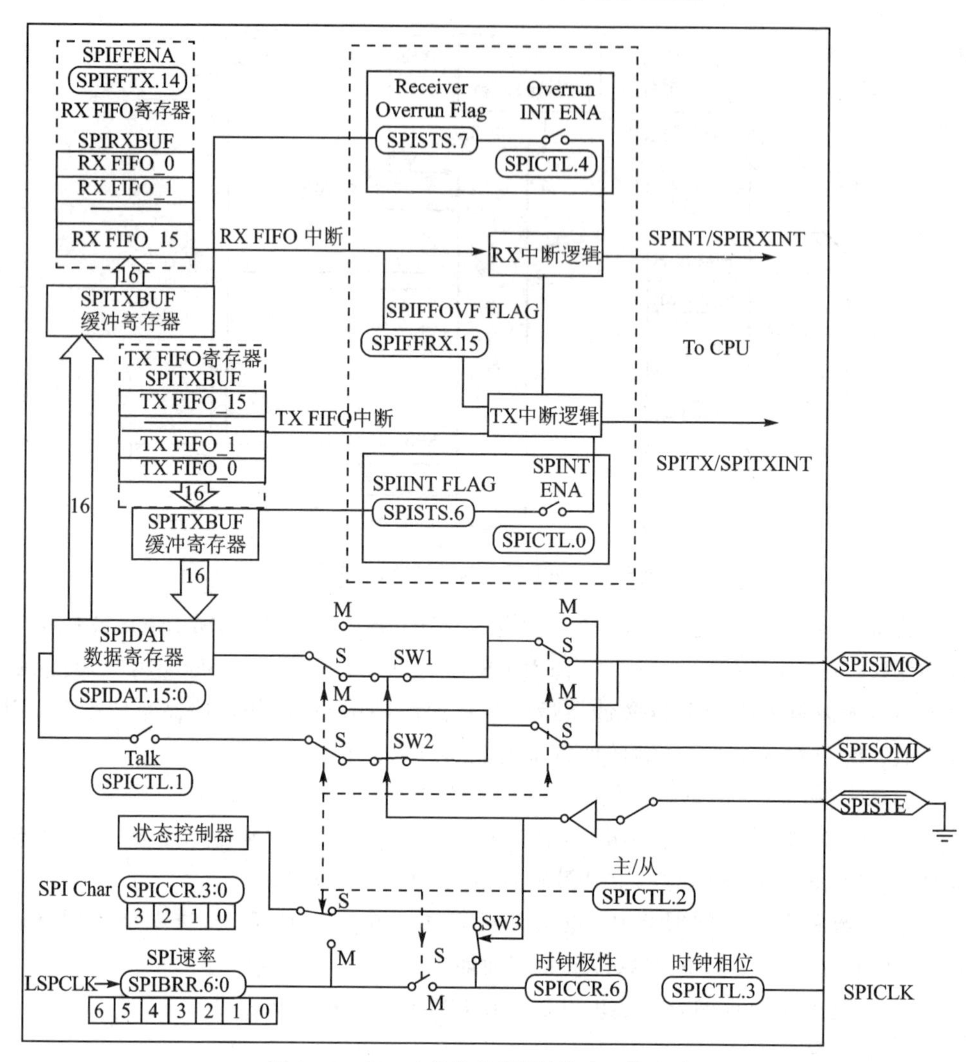

图 9-2　SPI 功能结构框图(从动工作方式)

表 9-1　SPI 接口信号与功能描述表

种　类	信号名称	说　明
外部引脚信号	SPICLK	SPI 串行时钟
	SPISIMO	SPI 从模式输入,主模式输出
	SPISOMI	SPI 从模式输出,主模式输入
	$\overline{\text{SPISTE}}$	SPI 从模式发送使能(可选)
时钟(控制)信号	SPI Clock Rate	时钟信号为低速外设时钟信号:LSPCLK
中断信号	SPIRXINT	非 FIFO 模式的发送和接收中断(参考 SPIINT) FIFO 模式的接收中断
	SPITXINT	FIFO 模式的发送中断

3. SPI 的寄存器概述

SPI 的操作主要通过对其内部的寄存器配置和控制来实现。SPI 的寄存器如表 9-2所列。表 9-2 中的这些寄存器地址位于 7040h～704Fh 之间,都被映射至 F2812 定义的第二个外设帧空间(外设帧 2,Peripheral Frames 2)。这空间只允许 16 位访问,32 位访问会产生未定义的后果。由表 9-2 可得,SPI 具有 6 个控制寄存器、3 个数据寄存器和 3 个 FIFO 寄存器。SPI 的寄存器都是 16 位寄存器,但值得用户注意的是,SPI 所有的控制寄存器都是低字节(位 7～0)是寄存器的数据,对高字节(位 15～8)进行读操作返回 0,写操作没有影响。

表 9-2 SPI 寄存器

名 称	地址范围	大小(×16)	寄存器有效位	说 明
SPICCR	0x7040	1	可访问低 8 位,高 8 位无效	SPI 配置控制寄存器
SPICTL	0x7041	1	可访问低 8 位,高 8 位无效	SPI 工作控制寄存器
SPISTS	0x7042	1	可访问低 8 位,高 8 位无效	SPI 状态寄存器
SPIBRR	0x7044	1	可访问低 8 位,高 8 位无效	SPI 波特率寄存器
SPIEMU	0x7046	1	允许访问 16 位	SPI 仿真缓冲寄存器
SPIRXBUF	0x7047	1	允许访问 16 位	SPI 接收数据缓冲寄存器
SPITXBUF	0x7048	1	允许访问 16 位	SPI 发送数据缓冲寄存器
SPIDAT	0x7049	1	允许访问 16 位	SPI 串行数据寄存器
SPIFFTX	0x704A	1	允许访问 16 位	SPI FIFO 发送寄存器
SPIFFRX	0x704B	1	允许访问 16 位	SPI FIFO 接收寄存器
SPIFFCT	0x704C	1	可访问低 8 位,高 8 位无效	SPI FIFO 控制寄存器
SPIPRI	0x704F	1	可访问低 8 位,高 8 位无效	SPI 优先级控制寄存器

SPI 接口具有双缓冲发送和双缓冲接收 16 位数据的能力,所有的数据寄存器都是 16 位数据宽度。在从动工作方式下,SPI 传输速率不再受最大速率 LSPCLK/8 的限制。在主动和从动工作方式下的最大传输速率都是 LSPCLK/4。向串行数据寄存器 SPIDAT 和发送数据缓存寄存器 SPITXBUF 写数据必须左对齐存放于 16 位寄存器中。

SPI 接口可以用作 GPIO,用于选择功能接口控制位的寄存器 SPIPC1(0x704D)和 SPIPC2(0x704E)已经移除,目前这些控制位位于通用 GPIO 寄存器中。

9.2 SPI 的操作

1. 操作方式

典型的 SPI 主/从工作方式的连接如图 9-3 所示,系统中有 2 个处理器,处理器

1 的 SPI 工作于主机方式,处理器 2 的 SPI 工作于从机方式。SPI 工作方式的选择由寄存器 SPICTL 的 MASTER/SLAVE 位(SPICTL.2)来决定。

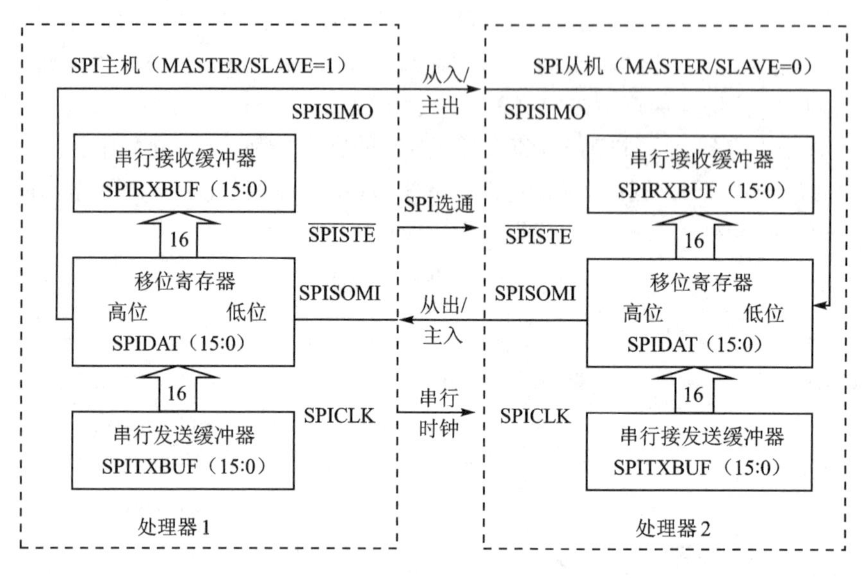

图 9-3　SPI 主机/从机连接框图

主控制器通过发送 SPICLK 信号来启动数据传输。对于主控制器和从控制器,数据都是在 SPICLK 的一个边沿移出移位寄存器,并在相对的另一个边沿锁存到移位寄存器。如果 CLOCK PHASE 位(SPICTL.3)为高电平,则在 SPICLK 跳变之前的半个周期时数据被发送和接收。当然主机和从机之间进行通信的前提是从机片选信号 $\overline{\text{SPISTE}}$ 为低电平,将 SPI 从机选中,也就是处理器 2 选中。因此主机和从机之间可以同时实现数据的发送和接收,即工作于全双工模式。SPI 有以下 3 种可以使用的数据传输方式:

① 主控制器发送数据,从控制器发送伪数据;

② 主控制器发送数据,从控制器发送数据;

③ 主控制器发送伪数据,从控制器发送数据。

主控制器可在任一时刻启动数据传输,因为它控制着 SPICLK 时钟信号。但是软件决定了主控制器如何检测从控制器何时准备好发送数据,以启动 SPI 传输数据。

2. SPI 的主动/从动工作方式

SPI 可工作于主动方式或从动方式。SPICTL 寄存器的 MASTER/SLAVE 位(SPICTL.2)来决定工作方式以及 SPICLK 时钟信号的来源。

(1) 主动方式

当 MASTER/SLAVE=1 时,工作于主动方式下。SPI 通过 SPICLK 引脚为整个通信网络提供串行时钟,主机设定的波特率同样也决定了整个网络中发送和接收数据的传输速率。通过配置 SPIBRR 寄存器可以选择 125 种不同的可编程波特率。

数据从 SPISIMO 引脚输出,并在 SPISOMI 引脚锁存输入。如图 9-3 所示,当数据写到移位寄存器 SPIDAT 或者写到串行发送缓冲器 SPITXBUF 的时候,则启动 SPISIMO 引脚开始发送数据,首先发送的是 SPIDAT 的最高位,接着将剩余的数据左移一位,然后将接收到的数据通过 SPISOMI 引脚移入 SPIDAT 的最低有效位。如此重复,当 SPIDAT 中要发送的数据都发送出去之后,SPIDAT 中接收到的数据被写到 SPI 的接收缓冲器 SPIRXBUF 中,等待 CPU 读取。因此,为了保证首先发送的是最高位,则发送缓冲器 SPITXBUF 中的数据是左对齐的,而由于每次接收到的数据始终写在最低位,所以 SPIRXBUF 中的数据是右对齐存储的。SPIRXBUF、SPITXBUF 和 SPIDAT 这 3 个数据寄存器都是 16 位的。

当指定数量的数据位已经通过 SPIDAT 寄存器移位后,将会发生下列事件:

- SPIDAT 中的数据传送到 SPIRXBUF 寄存器中;
- SPI 的中断标志位 SPI INT FLAG 位(SPISTS.6)置位;
- 如果 SPITXBUF 中还有有效数据(由 SPISTS 寄存器中的 TXBUF FULL 位来表示是否存在有效数据),则这些数据将被写入到 SPIDAT 中并且继续被发送;否则,将已接收到的数据移出 SPIDAT 寄存器后,SPICLK 时钟即停止;
- 如果 SPI INT ENA 位(SPICTL.0)被置 1,则产生中断。

在典型的应用中,$\overline{\text{SPISTE}}$ 引脚作为 SPI 从控制器的片选信号引脚,在接收主控制器的数据前把该引脚置为低电平,在接收完主控制器的数据后再把该引脚置为高电平。

(2) 从动方式

当 MASTER/SLAVE=0 时,工作于从动工作方式下。SPI 系统通信的时钟是由主机来决定的,即从机通过 SPICLK 引脚来接收主机提供的串行移位时钟。从机 SPICLK 引脚的输入频率应不大于 LSPCLK/4。

数据从 SPISOMI 引脚输出,并在 SPISIMO 引脚输入。如图 9-3 所示,当从机接收到来自于主机的 SPICLK 信号合适的边沿时,就可以启动数据的发送和接收。当数据写入 SPIDAT 或者 SPITXBUF 后,SPIDAT 就开始将数据的最高位移出,同时左移剩下的数据,然后将接收到的数据移入 SPIDAT 的最低位。如果向 SPITXBUF 寄存器写入数据时没有数据正在发送,则数据将立即传送到 SPIDAT 寄存器中。为了接收数据,SPI 将等待网络主控制器发送 SPICLK 信号,然后再将 SPISIMO 引脚上的数据移入到 SPIDAT 寄存器中。如果从控制器同时也发送数据,则必须在 SPICLK 信号开始之前将数据写入 SPITXBUF 或者 SPIDAT 寄存器中。

当 TALK 位(SPICTL.1)被清 0 时,禁止 SPI 的发送功能;当发送功能被禁止后,发送引脚 SPISOMI 就会被置为高阻态。如果在禁止发送功能的时候还有数据正在发送,则要等到数据被发送完成之后,SPISOMI 引脚才会被置为高阻态。

当 $\overline{\text{SPISTE}}$ 引脚被用作从控制器片选引脚信号时，该引脚上的低电平有效信号允许从 SPI 设备向串行总线发送数据。而高电平信号使得 SPI 设备的串行移位寄存器终止工作，并且其串行输出引脚被置为高阻态。这就允许同一网络上可以有多个从 SPI 设备，但是同一时刻只能选择有一个从设备起作用。

3. SPI 的中断

与初始化 SPI 中断相关的控制位：SPI 中断使能位 SPI INT ENA(SPICTL.0)、SPI 中断标志位 SPI INT FLAG(SPISTS.6)、SPI 溢出中断使能位 OVERRUN INT ENA(SPICTL.4)、SPI 接收器溢出标志位 RECEIVER OVERRUN FLAG(SPISTS.7)和 SPI 中断优先级选择位 SPI PRIORITY(SPIPRI.6)。

(1) SPI 中断使能位 SPI INT ENA(SPICTL.0)

当 SPI 中断使能位被置位且满足中断条件时，则产生相应的中断。

(2) SPI 中断标志位 SPI INT FLAG(SPISTS.6)

该位表示在 SPI 接收器中已经存放了字符，可以被读取。当整个字符移入或移出 SPIDAT 寄存器时，SPI 中断标志位 SPI INT FLAG 被置位；并且如果 SPI 中断使能位 SPI INT ENA 被使能，则产生一个中断请求。中断标志位保持至以下情况之一发生：

- 中断被响应(不同于 C240x 系列 DSP)；
- CPU 读取 SPIRXBUF 寄存器(读取 SPIRXEMU 寄存器不会清除 SPI 中断标志位)；
- 空闲(IDLE)指令使芯片进入空闲模式 2(IDLE2)或暂停模式(HALT)；
- 软件写 0 清除 SPI SW RESET 位(SPICCR.7)；
- 产生系统复位。

当 SPI 中断标志位 SPI INT FLAG 被置位时，一个字符已经存放于 SPIRXBUF 寄存器中，并且准备读取。如果 CPU 在接收到下一个完整的字符之前不对这一字符读取，则新字符将写入 SPIRXBUF 寄存器中，同时，SPI 接收器溢出标志位 RECEIVER OVERRUN FLAG(SPISTS.7)被置位。

(3) SPI 溢出中断使能位 OVERRUN INT ENA(SPICTL.4)

当该位由硬件置位时，溢出中断使能位允许产生一个中断。由 SPI 接收器溢出标志位 RECEIVER OVERRUN FLAG(SPISTS.7)和 SPI 中断标志位 SPI INT FLAG(SPISTS.6)产生的中断共享同一个中断向量。

(4) SPI 接收器溢出标志位 RECEIVER OVERRUN FLAG(SPICTS.7)

当 SPIRXBUF 寄存器中前一个字符被读取前，又有新的字符被接收存入时，SPI 接收器溢出标志位 RECEIVER OVERRUN FLAG 被置位。该位必须由软件清 0。

4. SPI 的数据格式

F2812 的 SPI 通过对配置控制寄存器 SPICCR.3～0 这 4 位的选择可以实现 1～

16位数据的传输。该信息指状态控制逻辑计算接收和发送的位数，从而决定何时处理完一个完整的数据。当每次传输的数据少于16位时，需要注意以下几点：

- 当数据写入SPIDAT或SPITXBUF寄存器时，必须左对齐；
- 当数据从SPIRXBUF寄存器读取时，必须右对齐；
- SPIRXBUF寄存器中存放最新接收到的右对齐的数据，再加上已移位到左边的前次留下的位。

如果发送字符长度为1(由SPICCR.3～0设定)，SPIDAT中的当前值为0x737Bh，则在主动工作方式下，SPIDAT和SPIRXBUF寄存器在数据发送前和发送后的数据格式表示如图9-4所示。

图9-4　SPI通信数据格式

5. SPI的波特率设置与时钟配置

(1) SPI波特率的设置

SPI模块支持125种可编程波特率。在主模式下，SPI时钟由SPI模块产生，并由SPICLK引脚输出；在从模式下，SPI时钟通过SPCLK引脚由外部(主控制器)时钟源输入。但不管在哪种方式下，SPI时钟的最大频率不能超过LSPCLK/4。

SPI模块的通信波特率由SPI波特率寄存器SPIBRR中的值确定，可由如下2种情况计算得出：

① SPIBRR＝3～127时，波特率的计算公式为：

$$\text{SPI 波特率} = \text{LSPCLK}/(\text{SPIBRR}+1) \qquad (9-1)$$

② SPIBRR＝0,1或2时，波特率的计算公式为：

$$\text{SPI 波特率} = \text{LSPCLK}/4 \qquad (9-2)$$

式(9-1)和式(9-2)中，LSPCLK是F2812 DSP的低速外设时钟频率，SPIBRR是主SPI模块中SPIBRR寄存器的值。由以上公式可以看出，只有当(SPIBRR＋1)的值为偶数时，SPICLK信号高电平与低电平在一个周期内保持对称；当(SPIBRR＋1)的值为奇数且SPIBRR的值大于3时，SPICLK信号高电平与低电平在一个周期内不对称。当时钟极性位CLOCK POLARITY(SPICCR.6)清0时，SPICLK信号的低电平比高电平多一个系统时钟周期；当时钟极性位CLOCK POLARITY

(SPICCR.6)置1时,SPICLK信号的高电平比低电平多一个系统时钟周期。

另外,要确定SPIBRR需要设定的值,用户必须知道DSP系统时钟(LSPCLK)频率和希望使用的通信波特率。

(2) SPI时钟配置

SPI时钟配置指SPI在时钟脉冲的什么时刻发送或者接收数据。时钟极性位CLOCK POLARITY(SPICCR.6)和时钟相位位CLOCK PHASE(SPICTL.3)控制着引脚SPICLK上的4种不同时钟方式,每种时钟方式都会对数据传输带来影响。CLOCK POLARITY位决定时钟的极性是上升沿还是下降沿;而CLOCK PHASE位决定时钟的相位,即选择时钟的半周期延时。SPI时钟配置方式选择如表9-3所列。

表9-3 SPI时钟配置方式选择表

SPICLK方式	时钟极性(SPICCR.6)	时钟相位(SPICTL.3)
无相位延时的上升沿	0	0
有相位延时的上升沿	0	1
无相位延时的下降沿	1	0
有相位延时的下降沿	1	1

4种不同的时钟方式如下:

① 无相位延迟的上升沿:SPICLK低电平有效。SPI在SPICLK信号的上升沿发送数据,在SPICLK信号的下降沿接收数据。

② 有相位延迟的上升沿:SPICLK低电平有效。SPI在SPICLK信号的上升沿之前的半个周期发送数据,而在SPICLK信号的上升沿接收数据。

③ 无相位延时的下降沿:SPICLK高电平有效。SPI在SPICLK信号的下降沿发送数据,在SPICLK信号的上升沿接收数据。

④ 有相位延时的下降沿:SPICLK高电平有效。SPI在SPICLK信号的下降沿之前的半个周期发送数据,在SPICLK信号的下降沿接收数据。

6. SPI的复位与初始化

当系统复位时迫使SPI接口进入下列默认的配置:

- 该单元被配置成从动工作方式(MASTER/SLAVE=0);
- 禁止发送功能(TALK位=0);
- 在SPICLK信号的下降沿输入数据被锁存;
- 字符长度设定为一位;
- 禁止SPI中断;
- SPIDAT寄存器中的数据被复位为0000h;
- SPI模块的4个引脚功能被配置成通用的输入输出(GPIO)功能(在GPIO功能选择控制寄存器GPFMUX中完成配置)。

为了改变SPI在系统复位后的默认配置,应进行如下操作:

- 设置SPI SW RESET位(SPICCR.7)的值为0,强制SPI复位;
- 初始化SPI的配置、数据格式、波特率和引脚功能为期望值;
- 设置SPI SW RESET位为1,从复位状态释放SPI,使SPI进入工作状态;
- 向SPIDAT寄存器或SPITXBUF寄存器写数据(启动主动工作方式下的通信过程);
- 数据传输完成后(SPISTS.6=1),读取SPIRXBUF寄存器中的数据以确定接收的数据。

为了防止在初始化改变器件或之后出现不需要、不可预见的情况,应在初始化改变之前写0清除SPI SW RESET位(SPICCR.7),然后在初始化完成后设置该位。注意,不要在通信过程中去改变SPI的配置。

7. SPI的FIFO

FIFO是First In First Out,即先入先出,一般用于数据的缓冲。FIFO常见的两个参数是宽度和深度,宽度指单个存储单元的位数,如F2812 SPI模块的FIFO是16位的,即宽度是16,常见有8位、16位和32位的。深度是指FIFO是由多少个存储单元构成的,F2812 SPI模块中的FIFO的深度是16级的,即该FIFO队列是由16个存储单元构成的。如果从FIFO工作原理来看,如果是单个存储单元,存储一个数据CPU就需要来读取一次,存N个数据的话就得读取N次,而使用FIFO的时候,读取N个数据仅需一次(N小于FIFO的深度),大大节省了CPU的开销。

F2812的SPI模块中有2个深度为16级、宽度为16的发送/接收数据FIFO,一个用于发送数据(TXFIFO),一个用于接收数据(RXFFIO)。

在上电复位时,SPI工作在标准模式下,禁止FIFO功能。FIFO的3个寄存器SPI FIFO发送寄存器SPIFFTX、SPI FIFO接收寄存器SPIFFRX和SPI FIFO控制寄存器SPIFFCT不起作用。通过将SPIFFTX寄存器中的SPIFFENA位(SPIFFTX.14)置1,使能FIFO模式。SPSRST位(SPIFFTX.15)能在操作的任何阶段复位FIFO模式。

在FIFO模式中有两个中断,接收中断使用SPIINT/RXINT,而发送中断使用的是SPITXINT。以接收中断为例,FIFO的寄存器SPIFFRX中的RXFFST位用来统计接收FIFO中的数据字的个数,取值范围为0~16。同时,寄存器SPIFFRX中还有一个FIFO中断触发级位RXFFIL,这是根据需求预先设定好的,当FIFO中的数据个数达到这个RXFFIL的时候,则产生接收中断SPIRXINT,也就是在RXFFST大于等于RXFFIL时。发送中断的原理类似。系统复位时,FIFO的中断级的默认值对接收(RXFFIL.4~0)时是0x11111,而对发送(TXFFIL.4~0)时是0x00000。

在FIFO模块中,SPIRXBUF寄存器和SPITXBUF寄存器作为接收FIFO、发送FIFO与移位寄存器之间的过渡缓冲器。注意,发送时,只有当移位寄存器的最后一位被移出后,SPITXBUF才能由TXFIFO中装载新的数据,即才能从FIFO中读取数据存放到SPITXBUF寄存器中。

发送FIFO中的数据到SPITXBUF寄存器中的速度是可编程的,即发送2个数据之间的延迟是可以对SPIFFCT寄存器中的FFTXDLY位(SPIFFCT.7~0)设置来控制的,可以选择0~255个串行时钟周期(SPICLK脉冲的周期)。当取0的时候,FIFO中的数据就能实现完全连续的发送;当取255的时候,就能实现最大延时方式发送数据,以适合不同速度设备的串行通信,如EEPROM、ADC、DAC等。

9.3 SPI的主要寄存器

表9-2给出了SPI的寄存器,SPI的操作主要通过这些寄存器配置和控制来实现完成。SPI配置控制寄存器SPICCR包含SPI配置的控制位;SPI工作控制寄存器SPICTL主要包含SPI中断使能位、SPICLK极性选择位、主从方式控制位、数据发送使能位;SPI状态寄存器SPISTS用来获取SPI的状态信息,主要包含2个接收缓冲状态位和一个发送缓冲状态位,可以通过查询这些状态位来判断是否完成数据的接收或者发送;SPI波特率寄存器SPIBRR用来设置SPI的波特率,包含确定传输速率的7位比特率控制位;SPI接收数据缓冲寄存器SPIRXBUF包含接收的数据;SPI发送数据缓冲寄存器SPITXBUF包含下一个将要发送的数据;SPI串行数据寄存器SPIDAT包含SPI要发送的数据,用作发送/接收移位寄存器;SPI优先级控制寄存器SPIPRI包含中断优先级的控制位。

本节以表格的形式讲述SPI模块中5个寄存器,如表9-4~表9-8所列。其余寄存器的详细内容可参考TI官方网站的相关芯片手册,这里不再详述。

表9-4 SPI配置控制寄存器SPICCR的位与功能描述表

位	7	6	5	4	3	2	1	0
说明	(SPI SWReset) SPI软件复位位 0:标志位复位 1:准备发送/接收	(CLOCK POLARITY) 时钟极性位 0:上升沿 1:下降沿	(Reserved) 保留	(SPILBK) SPI回送位 0:禁止 1:使能	SPICHAR(0~3) 字长控制位 字符长度=SPICHAR+1			

表9-5 SPI工作控制寄存器SPICTL的位与功能描述表

位	7~5	4	3	2	1	0
说明	(Reserved) 保留	(OVERRUN INT ENA) 溢出中断全能位 0:禁止 1:使能	(CLOCK PHASE) 时钟相位选择位 0:无延迟 1:延时半周期	(MASTER/SLAVE) 主/从机选择位 0:从机模式 1:主机模式	(TALK) 主/从发送使能位 0:禁止发送 1:使能发送	(SPI INT ENA) 中断使能位 0:禁止中断 1:使能中断

表9-6　SPI状态寄存器SPISTS的位与功能描述表

位	7	6	5	4～0
说明	(RECEIVER OVERRUN FALG) SPI接收器溢出标志位	(SPI INT FLAG) SPI中断标志位	(TXBUF FULL FLAG) 发送缓冲器已满标志位	(Reserved) 保留

表9-7　SPI FIFO发送寄存器SPIFFTX的位与功能描述表

位	15	14	13	12～8
说明	(SPIRST) SPIFIFO复位	(SPIFFENA) SPI FIFIO增强功能	(TXFIFO) 发送FIFO复位位	(TXFFST4～TXFFST0) 发送FIFO状态位(只读)
位	7	6	5	4～0
说明	(TXFFINT Flag) 发送FIFO中断	(TXFFINT CLR) 发送FIFO中断清除	(TXFFIENA) 发送FIFO中断使能	(TXFFIL4～TXFFIL0) 发送FIFO中断级位

表9-8　SPI FIFO接收寄存器SPIFFRX的位与功能描述表

位	15	14	13	12～8
说明	(RXFFPVF Flag) 接收溢出中断位	(RXFFOVF CLR) 接收溢出标志清除位	(RXIFO RESET) 接收复位位	(RXFFST4～RXFFST0) 接收FIFO状态位(只读)
位	7	6	5	4～0
说明	(RXFFINTFlag) 接收中断位	(RXFFINT CLR) 接收中断清除位	(RXFFIENA) 接收FIFO中断使能	(RXFFIL4～RXFFIL0) 接收FIFO中断级位

习　题

1. F2812的SPI模块有哪些特点?
2. 简述SPI的操作方式。
3. 如果LSPCLK=40 MHz,计算SPI的最大波特率。
4. SPI的复位和初始化需要做哪些操作?
5. F2812中SPI模块的FIFO有何特点?
6. 掌握SPI主要寄存器的关键位的功能用途。
7. 试编写使用SPI FIFO、发送和接收2个中断来发送和接收数据的C语言程序。

第 10 章

串行通信接口(SCI)

第 9 章介绍的 SPI 是一个高速同步串行通信接口，能够实现 DSP 与外部设备或另一个 DSP 之间的高速串行通信。经常应用于 SPI 接口和扩展外设的移位寄存器、LCD 显示以及 ADC 等外设通信。而本章将介绍的 SCI(Serial Communication Interface，串行通信接口)是一个双线的异步串行接口，即具有接收和发送 2 根信号线的异步串口，也就是通常所说的 UART(Universal Asynchronous Receiver and Transmitter，通用异步接收与发送装置)口。F2812 的 SCI 模块采用标准非归零(Non－Return－to－Zero，NRZ)数据格式，可以通过 SCI 串行接口与 CPU 或其他的异步外设进行 RS232 或 RS422/RS485 通信。当系统中有多个处理器同时工作时，SCI 可作为多处理器间进行通信协调的通道。本章主要讲述 F2812 内部 SCI 的结构、特点、主要寄存器以及操作等内容。

10.1 增强型 SCI 模块

F2812 内部具有 2 个相同的 SCI 模块，即 SCI－A 和 SCI－B，功能是相同的，只是寄存器的命名不同。每一个 SCI 模块都具有一个 16 级深度 FIFO 的双缓冲接收器和发送器，并且有自己独立的使能位和中断位，可以在半双工通信中进行独立的操作，或者在全双工通信中同时进行操作。为了确保数据完整性，SCI 可以对接收到的数据进行间断、奇偶性、溢出和帧错误方面的检测。SCI 通过一个 16 位波特率选择寄存器设置不同的位速率，从而实现数据的传输。

1. SCI 的结构与特点

F2812 中 SCI 与 CPU 的接口结构框图如图 10－1 所示，可以看出每个 SCI 模块具有以下主要特点：

① 2 个外部引脚，SCITXD 和 SCIRXD，分别实现发送数据和接收数据的功能，这是 2 个多功能复用引脚，如果不用于 SCI 通信，可以作为通用 I/O 口。

② 外部晶振通过 PLL 模块产生了 CPU 的系统时钟 SYSCLKOUT，然后 SYSCLKOUT 经过低速预定标器之后输出低速时钟 LSPCLK 供给 SCI。要保证 SCI 的正常运行，系统控制模块下必须使能 SCI 的时钟，也就是在系统初始化函数中需要将外设时钟控制寄存器 PCLKCR 的第 10 位或第 11 位(SCIAENCLK 位或 SCI-

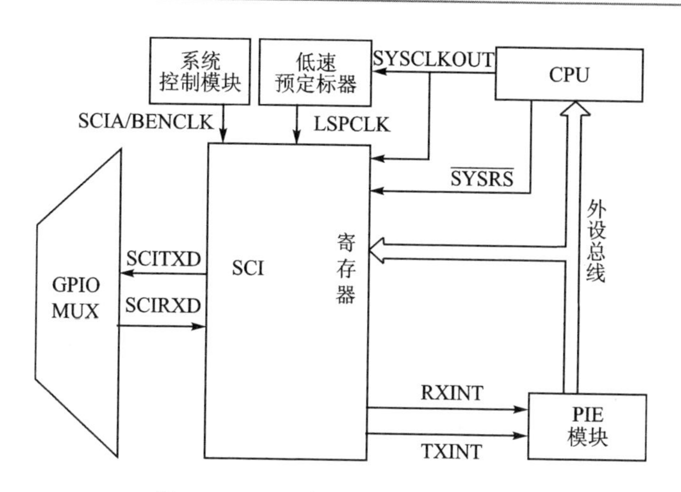

图 10-1　SCI 与 CPU 接口结构框图

BENCLK 位)置 1。

③ 一个 16 位的可编程波特率选择寄存器,可得到 64K 种不同速率的波特率。

④ 数据字格式:一个起始位,1～8 位的可编程数据字长度,可选择的奇/偶校验或无校验位,一个或 2 个停止位。

⑤ 4 种错误检测标志位:奇偶错、溢出、帧出错和间断检测。

⑥ 2 种唤醒多处理器模式:空闲线和地址位唤醒。通常使用 SCI 时很少遇到多处理器模式,SCI 通信多采用空闲线方式。

⑦ SCI 模块具有双缓冲接收和发送功能,接收缓冲寄存器为 SCIRXBUF,发送缓冲寄存器为 SCITXBUF。独立的发送器和接收器使得 SCI 可工作于半双工或全双工通信。

⑧ SCI 可以产生 2 个中断 SCIRXINT 和 SCITXINT,即接收中断和发送中断。SCI 具有独立的发送中断使能位和接收中断使能位(BRKDT 除外)。发送和接收的操作可利用状态标志位通过中断驱动或查询算法来完成。

⑨ 非归零数据格式。

⑩ 13 个 SCI 模块控制寄存器,起始地址为 7050H。

⑪ 增强型特性:

- 自动波特率检测硬件逻辑(比 F240x 增强的功能)。
- 16 级深度的发送/接收 FIFO(比 F240x 增强的功能)。

2. SCI 的信号总结

由图 10-1 可以看到,SCI 的接口信号由外部引脚信号、时钟(控制)信号和中断信号组成,3 种接口信号与功能描述如表 10-1 所列。

表10-1 SCI接口信号与功能描述表

种 类	信号名称	说 明
外部引脚信号	SCIRXD	SCI异步串口接收数据
	SCITXD	SCI异步串口发送数据
时钟(控制)信号	LSPCLK	低速外设预定标时钟
中断信号	TXINT	SCI发送中断
	RXINT	SCI接收中断

3. SCI的寄存器

用户可以使用软件设置SCI的各项功能,可通过对其内部的寄存器配置和控制来实现SCI通信格式的初始化,包括工作模式和协议、波特率、字符长度、奇/偶校验或无校验、停止位的个数、中断优先级和中断使能等。SCI-A和SCI-B的寄存器如表10-2所列。

表10-2 SCI-A和SCI-B寄存器

寄存器名称	SCI-A地址	SCI-B地址	大小(×16)	描 述
SCICCR	0x0000 7050	0x0000 7750	1	SCI-A/B通信控制寄存器
SCICTL1	0x0000 7051	0x0000 7751	1	SCI-A/B控制寄存器1
SCIHBAUD	0x0000 7052	0x0000 7752	1	SCI-A/B波特率选择寄存器,高位
SCILBAUD	0x0000 7053	0x0000 7753	1	SCI-A/B波特率选择寄存器,低位
SCICTL2	0x0000 7054	0x0000 7754	1	SCI-A/B控制寄存器2
SCIRXST	0x0000 7055	0x0000 7755	1	SCI-A/B接收状态寄存器
SCIRXEMU	0x0000 7056	0x0000 7756	1	SCI-A/B接收仿真数据缓冲寄存器
SCIRXBUF	0x0000 7057	0x0000 7757	1	SCI-A/B接收数据缓冲寄存器
SCITXBUF	0x0000 7059	0x0000 7759	1	SCI-A/B发送数据缓冲寄存器
SCIFFTX	0x0000 705A	0x0000 775A	1	SCI-A/B FIFO发送寄存器
SCIFFRX	0x0000 705B	0x0000 775B	1	SCI-A/B FIFO接收寄存器
SCIFFCT	0x0000 705C	0x0000 775C	1	SCI-A/B FIFO控制寄存器
SCIPRI	0x0000 705F	0x0000 775F	1	SCI-A/B优先级控制寄存器

注:灰底部分的寄存器仅用于增强模式。

由表10-2可得,SCI-A寄存器地址位于0x00 7050~0x00 705F之间,SCI-B寄存器地址位于0x00 7750~0x00 775F之间,都被映射至F2812定义的第2个外设帧空间(外设帧2,Peripheral Frames 2)。这空间只允许16位访问,32位访问会产生未定义的后果。每个SCI模块具有13个寄存器,这些寄存器都是8位的寄存器,当某个寄存器被访问时,数据位于低8位(位7~0),高8位(位15~8)为0,因此,把数据写入高 8 位(位 15～8)是无效的。

SCI 通信控制寄存器(SCICCR)定义了用于 SCI 的字符格式、协议和通信模式。SCI 控制寄存器 1(SCICTL1)控制接收/发送的使能，TXWAKE 和 SLEEP 功能，以及 SCI 软件软件复位。SCI 控制寄存器 2(SCICTL2)用于控制使能接收准备好、间断检测、发送准备中断、发送准备好以及空标志等。波特率选择寄存器包括波特率选择高字节寄存器 SCIHBAUD 和低字节寄存器 SCILBAUD，二者确定 SCI 的波特率。SCI 接收状态寄存器(SCIRXST)包含了 7 位接收器的状态标志位(其中 2 个可以产生中断请求)。每将一个完整的数据传送到接收缓冲器时，这些状态标志位都被更新。每次读接收缓冲器时，标志位被清除。SCI 接收数据缓冲寄存器(SCIRXEMU，SCIRXBUF)用于接收数据，接收的数据从 RXSHF 传送到 SCIRXEMU 和 SCIRXBUF 中。当传送操作完成时，RXRDY 标志位(SCIRXST. 6 位)置位，表示接收的数据可以被读取。2 个寄存器中存放相同的数据，两个寄存器虽有各自独立的地址，但是物理上不是独立的缓冲器，区别是 SCIRXEMU 主要是由仿真器(EMU)使用，读 SCIRXEMU 操作不清除 RXRDY 标志位，而读 SCIRXBUF 操作会清除该标志位。SCI 发送数据缓冲寄存器(SCITXBUF)存放将要发送的数据。由于小于 8 位长度的字符左侧位被忽略，因此发送的数据必须是右对齐。数据从该寄存器传送到发送移位寄存器时将置位 TXRDY 位(SCICTI2. 7 位)，表明可向 SCITXBUF 写入新数据。如果 TX INT ENA 位(SCICTL2. 0 位)被置位，则该数据发送也会产生一个中断。SCI FIFO 寄存器(SCIFFTX、SCIFFRX 和 SCIFFCT)仅用于 F2812 SCI 的增强功能。SCI 优先级控制寄存器(SCIPRI)不包括优先级控制位，只是用于当一个仿真挂起事件产生时 SCI 的操作。

(1) SCI 通信控制寄存器(SCICCR)

SCI 通信控制寄存器的位图和各位的功能描述表分别如图 10－2 和表 10－3 所示。

7	6	5	4	3	2～0
STOP BITS	EVEN/ODD PARITY	PARITY ENABLE	LOOPBACK ENA	ADDR/IDLE MODE	SCICHAR2~SCICHAR0
R/W-0	R/W-0	R/W-0	R/W-0	R/W-0	R/W-0

注：R=可读；W=可写；-0=复位后的值为0。

图 10－2　SCI 通信控制寄存器的位图

表 10－3　SCICCR 的功能定义描述表

位	名　称	描　述
7	STOP BITS	SCI 停止位的个数。该位决定了发送的停止位的个数。接收器只对一个停止位检查。 0　一个停止位　　1　2 个停止位

续表 10-3

位	名 称	描 述
6	EVEN/ODD PARITY	奇偶校验选择位。如果 PARITY ENABLE 位(SCICCR.5 位)被置 1,则该位确定采用奇校验还是偶校验,即在发送和接收的字符中 1 数值的个数是奇数还是偶数。 0 奇校验 1 偶校验
5	PARITY ENABLE	SCI 奇偶校验使能位。如果 SCI 处于地址位多处理器通信模式(通过本寄存器的位 3 设置),若奇偶校验使能,则地址位包含在奇偶检验计算中。对于少于 8 位的字符,余下未用的位由于没有参与奇偶校验计算而被屏蔽。 0 奇偶校验禁止,在发送数据中没有奇偶位产生或在接收数据中不检查奇偶校验位 1 奇偶校验使能
4	LOOPBACK ENA	回送测试模式使能位。该位使能回送测试模式,这时发送引脚与接收引脚在系统内部连接在一起。 0 回送测试模式禁止 1 回送测试模式使能
3	ADDR/IDLE MODE	SCI 多处理模式选择位,选择一个多处理器协议。由于使用了 SLEEP 和 TXWAKE 功能(分别是 SCICTL1.2 位和 SCICTL1.3 位),多处理器通信与其他通信模式是不同的。地址位模式在每帧中增加了一个额外的位,而空闲线模式经常用于一般性的通信。空闲线模式没有增加额外的位,并与 RS-232 通信兼容。 0 空闲线模式协议选择 1 地址位模式协议选择
2~0	SCICHAR2~SCICHAR0	字符长度控制位 2~0,用于选择 SCI 的字符长度(从 1~8 位可选)。对于长度少于 8 位的字符在 SCIRXBUF 和 SCIRXEMU 寄存器中靠右对齐,在 SCIRXBUF 寄存器中前面的位用 0 填补。SCITXBUF 寄存器中前面的位则不需要用 0 填补。 000 1 位 100 5 位 001 2 位 101 6 位 010 3 位 110 7 位 011 4 位 111 8 位

(2) SCI 控制寄存器 1(SCICTL1)

SCI 控制寄存器 1 的位图和各位的功能描述表分别如图 10-3 和表 10-4 所示。

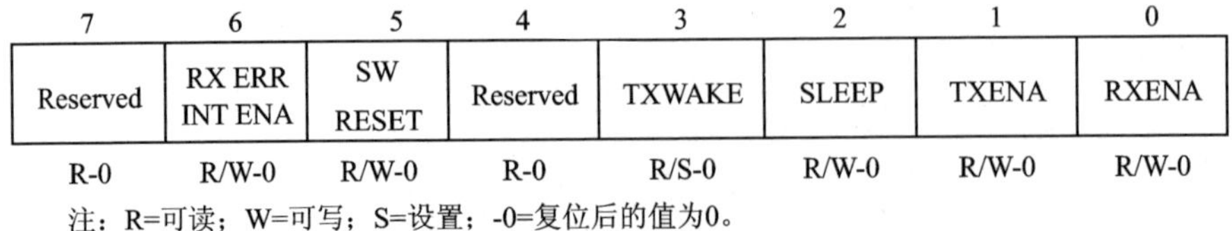

图 10-3 SCICTL1 的位图

表10-4　SCICTL1的功能定义描述表

位	名　称	描　述
7	Reserved	保留位。读返回为0,写此位无影响
6	RX ERR INT ENA	SCI接收错误中断使能位。错误产生时,如果接收错误标志位RX ERROR位(SCIRXST.7位)为1,则该位置1,启动一个中断。 0　禁止接收错误中断　　1　使能接收错误中断
5	SW RESET	软件复位位(低有效)。将0写入该位,初始化SCI状态机和操作标志位至复位状态。软件复位并不影响任何配置位。将1写入到软件复位位,所有起作用的逻辑都保持确定的复位状态。因此,系统复位后,将1写入该位可重新使能SCI。SW RESET复位后,受影响的标志位的状态如下: TXRDY位(SCICTL2.7)=1,TX EMPTY位(SCICTL2.6位)=1,RXWAKE位(SCIRXST.1位)=0,PE位(SCIRXST.2位)=0,OE位(SCIRXST.3位)=0,FE位(SCIRXST.4位)=0, BRKDT位(SCIRXST.5位)=0,RXRDY位(SCIRXST.6位)=0,RX ERROR位(SCIRXST.7位)=0
4	Reserved	保留位。读返回为0,写此位无影响
3	TXWAKE	SCI发送器唤醒模式选择位。根据ADDR/IDLE MODE位(SCICCR.3位)设置的发送模式(空闲线模式或地址位模式),TXWAKE位控制数据发送特征的选择。 0　发送特征不被选择 1　根据通信模式(空闲线模式或地址线模式)的不同选择发送数据
2	SLEEP	SCI休眠位。在多处理器配置中,该位对接收器休眠功能进行控制。清除该位可唤醒SCI。 0　禁止休眠模式　　1　使能休眠模式
1	TXENA	SCI发送器使能位。只有当TXENA被置位时,数据才会通过SCITXD引脚发送。如果复位,当所有已经写入到SCITXBUF的数据被发送后,发送就停止。 0　禁止发送器工作　　1　使能发送器工作
0	RXENA	SCI接收器使能位。 0　禁止接收到的字符发送到SCIRXEMU和SCIRXBUF 1　接收到的字符发送到SCIRXEMU和SCIRXBUF

10.2　SCI的操作

SCI模块能够工作于全双工模式,主要是因为包括以下功能单元:

① 一个发送器(TX)及其相关的寄存器：

- SCITXBUF：发送数据缓冲寄存器，存放由CPU装载的等待发送的数据。
- TXSHF：发送移位寄存器，接收来自SCITXBUF寄存器的数据，并将数据逐位移到SCITXD引脚，每次移一位数据。

② 一个接收器(RX)及其相关的寄存器：

- RXSHF：接收移位寄存器，逐位移入来自SCIRXD引脚的数据，每次移一位数据。
- SCIRXBUF：接收数据缓冲寄存器，存放CPU要读取的数据。该数据来自远端处理器的数据装入寄存器RXSHF，然后又装入SCIRXBUF和接收仿真缓冲寄存器SCIRXEMU中，CPU可以从SCIRXBUF中读取接收的数据。

③ 一个可编程的波特率发生器；

④ 数据存储器映射的控制和状态寄存器。

SCI提供了与许多外设的UART通信模式。异步模式需要2条线与标准设备接口，如使用RS-232C格式的终端和打印机等。SCI有2种多处理器协议，即空闲线多处理器模式和地址位多处理器模式。

1. SCI的可编程数据格式

在SCI中，通信协议体现在SCI的数据格式上。将SCI的数据格式称为可编程的数据格式是因为可以通过SCI的通信控制寄存器SCICCR来进行设置，规定通信过程中使用的数据格式。SCI的数据无论是接收还是发送都采用NRZ(非归零)格式，具体包括以下部分：一个起始位、1～8个数据位、一个奇、偶或无校验位(可选)、一个或2个停止位、一个区分数据与地址的附加位(仅用于地址位模式)。

数据的基本单位称为字符，长度是1～8位。数据的每个字符包括一个起始位、一个或者2个停止位、一个可选的奇偶校验位和一个地址位。通常将带有格式信息数据的一个字符称为一帧，在通信中常以帧为单位。典型的SCI数据帧格式如图10-4所示，其中LSB是数据的最低位，MSB是数据的最高位。

图10-4　典型的SCI数据帧格式

为了对数据格式进行编程，用户要对SCICCR进行配置，详细内容参考表10-3。

2. SCI的通信格式

SCI异步通信可使用半双工或全双工模式通信。在这种模式下，一个数据帧包括一个起始位、1～8个数据位、一个可选的奇偶校验位以及1～2个停止位。每个数据占8个SCICLK周期，如图10-5所示。

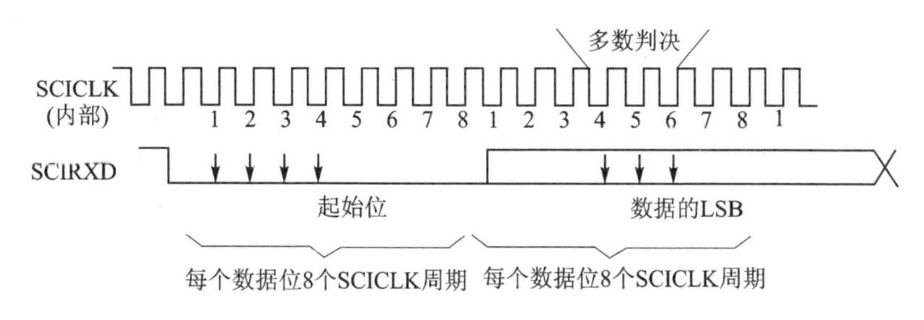

图10-5 SCI异步通信格式

接收器在接收到一个有效的起始位后开始工作。如果SCIRXD引脚检测到4个连续的内部SCICLK周期的低电平，SCI就认为接收到了一个有效起始位。如果任何一个位都不为0，则处理器重新启动并开始寻找另一个起始位。

对于每个数据帧起始位后面的数据位，处理器采用多数判决的机制来确定该位的值，即在每个数据位的第4、5、6个SCICLK周期进行3次采样，如果3次采样有2次为某值，则判定为该数据位的值。

由于接收器自动与帧同步，所以外部发送和接收器不需要使用同步串行时钟，该时钟由器件本身产生。

3. SCI的多处理器通信

多处理器通信格式允许一个处理器能有效地在同一串行线上将数据块传输到其他的处理器，但是，在一条串行线上同一时刻每次只能有一个发送，即每次只能有一个源节点发送数据。F2812的SCI模块用于多处理器间的通信时，支持2种多处理器协议，空闲线多处理器模式和地址位多处理器模式，这两种协议允许在多个处理器之间传送有效的数据。

(1) 空闲线多处理器模式

当ADDR/IDLE MODE位(SCICCR.3位)为0时，SCI模块用于多处理器间的通信时，选择空闲线多处理器模式。在该模式下，块与块之间有一段比较长的空闲时间，这段时间要明显长于块内帧与帧之间的空闲时间。如果某个帧之后的空闲时间(10个或者更多个高电平位)表明了一个新的数据块的开始。每个位的时间可以由波特率值(位每秒)计算得到。空闲线多处理器模式的通信格式如图10-6所示。

在某一个数据块中，第一帧代表地址信息，后面的帧为数据信息。也就是说，地址信息还是数据信息要通过帧与帧之间的空闲间隔来判断。当帧与帧之间的空闲间隔超过10个位的时候，就表示新的数据块开始，而且其第一帧为地址信息。

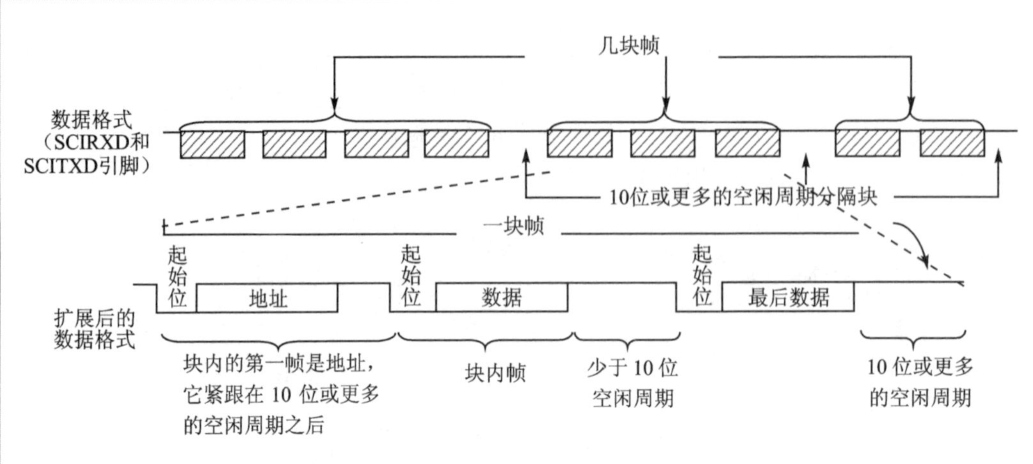

图 10-6 空闲线多处理器模式的通信格式

(2) 地址位多处理器模式

当 ADDR/IDLE MODE 位(SCICCR.3 位)为 1,SCI 模块用于多处理器间的通信时,选择地址位多处理器模式。在该模式下,每一帧中有一个附加的地址位紧跟在最后一个数据位之后。在数据块的第一帧中,地址位设置为 1,而在其他所有的帧中设置为 0。地址位多处理器模式的数据传输与数据块之间的空闲周期无关。地址位多处理器模式的通信格式如图 10-7 所示。

通常情况下,地址位多处理器模式用于 11 个或更少字节的数据帧传输,这种格式在所要发送的数据字节中增加了一位(1 代表地址帧,0 为数据帧)。空闲线模式中数据格式里没有额外的地址位,在处理 12 字节以上的数据块时比地址位模式更为有效,经常应用于典型的非多处理器 SCI 通信场合。而地址位模式由于有专门的位来进行识别地址信息,所以数据块之间不需要空闲时间等待,所以这种模式在处理一些小的数据块的时候更为有效;但当传输数据的速度比较快,而程序执行速度不够快时,很容易在块之间产生 10 位以上的空闲等待,地址位模式的优势就不再明显。

4. SCI 的中断

在 SCI 通信中可以使用中断来控制接收器和发送器的操作。SCICTL2 寄存器有一个标志位(TXRDY),用来指示有效的中断条件,此外,SCIRXST 寄存器有 2 个中断标志位(RXRDY 和 BRKDT)以及接收错误标志位 RX ERROR(该标志位是 FE,OE 和 PE 条件的逻辑或操作)。发送器和接收器都有独立的中断使能位,当使能位被屏蔽时,将不会产生中断,但条件标志位仍保持有效,以反映发送和接收状态,可用于查询方式。

SCI 接收器和发送器都有各自独立的中外设断向量。外设中断请求可使用高优先级或低优先级,这由 SCI 模块向 PIE 控制器送出的优先级标志位决定。当 RX 和 TX 中断请求具有相同的优先级时,接收器中断总是比发送器中断的优先级高,以减小发生接收溢出的概率。

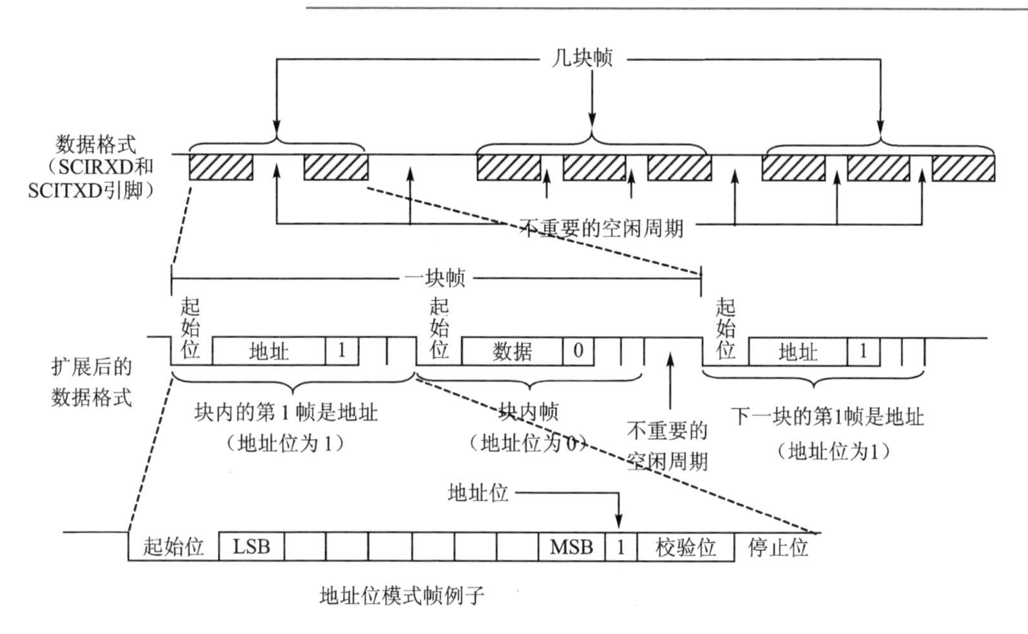

图10-7　地址位多处理器模式的通信格式

如果RX/BK INT ENA位(SCICTL2.1位)置1,则当发生以下事件之一就产生一次接收器中断请求:

① SCI接收到一个完整的数据帧,并将RXSHF寄存器中的内容传送到SCIRXBUF寄存器。该操作会置位RXRDY(SCIRXST.6位),并产生中断。

② 间断检测条件发生(在一个停止位丢失之后,SCIRXD引脚保持10个周期的低电平)。该操作会置位BRKDT标志位(SCIRXST.5位),并产生中断。

如果TX INT ENA位(SCICTL2.0位)置1,那么无论何时,SCITXBUF寄存器中的数据传送到TXSHF寄存器都将产生一个发送器外设中断请求,用以表示CPU可以把新数据写入到SCITXBUF寄存器中。该操作会置位TXRDY标志位(SCICTL2.7位),并产生中断。

值得用户注意的是,RXRDY和BRKDT位是由RX/BK INT ENA位控制来产生中断;而RX ERROR位是由RX ERR INT ENA位(SCICTL2.6位)控制产生中断。

5. SCI的波特率计算

内部产生的串行时钟由TMS320F2812的低速外设时钟频率LSPCLK和2个波特率选择寄存器决定。SCI波特率选择高字节寄存器SCIHBAUD和低字节寄存器SCILBAUD连在一起形成16位的波特率值BRR,SCI使用16位的波特率选择寄存器来选择64K种不同的波特率进行通信。

SCI模块的异步波特率由下式计算:

$$\text{Baud}=\frac{\text{LSPCLK}}{(\text{BRR}+1)\times 8} \tag{10-1}$$

其中,BRR是波特率选择寄存器的16位的值(十进制)。根据式(10-1)可得到波特率选择寄存器的设定值为:

$$BRR=\frac{LSPCLK}{Baud\times 8}-1 \tag{10-2}$$

式(10-1)和式(10-2)适用于1≤BRR≤65 535。当BRR=0时:

$$Baud=\frac{LSPCLK}{16} \tag{10-3}$$

F2812的SCI模块还支持自动波特率检测和16级深度的发送/接收FIFO操作,这些SCI的增强功能的详细信息可以参考TI的F2812相关数据手册学习。

习 题

1. F2812的串行通信接口有哪些特点?
2. 简述SCI发送和接收数据的过程。
3. 异步串行通信的数据格式有哪些?如何设置?
4. 如果LSPCLK=37.5 MHz,根据波特率控制寄存器的取值计算SCI的波特率设置范围、最大波特率。
5. 掌握SCI主要寄存器关键位的功能用途。
6. 试编写SCI中断程序,要求采用中断进行F2812的SCI FIFO数字回送测试,使用SCI FIFO及发送、接收2个中断来发送和接收数据。

第11章 多通道缓冲串行口(McBSP)

F2812 的多通道缓冲串口为 DSP 和与 McBSP 兼容的设备(如 VBAP、ACI、多媒体数字信号编解码器等)之间提供了一个直接连接的串行数据接口。此外,McBSP 能够同步地发送和接收 8/16/32 位串行数据。本章主要介绍 McBSP 的结构特点以及工作方式等内容。

11.1 概 述

1. McBSP 的结构与特点

带 FIFO 的 McBSP 模块的功能框图如图 11-1 所示,主要结构特点如下:

- 与 TMS320C54x/TMS320C55x 内的 McBSP 兼容,DMA 功能除外。
- 全双工通信方式。
- 通过两级缓冲发送和三级缓冲接收实现连续数据流的通信。
- 用于接收和发送的独立时钟和帧结构。
- 128 个发送和接收通道。
- 多通道选择模式,允许用户控制任意通道的传输。
- 用 2 个 16 级、32 位的 FIFO 代替了 DMA(直接存储器存取单元)。
- 支持 A-bis 模式。
- 支持与工业标准的多媒体数字信号编解码器、模拟接口芯片(AICs)及其他串行接口的 A/D 和 D/A 设备的直接连接。
- 支持产生外部时钟信号和帧同步信号。
- 可对内部时钟采样和控制帧同步信号的可编程采样率发生器。
- 可编程的内部时钟和帧发生器。
- 可编程的帧同步和数据时钟的极性。
- 支持 SPI 设备。
- 支持部分 T1/E1 接口,可直接与下列设备接口:T1/E1 帧调节器、MVIP 开关兼容和 ST-BUS 适应的设备(包括 MVIP 帧调节器、H.100 帧调节器和 SC-SA 帧调节器)、IOM-2 兼容设备、AC97 兼容设备(提供所需的多相位帧同

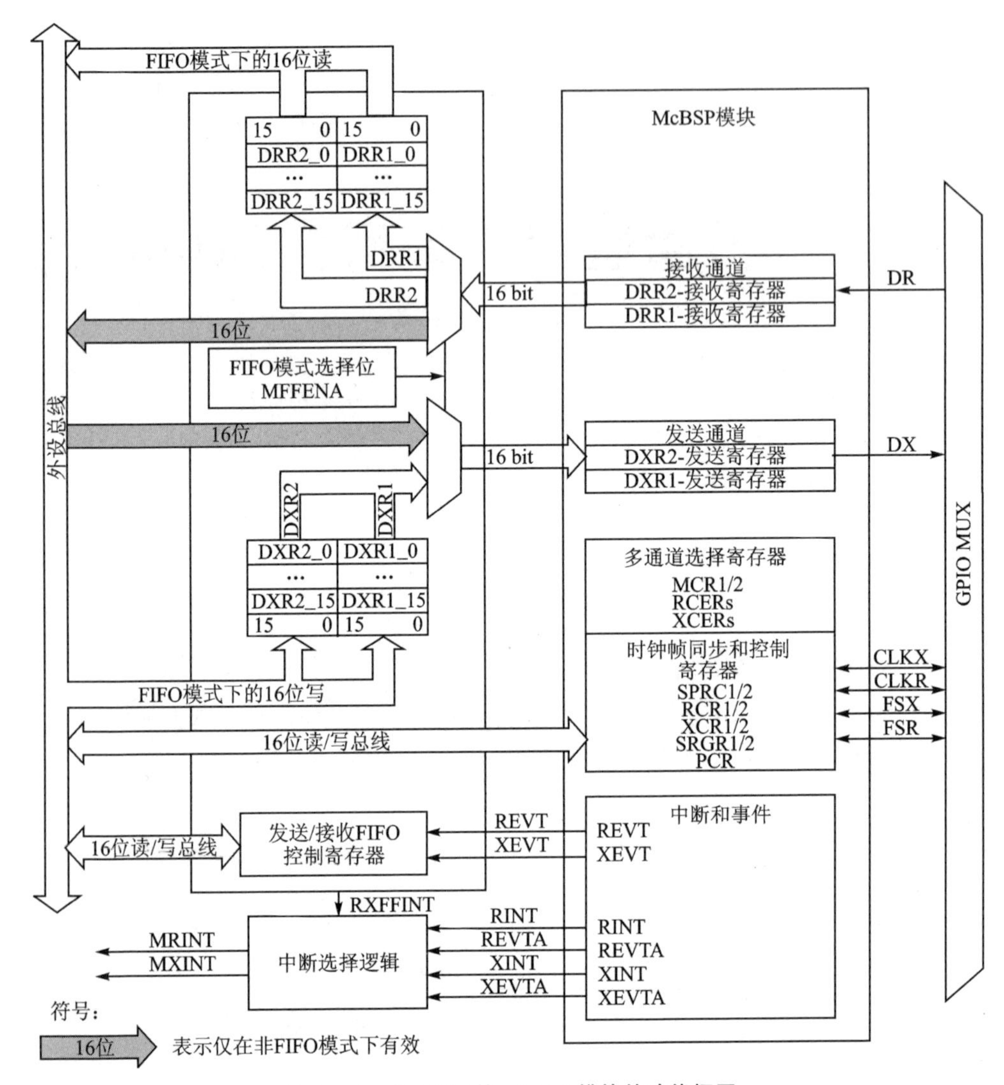

图 11-1　带 FIFO 的 McBSP 模块的功能框图

步功能)、I²S 兼容设备及 SPI 设备等。

- 多种数据位可选择:8、12、16、20、24 和 32 位。
- 数据传输时可选择首先发送/接收高 8 位或低 8 位。

2. McBSP 的信号总结

图 11-1 中 McBSP 包含 2 个数据通道和一个控制通道,它们通过 6 个引脚连接到外部设备,为外部设备提供了数据通道和控制通道。McBSP 通过发送引脚(MDXA)发送数据,通过接收引脚(MDRA)接收数据,从而实现 DSP 与外部设备的通信和数据交换。由引脚发送时钟(MCLKXA)、接收时钟(MCLKRA)、发送帧同步(MFSXA)和接收帧同步(MFSRA)来控制 McBSP 的时钟和帧同步。McBSP 的接

口信号如表 11－1 所列。

表 11－1　McBSP 信号概述表

信号名称	类型	复位状态	功能描述
外部信号			
MCLKXA	I/O/Z	输入	发送时钟
MCLKRA	I/O/Z	输入	接收时钟
MDRA	I	输入	接收串行数据
MDXA	O/Z	高阻	发送串行数据
MFSRA	I/O/Z	输入	接收帧同步
MFSXA	I/O/Z	输入	发送帧同步
CPU 中断信号			
MRINT	—	—	CPU 或 FIFO 接收中断
MXINT	—	—	CPU 或 FIFO 发送中断
FIFO 事件			
REVT	—	—	FIFO 接收同步事件
XEVT	—	—	FIFO 发送同步事件
REVTA	—	—	FIFO 中，A－bis 模式接收同步
XEVTA	—	—	FIFO 中，A－bis 模式发送同步

3. McBSP 的寄存器

McBSP 使用的寄存器很多，其中，数据接收寄存器 DRR、数据接收缓冲寄存器 RBR 和数据接收移位寄存器 RSR 用于数据接收；而数据发送寄存器 DXR 和数据发送移位寄存器 XSR 用于数据发送。每个 McBSP 的数据寄存器(DRR1、DRR2、DXR1 和 DXR2)都连接了一个 16×16 位(16 级)的 FIFO，该 FIFO 寄存器的顶部寄存器与非 FIFO 模式下的数据寄存器共用一个地址。

注意，如果串行数据的字长为 8 位、12 位或 16 位时，数据接收寄存器 2(DRR2)、数据接收缓冲寄存器 2(RBR2)、数据接收移位寄存器 2(RSR2)、数据发送寄存器 2(DXR2)和数据发送移位寄存器 2(XSR2)不会被使用；而当串行数据的字长大于 16 位时，这些寄存器用于保存高位数据。McBSP 的其余寄存器主要用于控制 McBSP 的各种操作。McBSP 寄存器如表 11－2 所列。

表 11－2　McBSP 寄存器一览表

名　称	地址 0x0078xxh	类型 (R/W)	复位值 (十六进制)	描　述
数据寄存器，接收/发送 *				
—	—	—	—	McBSP 接收缓冲寄存器(RBR)
—	—	—	—	McBSP 接收移位寄存器(RSR)

续表 11-2

名　称	地址 0x0078xxh	类型 (R/W)	复位值 (十六进制)	描　述
—	—	—	—	McBSP 发送移位寄存器(XSR)
DRR2	00	R	0x0000	McBSP 数据接收寄存器 2 若字长大于 16 位,则先读,否则忽略 DRR2
DRR1	01	R	0x0000	McBSP 数据接收寄存器 1 若字长大于 16 位,则应第二个读,否则只读 DRR1
DXR2	02	W	0x0000	McBSP 数据发送寄存器 2 若字长大于 16 位,则应先写,否则忽略 DXR2
DXR1	03	W	0x0000	McBSP 数据发送寄存器 1 若字长大于 16 位,则应第二个写,否则只写 DXR1
McBSP 控制寄存器				
SPCR2	04	R/W	0x0000	McBSP 串口控制寄存器 2
SPCR1	05	R/W	0x0000	McBSP 串口控制寄存器 1
RCR2	06	R/W	0x0000	McBSP 接收控制寄存器 2
RCR1	07	R/W	0x0000	McBSP 接收控制寄存器 1
XCR2	08	R/W	0x0000	McBSP 发送控制寄存器 2
XCR1	09	R/W	0x0000	McBSP 发送控制寄存器 1
SRGR2	0A	R/W	0x0000	McBSP 采样率发生器寄存器 2
SRGR1	0B	R/W	0x0000	McBSP 采样率发生器寄存器 1
多通道控制寄存器				
MCR2	0C	R/W	0x0000	McBSP 多通道寄存器 2
MCR1	0D	R/W	0x0000	McBSP 多通道寄存器 1
RCERA	0E	R/W	0x0000	McBSP 接收通道使能寄存器分区 A
RCERB	0F	R/W	0x0000	McBSP 接收通道使能寄存器分区 B
XCERA	10	R/W	0x0000	McBSP 发送通道使能寄存器分区 A
XECRB	11	R/W	0x0000	McBSP 发送通道使能寄存器分区 B
PCR	12	R/W	0x0000	McBSP 引脚控制寄存器
RCERC	13	R/W	0x0000	McBSP 接收通道使能寄存器分区 C
RCERD	14	R/W	0x0000	McBSP 接收通道使能寄存器分区 D
XCERC	15	R/W	0x0000	McBSP 发送通道使能寄存器分区 C
XCERD	16	R/W	0x0000	McBSP 发送通道使能寄存器分区 D
RCERE	17	R/W	0x0000	McBSP 接收通道使能寄存器分区 E
RCERF	18	R/W	0x0000	McBSP 接收通道使能寄存器分区 F

续表 11-2

名　称	地址 0x0078xxh	类型 (R/W)	复位值 (十六进制)	描　述
XCERE	19	R/W	0x0000	McBSP 发送通道使能寄存器分区 E
XCERF	1A	R/W	0x0000	McBSP 发送通道使能寄存器分区 F
RCERG	1B	R/W	0x0000	McBSP 接收通道使能寄存器分区 G
RCERH	1C	R/W	0x0000	McBSP 接收通道使能寄存器分区 H
XCERG	1D	R/W	0x0000	McBSP 发送通道使能寄存器分区 G
XCERH	1E	R/W	0x0000	McBSP 发送通道使能寄存器分区 H
FIFO 模式寄存器(仅在 FIFO 模式下使用)				
FIFO 数据寄存器 * *				
DRR2	00	R	0x0000	McBSP 数据接收寄存器 2 接收 FIFO 的顶部先读,FIFO 指针不提前
DRR1	01	R	0x0000	McBSP 数据接收寄存器 1 接收 FIFO 的顶部后读,FIFO 指针提前
DXR2	02	W	0x0000	McBSP 数据发送寄存器 2 发送 FIFO 的顶部先写,FIFO 指针不提前
DXR1	03	W	0x0000	McBSP 数据发送寄存器 1 发送 FIFO 的顶部后写,FIFO 指针提前
FIFO 控制寄存器				
MFFTX	20	R/W	0x2000	McBSP FIFO 发送寄存器
MFFRX	21	R/W	0x201F	McBSP FIFO 接收寄存器
MFFCT	22	R/W	0x0000	McBSP FIFO 控制寄存器
MFFINT	23	R/W	0x0000	McBSP FIFO 中断寄存器
MFFST	24	R/W	0x000x * * *	McBSP FIFO 状态寄存器

注:*: DRR2/DRR1 和 DXR2/DXR1 在 FIFO 模式中共享接收和发送 FIFO 寄存器的同一地址。

**: FIFO 指针提前是基于 DRR2/DRR1 和 DXR2/DXR1 寄存器的访问顺序。

***:如果 MFSXA/MFSRA 引脚没有连接,MFFST 读 0x000A;否则,假定引脚处于复位状态。

11.2 McBSP 的工作方式

1. McBSP 数据传输的格式

McBSP 的移位寄存器(RSR 或 XSR)和数据引脚(MDRA 或 MDXA)之间的位传输是分组传输的,每一组称为串行字,用户可自行定义串行字的位数。数据帧由一个或多个串行字组成,用户可以定义每一个数据帧中所包含字的个数。McBSP 的数据传输是以数据帧的格式连续传输实现的,但在帧与帧之间允许暂停。

接收帧同步信号 MFSRA 启动 MDRA 引脚上的帧传输,发送帧同步信号 MFSXA 启动 MDXA 引脚上的帧传输。帧同步信号由 McBSP 外部引脚(MFSRA 或 MFSXA)或 McBSP 内部产生。当产生一个帧同步信号时,McBSP 就开始接收或发送一帧数据,下一个帧同步信号来时,McBSP 就开始接收或发送第二帧,依此类推。传输一个字的数据帧的时序图如图 11-2 所示。

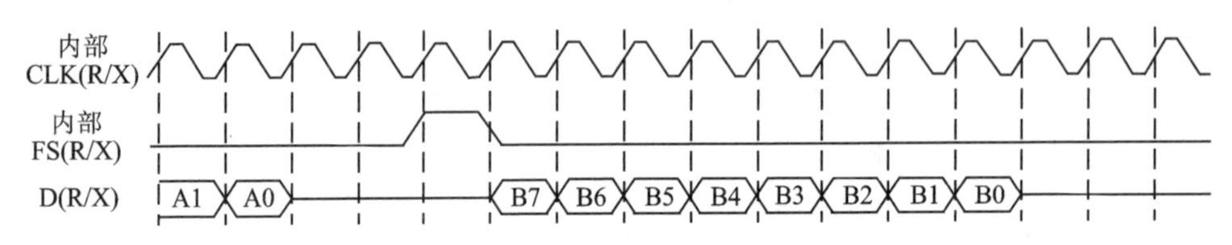

图 11-2　一个字的数据帧传输的时序图

McBSP 可以把每一帧配置为单相位帧(或称为单极性帧)或双相位帧(或称为双极性帧)。每一帧中串行字的个数和每个串行字的位数可由帧的两个相位来设置,从而在传输数据时具有很大的灵活性。例如,用户可以定义 1 帧中的第一个相位包含 2 个 16 位串行字,第 2 个相位包括 10 个 8 位串行字。这种配置可使用户根据具体应用构造合适的帧,从而达到最大的数据传输率。单相位帧的每帧最大的串行字数为 128,双相位帧每帧最大的串行字数为 256,每个字可以是 8 位、12 位、16 位、20 位、24 位或 32 位。双相位帧的 2 个相位之间是连续的,在相位之间或字之间没有时间间隙。

2. McBSP 数据传输的过程

McBSP 数据传输路径框图如图 11-3 所示。McBSP 通过三缓冲接收数据,通过双缓冲发送数据。根据每个串行字定义的长度适当调整寄存器,寄存器的使用取决于配置的串行字长是小于等于 16 位还是大于 16 位,如果是前者,则用来装载高 16 位数据的寄存器 DRR2、RBR2、RSR2、DXR2 和 XSR2 就不会被使用。从图 11-3 中可以看到从 F2812 的外部引脚到 CPU 的数据传输过程。

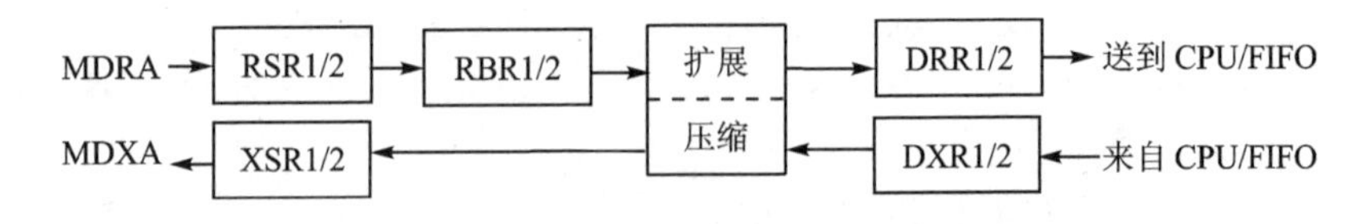

图 11-3　McBSP 的数据传输路径

每次传输都是从 MDRA 引脚移到寄存器 RSR 或从寄存器 XSR 移到 MDXA 引脚一位数据,由时钟信号的上升沿或下降沿控制。接收时钟信号 MCLKRA 控制从 MDRA 引脚到寄存器 RSR 的数据位传输,而发送时钟信号 MCLKXA 控制从寄存器 XSR 到 MDXA 引脚的数据位传输。MCLKRA 或 MCLKXA 时钟信号可以由

McBSP 外部引脚提供，也可以由 McBSP 内部产生，极性都是可编程的。

在接收数据时，当 MFSRA 引脚上接收帧同步信号时，从 MDRA 引脚输入的数据移入接收移位寄存器 RSR2/1 中，直到 RSR2/1 寄存器保存一个完整的串行字。如果 RBR2/1 寄存器未满，则 RSR2/1 寄存器中的内容就复制到 RBR2/1 寄存器中；如果数据接收寄存器 DRR2/1 中原先的内容已经被 CPU 读取(即 DRR2/1 为空)，那么 RBR2/1 寄存器中的内容也复制到 DRR2/1 寄存器中供 CPU 读取。注意，如果要实现 McBSP 的压缩扩展功能，则要求串行字长必须是 8 位，同时接收到的数据从 RBR1 寄存器传递到 DRR1 寄存器前将被扩展到一定的格式。

在发送数据时，CPU 将数据写入发送寄存器 DXR2/1，如果此时的发送移位寄存器 XSR2/1 为空，表示发送器准备好发送数据，则把 DXR2/1 寄存器中的数据直接复制到 XSR2/1 寄存器中；如果不为空，则必须等到 XSR2/1 寄存器中的数据最后 1 位移出后才复制 DXR2/1 寄存器的数据到 XSR2/1 寄存器中。当接收到 MFSXA 引脚上发送帧同步信号时，发送器开始将 XSR2/1 寄存器中的数据移位到 MDXA 引脚上，从而发送到 TMS320F2812 的外部。注意，如果在发送过程中使用了数据压缩功能，则数据会在传输到 XSR2/1 寄存器前进行压缩，如可以把 16 位数据压缩为要求的 8 位数据。

另外，如果传输的数据是 20 位、24 位或 32 位，传输时先传输高位数据，即先将 DXR2 寄存器中数据复制到 XSR2 寄存器中，再将 DXR1 寄存器中数据复制到 XSR1 寄存器中。

3. McBSP 产生的中断和 FIFO 事件

McBSP 通过内部信号向 CPU 和 FIFO 发送重要事件的通知，由 McBSP 产生的中断和 FIFO 事件如表 11-3 所列。

表 11-3 McBSP 产生的中断和 FIFO 事件一览表

信号名称	功能描述
RINT	接收中断。McBSP 根据 SPCR1 中的 RINTM 位的设置向 CPU 发出接收中断请求
XINT	发送中断。McBSP 根据 SPCR2 中的 XINTM 位的设置向 CPU 发出发送中断请求
REVT	接收同步事件。当 DRR 接收到数据时，向 FIFO 发送 REVT 信号
XEVT	发送同步事件。当 DXR 准备好接收下一个串行字时，向 FIFO 发送 XEVT 信号
REVTA	A-bis 模式接收同步事件。如果 ABIS=1(使能 A-bis 模式)，则每 16 个周期向 FIFO 发送一个 REVTA 信号
XEVTA	A-bis 模式发送同步事件。如果 ABIS=1(使能 A-bis 模式)，则每 16 个周期向 FIFO 发送一个 XEVTA 信号

4. McBSP 多通道选择模式

McBSP 的通道是指一个串行字的所有位输入/输出移位所需要的时间长度。每个 McBSP 最高支持 128 个通道的接收和发送。在接收器和发送器中，128 个通道又平均分为 8 块，每块包含有 16 个相邻的通道。如块 0 对应通道 0～15，块 1 对应通道 16～

31,以此类推。根据选定的分区模块,各个块被分配到各个分区。例如,在 2 分区模式中,用户可以分配偶数块(0、2、4、6)到分区 A,分配奇数块(1、3、5、7)到分区 B。在 8 分区模式中,块 0～7 分别自动分配到分区 A～H。另外,接收分区的数量和发送分区的数量是相互独立的,例如,可采用 2 分区模式(A 和 B)接收,8 分区模式(A～H)发送。

当 McBSP 与其他 McBSP 或串行设备通信时,如果使用时分复用(TDM)数据流,McBSP 可以使用较少的通道进行数据接收和发送。为了节省存储空间和总线带宽,用户可以使用多通道选择模式,以阻止某些通道的数据流。

每个通道分区都有一个专门的通道使能寄存器,如果选择了合适的多通道选择模式,寄存器的每一位控制着属于分区相应通道数据流的允许或禁止。McBSP 有一个接收多通道选择模式和 3 个发送多通道选择模式。

用户在使能多通道选择模式之前,要正确配置以下数据帧:首先选择单相位帧(RPHASE/XPHASE＝0),每一帧代表一个 TDM 数据流;然后设置帧长度(在 RFRLEN1/XFRLEN1 中),包括要使用的最多通道数,该长度要大于使用的最大通道数。例如,用户要使用通道 0、15 和 39 接收数据,则接收帧长度必须至少是 40(RFRLEN1＝39);如果此时 XFRLEN1＝39,接收器就会为每帧创建 40 个时间段,但每帧只能在时间段 0、15 和 39 接收数据。

注意,在多通道选择模式中,McBSP 传输的数据帧应配置为单相位帧,单相位帧的每帧最大串行字数为 128 个,所以多通道最高支持 128 个通道。

① 接收多通道选择模式。MCR1 寄存器的 RMCM 位(MCR1.0 位)决定接收使能所有的通道还是使能选定的通道,为 0 时,全部 128 个通道都被使能且不能被屏蔽;为 1 时,使能接收多通道选择模式。在接收多通道选择模式下,可以通过设置接收通道使能寄存器 RCER 单独使能或屏蔽选定的某通道。如果某个接收通道被屏蔽,则该通道接收的任何数据只能传送到接收缓冲寄存器 RBR 中,接收器不能将 RBR 寄存器中的内容复制到 DRR 寄存器中,这样就不会使接收器准备好位(RRDY 位)置位,因此也不会产生接收 FIFO 事件(REVT)和接收中断。

② 发送多通道选择模式。MCR2 寄存器的 XMCM 位(MCR2.1～0 位)决定发送使能所有的通道,还是使能选定的通道。McBSP 有 3 个发送多通道选择模式(由 XMCM 位控制),如表 11-4 所列。

表 11-4　由 XMCM 位选择发送多通道选择模式一览表

XMCM 位	发送通道选择模式
00	没有选用多通道模式,全部通道都被使能,且不能被屏蔽或禁止
01	除了在发送通道使能寄存器(XCER)中选定的通道,其他通道都被禁止
10	全部通道都被使能,除非在相应的发送通道使能寄存器中被选定,否则可被屏蔽
11	该模式用于同步的发送和接收。全部通道的发送都被禁止,除了相应的接收通道使能寄存器(RCER)中选定的通道。但即使被使能,若没有在发送通道使能寄存器中被选定,也可被屏蔽

5. McBSP 配置成 SPI 接口

SPI 协议是指由一个主设备和多个从设备组成的一主多从的串行通信协议，具体内容参见第 9 章。McBSP 串口控制寄存器 SPCR1 的 CLKSTP 位(SPCR1.12～11 位)控制时钟停止模式的工作状态。TMS320F2812 的 McBSP 在时钟停止模式下工作时与串行外设接口 SPI 兼容，便于与 SPI 器件的连接。如果不使用 SPI，则可清除 CLKSTP 位，禁止时钟停止模式。

当 McBSP 配置为时钟停止模式时，发送器和接收器内部同步，McBSP 可以作为 SPI 的主设备或从设备。在此模式下，McBSP 的发送时钟信号 MCLKXA 相当于 SPI 中的 SPICLK 信号，发送帧同步信号 MFSXA 可以用作从发送使能信号 $\overline{\text{SPISTE}}$。在时钟停止模式中，由于采用内部同步模式，所以不使用接收时钟信号 MCLKRA 和接收帧同步信号 MFSRA，内部分别连接到 MCLKXA 和 MFSXA 信号引脚上。

当 McBSP 配置为 SPI 主设备时，发送输出信号 MDXA 作为 SPI 主设备的 SPISIMO 信号，接收输入信号 MDRA 作为 SPI 主设备的 SPISOMI 信号；而当 McBSP 被配置为 SPI 从设备时，MDXA 作为 SPI 从设备的 SPISOMI 信号，MDRA 作为 SPI 从设备的 SPISIMO 信号。

为使 DSP 按照一定的方式通信，需要对 McBSP 的各个控制寄存器进行相应配置。其中，SPCR1 和 SPCR2 寄存器用于设置工作模式、接收符号扩展和对齐模式、对收发器和采样率发生器进行复位，并判断收发器是否准备好等。RCR1 和 RCR2 寄存器用于控制接收数据的字长、数据延迟。XCR1 和 XCR2 寄存器用于控制发送数据的字长、数据延迟。SRGR1 和 SRGR2 寄存器用于设置采样率发生器的工作模式和采样率发生器的分频系数。PCR 寄存器用于控制相应引脚的工作模式。

6. McBSP 的初始化

McBSP 的初始化步骤如下：

① 将 SPCR1 和 SPCR2 寄存器中的 $\overline{\text{XRST}}$ 位、$\overline{\text{RRST}}$ 位和 $\overline{\text{FRST}}$ 位清 0。如果 DSP 刚刚退出之前的复位状态，则该步骤可忽略。

② 当 McBSP 处于复位状态时，根据要求只改变 McBSP 的配置寄存器(非数据寄存器)。

③ 等待 2 个时钟周期，以确保内部同步。

④ 根据需要设置需要的数据，如向 DXR1 和 DXR2 写数据。

⑤ 设置 $\overline{\text{XRST}}$ 位和 $\overline{\text{RRST}}$ 位为 1，使能 McBSP，同时确保不改变 SPCR1 和 SPCR2 寄存器中其他位的设置，否则会改变第②步中设置的寄存器。

⑥ 如果由内部产生帧同步信号，则设置 $\overline{\text{FRST}}$ 位为 1。

⑦ 等待 2 个时钟周期，以确保使接收器和发送器处于有效状态。

在正常的操作过程中，如果需要对接收器或发送器复位，或者对采样率发送器复

位,可以采取上述步骤完成。完成上述 McBSP 初始化过程中需要注意以下几个问题:

① $\overline{\text{XRST}}$ 或 $\overline{\text{RRST}}$ 复位的低电平至少要保持 2 个 MCLKRA/MCLKXA 周期。

② 只有受影响的串口的相应单元处于复位状态时,才可以修改相应部分的串口配置寄存器 SPCR1 和 SPCR2、PCR、RCR1 和 RCR2、XCR1 和 XCR2、SRGR1 和 SRGR2。

③ 在大多数情况下,当 $\overline{\text{XRST}}$ 位为 1,即发送器使能时,CPU 或 FIFO 才可以对数据发送寄存器 DXR1 和 DXR2 装载数据。这些寄存器用于压缩扩展内部数据时除外。

④ 对于通道控制寄存器(MCR1 和 MCR2、RCERA～RCERH、XCERA～XCERH)的各位,只要不被多通道选择模式中的当前接收/发送使用,这些寄存器可以被随时修改。

习　题

1. 简述 McBSP 的主要结构特点。
2. 简述 McBSP 的数据传输过程。
3. 简述 McBSP 多通道选择模式操作。
4. McBSP 如何配置成 SPI?
5. 简述 McBSP 的初始化步骤以及注意事项。

第12章

增强型控制器局域网(eCAN)

在C28x中使用的增强型控制器区域网络(eCAN)模块与现行的CAN2.0标准兼容,可使用已制定的协议在存在电子噪声的环境中与其他控制器进行串行通信。借助32个完全可配置的邮箱和时间戳特性,eCAN模块提供了一种具有通用性和鲁棒性的串行通信接口。

本章在CAN2.0基础上,介绍C28x eCAN接口的结构、工作方式、寄存器、中断等内容,并以详细的实例来介绍如何使用eCAN接口收发报文。

12.1 CAN总线概述

CAN是控制器局域网(Controller Area Network)的简称,是德国博世公司为了解决各种各样的汽车电子控制系统之间高速通信开发的通信协议。此后,CAN通过ISO 11898及ISO 11519进行了标准化,成为欧洲汽车网络的标准协议。

CAN的高性能和可靠性已被认同,并广泛应用于工业自动化、船舶、医疗设备、工业设备等方面,是当今自动化领域技术发展的热点之一,被誉为自动化领域的计算机局域网。它的出现为分布式控制系统实现各节点之间实时、可靠的数据通信提供了强有力的技术支持。

1. CAN网络和模块

CAN使用一个串行多主机通信协议,此协议有效地支持分布式实时控制,具有非常高的安全级别,并且通信速率可达1 Mbps。高达8字节数据长度的已设定优先级的消息可以通过多主机串行总线发送,此总线使用一个仲裁协议和一个错误检测机制来确保高度的数据完整性。

2. CAN协议

随着CAN总线在各个行业和领域的广泛应用,对其通信格式标准化也提出了更严格的要求。1991年CAN总线技术规范(Version2.0)制定并发布。该技术规范共包括A和B两个部分,其中2.0A给出了CAN报文标准格式,2.0B给出了标准的和扩展的两种格式,不同之处在于标识符的长度不同:具有11位标识符的帧称为标准帧,29位标识符的帧称为扩展帧。

CAN网络中交换与传输的数据单元称为报文,报文也是网络传输的单位,传输过程中会不断地将数据封装成帧来传输。帧是一定格式组织起来的数据,一个报文通常由多帧组成。报文传输有4个帧类型来表示和控制:数据帧、远程帧、错误帧和过载帧。

(1) 数据帧

数据帧实现将数据从发射器节点发往数据接收器节点。CAN标准数据帧包含44～108位,而CAN扩展数据帧包含64～128位。另外,标准数据帧最高可插入23个填充位,而扩展数据帧最高却可插入28个填充位,主要取决于数据流编码。标准帧的最大总数据帧长度为131位,而扩展帧为156位。

位字段组成了标准或扩展数据帧,位置也在图12-1中显示如下:

- 帧起始;
- 仲裁域:包含标识符和发送消息类型的仲裁字段;
- 控制域:表示已传输位数的控制字段;
- 数据域:8个数据字节;
- CRC域:循环冗余校验;
- 应答域:确认正常接收;
- 帧结尾:帧结束。

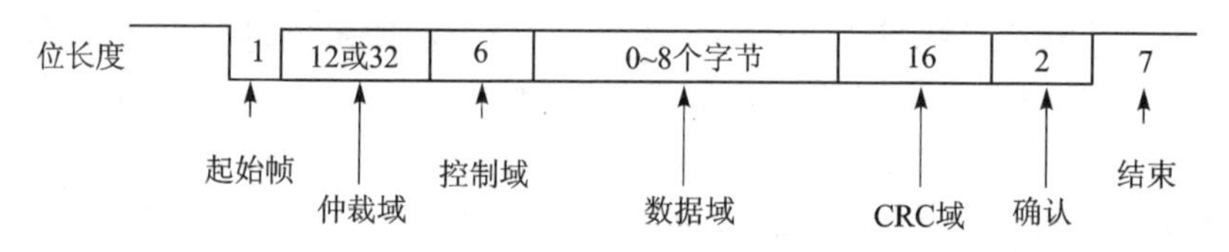

图12-1 eCAN数据帧

(2) 远程帧

远程帧是节点发出请求发送具有同一识别符的数据帧。换言之,远程帧是由一个接收节点发出的,请求网络中其他节点发送带有相同标识符的数据帧,有标准格式和扩展格式,如图12-2所示。

- 帧起始(SOF):标明起始的区域;
- 仲裁域:表示数据优先顺序的域,可以要求具有相同ID的数据帧;
- 控制域:表示预约位数和数据字节;
- CRC域:对帧的传送错误加以检测;
- 应答域:表示已确认正常接收;
- 帧结尾:表示远程帧结尾。

与数据帧相反,RTR位是“隐性”的,也就是说,RTR位反映这个帧是数据帧还是远程帧。当RTR=0,为数据帧;当RTR=1,为远程帧。

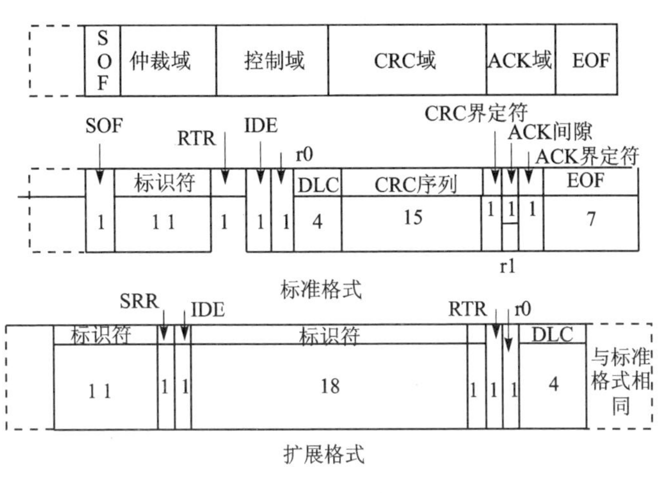

图 12－2　远程帧的构成

(3) 错误帧

错误帧是一个总线错误检测上任一节点发出的帧。即在接收、发送信息而检测到有错误时，则利用错误帧发出出现错误的通知。错误帧由 2 个不同的场组成：主动的错误标志和被动的错误标志，如图 12－3 所示。

- 主动的错误标志：由 6 个连续的“显性”位组成。
- 被动的错误标志：由 6 个连续的“隐形”位组成，除非被其他节点的“显性”位重写。

在检测到出错时，处于错误激活状态的单元输出的是激活错误标志；处于错误认可状态的单元输出的是认可错误标志。

(4) 过载帧

过载帧在先行和后续的数据帧或远程帧之间提供附加延时。接收单元为了发出接收准备尚未完成的通知而要利用过载帧。过载帧由过载标志与过载界定符构成，如图 12－4 所示。

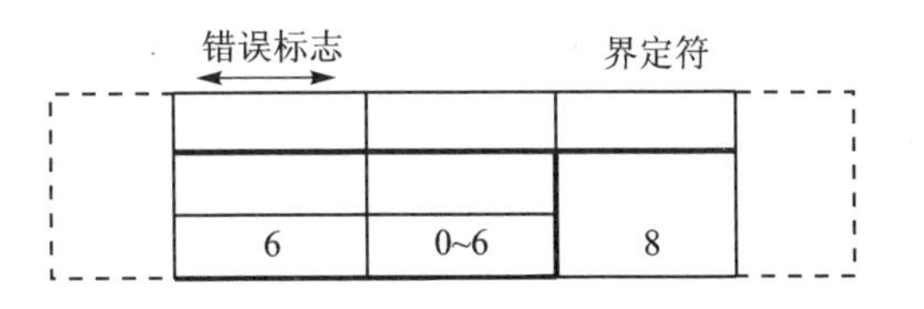

图 12－3　错误帧的构成

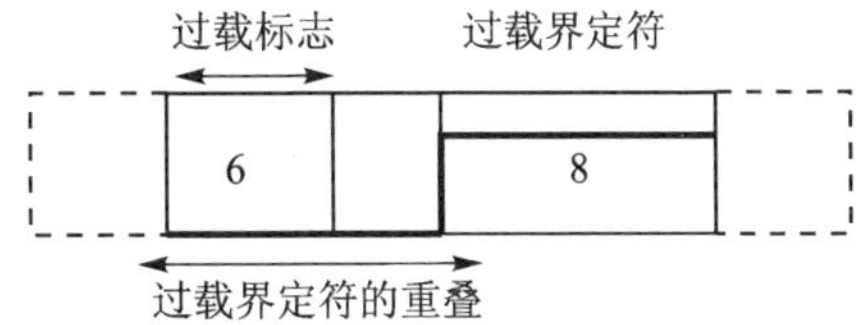

图 12－4　过载帧的构成

- 过载标志：过载标志为 6 位的显性位，过载标志的构成与激活错误标志的构成相同。
- 过载界定符：过载界定符为 8 位的隐性位，过载界定符的构成与错误界定符相同。

数据帧或远程帧与前一个帧之间都会有一个隔离域，即帧间间隔。数据帧和远程帧可以使用标准帧及扩展帧两种格式。

(5) 帧间空间

帧间空间是使数据帧、远程与其他帧分离开来所用的帧。在数据帧与远程帧之前,无论存在什么帧(数据帧、远程帧、错误帧、过载帧),通过插入帧间空间就可以与前面的帧分离开来。过载帧与错误帧之前不得插入帧间空间。帧间空间的构成如图12-5所示。

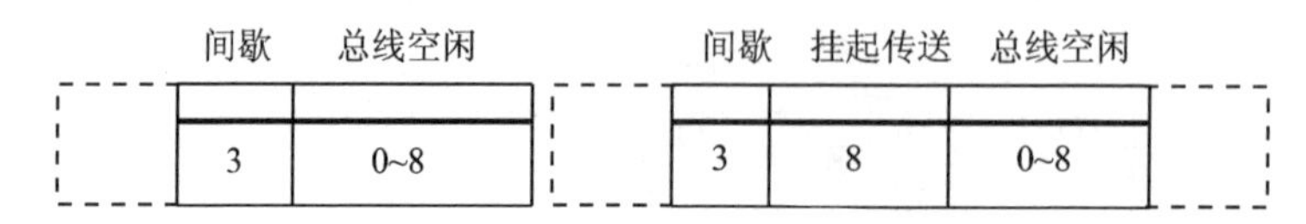

图 12-5　帧间空间的构成

12.2　TMS320F28x eCAN 模块概述

eCAN 是一个带有内部 32 位架构的 CAN 控制器,为 CPU 提供 CAN 协议 2.0B 版本的完全功能,最大限度地减少了 CPU 在通信开销中的负载,并通过提供额外的特性提高了 CAN 标准。

eCAN 模块的结构如图 12-6 所示,由一个 CAN 协议内核(CPK) 和一个消息控制器组成。CPK 有 2 个主要功能:

① 根据 CAN 协议对在 CAN 总线上接收的所有消息进行译码并把这些消息发

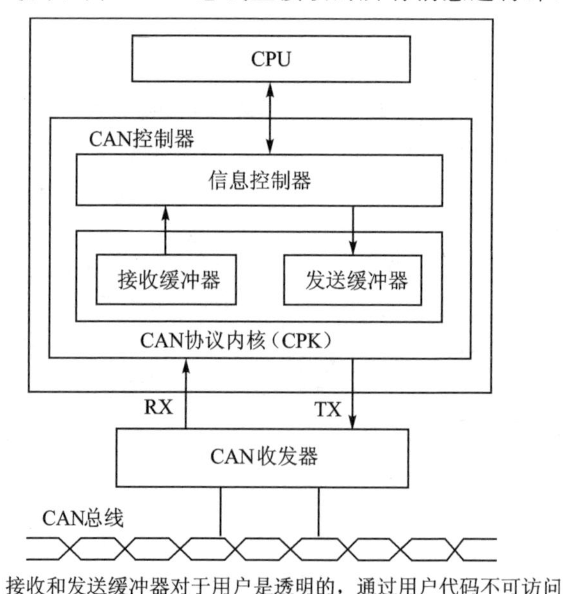

图 12-6　eCAN 模块的结构

给接收缓冲器。

② 根据 CAN 协议把消息发送到 CAN 总线上。

CAN 控制器的消息控制器负责决定是否由 CPK 接收的任何消息必须保留,以便供 CPU 使用或是被丢弃。在初始化阶段,CPU 对消息控制器制定了所有可用的消息标识符。消息控制器也负责根据消息的优先级来发送传输给 CPK 的消息。

1. TMS320F28x eCAN 的结构与特点

eCAN 方框图和接口电路如图 12-7 所示。

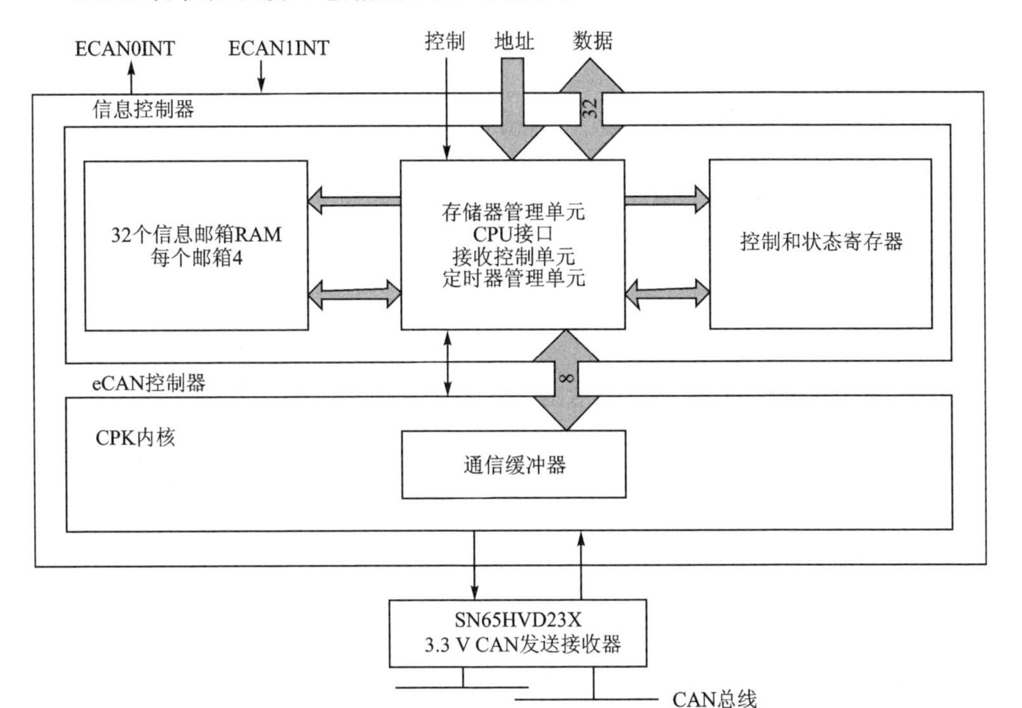

图 12-7　eCAN 模块的结构框图

eCAN 模块包括 CAN 协议内核及消息控制器。其中,消息控制器包括内存管理单元,包括 CPU 接口和接收控制单元(接收过滤)、定时器管理单元;能存储 32 条消息的邮箱 RAM;控制和状态寄存器。

在接收一个有效的 CPK 的消息后,消息控制器的接收控制单元确定接收到的消息是否必须存储到邮箱 RAM 32 个消息对象的一个对象中。接收控制单元检查状态、标识符和所有消息对象的屏蔽,以确定相应邮箱位置。收到的信息通过接收过滤后被存储在第一个邮箱。如果接收控制单元无法找到任何邮箱来存储接收到的消息,则该消息将被丢弃。

一条消息由 11 或 29 位标识符、一个控制字段以及 8 个数据字节组成。当一条消息必须传输时,消息控制器把该消息传输到 CPK 的发送缓冲区,以便在下次总线空闲状态时开始传输该消息。当必须传输多个消息时,已做好传输准备的、具有最高优先级的消息将由消息控制器传输到CPK中。如果两个邮箱具有相同的优先级,那么具有较高号码的邮箱优先传输。

定时器管理单元包含一个时间戳计数器并且将一个时间戳置于所有接收到或已发送消息的附近。当一条消息还未收到或在允许的时间期限(超时)尚未传输时,则生成一个中断。时间戳的功能只有在eCAN模式时可用。

若要启动数据传输,必须在相应的控制寄存器设置传输请求(TRS.n)。整个传输过程中可能出现的错误处理在没有CPU介入的情况下执行。如果一个邮箱已经被配置用来接收消息,CPU就能很容易地使用CPU读指令读取其数据寄存器。在每一个成功的消息发送或接收到后,邮箱可配置为用来中断CPU。

2. eCAN的工作模式

eCAN模块有2种工作模式:SCC模式和eCAN模式。eCAN模式同时支持11位和29位的标识码,是一个32位的控制器。eCAN的有些寄存器(如控制寄存器)必须以32位方式访问;一些寄存器(如时间标识寄存器)和邮箱所在的RAM范围可以以8位、16位或32位方式访问。eCAN对信息的接收和发送是基于邮箱的,共有32个邮箱,占用512字节RAM。每个邮箱都可以有自己独立的ID,独立配置成接收邮箱或发送邮箱,也可以禁止不用,大大增加了数据的容量和信息的处理能力。

SCC模式是eCAN模式的简化功能模式,同样支持11位和29位的标识码,但该模式只有16个邮箱(邮箱号0～15)可用,没有时间标记功能,可用的接收屏蔽寄存器数目也少。该模式为默认状态。此模式下可以通过主控制寄存器(CANMC)中SCB位的置1来进入eCAN模式。

3. eCAN的内存映射

eCAN模块在TMS320F28x存储器中有两种不同的地址段映射方式。第一段地址空间分配给控制寄存器、状态寄存器、接收屏蔽、时间标志和消息对象超时寄存器。对控制寄存器和状态寄存器的访问限制为32位宽度的存取。本地的接收屏蔽、时间标志寄存器和超时寄存器可以存取8位,16位和32位宽度的数据。第二个地址段用于访问邮箱,可以存取8位、16位、32位宽度的数据。图12-8所示的两个内存区块中使用的地址空间均为512字节。

通常使用RAM来存储消息,通过CAN控制器或CPU寻址。CPU通过修改RAM或附加寄存器中不同邮箱的取值控制CAN控制器。不同存储单元的内容用来实现接收过滤、消息传输和中断处理的不同功能。

eCAN的邮箱模块提供了32个具有8字节数据、29位标识符和几个控制位的消息邮箱。每个邮箱都可经过配置承担发送或接收功能。在eCAN模式下,每个邮箱都有独立的接收屏蔽。

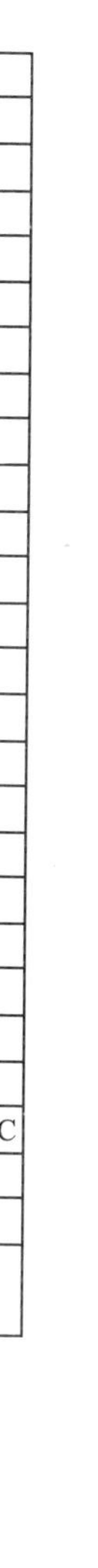

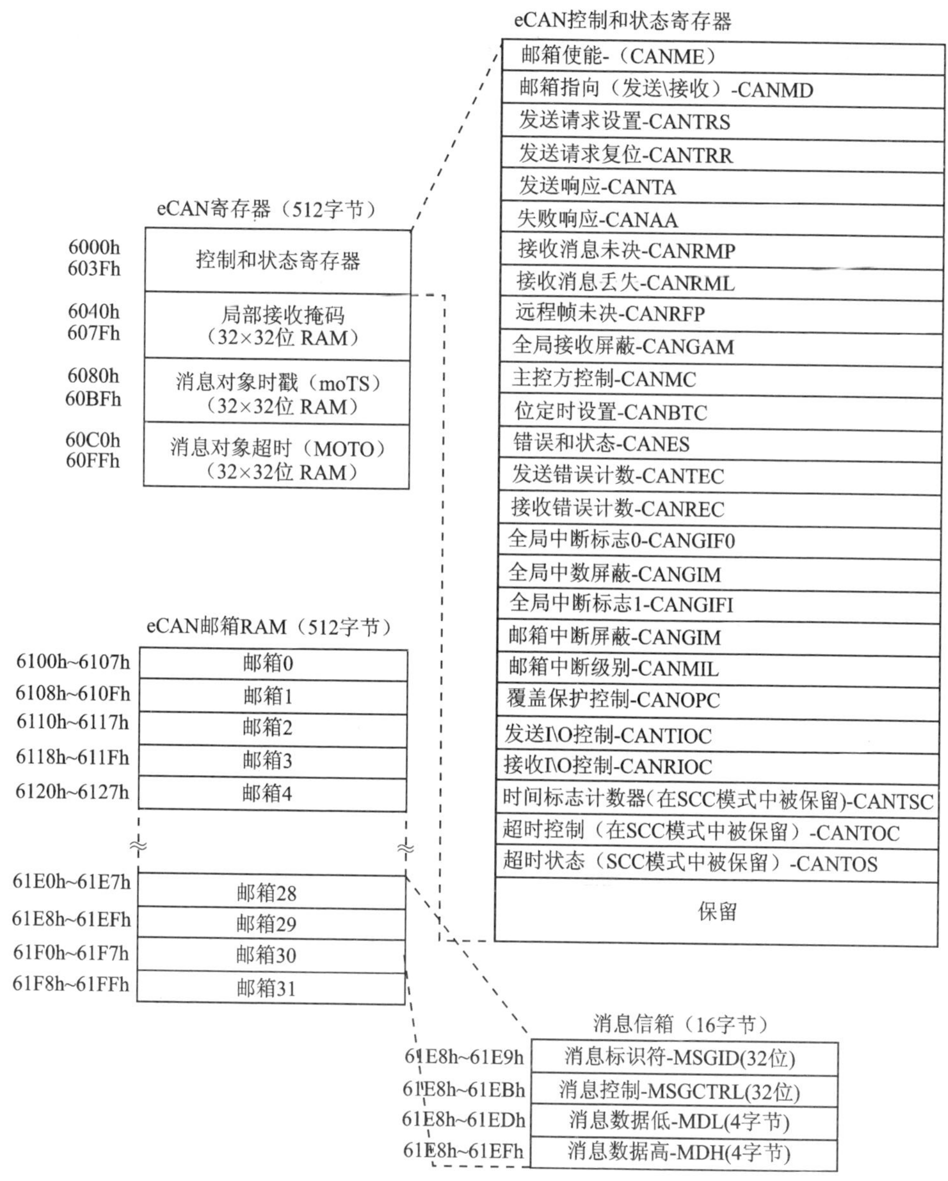

图 12－8　存储器映射

4. eCAN 的消息对象和消息邮箱

(1) 消息对象

eCAN 模块有 32 个不同的消息对象(邮箱)。每个消息对象可以配置为发送或接收,都有各自的接收屏蔽。一个消息对象由一个消息邮箱组成,其中包括 29 位的消息标识符、消息控制寄存器、8 字节的信息数据、一个 29 位接收屏蔽、一个 32 位时间戳及一个 32 位超时值。

此外,位于寄存器中相应的控制和状态位允许对消息对象的控制。

(2) 消息邮箱

消息邮箱用来存储接收到的 CAN 消息,或存放等待发送的 CAN 消息。消息邮箱映射到 RAM 存储器,CAN 消息被接收后或被传输前都存储在这些存储器中。CPU 可以使用消息邮箱中不被用来存储消息的 RAM 区用作普通内存。

每个邮箱包含消息标识符(29 位扩展标识符及 11 位标准标识符)、标识符扩展位 IDE (MSGID.31)、接收屏蔽使能位 AME (MSGID.30)、自动应答模式位 AAM (MSGID.29)、发送优先级 TPL (MSGCTRL.12～8)、远程传输请求位 RTR (MSGCTRL.4)、数据长度代码 DLC (MSGCTRL.3～0)、8 字节的数据区字段。

5. eCAN 的寄存器

由前面介绍可知,TMS320F28x eCAN 模块的 16 个寄存器控制 CAN 通信的正常运行,如表 12-1 所列,并且这些寄存器都在外设帧 1 上映射。

表 12-1　eCAN 寄存器映射

寄存器名称	地　址	SIZE (x32)	描　述	寄存器名称	地　址	SIZE (x32)	描　述
CANME	0x00 6000	1	邮箱使能	CANTEC	0x00 601A	1	发送错误计数
CANMD	0x00 6002	1	邮箱方向	CANREC	0x00 601C	1	接收错误计数
CANTRS	0x00 6004	1	发送请求设置	CANGIF0	0x00 601E	1	全局中断标志 0
CANTRR	0x00 6006	1	发送请求重启	CANGIM	0x00 6020	1	全局中断屏蔽
CANTA	0x00 6008	1	发送响应	CANGIF1	0x00 6022	1	全局中断标志 1
CANAA	0x00 600A	1	异常中断响应	CANMIM	0x00 6024	1	邮箱中断屏蔽
CANRMP	0x00 600C	1	接收信息未定	CANMIL	0x00 6026	1	邮箱中断级
CANRML	0x00 600E	1	接收信息丢失	CANOPC	0x00 6028	1	Overwrite 保护控制
CANRFP	0x00 6010	1	Remote frame pending	CANTIOC	0x00 602A	1	TX I/O 控制
CANGAM	0x00 6012	1	全局可接收屏蔽	CANRIOC	0x00 602C	1	RX I/O 控制
CANMC	0x00 6014	1	主控制	CANTSC	0x00 602E	1	计时打印机计数 (保留 SCC 模式)
CANBTC	0x00 6016	1	位定时器配置	CANTOC	0x00 6030	1	暂停控制 (保留 SCC 模式)
CANES	0x00 6018	1	错误和状态	CANTOS	0x00 6032	1	暂停状态 (保留 SCC 模式)

有关 eCAN 的具体配置步骤可参阅相关技术手册,这里不再赘述。

习 题

1. C28x 中使用的增强型控制器区域网络 eCAN 有哪些特性?
2. eCAN 报文传输帧类型有哪些,帧结构如何?

第13章

DSP应用系统硬件设计

在熟悉DSP的基础上，本章以F2812为例，介绍DSP系统的硬件设计基础和设计步骤、最小系统及相关电路设计，最后介绍硬件PCB板设计时的注意问题。

13.1 概　述

DSP应用系统的设计流程如图13-1所示，其中，各个阶段之间需要不断改进和优化，直到达到最优的设计目标。

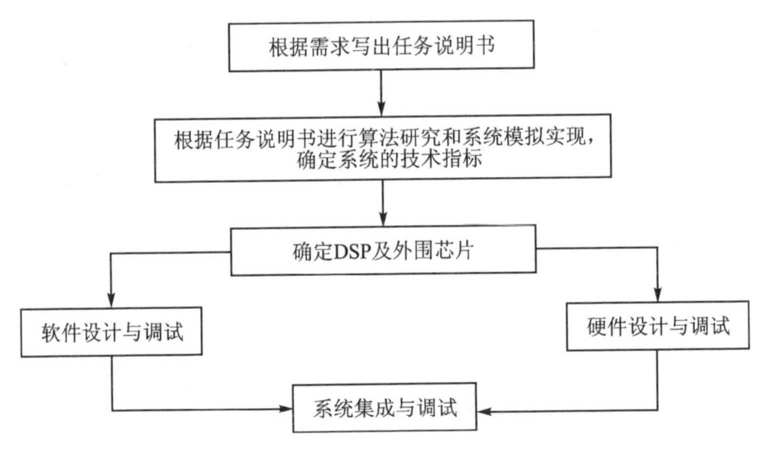

图13-1　DSP应用系统设计流程图

1. 编写任务说明书

进行应用系统设计之前，首先要对被控制对象的特性深入分析，根据系统完成的任务确定要达到的性能指标。在设计任务书中，必须明确DSP在整个系统中承担的具体任务，明确指出系统要实现的具体功能和要达到的技术指标以及所允许的系统误差。该任务说明书是整个应用系统设计的理论依据。

2. 算法研究与系统模拟

在设计应用系统之前需要进行需求分析，并据此提出算法再进行高级语言的模拟，通过仿真验证算法的准确性、精度和效率，从而评估算法需要的DSP处理能力。

一般来说，为了实现系统的最终目标，需要对输入的信号进行适当处理，而处理方法的不同会导致不同的系统性能。要得到最佳的系统性能，就必须在这一步确定最佳的处理方法，即数字信号处理的算法，因此这一过程也称算法模拟阶段。另外，算法还要反复优化，一方面提高算法的效率，另一方面使其更加适合 DSP 的体系结构。

3. DSP 和外围芯片的选择

一个 DSP 应用系统除了 DSP 外，还包括 ADC、DAC、存储器、电源、逻辑控制、通信、人机接口、总线等基本器件。

1）DSP 的选择

DSP 的选择是多种因素综合考虑与折中的结果，最重要的因素是应用方案的运算量需求。每种 DSP 都有特别适合的领域，参见 1.2.3 小节。

2）ADC 和 DAC 的选择

TMS320F28x 系列 DSP 中有些是片上带有 ADC 模块的，在满足系统设计要求的基础上可以考虑使用片上 ADC 模块，从而节省硬件设计资源；但是无法满足系统设计要求时，用户就需要设计外部 ADC 电路，此时要考虑如何选择 ADC 芯片。ADC 芯片的选择应根据采样频率、精度以及是否要求片上自带采样/保持器、多路选择器、基准电源等因素来选择。通常 DAC 芯片的选择应根据信号频率、精度以及是否要求自带基准电源、多路选择器、输出运放等因素来选择。

3）存储器芯片的选择

当 DSP 内部空间无法满足用户需求时，可以通过外扩存储器的方法来解决。常用的存储器有 SRAM、EPROM、E^2PROM 和 FLASH 等。选择存储器芯片时可以根据工作频率、存储容量、位长（8/16/32 位）、接口方式（串行还是并行）、工作电压（5 V/3 V）等选择。

4）逻辑控制芯片的选择

DSP 应用系统的逻辑控制通常用可编程逻辑器件来实现。用户首先要确定采用器件，如 PLD、CPLD 或 FPGA；其次根据自己的特长和公司芯片的特点选择哪家公司哪个系列的产品；最后还要根据 DSP 的频率来决定芯片的工作频率，并依此确定使用的芯片。

5）通信接口芯片的选择

一般 DSP 应用系统都要求有通信接口。首先要根据系统对通信速率的要求来选择通信方式（串口、并口或总线）；然后根据通信方式来选择通信器件。一般串行口只能达到 19 kbps，而并行口可达到 1 Mbps 以上，若要求过高可考虑通过总线进行通信。

6）总线的选择

用户可以根据使用场合、数据传输速率的高低（总线宽度、频率高低、同步方式等）选择 PCI、ISA 现场总线（包括 CAN、3XBUS 等）。

7) 人机接口

常用的人机接口主要有键盘和显示器,用户可在DSP的基础上直接构成。

8) 电源芯片的选择

电源是整个DSP应用系统正常工作必不可少的一部分。选择电源芯片时主要考虑电压的高低和电流的大小,既要满足电压高低的匹配,又要满足电流容量的要求。

4. DSP应用系统设计

接下来就可以开始进行DSP应用系统的设计了,包括硬件设计和软件设计两部分。硬件设计又称为目标板设计,是在系统性能指标、成本、算法需求、体积和功耗核算等因素全面考虑的基础上完成的。典型的DSP目标板包括DSP及DSP基本系统、存储器、模拟数字信号转换电路、模拟控制与处理电路、各种控制口与通信口、电源处理以及为并行处理或协处理提供的同步电路等。在硬件设计中尤其要注意模拟数字混合电路的设计,该部分设计一般包括信号调理、模数转换和数模转换、数据缓存等部分,设计的关键是实现DSP与模拟混合产品的无缝连接,以及保证数据的吞吐量。

软件设计和编程主要根据系统要求和所选的DSP编写,可以基于汇编语言或C语言等高级语言。实际应用系统中常采用高级语言和汇编语言的混合编程方法,既可缩短软件开发的周期,提高程序的可读性、可移植性以及维护性,又能满足系统实时运算的要求。

DSP硬件和软件设计完成后,就需要进行硬件和软件的调试。系统硬件调试一般采用硬件仿真器进行调试。而系统软件经过编译后,在软件仿真器或目标板上进行调试。

5. 系统集成与测试

当系统的硬件和软件部分分别调试完成后,用户就可以按照设计任务书进行软硬件的联调和正确性验证。DSP应用系统的开发,特别是软件开发是一个需要反复进行的过程,虽然通过算法模拟仿真基本上可以验证实时系统的性能,但实际上模拟环境与实时系统环境不可能完全一致,而且将模拟算法移植到实时系统时必须考虑算法是否能够实时运行的问题。如果算法运算量太大、不能在硬件上实时运行,则必须对算法修改或优化。当系统的软件和硬件分别调试并测试正确完成后,就可以将软件固化在程序存储器中,可脱离开发系统而直接在应用系统上运行。

当基于DSP的应用系统集成调试完成后,用户需要根据设计任务书中提出的各项技术指标对系统的性能进行各项测试,包括硬件部件的原理验证、DSP的原理验证、软件的仿真与算法验证、系统硬件功能验证与指标测试、系统软件的完善、环境、温度等其他测试与验证。如果测试结果符合预期设计指标,则样机设计完成。如果在测试过程中存在精度不够、稳定性不好等问题,用户还须根据测试结果对系统进行分析,从而对软件或硬件进行改进和调整,从而达到设计任务要求。如果是产品设计,还应包括结构设计、工艺设计、可维修性设计等其他复杂的方面。

13.2　基于 F2812 的最小系统及外围电路设计

典型的 DSP 应用系统多采用最小系统，即系统由一个 TMS320F28x 系列 DSP 加上相应的电源、时钟、复位、JTAG 电路及应用电路构成，这种系统也称为单片系统方案(Single Chip Solution)。在程序调试过程中，程序长度小于 16K 时可以先将程序放入到 H0 SARAM、L0 SRAM 和 L1 SARAM 中仿真调试，调试完成后再将程序放入 Flash 中运行。对于较复杂的 DSP 应用系统，程序可能较长或需要扩展一些外部存储器或外部接口，如 D/A 转换芯片、LCD 驱动等，这时需要采用外部接口。外部存储器或接口访问速度等可能差别较大，XINTF 提供了时序延长或加等待机制来确保通过软件配置实现对这些存储器或外设的正确接口。

学习 DSP 的硬件电路都是从最小系统设计开始的。DSP 最小系统设计目的是保证 DSP 的基本工作模式和环境，由 DSP 及其基本的外围电路组成。DSP 外围电路包括 DSP 的基本引脚连接、电源电路、时钟电路、复位电路、JTAG 仿真接口电路、I/O 口控制电路等。一般，DSP 芯片对应的数据手册上都会给出基于该芯片的最小系统原理图，用户可以参考。DSP 最小系统原理框图如图 13－2 所示。

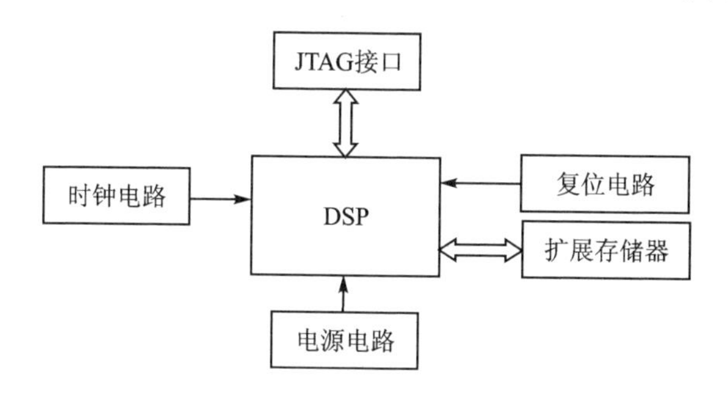

图 13－2　DSP 最小系统原理框图

基于 F2812 的硬件设计如图 13－3 所示，其中包括电源、地线、外部地址总线、外部数据总线、外部控制总线、外部中断源、时钟电路、复位电路、锁相环、JTAG 接口、A/D 输入、SCI－A/B 串口、SPI 串口、GPIO 等设计。

13.2.1　电源电路设计

1. 供电要求

由于 F2812 在系统中对大量数据计算的实时性要求非常高，其 CPU 内部部件的频繁开关转换会大大增加系统功耗，所以，通过降低 DSP 内部 CPU 供电的核心电压可以降低系统的功耗。TI 公司的 DSP 产品一般有独立的 I/O 电源和内核电源，如 F2812，采用双电源供电的方式，其中一路电源为 I/O 电源 DVdd，电压为＋3.3 V，为 GPIO、Flash、ROM 和 ADC 提供工作电压；另一路电源为内核电源 CVdd，电压为

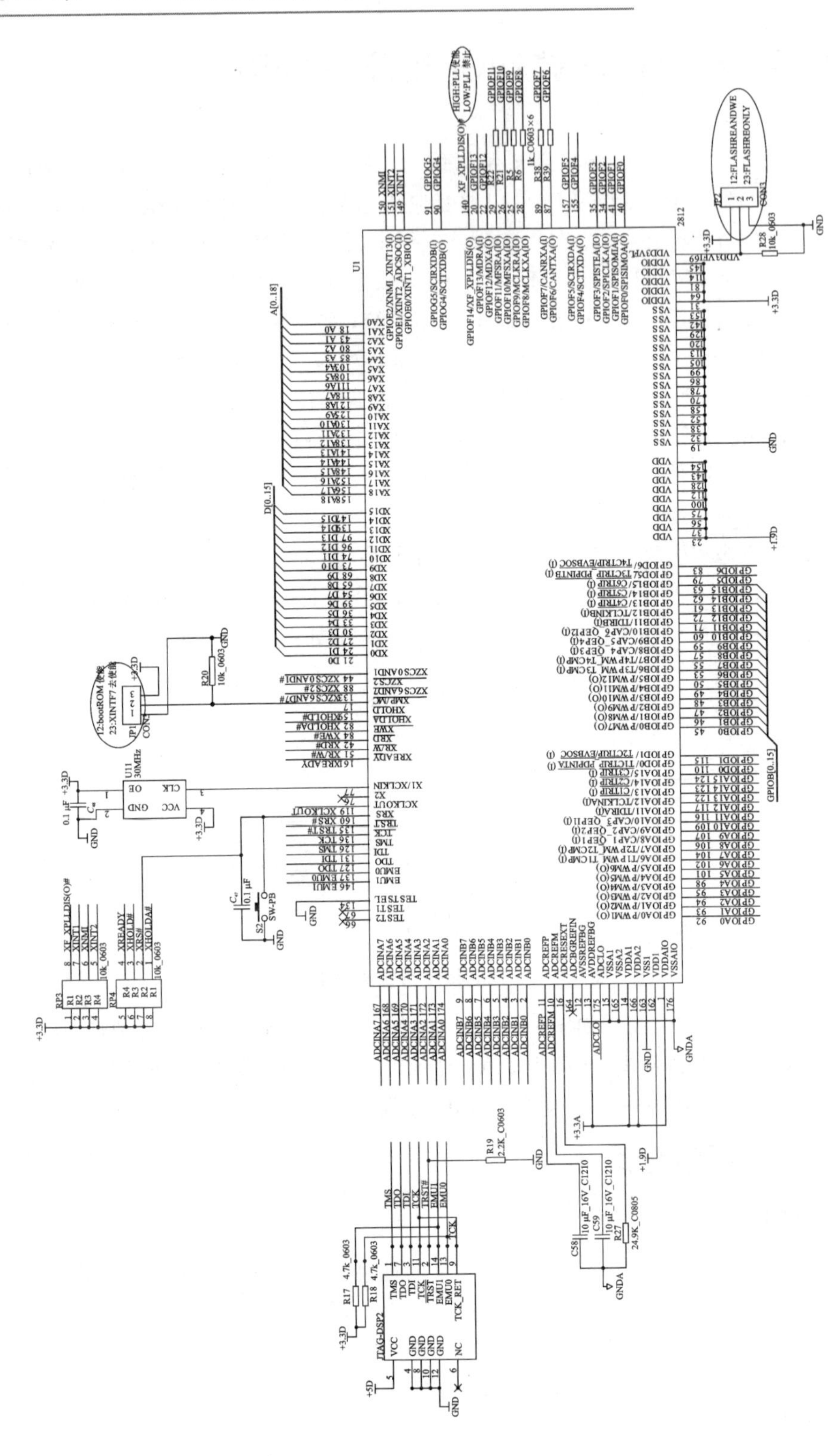

图13－3 F2812引脚连接原理图

+1.8 V 或+1.9 V(当主频最高为 135 MHz 时,工作在 1.8 V 电压下;主频最高为 150 MHz 时,工作在 1.9 V 电压下),为 CPU 内核提供能源。降低内核电压的主要目的是降低功耗。在某些 DSP 应用场合,功耗是一个需要特别注意的问题,如便携式、野外应用的 DSP 设备等都对功耗有特殊的要求。为了保证系统的可靠运转,对系统的供电要求越来越高,而电源的可靠性设计也就成为该应用系统设计的一个重要组成部分。

对于采用双电源供电的 F2812,使用时需要考虑它们的上电次序。理想情况下应该同时给 DSP 的 2 个电源上电,但这种做法在一些复杂的场合难以达到。如果做不到同时上电,则应首先给 I/O 电源上电,然后再给内核电源上电,从而保证上电复位信号经过 I/O 缓冲后可靠地复位 DSP 内部的各个功能模块。当电源上电后,复位信号要继续保持有效(最小值为 1 ms),以使得电源电压和振荡电路输出稳定。在电源设计时,建议采用电源芯片输出的复位信号作为 DSP 的复位控制信号,以满足对上电和次序的要求。

F2812 的电流消耗主要取决于芯片的激活度,而 CPU 的激活度决定了内核电源的电流消耗,正在工作的外设及运行速度对外设电流的消耗有很大的影响。与 CPU 相比,通常外设消耗的电流比较小,而时钟电路也会消耗的一小部分电流,但这部分电流是不变的,与芯片 CPU 和外设的激活度无关。外设接口引脚提供的 I/O 电源电压、消耗的电流决定于外部输出的速度、数量以及输出端的负载电容。

2. F2812 的电源解决方案

DSP 应用系统需求的电源种类:内核数字电源为+1.9 V 或+1.8 V;I/O 数字电源+3.3 V;I/O 模拟电源+3.3 V;ADC 模拟电源+3.3 V;Flash 编程电源+3.3 V;通信+5 V;输入电源+24 V。基于该芯片的电源设计方案的思路如图 13-4 所示。

图 13-4　电源系统设计思路

(1) 外部电源电路设计方案

外部输入电源为 24 V(+12 V 和-12 V 实现),而通信模块和核心系统需要电源都为 5 V。为了提高系统的可靠性和稳定性,两路电源全部采用 DC/DC 隔离模块,通信模块电源采用的是功率为 1 W 的 24 V 转 5 V;核心系统电源则采用功率为 5 W 的 24 V 转 5 V。因此系统只需要一路 24 V 电源即可。电路图如图 13-5 所示。另外,在电源的输入和输出部分都加上磁珠进行隔离,每个接地上加一个高压瓷片电容,防静电连到大地。

(2) 内部电源电路设计方案

DSP 采用哪种供电机制,主要取决于应用系统中提供的电源,实际中大部分数

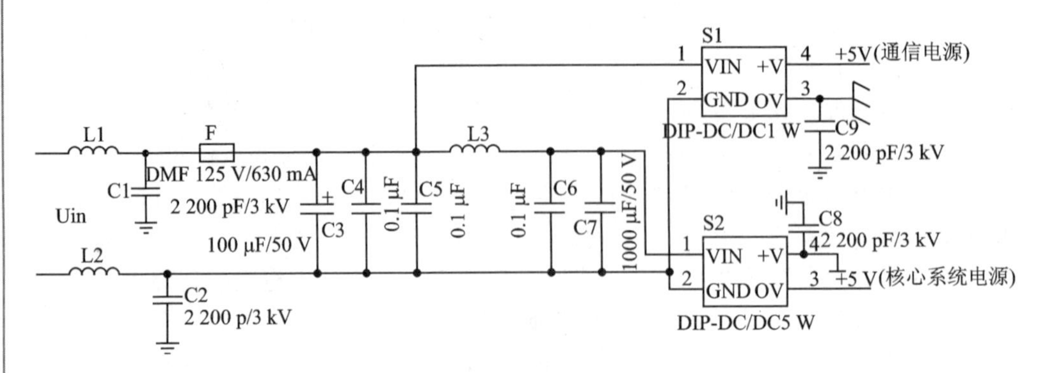

图 13-5 外部电源电路

字系统所使用的电源可工作于 5 V 或 3.3 V。

1）电压调节器的选择

在这种方案中，如图 13-6(a)所示，5 V 电源通过 2 个电压调节器分别产生 3.3 V和 1.9 V 或 1.8 V 电压；图 13-6(b)仅使用一个电压调节器产生 1.9 V 或 1.8 V电压，而 DVdd 直接取自 3.3 V 电源。

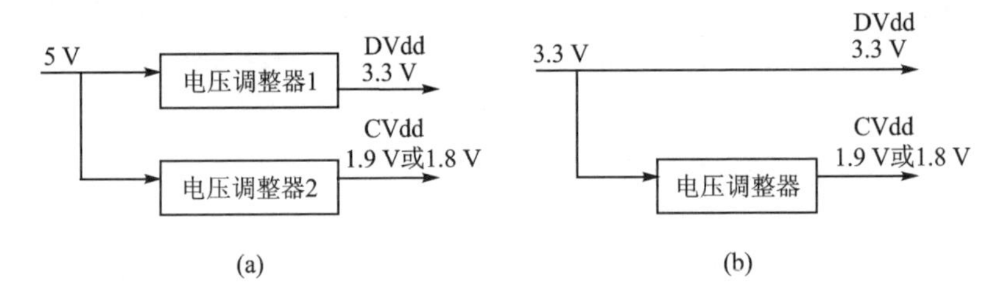

图 13-6 用电压调节器产生供电电压

设计电压调节器相对简单，但是选择电压调节器时，其中还是又要考虑到负载电流、漏电流以及静止电流对 DSP 系统的影响。

2）使用 DSP 的电源芯片方案

目前，DSP 系统电源方案有以下几种：采用 3.3 V 单电源供电，可选用 TI 公司的 TPS7233 和 TPS7333 芯片，也可以选用 Maxim 公司的 MAX604、MAX748 芯片；采用可调电压的单电源供电，可选用 TI 公司的 TPS7101、TPS7201 和 TPS7301 等芯片，调节范围为 1.2～9.75 V，可以通过改变 2 个外接电阻阻值来实现；采用双电源供电，如 TPS767D301、TPS767D325、TPS767D318 等。其中，TPS767D325 能提供两路固定的输出电压，分别为 3.3 V 和 2.5 V；TPS767D318 能提供分别为 3.3 V 和 1.8 V 共 2 路固定的输出电压，而 TPS767D301 可提供一路 3.3 V 的输出电压和一路可调的输出电压(1.5～5.5 V)。

双电源供电的 F2812 的电源电路设计可选用 TPS767D301 或 TPS767D318。使用 TPS767D301 芯片设计的电源电路如图 13-7 所示。电路设计时在输入端加一个

0.1～47 μF 的陶瓷电容，这对提高负载瞬时响应和消除噪声有比较明显的作用；并且在电压输出端和接地之间加一个 22 μF 的电容器，使内部控制回路稳定，同时可得到平滑的输出电压。虽然 TPS767D301 没有 PG 的引脚，但其本身具有很好的 SVS（电源监视器件）性能，这样上电和断电的次序就可得到良好的保障。该电路工作时将电压输出为 3.3 V 的调整器的使能端 $\overline{\text{1EN}}$ 接地，于是，当 5 V 电压接入输入端（1IN）时，就会建立起 3.3 V 电压的输出，而电压输出为 1.9 V 调整器的使能端 $\overline{\text{2EN}}$ 拉为低电平，第 2 路调整器可以工作，于是可得到 1.9 V 的输出电压，进而从电路设计上解决了基于 TPS767D301 芯片的两路不同电压输出以及上电次序问题。图 13－7 中的 LED 为电源指示，用来指示电源是否接通。

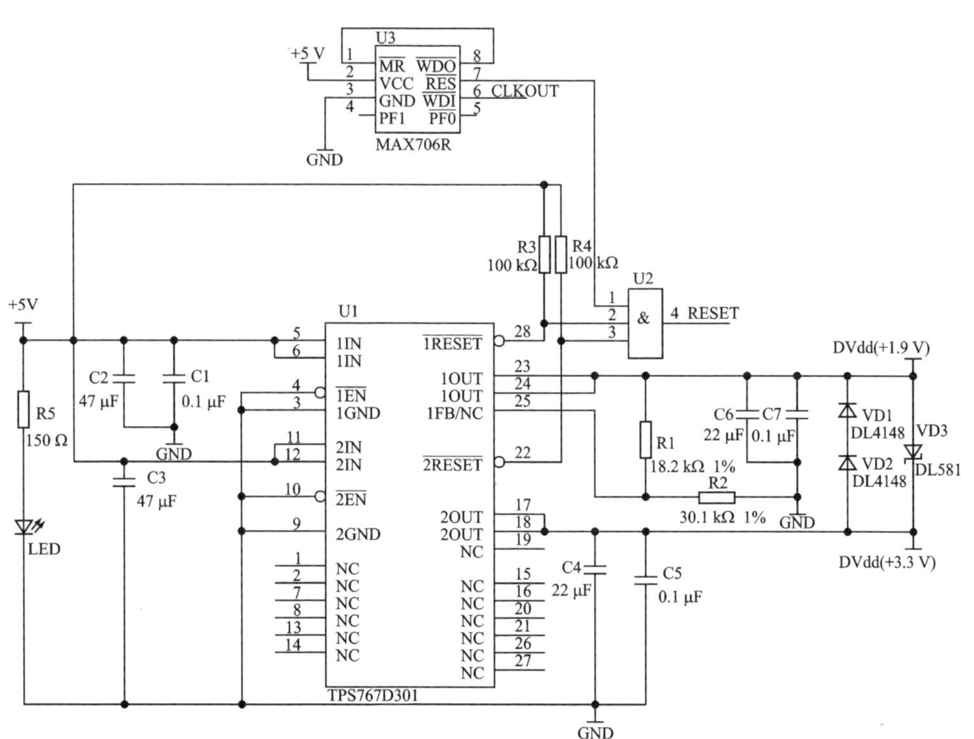

图 13－7　内部电源电路设计实现图

该电源电路设计阶段关键是要保证硬件电路能够实现所要达到的功能，同时具有很好的可测试性；另外在印制电路板设计和制作中布线正确合理，要考虑 EMC 电磁兼容问题，如电源增加电源滤波器、模拟和数字信号分离等电路设计技巧等；在电源设计的硬件调试中要对电路板进一步测试，不符合要求的电路需要修改优化设计，直到满足要求为止。电源滤波电路的设计如图 13－8 所示。

3. DSP 的电平转换电路设计

F2812 的 I/O 工作电压是 3.3 V，因此其 I/O 电平也是 3.3 V 逻辑电平。DSP 与

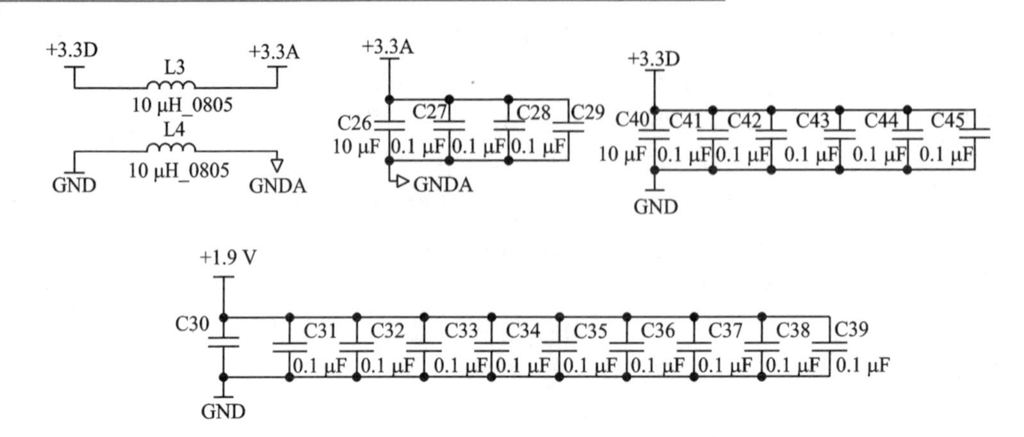

图 13-8　电源滤波电路图

其他外围芯片的接口时,如果外围芯片的工作电压也是 3.3 V,那么可以直接连接。但是,目前很多外围芯片的工作电压是 5 V,如 EPROM、SARAM、模数/数模转换芯片等,于是就存在如何实现 3.3 V 的 DSP 与这些 5 V 供电芯片可靠接口的问题。

图 13-9 所示为 5 V CMOS、5 V TTL 和 3.3 V TTL 电平的转换标准。其中,V_{OH} 表示输出高电平的最低电压,V_{IH} 表示输入高电平的最低电压,V_{IL} 表示输入低电平的最高电压,V_{OL} 表示输出低电平的最高电压。从图中可以看出,5 V TTL 和 3.3 V TTL 的电平标准是一样的,而 5 V CMOS 的电平标准与二者是不同的。因此,3.3 V 的 DSP 系统与扩展的 5 V 器件接口时必须考虑到两者电平标准的不同。

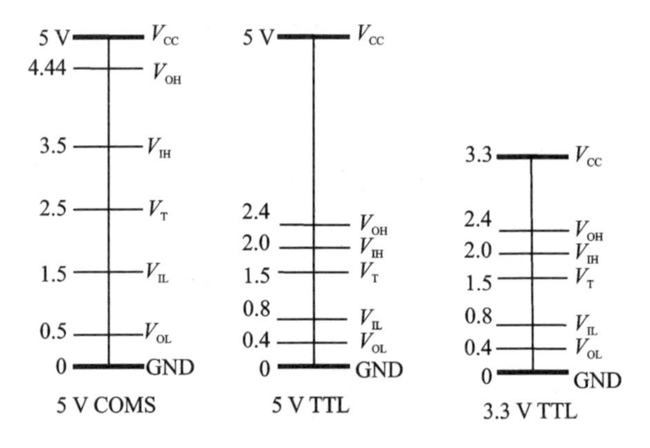

图 13-9　各种电平转换标准

根据具体应用系统,可考虑以下 4 种情况:

① 5 V TTL 器件驱动 3.3 V TTL 器件(LVC)。由于 5 V TTL 和 3.3 V TTL 的电平转换标准一样,因此,如果 3.3 V 器件能够承受 5 V 电压,从电平上来说二者直接连接即可,否则需要电平转换芯片,如 TI 的 SN74ALVCl64245、SN74LVC4245 等。

② 3.3 V TTL 器件(LVC)驱动 5 V TTL 器件。由于两者的电平转换标准相

同,因此不需要额外器件就可以将两者直接相接。只要 3.3 V 器件的 V_{OH} 和 V_{OL} 电平分别是 2.4 V 和 0.4 V,5 V 器件就可以将输入读为有效电平,因为它的 V_{IH} 和 V_{IL} 电平分别是 2 V 和 0.8 V。

③ 5 V CMOS 驱动 3.3 V TTL 器件(LVC)。虽然两者的转换电平不同,但进一步分析 5 V CMOS 的 V_{OH} 和 V_{OL} 以及 3.3 V 器件的 V_{IH} 和 V_{IL} 的转换电平可以看出,虽然两者存在一定的差别,如果能够承受 5 V 电压的 3.3 V 器件能够正确识别 5 V器件送来的电平值,采用能够承受 5 V 电压的 LVC 器件,5 V 器件的输出是可以直接与 3.3 V 器件的输入端接口的,否则需要电平转换芯片。

④ 3.3 V TTL 器件(LVC)驱动 5 V CMOS。两者的电平转换标准化是不同的,3.3 V LVC 输出的高电平的最低电压值是 2.4 V(可以高到 3.3 V),而 5 V CMOS 器件要求的高电平最低电压值是 3.5 V,因此不能直接相接。在这种情况下可以采用双电压供电(一边是 3.3 V,另一边是 5 V)的驱动器,如 TI 的 SN74ALVCl64245、SN74LVC4245 等。

使用 3.3 V 供电的低电压接口芯片是目前发展方向,因此,用户尽量选择 3.3 V 供电的外围芯片,从而简化硬件电路设计并降低系统功耗。

13.2.2　时钟电路设计

DSP 工作以时钟为基准,如果时钟质量不高,那么系统的可靠性、稳定性就很难保证。在 F2812 上,有基于 PLL 的时钟模块为器件及各种外设提供时钟信号。锁相环有 4 位倍频设置位,可以为处理器提供各种速度的时钟信号。时钟模块提供两种操作模式:

① 内部振荡器:利用 DSP 内部提供的晶振电路,在 DSP 的 X1/XCLKIN 和 X2 之间连接一个晶体可启动内部振荡器,如图 13-10 所示。晶体应为基本模式且为并联谐振。

② 外部振荡器:将外部时钟源直接输入 X1/XCLKIN,X2 悬空。采用封装好的晶体振荡器,如图 13-11 所示,只要在引脚 4 上加 1.8 V 电压,引脚 2 接地,就可以在引脚 3 得到所需的时钟。

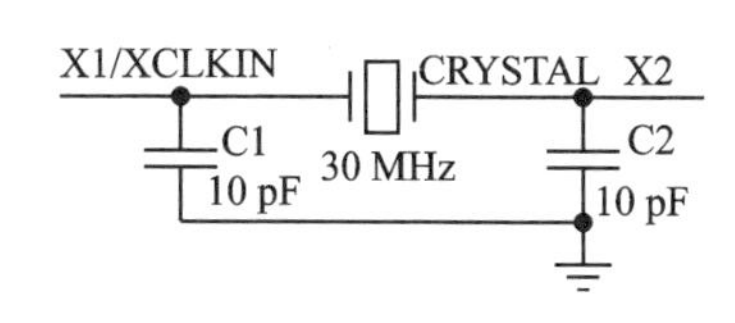

图 13-10　内部振荡电路

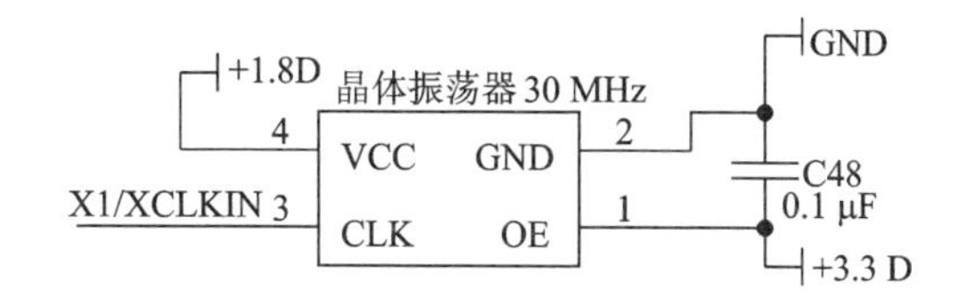

图 13-11　外部时钟模块

外部 $\overline{\text{XPLLDIS}}$ 引脚可以选择系统的时钟源,为低电平时,系统直接采用外部时钟或晶振直接作为系统时钟;为高电平时,外部时钟经PLL倍频后为系统提供时钟。系统可以通过锁相环控制寄存器来选择锁相环的工作模式和倍频的系数。

13.2.3 复位电路设计

在实际DSP应用系统中,可靠性是一个不容忽视的问题。由于DSP系统的时钟频率较高,运行时极有可能发生干扰和被干扰的现象,严重时系统可能出现死机现象。尽管DSP本身内部集成了看门狗模块,但为了防止系统控制芯片死机、内部看门狗失效,所以在系统硬件设计中也应设计相应的硬件复位电路,其好坏会直接影响到整个系统工作的可靠性。刚给芯片上电时,F2812处于复位状态。当F2812的引脚 $\overline{\text{XRS}}$ 接地时,也会起到复位的效果。电源芯片TPS767D301自身能够产生复位信号以供DSP使用,如图13-7所示。而另一种低电平复位电路设计如图13-12所示。

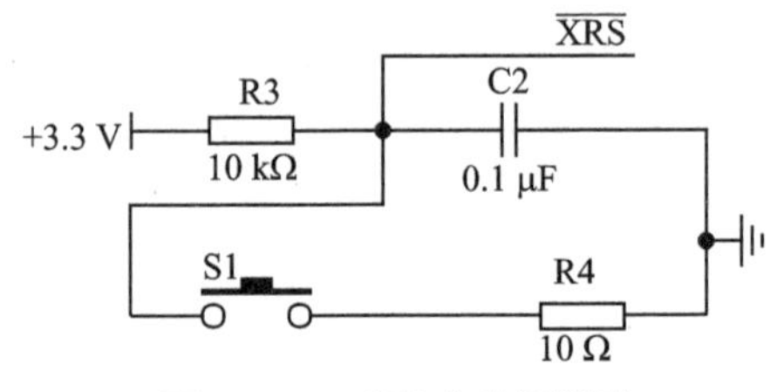

图13-12 复位电路设计图

13.2.4 JTAG仿真接口电路设计

由于F2812结构复杂、工作速度快、外部引脚多、封装面积小、引脚排列密集等,传统的并行仿真方式并不适合于F2812的开发应用。JTAG接口是TI公司在其DSP中使用的基于边界扫描逻辑的仿真标准,符合规范IEEE1149.1,能极其方便地提供硬件系统的在线仿真和测试。基于JTAG标准的仿真器提供了一个不改变目标平台系统结构的开发工具,还具有体积小、易安装、功能扩充性强和很高的兼容性等特点,使开发者可以随时随地进行开发和调试。JTAG仿真接口电路如图13-13所示。

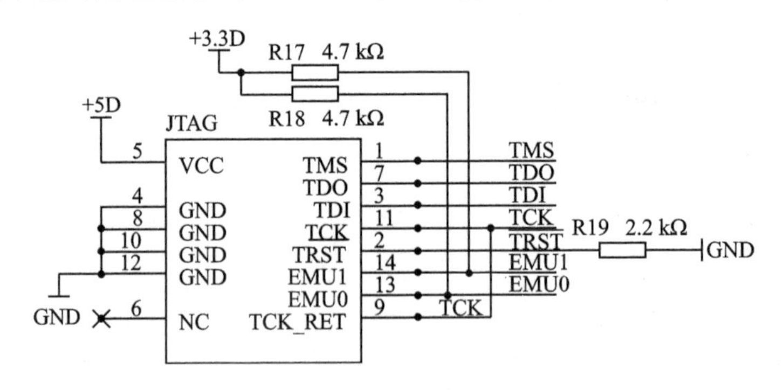

图13-13 JTAG仿真接口电路图

13.2.5 外部扩展存储器接口电路设计

F2812的外部接口(XINTF)映射到5个独立的存储空间。由于F2812采用统一寻址方式,扩展的外部存储空间既可以作为数据存储器,也可以作为程序存储器。每个 XINTF 区都有一个片选信号,对一个特定区域进行访问时这些信号就会出现。$\overline{\text{XZCS0AND1}}$、$\overline{\text{XZCS2}}$、$\overline{\text{XZCS6AND7}}$ 的 3 个引脚输出信号作为外部扩展存储器的片选信号,可扩展超过 1M×16 位的外部存储器。因此,根据每个区容量的大小外扩了一片静态存储器,选用 ISSI 公司 SRAM 芯片 IS61LV25616;同时考虑到编程需求以及升级,DSP 应用系统设计充分利用 TMS320F2812 良好的扩展性能,将 Flash 扩展至 512 KB,选用 SST 公司 Flash 存储器 SST39VF800A 芯片;另外,外扩的双口 RAM 用来缓冲 DSP 和其他器件(可以是 DSP 构成的双机系统)要交换的数据,选用 IDT 公司的 IDT70V27S/L 芯片。

IS61LV25616 是 256K×16 高速 CMOS 工艺 3.3 V 单电源供电电压的静态随机存储器。SST39VF800A 是 512K×16 的 3.0～3.6 V 单电源供电的 Flash。IDT70V27S/L 是 32K×16 高速 3.3 V 单电源供电的双端口静态随机存储器。外部扩展存储器空间及映射地址范围如表 13-1 所列。外扩 SRAM、Flash 和 DARAM 与 F2812 的硬件连接原理图分别如图 13-14 和图 13-15 所示。

表 13-1 外部扩展存储器空间及映射地址范围

片选引脚	映射容量	映射地址范围	外扩芯片	物理容量
$\overline{\text{XZCS0AND1}}$	16K×16	0x00002000～0x00005FFF	IDT70V27S/L	16K×16
$\overline{\text{XZCS2}}$	512K×16	0x00080000～0x000FFFFF	SST39VF800A	512K×16
$\overline{\text{XZCS6AND7}}$	512K×16	0x00100000～0x0017FFFF	IS61LV25616	256K×16
	16K×16	0x003FC000～0x00400000	无	无

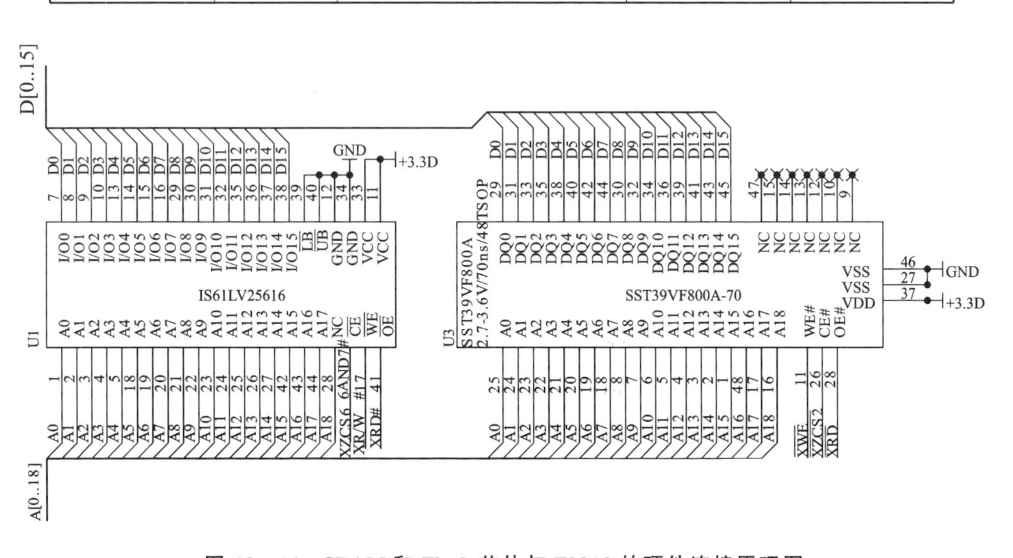

图 13-14 SRAM 和 Flash 芯片与 F2812 的硬件连接原理图

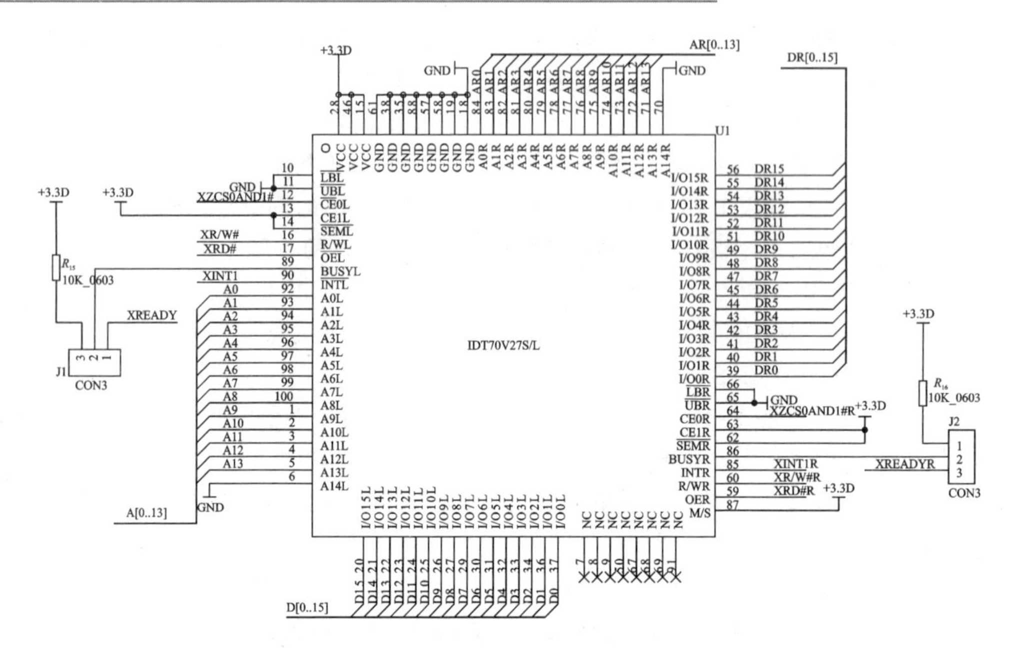

图 13－15　DARAM 与 F2812 的硬件连接原理图

13.3　ADC 电路设计

本节介绍 2 种 ADC 电路的设计，一种是使用 F2812 自身带有的 16 路 12 位的 ADC，一种使用 ADC 转换芯片进行 A/D 转换，然后将数字信号送至 F2812 进行相应处理。

13.3.1　模拟信号与 DSP 片上 A/D 模块接口设计

F2812 片内的 ADC 模块是 16 路 12 位分辨率、具有流水线结构，可配置为 2 个独立的 8 通道模块以便服务于事件管理器 A 和 B。2 个独立的 8 通道模块可以级联成一个 16 通道模块。在图 13－3 中可以看到 F2812 的片上 ADC 的外围连接图。注意，片上 ADC 模块的模拟输入的电压范围为 0～＋3 V，引脚最大的输入电压范围是 －0.3～＋4.6 V，但是实际使用 F2812 的 A/D 端口采样信号时并不能保证采集的信号在输入范围之内。由于 A/D 模块非常脆弱，当小于 0 V 或者大于 3 V 的信号输入时就可能损坏芯片，使相应的 A/D 采样端口不能正常工作。因此，需要对模拟输入的双极性信号进行调理，以调整到允许的范围之内，然后再输入到片内 ADC 模块中。

信号调理电路采用运算放大器 OP37 或 AD811 构成一级反相放大电路，OP37 是精密测量运算放大器，而 AD811 是高速视频运算放大器。使用 OP37 的单通道信号调理电路原理图如图 13－16 所示。

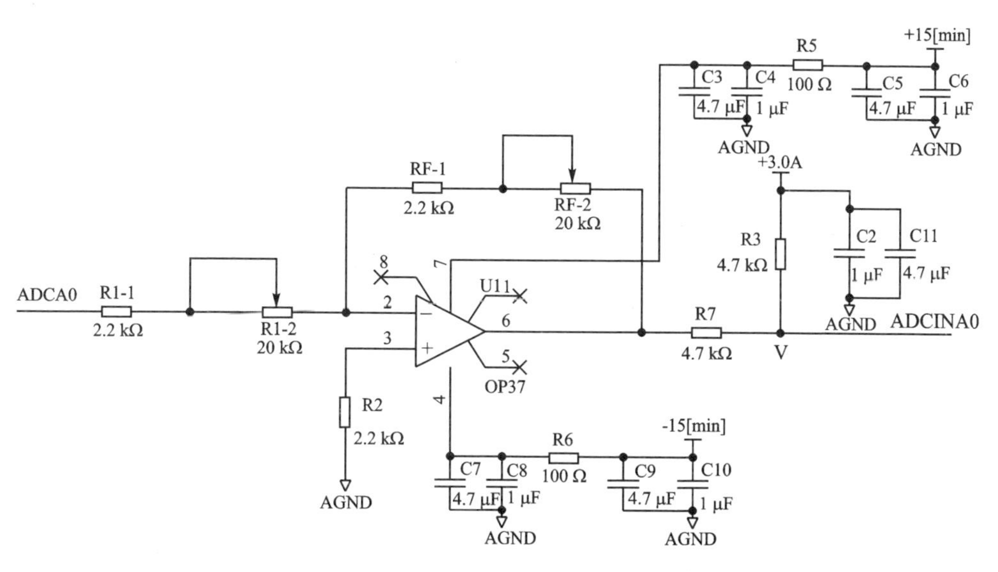

图 13-16　单通道信号调理电路原理图

另外，在 A/D 采样过程中，采样端口悬空时采集的值是随机值，因此没有用到的 A/D 端口建议接地。在实际使用过程中，F2812 片内 ADC 模块的采样精度并没有达到 12 位，主要原因是存在增益误差和偏移误差，要提高 ADC 转换精度就必须对这两种误差进行补偿。

此外，在 PCB 布线中要精心设置与 DSP 片上 ADC 有关的电路模块，通常要求 ADC 模块的引脚不要靠近数字通路的地方，这样可使耦合到 ADC 输入端数字信号线上的开关噪声减到最小。另外，采取以下 3 种措施可基本消除通道间的信号串音现象：模拟信号采用单芯屏蔽线传输；各个模拟通道独立的电源滤波电路；各通道之间铺设地线隔离。

13.3.2　AD7674 与 TMS320F2812 的接口设计

AD7674 是 ADI 公司一款高精度 18 位逐次逼近(SAR)型 ADC，具有采样速率高、精度高、功耗低、无管道延迟的特点，采样速率最高可达到 800 kSPS(每秒千次采样)，积分非线性误差(INL)最大为±2.5 LSB，在整个温度范围内保证不会丢码；器件是全差分输入，5 V 单电源供电，可接 5 V 或 3.3 V 数字电源。AD7674 还具有许多其他特点，包括一个内部变换时钟、一个内部基准缓冲器、误差修正电路以及串行(SPI)与并口(18、16 或 8 位总线)接口。

AD7674 能提供 3 种不同转换速率、工作方式，以便对不同的具体应用优化性能，具体如下：

➢ WARP：允许采样率高达 800 kSPS，然而在这种模式下只有转化之间的时间不超过 1 ms 时，才能保证其转化的精度；如果连续 2 次转换之间的时间大于 1 ms，第一次转换的结果就会被忽略。这种模式适合于要求快速采样率的应用中。

- NORMAL：这种模式的采样率为 666 kSPS，这种模式对采样转化之间的时间没有限制，既可以保证高的转化精度，又可以保证快的采样速率。
- IMPULSE：这是一种低功耗的模式，采样率为 570 kSPS，例如：当操作在 1 kSPS 时，它仅消耗 136 μW，所以适合于电池供电的应用。

为了保证高的转化精度和快的采样速率，将 AD7674 的设置成 NORMAL 工作方式，即将 WARP 和 IMPULSE 引脚接地；为了采用串口通信方式，将 AD7674 的 MODE0 和 MODE1 引脚置为高电平；将 AD7674 的 EXT/INT 引脚接高电平，配置其为从设备；AD7674 的 CS、CNVST、BUSY 引脚分别与 F2812 的 GPIOD0、GPIOD1、GPIOD5 口相连，通过 F2812 的 GPIO 口来控制 AD7674 的片选、转化以及工作状态。AD7674 是符合 SPI 的数据通信协议的，将其 SCLK 引脚与 F2812 的 SPICLKA 引脚相连，通过 F2812 向 AD7674 提供接收数据的同步时钟；AD7674 的 SDOUT 引脚与 F2812 的 SPISOMIA 引脚相连，在接收数据时，使 SDOUT 输出的采样结果在时钟脉冲的控制下通过 SPISOMIA 移到 F2812 SPI 的移位寄存器。AD7674 与 F2812 的接口设计原理图如图 13－17 所示。

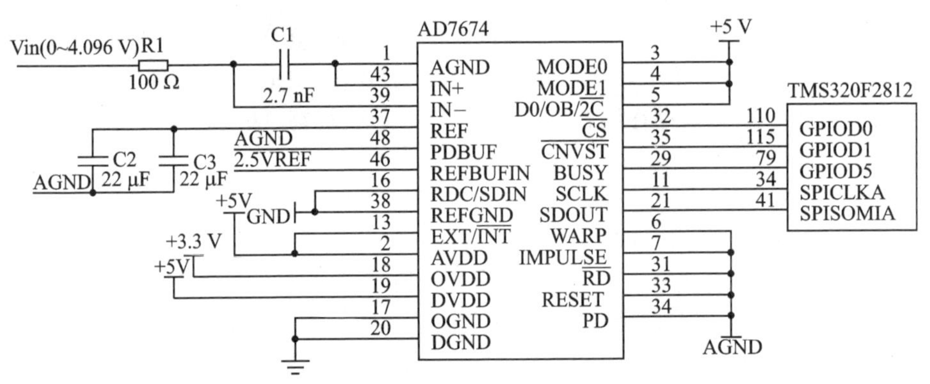

图 13－17　AD7674 与 F2812 的接口设计原理图

AD7674 与 F2812 SPI 之间高速串行通信，首先通过 SPI 相关寄存器的设置把其配置为从模式，接着对 SPI 的字长、波特率、时钟模式等进行相应的配置，然后通过 GPIOD0 口来片选 AD7674，并通过 GPIOD1 口来启动 ADC 的转化；当转化控制输入 CNVST 到来一个下降沿时，片内采样保持器由采样模式转化为保持模式，保持模拟输入信号，并启动转化过程；转化启动后，BUSY 信号一直保持高电平，直到转化完成后 BUSY 信号变为低电平；最后，在 F2812 的输出脉冲控制下，把 18 位的采集结果送到指定的存储单元。

13.4　DAC 电路设计

有些 DSP 应用系统最终需要将数字量再转变成模拟量模拟输出，从而控制某些物理量。F2812 自身不带 DAC，此时就要选择 DAC 芯片来实现数模转换。这里采用 DAC8544 芯片。DAC8544 是+2.7～+5.5 V 单电源供电、16 位分辨率、电压输出、4 通道、并行接口的数模转换器。为实现 8 通道的并行输出，使用两片 DAC8544。为了可选择 4 路输出，加入了单刀双掷模拟开关 MAX4780，它具有+1.6～+4.2 V 单电源供电、快速开关（Ton＝20 ns，Toff＝8 ns）等优点。通过开关关掉一片 DAC8544 的输出，就可以实现 4 路输出与 8 路输出的转换。D/A 模块的原理图如图 13－18 所示。

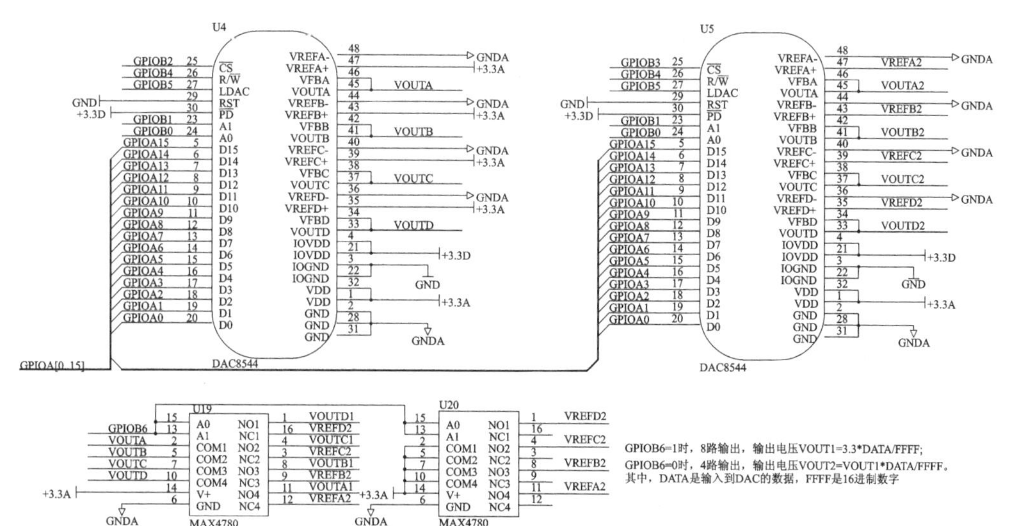

图 13－18 D/A 模块电路设计原理图

13.5 硬件 PCB 板设计时的注意问题

印制线路板（PCB）是电子产品中电路元件和器件的支撑件，提供电路元件和器件之间的电气连接，是各种电子设备最基本的组成部分，它的性能直接关系到电子设备质量的好坏。设计 PCB 板时，应考虑元件的布局、走线、电路板抗干扰性和电磁兼容性等。下面根据笔者使用 Protel99SE 绘制 PCB 板时的自身体会，简要介绍如下：

(1) 电源线布置

电源线除了要根据电流大小、尽量加大导线宽度外，还应该采取使电源线、地线的走向与数据信息传递方向一致的方式，这样有助于增强抗干扰噪声的能力。在印制板的电源输入端应接上 10～100 μF 的去耦电容。

(2) 地线布置

首先是地线的宽度，加粗地线能降低导线电阻，减少干扰；其次就是要使接地线构成闭环路，从而显著缩短线路的环路，降低线路阻抗。另外，数字地与模拟地分开；接地线应尽量加粗，至少能通过 3 倍于印制板上的允许电流，一般应达 2～3 mm；接地线应尽量构成死循环回路,这样可以减少地线电位差。

(3) 信号导线的布置

信号线尽量用短线,信号线间形成的环路面积要小。为减少磁场耦合,在电路板两面的导线应该采取垂直交叉方式,走线不要有分支或纠缠,这样可避免反射干扰或谐波干扰。

(4) 去耦电容配置

印制板电源输入端跨接 10~100 μF 的电解电容,若能大于 10 μF 更好;每个集成芯片的 V_{CC} 和 GND 之间跨接一个 0.01~0.1 μF 的陶瓷电容;如空间不允许,可为每 4~10 个芯片配置一个 1~10 μF 的钽电容。对抗噪能力弱、关断电流变化大的器件,以及 ROM 和 RAM,应在 V_{CC} 和 GND 间接去耦电容;在 DSP 复位端配以 0.01 μF 的去耦电容。

由于 F2812 选用 176 引脚 LQFP 封装,走线难度极大,采用一般的双面走线,不仅体积庞大,而且过孔极多,寄生电容大和抗干扰能力差,直接影响整个系统的稳定。所以本系统的核心控制板采用多层板绘制,既减小了电路板体积和实用性,又提高了核心板的稳定性和抗干扰能力。绘制多层板时应主要注意以下 2 个问题:

① 应将电源(正/负)层主要放在中间 2 层,信号层尽量在外面 2 层走线,尽可能让电源层发挥滤波、屏蔽、隔离的作用。

② F2812 时钟频率很高,在高频情况下,印刷线路板上的走线、过孔、电阻、电容、接插件的分布电感与电容等不可忽略。电容的分布电感不可忽略,电感的分布电容不可忽略。应增大布线的间距以减少电容耦合的串扰,平行地布电源线和地线以使 PCB 电容达到最佳,将敏感的高频线布在远离高噪声电源线的地方以减少相互之间的耦合,加宽电源线和地线以减少电源线和地线的阻抗。

习 题

1. 简述 DSP 应用系统的一般设计流程。

2. 一个 DSP 最小系统的设计通常包括哪些部分?

3. 试设计一个基于 F2812 的 4 路数据采集系统,该应用系统包括最小系统、外扩 RAM、调理电路以及 DAC,同时基于该系统对所采集的数据进行 FFT 算法处理。

实验篇

第 14 章

ICETEK－F2812AF－S60F 实验箱硬件介绍

ICETEK－F2812AF－S60F 实验箱由北京瑞泰创新科技有限责任公司推出，包括 F2812－AF 开发板（为全功能工程板，可取下单独用于科研项目的开发）、ICETEK－XDS100 V2＋仿真器、独立的数字信号源（可取下作为独立的信号发生器使用）、CTRF 型液晶控制板、多功能传感器控制板以及智能物联模块板，如图 14－1 所示。

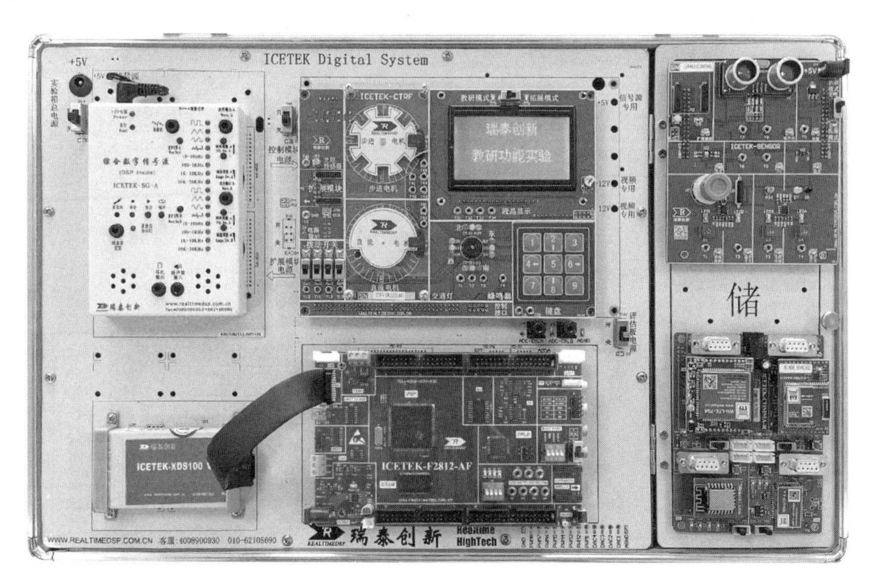

图 14－1　ICETEK－F2812AF－S60F 实验箱

14.1　ICETEK－F2812－AF 的技术指标

➢ 主处理芯片：F2812，运行频率为 150 MHz；

➢ 工作速度可达 150 MIPS；

➢ 片上 RAM 为 18K×16 位；

- 片上扩展RAM存储空间64K×16位；
- 自带16路12 bit A/D,最大采样速率15 MSPS;
- 双通道、8位数/模转换器DAC7528;
- 两路UART串行接口,符合RS232标准;
- 16路PWM输出;
- 一路CAN接口通信;
- 一路USB接口通信;
- 片上128×16位Flash,自带128位加密位;
- 设计有用户可以自定义的开关和测试指示灯;
- 4组标准扩展连接器,为用户进行二次开发提供条件;
- 具有兼容IEEE1149.1的逻辑扫描电路,该电路仅用于测试和仿真;
- +5 V电源输入,内部+3.3 V、+1.8 V电源管理;
- 4层板设计工艺,工作稳定可靠;
- 具有自启动功能设计,可以实现脱机工作;
- 可以选配多种应用接口板,包括语音板、网络板等。

14.2 ICETEK－F2812－AF原理图和实物图

ICETEK－F2812－AF评估板原理框图如图14－2所示,实物如图14－3所示,CTRF型液晶控制板实物图如图14－4所示。器件分布如图14－5所示。

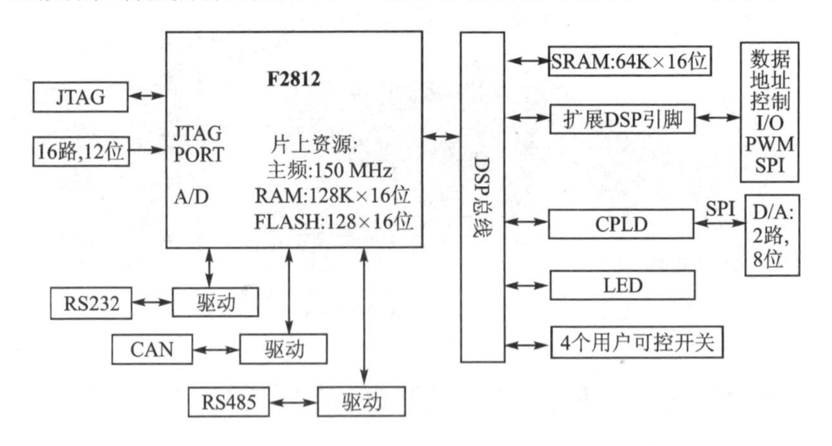

图14－2 ICETEK－F2812－AF评估板原理框图

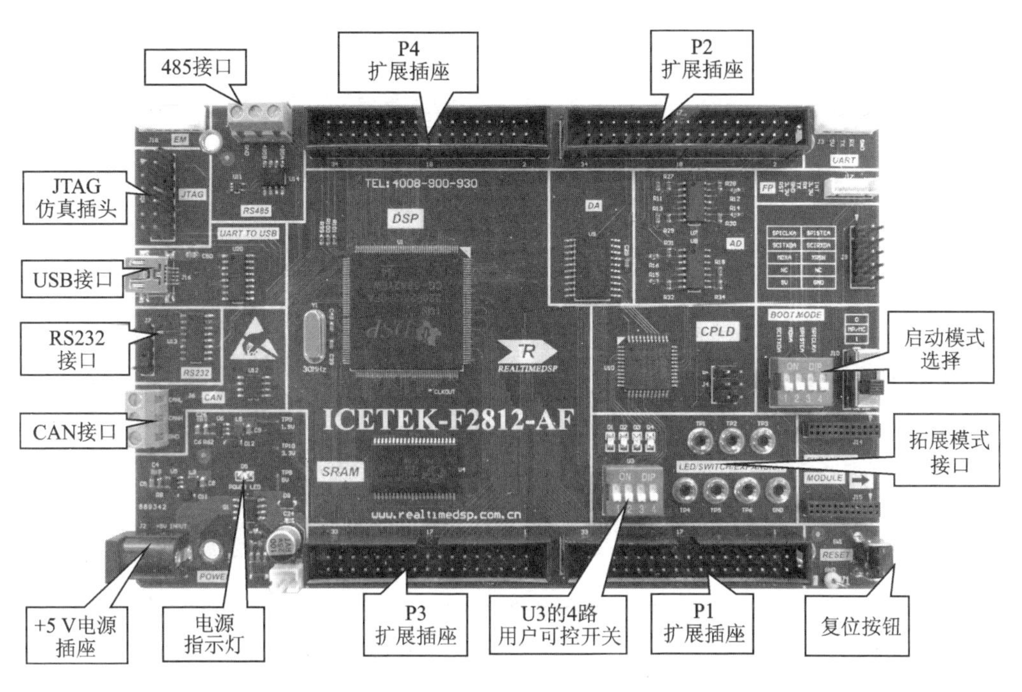

图 14－3 ICETEK－F2812－AF 评估板实物图

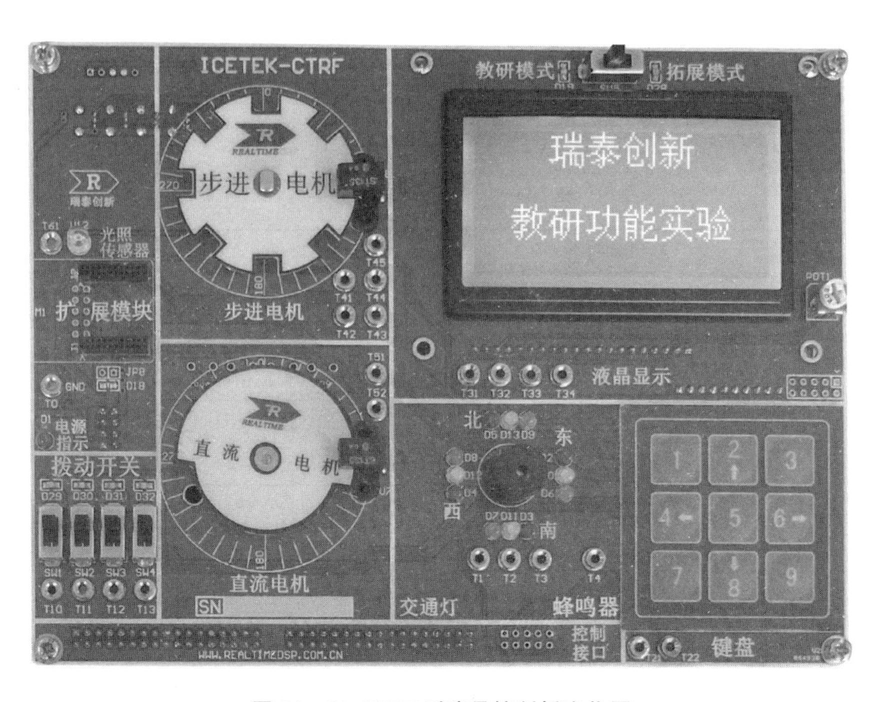

图 14－4 CTRF 型液晶控制板实物图

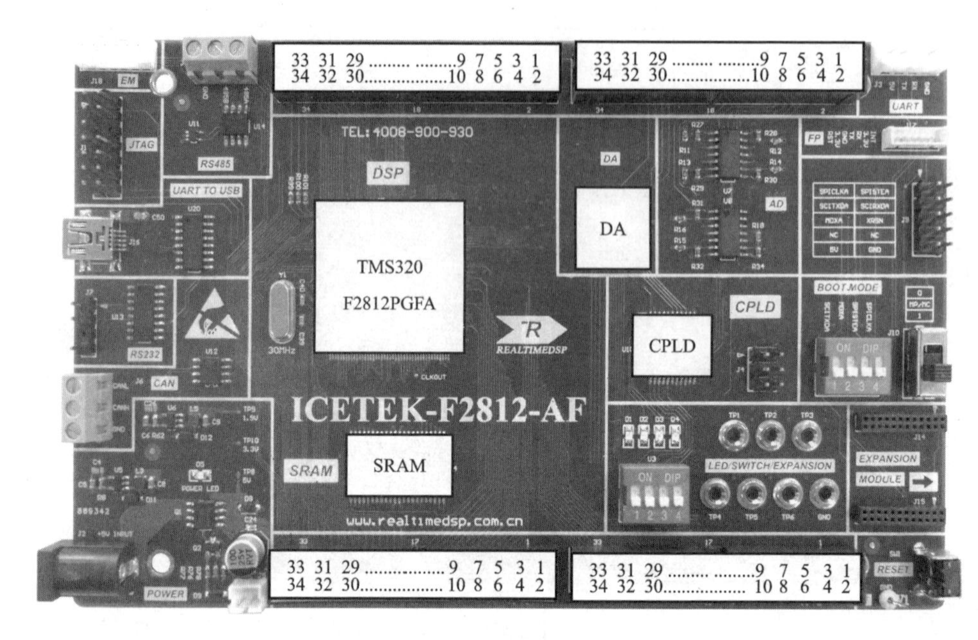

图 14 - 5　ICETEK - F2812 - AF 器件分布图

14.3　ICETEK - F2812 - AF 评估板接口说明

本节详细说明这些外围接口的功能和特征定义。表 14 - 1 总结了这些跳线和功能分类，接口位置如图 14 - 3 所示。

表 14 - 1　接口和功能分类

功能分类	接口名称	接口定义
电源接口	+5 V 电源插座	5 V 电源输入
外设接口	RS 232 接口	3 插针引脚：RX、TX、GND
总线接口	P1 扩展插座	用于二次开发的 34 插针外扩接口
	P2 扩展插座	用于二次开发的 34 插针外扩接口
	P3 扩展插座	用于二次开发的 34 插针外扩接口
	P4 扩展插座	用于二次开发的 34 插针外扩接口
指示灯	电源指示灯	接通电源后会亮
	用户可控指示灯	共有 4 个
辅助接口	JTAG 仿真接口	DSP 仿真器从此处接入
开关	用户可控开关	共有 4 个
	复位按钮	手动复位开关

续表 14 - 1

功能分类	接口名称	接口定义
启动模式选择	MP/MC1	F2812 芯片上引脚 XMP/MC，MP/MC 工作方式选择
	MDXA1	F2812 芯片上引脚 MDXA
	SCITXDA1	F2812 芯片上引脚 SCITXDA
	SPICLKA1	F2812 芯片上引脚 SPICLKA
	SPISTEA1	F2812 芯片上引脚 SPISTEA

其中，P1、P2、P3 以及 P4 扩展插座的引脚描述分别如表 14 - 2～表 14 - 5 所列。P1 接口主要是扩展评估板上空闲的 DSP 外设引脚，以便于定制用户的硬件环境。注意，这组引脚直接来自于 F2812，因此为 TTL 3.3 V 标准，输出最高电压为 3.3 V，如果要接入 5 V 器件，外接时注意电平转换。P2 接口主要是 A/D 和 D/A 接口，扩展了所有的 A/D 和 D/A 引脚，使用时注意评估板对采集信号的要求。P3 接口包含 16 根地址线和 16 根数据线，可以用于读入和输出并行的数据。P4 接口包括 F2812 外部扩展总线的控制线、McBSP 接口线、外部中断和外部复位等重要的引脚信号。

表 14 - 2 P1 的引脚定义和说明

引脚号	引脚名	说 明	引脚号	引脚名	说 明
1	+5 V 电源	由 POWER 提供的+5 V 电源	18	GND	地线
2	+5 V 电源	由 POWER 提供的+5 V 电源	19	3.3 V	3.3 V 电源
3	PWM1	PWM1 输出引脚	20	3.3 V	3.3 V 电源
4	PWM2	PWM2 输出引脚	21	NC	未连接
5	PWM3	PWM3 输出引脚	22	NC	未连接
6	PWM4	PWM4 输出引脚	23	NC	未连接
7	PWM5	PWM5 输出引脚	24	MCLKXA	McBsp 发送时钟
8	PWM6	PWM6 输出引脚	25	MCLKRA	McBsp 接收时钟
9	PWM7	PWM7 输出引脚	26	MFSRA	McBsp 接收帧同步
10	PWM8	PWM8 输出引脚	27	NC	未连接
11	PWM9	PWM9 输出引脚	28	TDIRA	定时器方向选择 A
12	T1PWM	T1 输出引脚	29	TCLKINA	定时器时钟输入 A
13	T2PWM	T2 输出引脚	30	T2CTRIPn	定时器 2 比较输出
14	T3PWM	T3 输出引脚	31	T3CTRIPn	定时器 3 比较输出
15	T4PWM	T4 输出引脚	32	T4CTRIPn	定时器 4 比较输出
16	T1CTRP	定时器 1 比较输出	33	GND	地线
17	GND	地线	34	GND	地线

表 14 - 3 P2 的引脚定义和说明

引脚号	引脚名	说 明	引脚号	引脚名	说 明
1	VCCA	模拟电源+5 V	18	AGND	模拟地
2	VCCA	模拟电源+5 V	19	ADINB6	模拟输入通道 B6
3	CAP1	CAP 输入端 1	20	ADINB7	模拟输入通道 B7
4	CAP2	CAP 输入端 2	21	NC	未连接
5	ADINA2	模拟输入通道 A2	22	NC	未连接
6	ADINA3	模拟输入通道 A3	23	ADINA0	模拟输入通道 A0
7	ADINA4	模拟输入通道 A4	24	ADINA1	模拟输入通道 A1
8	ADINA5	模拟输入通道 A5	25	DAOUT1	模拟输出通道 1
9	ADINA6	模拟输入通道 A6	26	DAOUT2	模拟输出通道 2
10	ADINA7	模拟输入通道 A7	27	NC	未连接
11	ADINB0	模拟输入通道 B0	28	NC	未连接
12	ADINB1	模拟输入通道 B1	29	CAP3	CAP 输入端 3
13	ADINB2	模拟输入通道 B2	30	CAP4	CAP 输入端 4
14	ADINB3	模拟输入通道 B3	31	CAP5	CAP 输入端 5
15	ADINB4	模拟输入通道 B4	32	CAP6	CAP 输入端 6
16	ADINB5	模拟输入通道 B5	33	AGND	模拟地
17	AGND	模拟地	34	AGND	模拟地

表 14 - 4 P3 的引脚定义和说明

引脚号	引脚名	说 明	引脚号	引脚名	说 明
1	A0	F2812 地址线 A0	18	GND	数字地
2	A1	F2812 地址线 A1	19	D0	F2812 数据线 D0,双向总线
3	A2	F2812 地址线 A2	20	D1	F2812 数据线 D1,双向总线
4	A3	F2812 地址线 A3	21	D2	F2812 数据线 D2,双向总线
5	A4	F2812 地址线 A4	22	D3	F2812 数据线 D3,双向总线
6	A5	F2812 地址线 A5	23	D4	F2812 数据线 D4,双向总线
7	A6	F2812 地址线 A6	24	D5	F2812 数据线 D5,双向总线
8	A7	F2812 地址线 A7	25	D6	F2812 数据线 D6,双向总线
9	A8	F2812 地址线 A8	26	D7	F2812 数据线 D7,双向总线
10	A9	F2812 地址线 A9	27	D8	F2812 数据线 D8,双向总线
11	A10	F2812 地址线 A10	28	D9	F2812 数据线 D9,双向总线
12	A11	F2812 地址线 A11	29	D10	F2812 数据线 D10,双向总线
13	A12	F2812 地址线 A12	30	D11	F2812 数据线 D11,双向总线
14	A13	F2812 地址线 A13	31	D12	F2812 数据线 D12,双向总线
15	A14	F2812 地址线 A14	32	D13	F2812 数据线 D13,双向总线
16	A15	F2812 地址线 A15	33	D14	F2812 数据线 D14,双向总线
17	GND	数字地	34	D15	F2812 数据线 D15,双向总线

表 14－5　P4 引脚定义和说明

引脚号	引脚名	说　明	引脚号	引脚名	说　明
1	VCC	+5 V 电源	18	GND	数字地
2	VCC	+5 V 电源	19	INT2	外部中断 2
3	XZCS01	XINTF 0 区 1 区选择信号	20	TDIRB	定时器方向选择 B
4	XZCS2	XINTF 2 区 选择信号	21	TCLKINB	定时器时钟输入 B
5	XZCS6	XINTF 6 区 7 区选择信号	22	XF	F2812 同名引脚
6	NC	未连接	23	MDRA	McBsp 数据接收端
7	XWEN	写信号,低电平有效	24	MDXA	McBsp 数据发送端
8	RD	读信号,低电平有效	25	PWM10	PWM10 输出引脚
9	XREADY	READY 信号线	26	PWM11	PWM11 输出引脚
10	R/W	F2812 的读/写信号,常为高电平。低电平时写有效,高电平时读有效。	27	PWM12	PWM12 输出引脚
11	SCITXDB	异步串行接口 B 的 TX 端	28	SPISTEA	SPI Slave 设备发送使能
12	SCIRXDB	异步串行接口 B 的 RX 端	29	MFSXA	McBsp 发送帧同步
13	RS	Reset 信号(输入),Watchdog Reset 信号(输出)	30	SPICLKA	SPI 时钟
14	NC	未连接	31	SPISIMOA	SPI 主发从收
15	NC	未连接	32	SPIOSOMIA	SPI 从发主收
16	INT1	外部中断 1	33	GND	数字地
17	GND	数字地	34	GND	数字地

另外,在开发板上还提供了启动模式选择设置,例如,MP/MC1、MCXA1、SCITXDA1、SPICLKA1、SPISTEA1 跳线都是 F2812 上对应引脚引出,数据手册中可以查到。当开关拨到“ON DIP”端时,相应的引脚选择低电平;当开关拨到“1234”端时,相应的引脚选择高电平。

第 15 章

实验的设计与实现

第 14 章已经详细介绍了 ICETEK - F2812 - AF 评估板的硬件资源，本章介绍基于该评估板的教学实验箱可以设计实现的一些典型实验，包括基于 F2812 片上资源的基本实验、算法实验以及控制应用实验。

15.1　CCS5.3 的安装与设置

1. 实验目的

本实验主要掌握 CCS5.3 的安装与设置，以及构造 DSP 的开发软件环境。

2. 实验设备

安装 Windows XP 或以上版本操作系统及常用软件（如 WinRAR 等）的通用 PC 一台、ICETEK - F2812 - AF 评估板及相关电源、ICETEK - XDS100 V2＋仿真器及相关连线、ICETEK - CTRF 控制板（在 F2812 实验箱中已包含）以及软件安装光盘。

3. 实验步骤和内容

(1) 软件安装步骤

① 打开实验箱配套的软件光盘的根目录中的 CCS5.3 目录，双击文件夹中的 ccs_setup_5.3.0.00090.exe 进入安装程序（建议用户按照默认安装目录安装在 C:\ ti 下），选择安装模式为用户自定义，按照安装提示进行安装并重新启动计算机。安装完毕则桌面上出现一个新的图标，如图 15 - 1 所示。

图 15 - 1　CCS5.3 的应用图标

② 安装 DSP 通用仿真器驱动，使用 USB 电缆（一头 A 型 USB，一头 miniUSB）连接计算机和 ICETE - XDS100 V2＋仿真器。此时计算机显示正在自动安装设备驱动，等安装完毕，打开设备管理器，在通用串行总线控制器中可以看到 TI XDS100 Channel A 和 TI XDS100 Channel B 这 2 个设备，表示仿真器已成功驱动。

(2) CCS5.3 硬件仿真工作环境设置步骤

1) 连接仿真器和目标板硬件

① 关闭实验箱左上角电源开关后,使用实验箱附带的电源线连接实验箱左侧电源插座和电源接线板。

② 连接仿真器 JTAG 电缆:将 ICETEK - XDS100 V2+仿真器的黑色 JTAG 插头插到 ICETEK - F2812 - AF 评估板的 J1 接口上。

③ 用实验箱附带的 miniUSB 信号线连接 ICETEK - XDS100 v2+仿真器和计算机的 USB 端口,注意 ICETEK - XDS100 V2+仿真器上指示灯 Power 和 Run 灯点亮,同时确保仿真器被正确驱动。

除了仿真器的 USB 线缆外,任何设备不能带电连接或移除。

④ 检查其他连线是否符合实验要求。

⑤ ICETEK - CTRF 工作模式:教研模式和拓展模式。本书例程工作在教研模式,须将 CTRF 板上的 SW5 拨到左侧。

⑥ 打开位于实验箱左上角的电源开关,注意开关边上红色指示灯点亮。ICETEK - F2812 - AF 板上指示灯 VCC 点亮。如果打开了 ICETEK - CTRF 的电源开关,则 ICETEK - CTRF 板上指示灯 D1 点亮。如果打开了信号源电源开关,则相应开关边的指示灯点亮。

2) 建立目标配置文件

① 双击桌面上图标打开 CCS5.3,首次打开 CCS5.3 时会提示选择一个工作区,如图 15 - 2 所示,设置完毕后,单击 OK 进入 CCS5.3 界面。

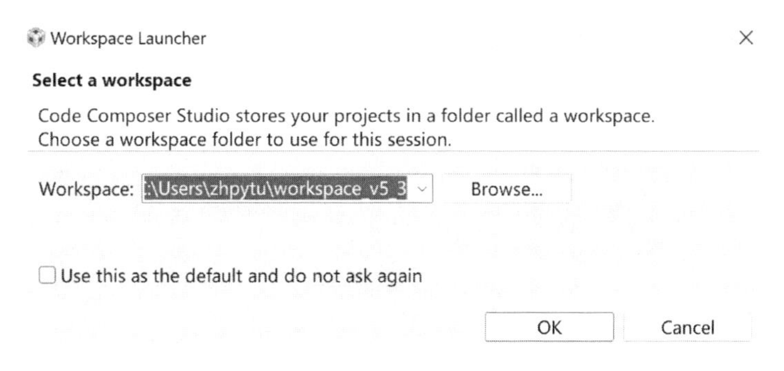

图 15 - 2 CCS5.3 启动工作区

② 首次进入 CCS5.3 时会提示设置 License(授权许可),该实验箱使用 ICETEK - XDS100 V2+仿真器,可以使用免费的授权,选择 FREE LICENSE,单击 Finish 完成,如图 15 - 3 所示。此时可以看到 CCS5.3 左下角显示 Licensed,至此,已经进入 CCS5.3 开发环境。注意:若软件没有自动弹出 License 设置界面,则可以选择 Help→Code Composer Studio Licensing Information 菜单项打开 License 设置界面。

③ 进入 CCS5.3 后,选择 View→Target Configurations 菜单项打开仿真配置界

License Setup Wizard

Select a license option

Select one of the following license options:

ACTIVATE
- Select this if you have an activation code, license file or license server

EVALUATE
- Use full featured Code Composer Studio for 90 days

FREE LICENSE - for use with
- XDS100 JTAG emulators
- Onboard emulators on EVMs/DSKs/Stellaris/eZdsp/MAVRK development kits. Does not support eZ430.
- Linux/Android Application Development using GDB
- Simulators

CODE SIZE LIMITED (MSP430)
- Free 16KB code size limited tools for MSP430

< Back Next > Finish Cancel

图 15-3 License 设置界面

面，在出现的 Target Configurations 界面中，右击 User Defined，在弹出的级联菜单中选择 New Target Configuration，新建一个目标配置文件，在弹出的界面中设置配置文件的名称，单击 Finish 新建完成，如图 15-4 所示。

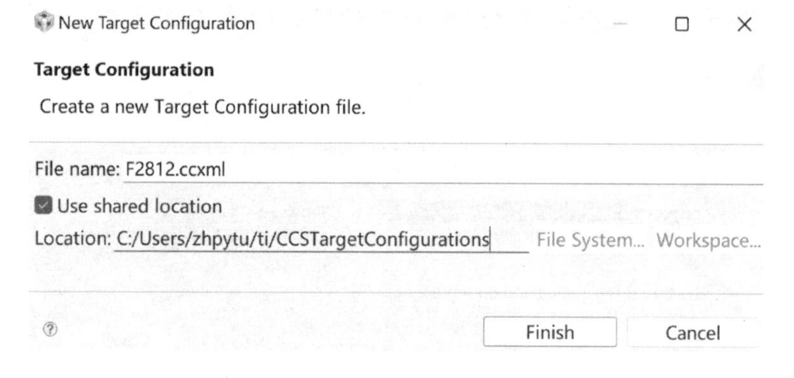

图 15-4 新建目标配置文件界面

④ 此时，CCS5.3 显示刚才新建目标配置文件的设置界面，其中，Connection 为所用仿真器（实验箱例程中用的是 XDS100v2），Board or Device 为要仿真的芯片型号，实验中仿真 TMS320F2812 芯片，选中后将前面的框打勾，单击右侧的 Save 保存设置，如图 15-5 所示。

在 Target Configurations 界面中单击 User Defined，可以看到配置的文件 F2812.ccxml，如图 15-6 所示。

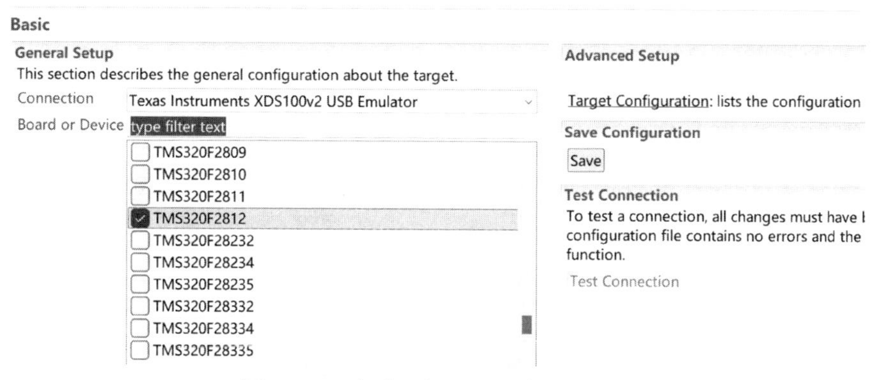

图 15－5　新建目标配置文件设置界面

⑤ 设置 gel 文件：单击 Target Configuration 界面左下侧的 Advanced 选项卡，如图 15－7 所示。

单击 C28xx，如图 15－8 所示，然后单击 initialization script 栏后方的 Browse，选择“...\ICETEK\ICETEK－F2812AF－S60F\ICETEK－F2812－AF V1\DSP281x_headers\gel”目录下的 f2812.gel 文件，然后单击 save 保存即可，如图 15－9、图 15－10 所示。

图 15－6　配置文件 F2812.ccxml　　图 15－7　Advanced 选项卡　　图 15－8　仿真芯片选择

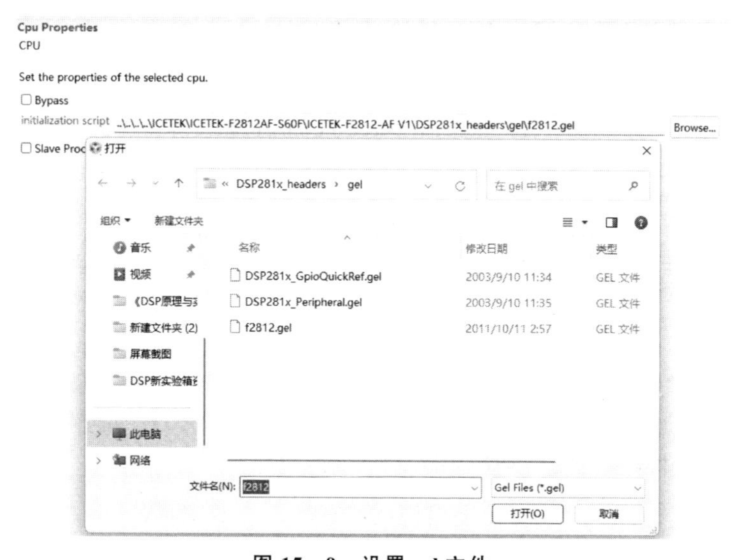

图 15－9　设置 gel 文件

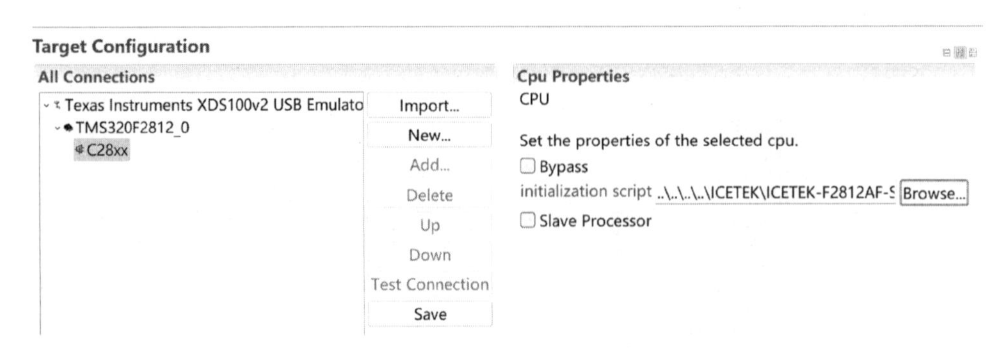

图 15－10　加入 gel 文件

⑥ 测试配置文件：右击 F2812. ccxml，在弹出的级联菜单中选择 Launch Selected Configuration，此时 CCS5. 3 开始载入 Debug 界面，如图 15－11、图 15－12 所示。

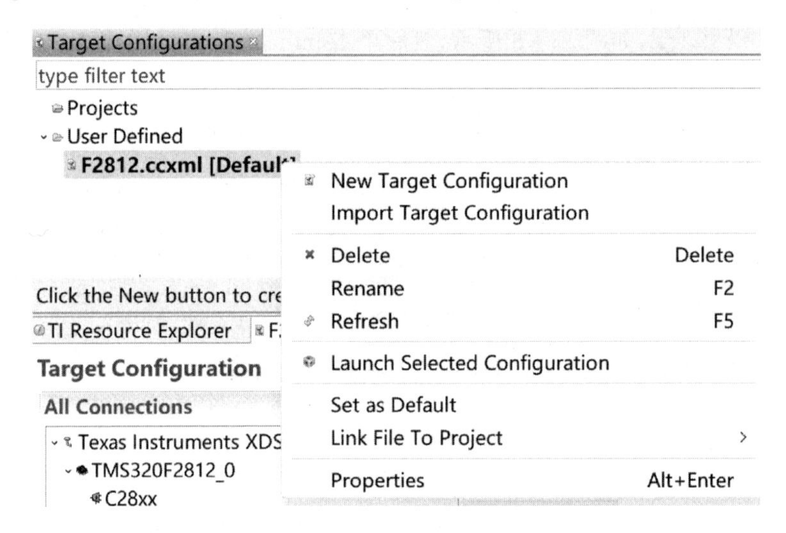

图 15－11　Launch Selected Configuration 界面

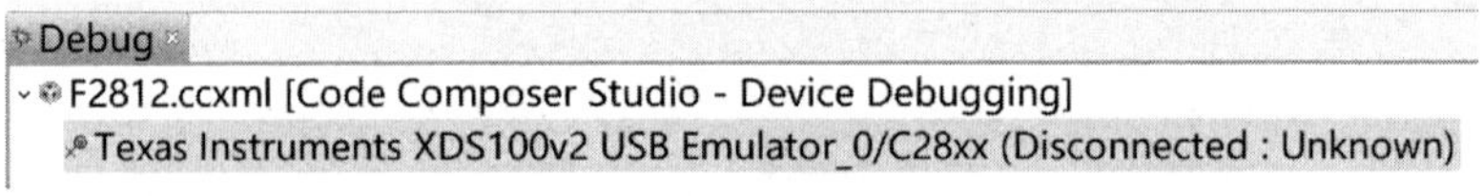

Debug
F2812.ccxml [Code Composer Studio - Device Debugging]
Texas Instruments XDS100v2 USB Emulator_0/C28xx (Disconnected : Unknown)

图 15－12　Debug 界面

⑦ 连接 F2812：在图 15－12 所示 Debug 界面右击并选择 Connect Target 菜单项，如图 15－13 所示。此时即进入调试状态，CCS5. 3 显示 Debug 窗口，用户就可以下载程序进行硬件仿真调试，如图 15－14 所示。

⑧ 调试完毕，单击 ■ 即可退出调试状态。

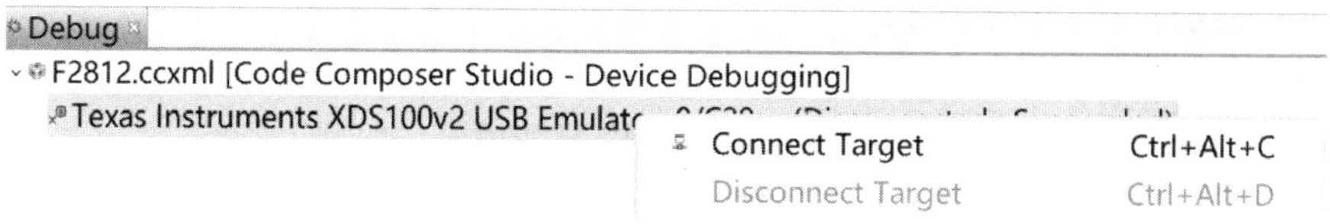

图15-13　设置连接F2812

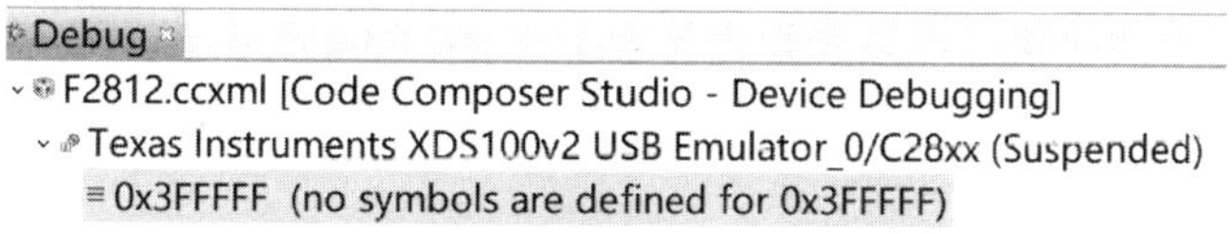

图15-14　成功进行硬件仿真调试

15.2　CPU定时器操作实验

1. 实验目的

➢ 通过实验熟悉F2812的CPU定时器；

➢ 掌握F2812的CPU定时器的控制方法；

➢ 掌握F2812的中断结构和对中断的处理流程；

➢ 学会C语言中断程序设计，以及运用中断程序控制程序流程。

2. 实验设备

① 安装有CCS5.3软件的PC兼容机一台，操作系统为Windows XP及以上版本。

② ICETEK-F2812AF-S60F实验箱一台。如无实验箱，则配备ICETEK-XDS100 V2+仿真器和ICETEK-F2812-AF评估板，+5 V电源一只。

③ USB连接电缆一条。

3. 实验原理及实验程序流程图

(1) CPU定时器介绍及其控制方法(详见3.2.5小节内容)

F2812内部有3个32位CPU定时器(TIMER0/1/2)，CPU定时器1和2留给实时操作系统(DSPBIOS)用，只有CPU定时器0可以提供给用户使用。

(2) 中断响应过程(详见3.5节内容)

① 接受中断请求。必须由软件中断(从程序代码)或硬件中断(从一个引脚或一个基于芯片的设备)提出请求去暂停当前主程序的执行。

② 响应中断。必须能够响应中断请求。如果中断是可屏蔽的，则必须满足一定的条件，按照一定的顺序去执行；而非可屏蔽中断和软件中断会立即做出响应。

③ 准备执行中断服务程序并保存寄存器的值。

④ 执行中断服务子程序。调用相应的中断服务程序ISR进入预先规定的向量

地址,并且执行已写好的ISR。

(3) 中断类别(详见3.5节内容)

① 可屏蔽中断:这些中断可以用软件加以屏蔽或解除屏蔽。

② 不可屏蔽中断:这些中断不能够被屏蔽,将立即响应该类中断并转入相应的子程序去执行。所有软件调用的中断都属于该类中断。

(4) 中断的优先级(详见3.5节内容)

如果多个中断被同时激发,则按照中断优先级来提供服务。中断优先级是芯片内部已定义好的,不可修改。

(5) 实验程序流程图

本实验的实验程序流程如图15-15所示。

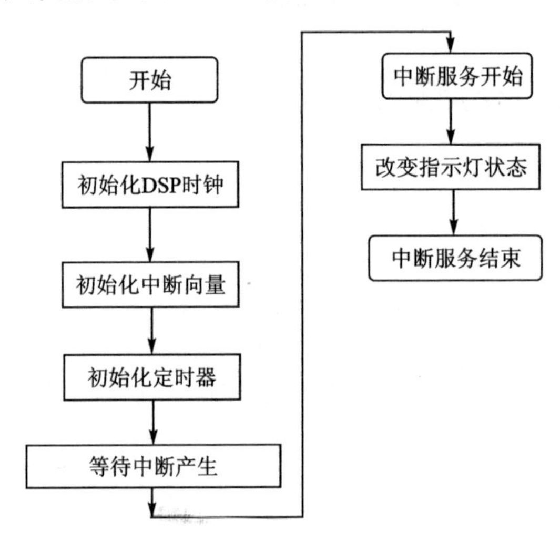

图15-15 CPU定时器操作实验程序流程图

4. 实验步骤和内容

① 参考15.1节内容连接实验设备,同时关闭实验箱上扩展模块和信号源电源开关。

② 参考15.1节内容设置CCS5.3硬件工作环境。

③ 参考15.1节内容启动CCS5.3。

④ 导入工程文件:选择Project→Import Existing CCS Eclipse Project菜单项,选择"...\ICETEK\ICETEK-F2812AF-S60F\ICETEK-F2812-AF V1\Lab1502-Timer"文件夹目录。在项目浏览器中双击time.c,浏览该文件的内容,理解各语句作用。主要程序time.c文件如下:

```
#include "DSP281x_Device.h"              //DSP281x头文件包含文件
#include "DSP281x_Examples.h"            //DSP281x示例包含文件
//由本文件建立的函数原型声明
interrupt void cpu_timer0_isr(void);     //CPU定时器0中断服务函数
```

```
#define LEDS *(int *)0xc0000            //LEDS 控制
int  nCount;
unsigned int  uLBD;
void main(void)
{
    InitSysCtrl();          //初始化 CPU, InitSysCtrl()函数由 DSP281x_SysCtrl 文件建立
    DINT;                                  //关 CPU 中断
    InitPieCtrl();                         //初始化 PIE 控制寄存器组到默认状态,这个
                                           //子程序在 DSP281x_PieCtrl.c
    IER = 0x0000;                          //禁止所有 CPU 的中断
    IFR = 0x0000;                          //清除所有 CPU 中断标志位
    InitPieVectTable();       //初始化 PIE 中断向量表,这个子程序在 DSP281x_PieVect.c
    EALLOW;                                //关保护, 允许访问受保护的寄存器
    PieVectTable.TINT0 = &cpu_timer0_isr;
                                          //中断向量指向中断服务子程序,cpu_timer0_isr 为
    //TINT0 中断的入口地址
    EDIS;                                  //开保护, 禁止访问受保护的寄存器
    CpuTimer0.RegsAddr = &CpuTimer0Regs; //将地址映射到相应的内存中
    CpuTimer0Regs.PRD.all  = 0xffff;      //初始化周期寄存器
    //初始化预定标寄存器:
    CpuTimer0Regs.TPR.all  = 0;
    CpuTimer0Regs.TIM.all  = 0;
    CpuTimer0Regs.TPRH.all = 0;
    CpuTimer0Regs.TCR.bit.TSS = 1;        //关 CPU 定时器
    CpuTimer0Regs.TCR.bit.SOFT = 1;
    CpuTimer0Regs.TCR.bit.FREE = 1;       //自由运行
    CpuTimer0Regs.TCR.bit.TRB = 1;        //重载所有计数寄存器
    CpuTimer0Regs.TCR.bit.TIE = 1;        //使能中断
    CpuTimer0.InterruptCount = 0;         //重设中断计数器
    StartCpuTimer0();                     //启动定时器 0
    IER |= M_INT1;                        //使能连接 CPU - Timer 0 的 INT1 中断,即
                                          //第 1 组 PIE 中断
    PieCtrlRegs.PIEIER1.bit.INTx7 = 1;    //使能 PIE 中的 TINT0,1 组第 7 个中断
    //使能全局中断,实时调试优先:
    EINT;                                 //使能 INTM 全局中断
    ERTM;                                 //调试事件使能
    for(;;)
    {
    }
}
interrupt void cpu_timer0_isr(void)
{
    //CpuTimer0.InterruptCount++; 用户可以在此处添加自己的代码,以完成某些特定的功能
    PieCtrlRegs.PIEACK.all = PIEACK_GROUP1; //这里的 PIEACK_GROUP1 被头文件定义为
    //0x0001,意为应答 PIE 第 1 组中断,以便 CPU 接收后面的中断
    CpuTimer0Regs.TCR.bit.TIF = 1;
    CpuTimer0Regs.TCR.bit.TRB = 1;
```

```
        if (nCount == 0 )
        {
            LEDS = uLBD;
            uLBD ++ ; uLBD % = 16;
        }
        nCount ++ ; nCount % = 194;
    }
```

⑤ 单击图标 ,CCS 自动连接、编译和下载程序。

⑥ 选择 Run→Resume 菜单项运行程序,或者直接单击按钮 观察结果。

⑦ 改变"CpuTimer0Regs. PRD. all=0xffff;"函数里的值,重复步骤⑤⑥观察实验现象。

⑧ 参考 15.1 节内容退出 CCS。

5. 实验结果

① 指示灯在定时器的定时中断中按照设计定时闪烁。

② 使用定时器和中断服务程序可以完成许多需要定时完成的任务,比如 DSP 定时启动 A/D 转换,日常生活中的计时器计数、空调的定时启动和关闭等。

③ 调试程序时,有时需要指示程序工作的状态,可以利用指示灯的闪烁来实现,指示灯灵活的闪烁方式可表达多种状态信息。

6. 思考题

① CPU 定时器如何控制?

② 如何采用中断方式实现指示灯的定时闪烁,时间会更加准确?

15.3　基本内存操作实验

1. 实验目的

- 了解 F2812 的内部存储器空间的分配及指令寻址方式。
- 了解 ICETEK－F2812AF 评估板扩展存储器空间寻址方法及其应用。
- 了解 ICETEK－F2812AF－S60F 实验箱扩展存储器空间寻址方法及其应用。
- 学习用 Code Composer Studio 修改、填充 DSP 内存单元的方法。
- 学习操作 TMS32028xx 内存空间的指令。

2. 实验设备

同 15.2 节的实验设备。

3. 实验原理

TMS32028xx 系列 DSP 基于增强的哈佛结构,可以通过 3 组并行总线访问多个存储空间,分别是程序地址总线(PAB)、数据读地址总线(DRAB)和数据写地址总线

(DWAB)。由于总线工作是独立的,所以可以同时访问程序和数据空间。F2812的地址映射以及内部存储器资源介绍可参考3.3节内容。

4. 实验步骤和内容

① 参考本书15.1节内容连接实验设备,同时关闭实验箱上扩展模块和信号源电源开关。

② 参考15.1节内容设置CCS5.3硬件工作环境。

③ 参考15.1节内容启动CCS5.3。

④ 导入工程文件:选择Project→Import Existing CCS Eclipse Project菜单项,选择"...\ICETEK\ICETEK-F2812AF-S60F\ICETEK-F2812-AF V1\Lab1503-Memory"文件夹目录。在项目浏览器中双击Memory.c,浏览该文件的内容,理解各语句作用。该程序实现了将TMS320F2812的数据存储器0x80000开始的16个单元内容复制到0x80100开始的单元中。主要程序Memory.c文件如下:

```
main()
{
    int i;
    unsigned int * px;
    unsigned int * py;
    unsigned int * pz;
    unsigned int * pk;                      //定义4个指向无符号整型的指针
    px = (unsigned int *)0x80000;
    py = (unsigned int *)0x80100;           //用指针方式访问存储单元
    for ( i = 0,pz = px;i<16;i ++ ,pz ++ )
        ( * pz) = i;                        //0x80000~0x8000F单元分别赋值0~15
    for ( i = 0,pz = py;i<16;i ++ ,pz ++ )  //在此加软件断点
        ( * pz) = 0x1234;                   //0x80100~0x8010F单元均赋值0x1234
//    for ( i = 0,pz = py,pk = px;i<16;i ++ ,pz ++ ,pk ++ )           //在此加软件断点
//        ( * pz) = ( * pk);

    while(1)
    {
      for ( i = 0,pz = py,pk = px;i<16;i ++ ,pz ++ ,pk ++ )           //在此加软件断点
        ( * pz) = ( * pk);
                         //将0x80000开始的16个单元内容复制到0x80100开始的单元中
    }
}
```

⑤ 编译、下载程序。

⑥ 程序区的观察。

(a) 在有注释的行上加软件断点。

(b) 选择View→Disassembly菜单项展开Disassembly反汇编界面,可以发现main函数入口地址为081044H,也就是说从此地址开始存放主函数的程序代码。

(c) 程序区显示界面如图 15 - 16 所示。选择 View→Memory Browser 菜单项展开 Memory 观察窗口，按如下设置 Program　0x81044　Go　New Tab 后，运行程序，单击 Go，观察程序区窗口：

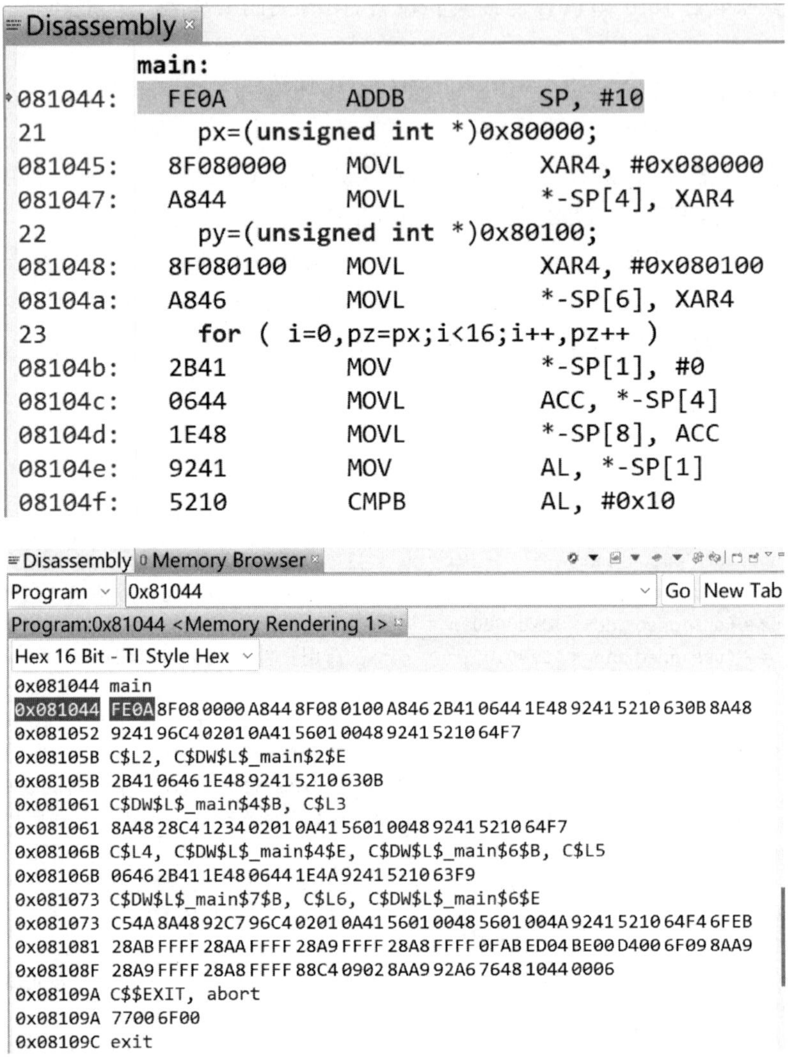

```
Disassembly
          main:
081044:     FE0A         ADDB          SP, #10
21            px=(unsigned int *)0x80000;
081045:     8F080000     MOVL          XAR4, #0x080000
081047:     A844         MOVL          *-SP[4], XAR4
22            py=(unsigned int *)0x80100;
081048:     8F080100     MOVL          XAR4, #0x080100
08104a:     A846         MOVL          *-SP[6], XAR4
23            for ( i=0,pz=px;i<16;i++,pz++ )
08104b:     2B41         MOV           *-SP[1], #0
08104c:     0644         MOVL          ACC, *-SP[4]
08104d:     1E48         MOVL          *-SP[8], ACC
08104e:     9241         MOV           AL, *-SP[1]
08104f:     5210         CMPB          AL, #0x10
```

```
Disassembly  Memory Browser
Program    0x81044                                   Go  New Tab
Program:0x81044 <Memory Rendering 1>
Hex 16 Bit - TI Style Hex
0x081044 main
0x081044 FE0A 8F08 0000 A844 8F08 0100 A846 2B41 0644 1E48 9241 5210 630B 8A48
0x081052 9241 96C4 0201 0A41 5601 0048 9241 5210 64F7
0x08105B C$L2, C$DW$L$_main$2$E
0x08105B 2B41 0646 1E48 9241 5210 630B
0x081061 C$DW$L$_main$4$B, C$L3
0x081061 8A48 28C4 1234 0201 0A41 5601 0048 9241 5210 64F7
0x08106B C$L4, C$DW$L$_main$4$E, C$DW$L$_main$6$B, C$L5
0x08106B 0646 2B41 1E48 0644 1E4A 9241 5210 63F9
0x081073 C$DW$L$_main$7$B, C$L6, C$DW$L$_main$6$E
0x081073 C54A 8A48 92C7 96C4 0201 0A41 5601 0048 5601 004A 9241 5210 64F4 6FEB
0x081081 28AB FFFF 28AA FFFF 28A9 FFFF 28A8 FFFF 0FAB ED04 BE00 D400 6F09 8AA9
0x08108F 28A9 FFFF 28A8 FFFF 88C4 0902 8AA9 92A6 7648 1044 0006
0x08109A C$$EXIT, abort
0x08109A 7700 6F00
0x08109C exit
```

图 15 - 16　程序区显示界面

⑦ 数据区的观察和填充。

(a) 运行程序观察结果。注意观察位于数据区地址 0x80000 和 0x80100 开始的 16 个单元的数值的变化，体会用程序修改数据区语句的方法。

(b) 填充数据单元：右击观察窗口的地址区，选择 Fill Memory 选项，设置完成单击 OK 后单击 Go，如图 15 - 17 所示，可以观察数据区窗口中数值的变化。

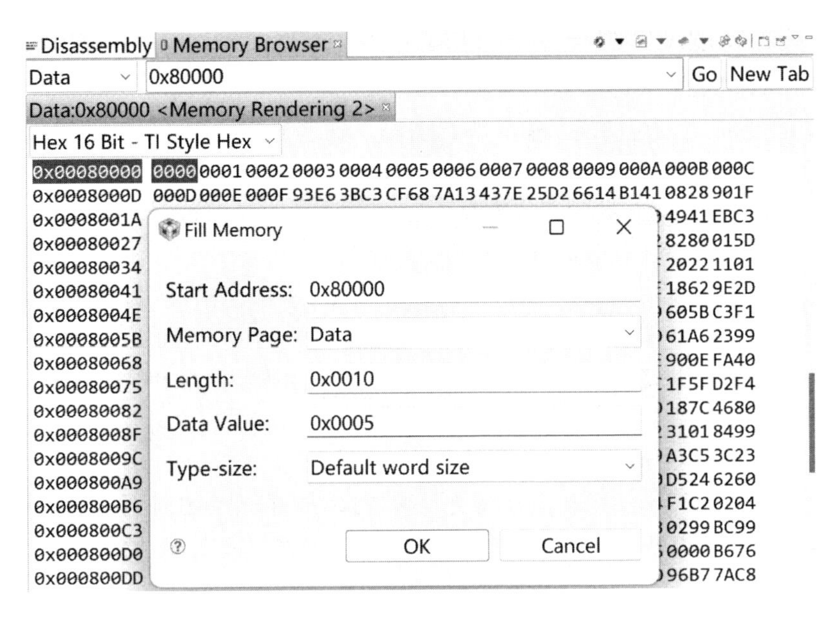

图 15-17 观察 DATA 数据区

⑧ 参考 15.1 节内容退出 CCS。

5. 实验结果

① 实验程序运行之后，位于数据区地址 80000H 开始的 16 个单元的数值被复制到了数据区 80100H 开始的 16 个单元中。

② 通过改写内存单元的方式，用户可以手工设置 DSP 的一些状态位，从而改变 DSP 工作的状态。

6. 思考题

① F2812 内部存储器资源是如何分配的？

② 在该实验中，F2812 中数据存取是如何完成的？

15.4 I/O 基本操作实验

1. 实验目的

通过实验学习使用 F2812 的通用输入/输出引脚直接控制外围设备的方法，了解发光二极管的控制编程方法。

2. 实验设备

同 15.2 节实验设备。

3. 实验原理及实验程序流程图

(1) F2812的通用输入/输出引脚

F2812有56个专门的通用输入输出引脚。这些通用输入输出引脚通过专用寄存器可以由软件控制,比如指定输入或输出、输出值等(参考本书第6章内容)。

(2) ICETEK－CTR指示灯的控制

1) GPIO与被控指示灯的连接

通过ICETEK－F2812AF评估板的扩展插座,通用输出/控制模块ICETEK－CTRF板直接连接了板上的一个指示灯和DSP的一个通用输入/输出引脚GPIOB5/PWM12。该引脚属于复用引脚,可以设置成通用输入/输出引脚使用。扩展原理如图15－18所示。

2) GPIO控制指示灯

如图15－18所示,如果要点亮发光二极管,需要在GPIO1上输出低电平,如果输出高电平则指示灯熄灭。如果定时使GPIO1上的输出改变,则指示灯将闪烁。

3) 受控指示灯

ICETEK－CTRF板上只有一个指示灯可单独受DSP的GPIO控制,即交通灯模块"南"侧的红色指示灯。

(3) 实验程序流程图

本实验的实验程序流程图如图15－19所示。

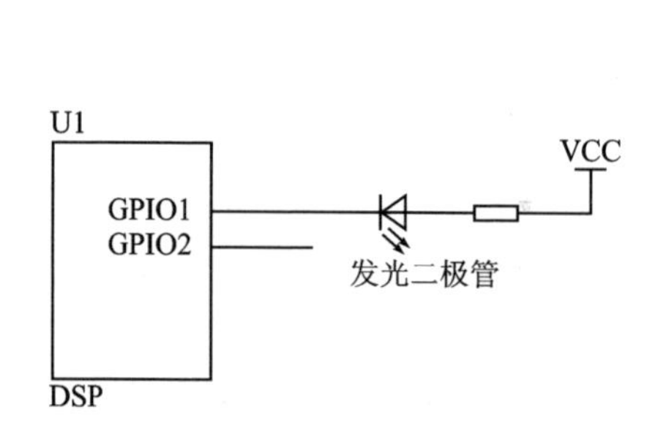

图15－18 发光二极管设计原理

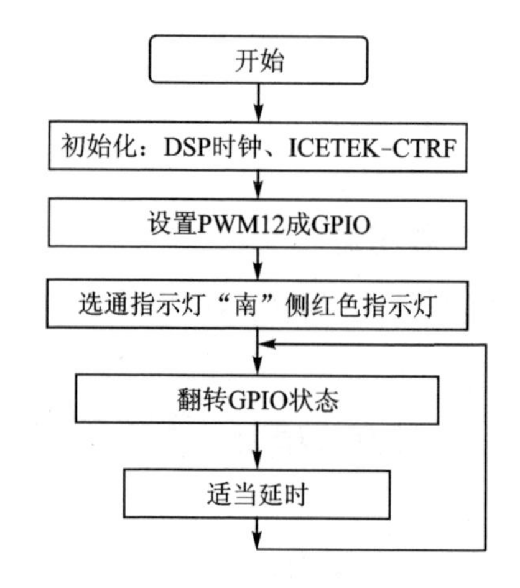

图15－19 I/O口基本操作实验程序流程图

4. 实验步骤和内容

① 参考本书15.1节内容连接实验设备,同时将ICETEK－CTRF板的供电电源开关拨动到"开"的位置。

② 参考本书15.1节内容设置CCS5.3硬件工作环境。

③ 参考本书15.1节内容启动CCS5.3。

④ 导入工程文件:选择 Project→Import Existing CCS Eclipse Project 菜单项,选择"...\ICETEK\ICETEK - F2812AF - S60F\ICETEK - F2812 - AF V1\Lab1504 - Iopin"文件夹目录。在项目浏览器中双击 iopin.c,浏览该文件的内容,理解各语句作用。主要程序 iopin.c 文件如下:

```
#include "DSP281x_Device.h"              //DSP281x 头文件包含文件
#include "DSP281x_Examples.h"            //DSP281x 示例包含文件
#include "ICETEK - CTRF.h"
void Gpio_select(void);
void Gpio_PortA(void);
void Gpio_PortB(void);
void Delay(unsigned int nTime);
Uint16 var1 = 0;
Uint16 var2 = 0;
Uint16 var3 = 0;
Uint16 test_count = 0;
Uint16 Test_var = 0;
Uint16 Test_status[32];
void main(void)
{
    int bSuccess;
    InitSysCtrl();        //初始化 CPU, InitSysCtrl()函数由 DSP281x_SysCtrl 文件建立
    DINT;                 //关 CPU 中断
    InitPieCtrl();      //初始化 PIE 控制寄存器组到默认状态,这个子程序在 DSP281x_PieCtrl.c
    IER = 0x0000;         //禁止所有 CPU 的中断
    IFR = 0x0000;         //清除所有 CPU 中断标志位
    InitPieVectTable();//初始化 PIE 中断向量表,这个子程序在 DSP281x_PieVect.c
    Gpio_PortB();
    bSuccess = ICETEKCTR_InitCTR(ICETEKCTRModeTeachingResearch);  //初始化 ICETEK - CTRF
                                                                  //教研模式
    while ( bSuccess ); //如果初始化 ICETEK - CTRF 错误,则停止运行,可观察 bSuccess 取值查
                        //找初始化失败原因
    ICETEKCTR_EnablePeripheral(ICETEKCTRPeripheralLED,ICETEKCTREnablePeripheral);
                                                          //使能 GPIO 控制南侧红色指示灯
    for(;;)
    {
        GpioDataRegs.GPBDAT.bit.GPIOB5 = 0;
        Delay(10);
        GpioDataRegs.GPBDAT.bit.GPIOB5 = 1;
        Delay(10);
    }
    GpioDataRegs.GPBDAT.bit.GPIOB5 = 0;
    ICETEKCTR_EnablePeripheral(ICETEKCTRPeripheralLED,ICETEKCTRDisablePeripheral);
    ICETEKF2812Ae_StopProgram;
}
void Delay(unsigned int nDelay)           //延时
{
```

```
    int ii,jj,kk = 0;
    for ( ii = 0;ii<nDelay;ii ++ )
    {
        for ( jj = 0;jj<6400;jj ++ )
        {
            kk ++ ;
        }
    }
}
void Gpio_PortB(void)
{
    var1 = 0x0000;                          //设置 GPIO 为通用输入输出引脚功能
    var2 = 0x00FF;                          //设置 GPIO 高 8 位输入，低 8 位输出
    var3 = 0x0000;                          //不设置输入量化功能
    Gpio_select();
    test_count = 0;
    Test_status[Test_var] = 0x0002;
    Test_var ++ ;
    Test_status[Test_var] = 0xD0BE;         //设置默认值"PASSED"
    GpioDataRegs.GPBCLEAR.all = 0x00FF; //低 8 位设置为输出,将相应的引脚置成低电平
    asm(" RPT #5 ||NOP");
    GpioDataRegs.GPBSET.bit.GPIOB5 = 1;   //GPIOB5 设置为输出,该引脚置成高电平
}
void Gpio_select(void)
{
    EALLOW;
    GpioMuxRegs.GPAMUX.all = var1;
    GpioMuxRegs.GPBMUX.all = var1;
    GpioMuxRegs.GPDMUX.all = var1;
    GpioMuxRegs.GPFMUX.all = var1;
    GpioMuxRegs.GPEMUX.all = var1;
    GpioMuxRegs.GPGMUX.all = var1;
    GpioMuxRegs.GPADIR.all = var2;
    GpioMuxRegs.GPBDIR.all = var2;
    GpioMuxRegs.GPDDIR.all = var2;
    GpioMuxRegs.GPEDIR.all = var2;
    GpioMuxRegs.GPFDIR.all = var2;
    GpioMuxRegs.GPGDIR.all = var2;
    GpioMuxRegs.GPAQUAL.all = var3;
    GpioMuxRegs.GPBQUAL.all = var3;
    GpioMuxRegs.GPDQUAL.all = var3;
    GpioMuxRegs.GPEQUAL.all = var3;
    EDIS;
}
```

⑤ 单击图标,则CCS会自动链接,编译和下载程序。

⑥ 选择Run→Resume菜单项运行程序,或者直接单击按钮观察结果。

⑦ 参考本书15.1节内容退出CCS。

5. 实验结果

可以观察到位于交通灯模块的“南”侧红色发光二极管定时闪烁。

6. 思考题

① 通用输入/输出引脚如何通过专用寄存器控制?

② 通用输入/输出引脚如何指定输入或输出、输出值等?

15.5 PWM脉冲输出实验

1. 实验目的

- 了解F2812片内事件管理器模块的脉宽调制电路的特性参数;
- 掌握PWM电路的控制方法;
- 学会用程序控制产生不同占空比的PWM波形。

2. 实验设备

除15.2节实验设备外还需要示波器一台。

3. 实验原理

本部分具体实验原理可参考7.3节内容。

(1) 脉宽调制电路PWM的特性

每个事件管理器模块(F2812片内有两个)可同时产生8路的PWM波形输出。由3个带可编程死区控制的比较单元产生独立的3对(即6个输出),以及由通用定时器比较产生的2个独立的PWM输出。

(2) PWM电路的设置

在电机控制和运动控制的应用中,PWM电路设计为减少产生PWM波形的CPU开销和减少用户的工作量。与比较单元相关的PWM电路的PWM波形的产生由以下寄存器控制:对于EVA模块,T1CON、COMCONA、ACTRA和DBTCONA;对于EVB模块,T3CON、COMCONB、ACTRB和DBTCONB。

产生PWM的寄存器设置:

① 设置和装载ACTRx寄存器;

② 如果使能死区,则设置和装载DBTCONx寄存器;

③ 设置和装载T1PR或T3PR寄存器,即规定PWM波形的周期;

④ 初始化CMPRX寄存器;

⑤ 设置和装载COMCONx寄存器;

⑥ 设置和装载T1CON或T3CON寄存器,来启动比较操作;

⑦ 更新CMPRx寄存器的值,使输出的PWM波形的占空比发生变化。

4. 实验步骤和内容

① 参考 15.1 节内容连接实验设备,同时关闭实验箱上扩展模块和信号源电源开关。

② 参考本书 15.1 节内容设置 CCS5.3 硬件工作环境。

③ 参考本书 15.1 节内容启动 CCS5.3。

④ 导入工程文件:选择 Project→Import Existing CCS Eclipse Project 菜单项,选择“...\ICETEK\ICETEK - F2812AF - S60F\ICETEK - F2812 - AF V1\Lab1505 - Pwm”文件夹目录。在项目浏览器中双击 Example_281xEvPwm.c,浏览该文件的内容,理解各语句作用。主要程序 Example_281xEvPwm.c 文件如下:

```
#include "DSP281x_Device.h"          //DSP281x 头文件包含文件
#include "DSP281x_Examples.h"        //DSP281x 示例包含文件
//由本文件建立的函数原型声明
void init_eva(void);
void init_evb(void);
void main(void)
{
   InitSysCtrl();
   EALLOW;
   GpioMuxRegs.GPAMUX.all = 0x00FF; //使能 EVA PWM 1～6 及 T1PWM, T2PWM 等引脚
   GpioMuxRegs.GPBMUX.all = 0x00FF; //使能 EVB PWM 7～12 及 T3PWM, T4PWM 等引脚
   EDIS;
   DINT;
   InitPieCtrl();
   IER = 0x0000;                     //禁止所有 CPU 的中断
   IFR = 0x0000;                     //清除所有 CPU 中断标志位
   InitPieVectTable();
   init_eva();
   init_evb();
  for(;;);
}
void init_eva()
{
/*****************************************************************
函数: init_eva()
功能: EVA 配置 T1PWM, T2PWM, PWM1～6 ,初始化 EVA 定时器 1/2
*****************************************************************/
   EvaRegs.T1PR = 0xFFFF;
// 定时器 1 周期设置,此值可控制 T1PWM 及 PWM1 - 6 的载波频率
// 在默认状态下,高速外设时钟如下
// HSPCLK = SYSCLKOUT / ( 2 * HISPCP[2 : 0]),当 1 <= HISPCP[2 : 0] <= 7
// HSPCLK = SYSCLKOUT                          当 HISPCP[2 : 0] = 0
// 在默认状态下, HISPCP[2 : 0] = 1,因此,HSPCLK = SYSCLKOUT/2 = 75 MHz
// 由此可得高速外设时钟周期 = 1/HSPCLK = 13.33 ns
// EV 定时器时钟(频率): EVCLK = HSPCLK/(2^TPS) 其中, TPS = 0(见 T1CON 的设置)
```

```
// 因此,EV定时器时钟(频率):EVCLK = HSPCLK
// EV 定时器时钟周期(节拍) = 1/HSPCLK = 13.33 ns
// 在连续增模式下(TMODE(T1CON[12:11]) = 2, 见 T1CON 的设置)
// PWM 载波周期 = (T1PR + 1) × 定时器时钟节拍 = (T1PR + 1) × (2^TPS × 1/HSPCLK)
// 因此有 PWM 载波周期 = (T1PR + 1) × 定时器时钟节拍 = (T1PR + 1) × 13.33 ns
// 当 T1PR = 0xFFFF(65535)时, PWM 载波周期 = 65 536 × 13.33 = 874 μs
// 如果设定 PWM 载波周期为 100 μs,则可算得 T1PR = 7 499, 此时 PWM 载波频率为 10 kHz
   EvaRegs.T1CMPR = 0x3C00; //设置定时器1比较寄存器,此值可控制 T1PWM 波形的占空比
   EvaRegs.T1CNT = 0x0000;  //设置定时器1计数器
   EvaRegs.T1CON.all = 0x1042;
// T1CON[15] = Free = 0,与 Soft 合用。一旦仿真挂起,立即停止
// T1CON[14] = Soft = 0,
// T1CON[13] = Reserved,          保留
// T1CON[12:11] = TMODE = 10 B,    连续递增模式
// T1CON[10:8] = TPS = 000 B
//EV 定时器1输入时钟频率与高速外设时钟 HSPCLK 频率相同
//T1CON[7] = T2SWT1/T4SWT3 = 0
//T2SWT1 对应 EVA,使用定时器1的使能位启动定时器2,该位在 T1CON 为保留位
//T4SWT1 对应 EVB,使用定时器3的使能位启动定时器4,该位在 T3CON 为保留位
//因此,该位仅在 T2CON 及 T4CON 中有效使用自身的使能位
// T1CON[6] = TENABLE = 1,使能定时器1
// T1CON[5:4] = TCLKS10 = 00 B,采用内部高速外设时钟(HSPCLK)作为时钟源
// T1CON[3:2] = TCLD10 = 00 B
//当计数器 T1CNT 为0时,定时器1比较寄存器 T1CMPR 重载。注意:只要在
//T1CMPR 的重载前改变其参数,就能够改变 T1PWM 的占空比
// T1CON[1] = TECMPR = 1,     使能定时器1比较操作
// T1CON[0] = SELT1PR/SELT3PR = 0
//在 EVA 中为 SELT1PR(选择周期寄存器),当 T2CON 中的此位为1时,则忽略
//定时器2的周期寄存器,选用定时器1的周期寄存器。该位在 T1CON 中是保留位
//在 EVB 中为 SELT3PR(选择周期寄存器),当 T4CON 中的此位为1时,则忽略
//定时器4的周期寄存器,选用定时器3的周期寄存器。该位在 T3CON 中是保留位
//因此,该位仅在 T2CON 及 T4CON 中有效
/* 初始化 EVA 定时器2,定时器2控制 T2PWM。定时器2可为捕获电路或正交编码脉冲 */
/* 电路(CAP1_QEP1、CAP2_QEP2、CAP3_QEPI1)提供时基                              */
/* 定时器2不能用于控制 PWM1~6                                               */
  EvaRegs.T2PR = 0x0FFF;     //设置定时器2周期寄存器,此值可控制 T2PWM 的载波频率
  EvaRegs.T2CMPR = 0x03C0;   //设置定时器2比较寄存器,此值可控制 T2PWM 的占空比
  EvaRegs.T2CNT = 0x0000;    //设置定时器2计数器
  EvaRegs.T2CON.all = 0x1042;
  EvaRegs.GPTCONA.bit.TCMPOE = 1;  //设置 T1PWM 及 T2PWM
                                   //通过比较逻辑驱动 T1PWM/T2PWM
  EvaRegs.GPTCONA.bit.T1PIN = 1; //GP 定时器1比较器输出极性低电平有效
  EvaRegs.GPTCONA.bit.T2PIN = 2; //GP 定时器2比较器输出极性高电平有效
  EvaRegs.CMPR1 = 0x0C00;        //控制 PWM1/PWM2 的占空比,载波频率可通过 T1PR 控制
  EvaRegs.CMPR2 = 0x3C00;        //控制 PWM3/PWM4 的占空比,载波频率可通过 T1PR 控制
  EvaRegs.CMPR3 = 0xFC00;        //控制 PWM5/PWM6 的占空比,载波频率可通过 T1PR 控制
  EvaRegs.ACTRA.all = 0x0666;    //比较方式控制
```

```
  EvaRegs.DBTCONA.all = 0x0000;   //禁止死区
  EvaRegs.COMCONA.all = 0xA600;   //使能比较操作
}
void init_evb()
{
/**************************************************************
函数：init_evb()
功能：EVB 配置 T3PWM，T4PWM，PWM7 - PWM12 ,初始化定时器 3/4
**************************************************************/
/* 初始化 EVB 定时器 3  定时器 3 控制 T3PWM 及 PWM7～12 */
  EvbRegs.T3PR = 0xFFFF;
  EvbRegs.T3CMPR = 0x3C00;
  EvbRegs.T3CNT = 0x0000;
  EvbRegs.T3CON.all = 0x1042;
/* 初始化 EVB 定时器 4，定时器 4 控制 T4PWM。定时器 4 可为捕获电路或正交编码脉冲 */
/* 电路(CAP4_QEP3、CAP5_QEP4、CAP6_QEPI2) 提供时基                              */
/* 定时器 4 不能用于控制 PWM7～12                                                */
  EvbRegs.T4PR = 0x00FF;
  EvbRegs.T4CMPR = 0x0030;
  EvbRegs.T4CNT = 0x0000;
  EvbRegs.T4CON.all = 0x1042;
  EvbRegs.GPTCONB.bit.TCMPOE = 1;
  EvbRegs.GPTCONB.bit.T3PIN = 1;
  EvbRegs.GPTCONB.bit.T4PIN = 2;
  EvbRegs.CMPR4 = 0x0C00;
  EvbRegs.CMPR5 = 0x3C00;
  EvbRegs.CMPR6 = 0xFC00;
  EvbRegs.ACTRB.all = 0x0666;
  EvbRegs.DBTCONB.all = 0x0000; //禁止死区
  EvbRegs.COMCONB.all = 0xA600;
}
```


⑤ 单击图标，则 CCS 会自动链接，编译和下载程序。

⑥ 连接示波器，连接示波器探头的地线与实验箱右侧测试点的 DGND 相连，红表笔与测试点 PWM1～4 相连。如果使用的是 F2812 单板，则连接 P1 扩展口上的 PWM 输出引脚做测量。具体位置参考第 14 章相关内容。

⑦ 运行并观察结果。选择 Run→Resume 菜单项运行程序，或者直接单击按钮，观察示波器上的波形。

⑧ 参考本书 15.1 节内容退出 CCS。

5. 实验结果

通过示波器可观察到不同占空比的 PWM 输出波形，其载波频率、占空比与程序中对控制寄存器的设置相关。

6. 思考题

设计 4 路(PWM1、PWM2、PWM3、PWM4)输出，载波频率为 8 ms，波形关系如

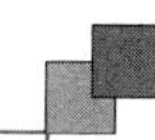

图 15－20 所示(一个周期)。

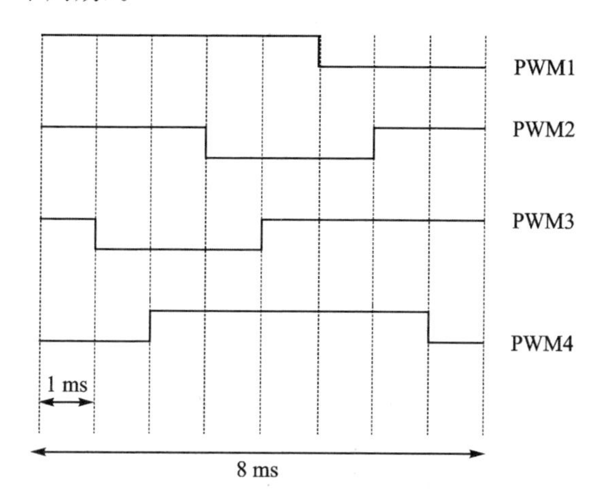

图 15－20　4 路 PWM 输出波形关系图

15.6　单路/多路模/数转换实验

1. 实验目的

- 通过实验熟悉 F2812 的通用定时器。
- 掌握 F2812 片内 A/D 的控制方法。

2. 实验设备

同 15.2 节实验设备，另外还需要相关连线及电源。

3. 实验原理及实验程序流程图

本部分具体实验原理可参考第 8 章相关内容。

(1) F2812 自带模/数转换模块特性

- 12 位模/数转换模块 ADC，快速转换时间运行在 25 MHz，ADC 最高采样速率为 12.5 MSPS。
- 16 个模拟输入通道(AIN0～AIN15)。
- 内置双采样-保持器。
- 采样幅度：0～3 V，注意输入 A/D 的信号不要超过这个范围，否则会烧坏 F2812。

(2) 模/数模块

ADC 模块有 16 个通道，可配置为 2 个独立的 8 通道模块以方便为事件管理器 A 和 B 服务。2 个独立的 8 通道模块可以级联组成 16 通道模块。虽然有多个输入通道和 2 个序列器，但在 ADC 内部只有一个转换器，同一时刻只有一路 A/D 进行转换数据。

(3) 模数转换的程序控制

模数转换相对于计算机来说是一个较为缓慢的过程。一般采用中断方式启动转换或保存结果,这样在 CPU 忙于其他工作时可以少占用处理时间。设计转换程序应首先考虑处理过程如何与模数转换的时间相匹配,根据实际需要选择适当的触发转换的手段,也要能及时保存结果。

(4) 实验程序流程图

本实验的实验程序流程图如图 15-21 所示。

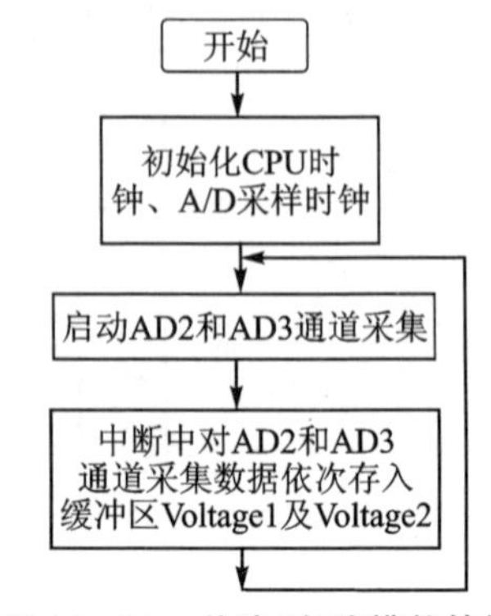

图 15-21　单路/多路模数转换实验程序流程图

4. 实验步骤和内容

① 参考本书 15.1 节内容连接实验设备,同时准备信号源进行 A/D 输入。

(a) 取出 2 根实验箱附带的信号线(信号线两端均为双声道语音插头)。用一根信号线分别连接实验箱左侧信号源的波形输出 A 端口和 A/D 输入模块的 J4 ADC-Ch. A 插座。此时,信号源波形输出 A 的输出波形即可送到 ICETEK-F2812-AF 板的 A/D 输入通道 2。用另一根信号线连接实验箱左侧信号源的波形输出 B 端口和 A/D 输入模块的 J5 ADC-Ch. B 插座。此时,信号源波形输出 B 的输出波形即可送到 ICETEK-F2812-AF 板的 A/D 输入通道 3。注意,插头要插牢、到底,如图 15-22 所示。

(b) 设置波形输出 A:向内侧按波形切换 A 选择旋钮,直到标有正弦波的指示灯点亮;上下调节波形频率选择旋钮,直到标有 1K～10KHz 的指示灯点亮;调节幅值调整旋钮,将波形输出 A 的幅值调到中间。

(c) 设置波形输出 B:向内侧按波形切换 B 选择旋钮,直到标有三角波的指示灯点亮;上下调节波形频率选择旋钮,直到标有 1K～10KHz 的指示灯点亮;调节幅值调整旋钮,将波形输出 B 的幅值调到中间。

② 参考本书 15.1 节内容设置 CCS5.3 硬件工作环境。

③ 参考本书 15.1 节内容启动 CCS5.3。

④ 导入工程文件:选择 Project→Import Existing CCS Eclipse Project 菜单项,选择"...\ICETEK\ICETEK-F2812AF-S60F\ICETEK-F2812-AF V1\Lab1506-AD"文件夹目录。在项目浏览器中双击 ADC.c,浏览该文件的内容,理解各语句作用。本实验主要实验以下功能:采用双排序器和顺序采样模式,排序器 SEQ1 对 2 个模拟输入通道 ADCINA2 和 ADCINA3 的电压信号进行自动转换。排序器采用事件管理器 EVA 的通用定时器 1 的下溢中断标志作为触发启动信号。使用 ADC 模块的中断方式,每次排序结束(EOS)都产生中断。在中断服务程序中,读取模拟量的转换结果并存储到 2 个长度为 1 024 的数组 Voltage1 和 Voltage2 中。主要程序 ADC.c 文件如下:

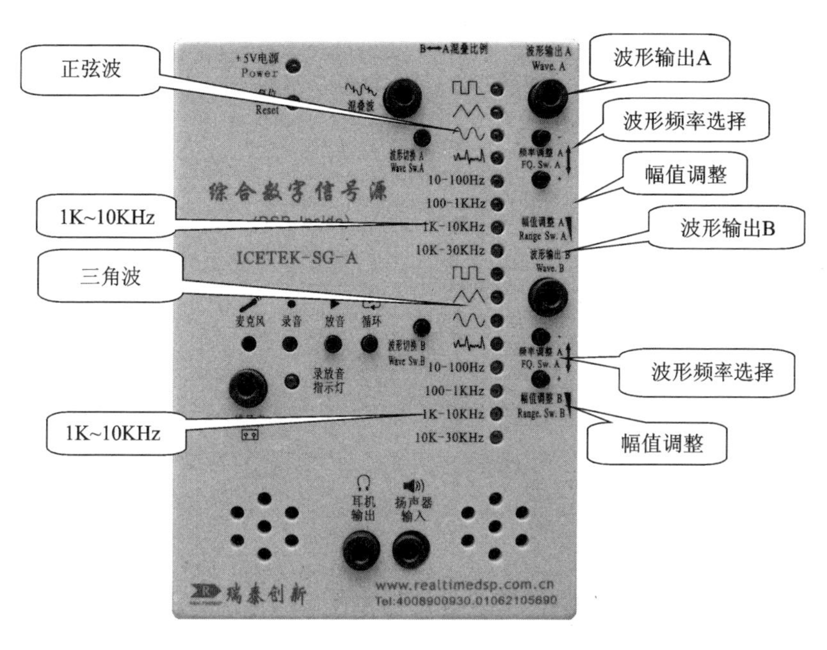

图 15-22　综合数字信号源

```
#include "DSP281x_Device.h"              //DSP281x 头文件包含文件
#include "DSP281x_Examples.h"            //DSP281x 示例包含文件
//由本文件建立的函数原型声明
interrupt void adc_isr(void);
//本例中用到的全局变量
Uint16 LoopCount;
Uint16 ConversionCount;                   //转换次数计数
Uint16 Voltage1[1024];                    //模拟输入 ADCINA2 的电压转换结果存储数组
Uint16 Voltage2[1024];                    //模拟输入 ADCINA3 的电压转换结果存储数组
main()
{
InitSysCtrl();  //初始化 CPU, InitSysCtrl()函数由 DSP281x_SysCtrl 文件建立,HSPCLK = 75 MHz
DINT;                                     //关 CPU 中断
InitPieCtrl();  //初始化 PIE 控制寄存器组到默认状态,这个子程序在 DSP281x_PieCtrl.c
IER = 0x0000;                             //禁止所有 CPU 的中断
IFR = 0x0000;                             //清除所有 CPU 中断标志位
InitPieVectTable();          //初始化 PIE 中断向量表,这个子程序在 DSP281x_PieVect.c
EALLOW;                                   //关保护,允许访问受保护的寄存器
PieVectTable.ADCINT = &adc_isr;           //adc_isr 为 ADCINT 中断的入口地址
                                          //adc_isr()是一个中断函数
EDIS;                                     //开保护,禁止访问受保护的寄存器
AdcRegs.ADCTRL1.bit.RESET = 1;            //复位 ADC 模块
asm(" RPT #10 || NOP");
AdcRegs.ADCTRL3.all = 0x00C8;             //ADC 参考电压与带隙基准电路上电
AdcRegs.ADCTRL3.bit.ADCBGRFDN = 0x3;
AdcRegs.ADCTRL3.bit.ADCPWDN = 1;          //ADC 其他电路上电
```

```
PieCtrlRegs.PIEIER1.bit.INTx6 = 1;        //使能 PIE 向量表第 1 组第 6 个 ADCINT 中断
IER |= M_INT1;                            //使能 CPU 第 1 组中断
EINT;                                     //使能 INTM 全局中断
ERTM;                                     //调试事件使能
LoopCount = 0;
ConversionCount = 0;
//配置 ADC
AdcRegs.ADCMAXCONV.all = 0x0001;          //配置 SEQ1 转换通道数为 2
AdcRegs.ADCCHSELSEQ1.bit.CONV00 = 0xf;
AdcRegs.ADCCHSELSEQ1.bit.CONV01 = 0x0;
AdcRegs.ADCCHSELSEQ1.bit.CONV02 = 0x2;    //选择 ADCINA2 引脚,第 3 个转换通道
AdcRegs.ADCCHSELSEQ1.bit.CONV03 = 0x3;    //选择 ADCINA3 引脚,第 4 个转换通道
AdcRegs.ADCTRL2.bit.EVA_SOC_SEQ1 = 1;     //使能 EVASOC 启动 SEQ1
AdcRegs.ADCTRL2.bit.INT_ENA_SEQ1 = 1;     //使能 SEQ1 中断(在每一个 EOS 时)
//配置 EVA
//假定 EVA 时钟已经在 InitSysCtrl()函数中被使能
EvaRegs.T1CMPR = 0x0080;                  //设置通用定时器 1 比较值
EvaRegs.T1PR = 0x10;                   //设置通用定时器周期寄存器,17/75 MHz = 0.23 μs
EvaRegs.GPTCONA.bit.T1TOADC = 1;          //使能 EVA 的 EVASOC,通过 EVA 通用定时器 1 的
                                          //下溢中断启动 ADC
EvaRegs.T1CON.all = 0x1042;               //连续增计数模式,1 分频,使能通用定时器 1
//等待 ADC 中断
while(1)
    {
        LoopCount ++ ;
        if(LoopCount == 1024)
        LoopCount = 0;
    }
}
// ***************************************************************
//函数名称: adc_isr(void)
//函数功能: ADC 模块中断服务函数
// ***************************************************************
interrupt void adc_isr(void)
{
  Voltage1[ConversionCount] = AdcRegs.ADCRESULT2 >>4;//ADCINA2 的转换结果存于 Voltage1
  Voltage2[ConversionCount] = AdcRegs.ADCRESULT3 >>4;//ADCINA3 的转换结果存于 Voltage2
  if(ConversionCount = = 1023)                      //ADC 转换次数 1 024
  {
    ConversionCount = 0;
  }
  else ConversionCount ++ ;
  //再次初始化下次 ADC 转换
  AdcRegs.ADCTRL2.bit.RST_SEQ1 = 1;       //复位 SEQ1 为初始状态 CONV00,以便后续转换
  AdcRegs.ADCST.bit.INT_SEQ1_CLR = 1;     //清除 SEQ1 中断标志位 INT SEQ1
  PieCtrlRegs.PIEACK.all = PIEACK_GROUP1;  //通过向 PIEACK.0 写 1,将 PIEACK.0 位清 0
                                           //从而打开后续的 PIE 级到 CPU 级的中断
```

```
    return;
}
```

⑤ 单击图标，则 CCS 会自动链接，编译和下载程序。

⑥ 打开观察界面。选择 Tools→Graph→Single Time 菜单项，做如图 15－23 和图 15－24 所示的设置，然后单击 OK 按钮。通过设置可打开两个图形窗口观察两个通道模数转换的结果。

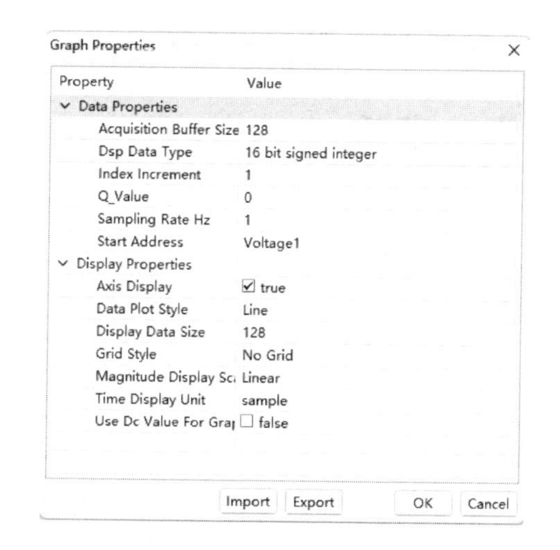

图 15－23　观察界面设置 1

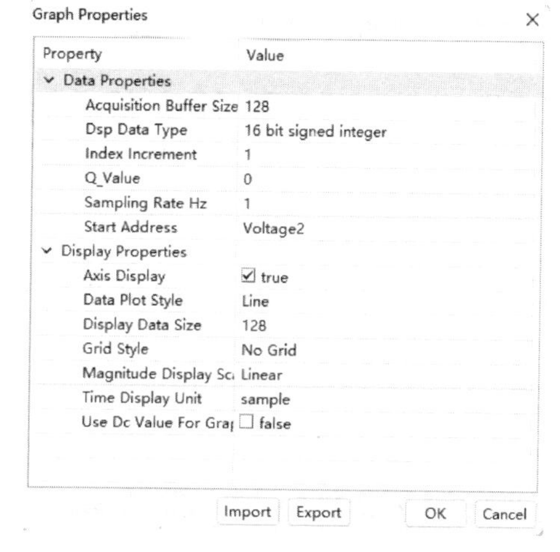

图 15－24　观察界面设置 2

⑦ 设置信号源。由于模数输入信号未经任何转换就进入 DSP，所以必须保证输入的模拟信号的幅度在 0～3 V 之间。必须用示波器检测信号范围，保证最小值 0 V，最大值 3 V，否则容易损坏 DSP 的模数采集模块。

⑧ 运行程序观察结果。

(a) 选择 Run→Resume 菜单项运行程序，或者直接单击按钮运行程序；停止运行，观察 ADCIN2、ADCIN3 窗口中的图形显示；

(b) 适当改变信号源，再次运行程序，停止后观察图形窗口中的显示。

注意：输入信号的频率不能大于 10 kHz，否则会引起混叠失真，而无法观察到波形，有兴趣的用户可以尝试观察采样失真后的图形。

⑨ 参考本书 15.1 节内容退出 CCS。

5. 实验结果

利用实验中的设置可以看到如图 15－25 所示的结果。

6. 思考题

① 理解 F2812 的 ADC 转换过程，要求写出此实验的 ADC 初始化流程。

② 修改程序实现 4 路 AD0 采集 1.8 V 电压，8 路 AD1 采集 2.5 V 电压，观察转

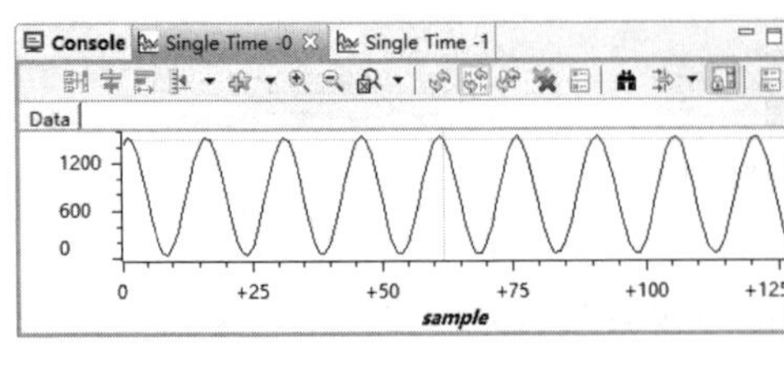

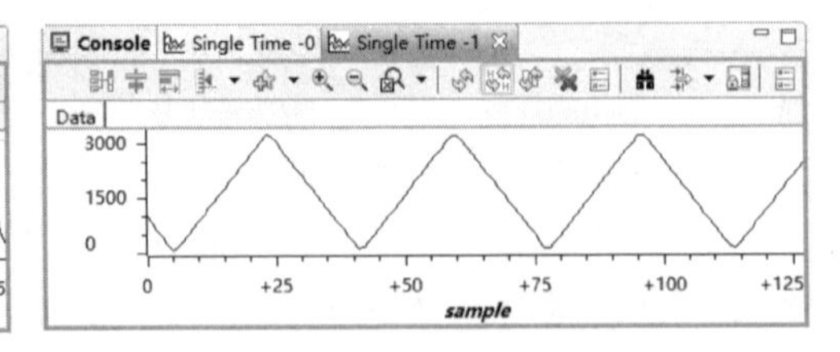

图 15-25　结果输出波形图

换结果是否正确并记录。

15.7　快速傅里叶变换(FFT)算法实验

1. 实验目的

- 掌握用窗函数法设计 FFT 的原理和方法；
- 熟悉 FFT 特性；
- 了解各种窗函数对快速傅里叶特性的影响。

2. 实验设备

同 15.2 实验设备。

3. 实验原理及实验程序流程图

(1) FFT 的原理和参数生成公式

$$x(k)=\sum_{r=0}^{\frac{N}{2}-1} x_1(r)W_{\frac{N}{2}}^{rk}+W_N^k\sum_{r=0}^{\frac{N}{2}-1} x_2(r)W_{\frac{N}{2}}^{rk}=X_1(k)+W_N^kX_2(k) \quad (15-1)$$

FFT 并不是一种新的变换，是离散傅里叶变换(DFT)的一种快速算法。由于计算 DFT 时一次复数乘法需用 4 次实数乘法和二次实数加法；一次复数加法需二次实数加法。每运算一个 $X(k)$需要 $4N$ 次复数乘法及 $2N+2(N-1)=2(2N-1)$次实数加法。所以整个 DFT 运算总共需要 $4N^2$ 次实数乘法和 $N\times2(2N-1)=2N(2N-1)$次实数加法。如此一来，计算时乘法次数和加法次数都是和 N^2 成正比的，当 N 很大时，运算量是可观的，因而需要改进对 DFT 的算法减少运算速度。

(2) 程序流程图

本实验的程序流程如图 15-26 所示。

4. 实验步骤和内容

① 参考本书 15.1 节内容连接实验设备，同时关闭实验箱上扩展模块和信号源电源开关，设置 CCS5.3 硬件工作环境后启动 CCS5.3。

② 导入工程文件：选择 Project→Import Existing CCS Eclipse Project 菜单项，选择“...\ICETEK\ICETEK-F2812AF-S60F\ICETEK-F2812-AF V1\

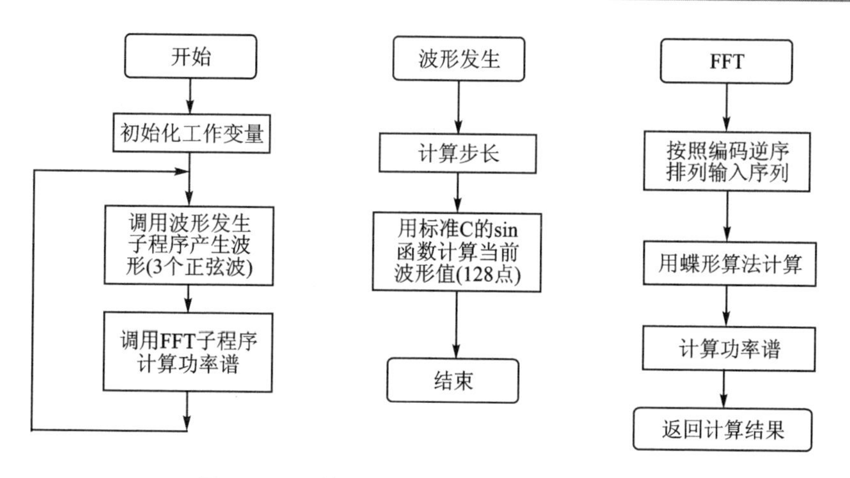

图 15-26 快速傅里叶变换算法实验流程图

Lab1507-FFT"文件夹目录。在项目浏览器中双击 fft.c,浏览该文件的内容,理解各语句作用。主要程序 fft.c 文件如下:

```
#include "DSP281x_Device.h"            //DSP281x 头文件包含文件
#include "DSP281x_Examples.h"          //DSP281x 示例包含文件
#include "f2812a.h"
#include"math.h"
#define PI 3.1415926
#define SAMPLENUMBER 128
#define WDCR ( * ((unsigned int * )0xc00007029))
void InitForFFT();
void MakeWave();
//void FFT(float dataR[SAMPLENUMBER],float dataI[SAMPLENUMBER]);
int INPUT[SAMPLENUMBER],DATA[SAMPLENUMBER];
float fWaveR[SAMPLENUMBER],fWaveI[SAMPLENUMBER],w[SAMPLENUMBER];
float sin_tab[SAMPLENUMBER],cos_tab[SAMPLENUMBER];
//快速傅里叶变换
void FFT(float dataR[SAMPLENUMBER],float dataI[SAMPLENUMBER])
{
    int x0,x1,x2,x3,x4,x5,x6,xx;
    int i,j,k,b,p,L;
    float TR,TI,temp;
    / ********** following code invert sequence ************/
    for ( i = 0;i<SAMPLENUMBER;i ++ )
    {
        x0 = x1 = x2 = x3 = x4 = x5 = x6 = 0;
        x0 = i&0x01; x1 = (i/2)&0x01; x2 = (i/4)&0x01; x3 = (i/8)&0x01;x4 = (i/16)&0x01;
        x5 = (i/32)&0x01; x6 = (i/64)&0x01;
        xx = x0 * 64 + x1 * 32 + x2 * 16 + x3 * 8 + x4 * 4 + x5 * 2 + x6;
        dataI[xx] = dataR[i];
    }
```

```
    for ( i = 0;i<SAMPLENUMBER;i ++ )
    {
        dataR[i] = dataI[i]; dataI[i] = 0;
    }
    / ************** following code FFT ******************* /
    for ( L = 1;L< = 7;L++ )
    { /* for(1) */
        b = 1; i = L - 1;
        while ( i>0 )
        {
            b = b * 2; i-- ;
        } /* b= 2^(L-1) */
        for ( j = 0;j< = b - 1;j ++ ) /* for (2) */
        {
            p = 1; i = 7 - L;
            while ( i>0 ) /* p = pow(2,7 - L) * j; */
            {
                p = p * 2; i-- ;
            }
            p = p * j;
            for ( k = j;k<128;k = k + 2 * b ) /* for (3) */
            {
                TR = dataR[k]; TI = dataI[k]; temp = dataR[k + b];
                dataR[k] = dataR[k] + dataR[k + b] * cos_tab[p] + dataI[k + b] * sin_tab[p];
                dataI[k] = dataI[k] - dataR[k + b] * sin_tab[p] + dataI[k + b] * cos_tab[p];
                dataR[k + b] = TR - dataR[k + b] * cos_tab[p] - dataI[k + b] * sin_tab[p];
                dataI[k + b] = TI + temp * sin_tab[p] - dataI[k + b] * cos_tab[p];
            } /* END for (3) */
        } /* END for (2) */
    } /* END for (1) */
    for ( i = 0;i<SAMPLENUMBER/2;i ++ )
    {
        w[i] = sqrt(dataR[i] * dataR[i] + dataI[i] * dataI[i]);
    }
} /* END FFT */

main()
{
    int i;
    EALLOW;
    WDCR = 0x0068;
    EDIS;
    DINT;                                       //关中断
    IER = 0x0000;                               //禁止所有的中断
    IFR = 0x0000;
    InitForFFT();
    MakeWave();
```

```
    for ( i = 0;i<SAMPLENUMBER;i ++ )
    {
        fWaveR[i] = INPUT[i];
        fWaveI[i] = 0.0f;
        w[i] = 0.0f;
    }
    FFT(fWaveR,fWaveI);
    for ( i = 0;i<SAMPLENUMBER;i ++ )
    {
        DATA[i] = w[i];
    }
    while ( 1 );                                  //break point
}
//初始化 FFT
void InitForFFT()
{
    int i;
    for ( i = 0;i<SAMPLENUMBER;i ++ )
    {
        sin_tab[i] = sin(PI * 2 * i/SAMPLENUMBER);
        cos_tab[i] = cos(PI * 2 * i/SAMPLENUMBER);
    }
}
//产生波形
void MakeWave()
{
    int i;
    for ( i = 0;i<SAMPLENUMBER;i ++ )
    {
        INPUT[i] = sin(PI * 2 * i/SAMPLENUMBER * 3) * 1024;
    }
}
```

③ 单击图标，则 CCS 会自动链接，编译和下载程序。

④ 打开观察窗口。分别选择 Tools→Graph→Single Time、Tools→Graph→FFT Magnitude 和 Tools→Graph→Single Time 菜单项，做如图 15－27、图 15－28 和图 15－29 所示的设置，然后单击 OK 按钮。

⑤ 清除显示：在以上打开的窗口中单击，刷新窗口。

⑥ 设置断点：在程序 fft.c 中有注释“break point”的语句上设置软件断点。

⑦ 运行并观察结果。

(a) 选择 Run→Resume 菜单项运行程序，或者直接单击按钮运行程序。

(b) 观察 FFT 窗口中时域和频域图形。

⑧ 参考本书 15.1 节内容退出 CCS。

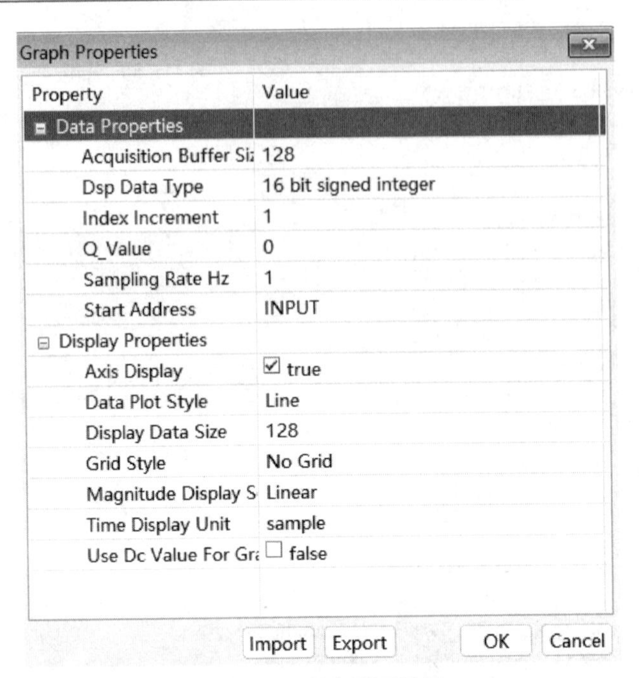

图 15-27 观察界面设置 1

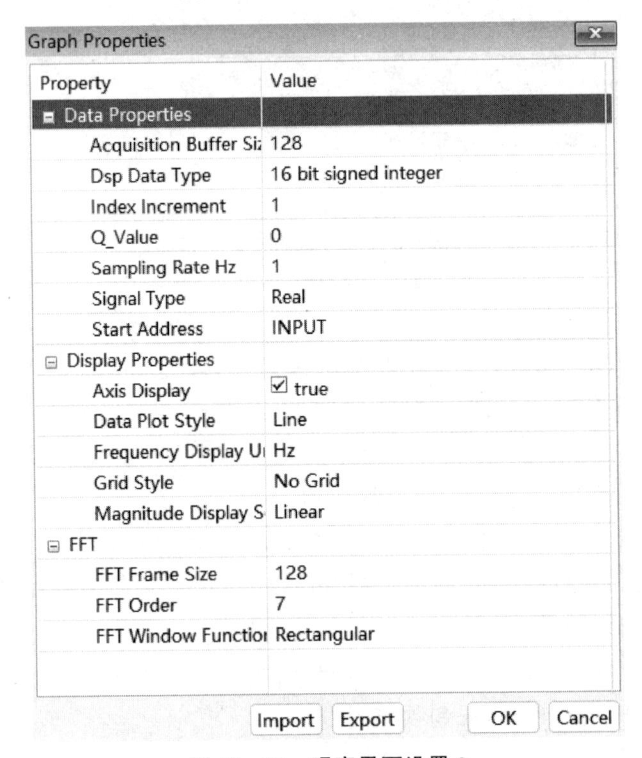

图 15-28 观察界面设置 2

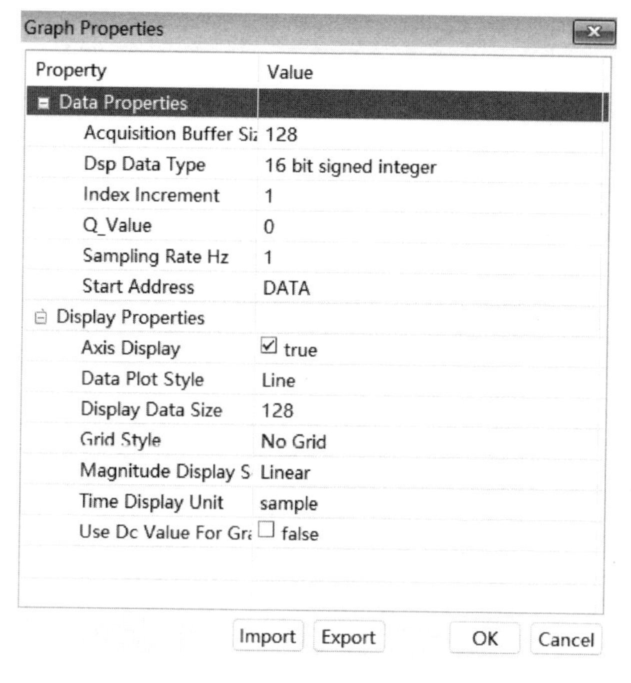

图 15－29　观察界面设置 3

5. 实验结果

利用实验中的设置可以看到如图 15－30 所示的结果。观察频域和时域图可知，程序计算出了测试波形的功率谱，与 CCS 计算的 FFT 结果相近。

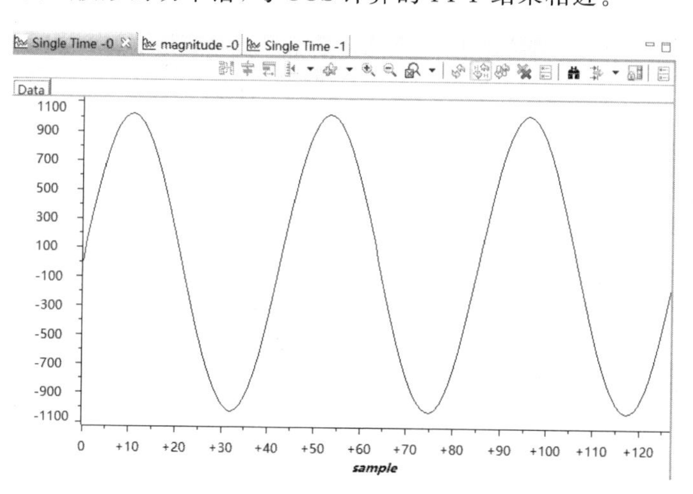

图 15－30　结果显示图

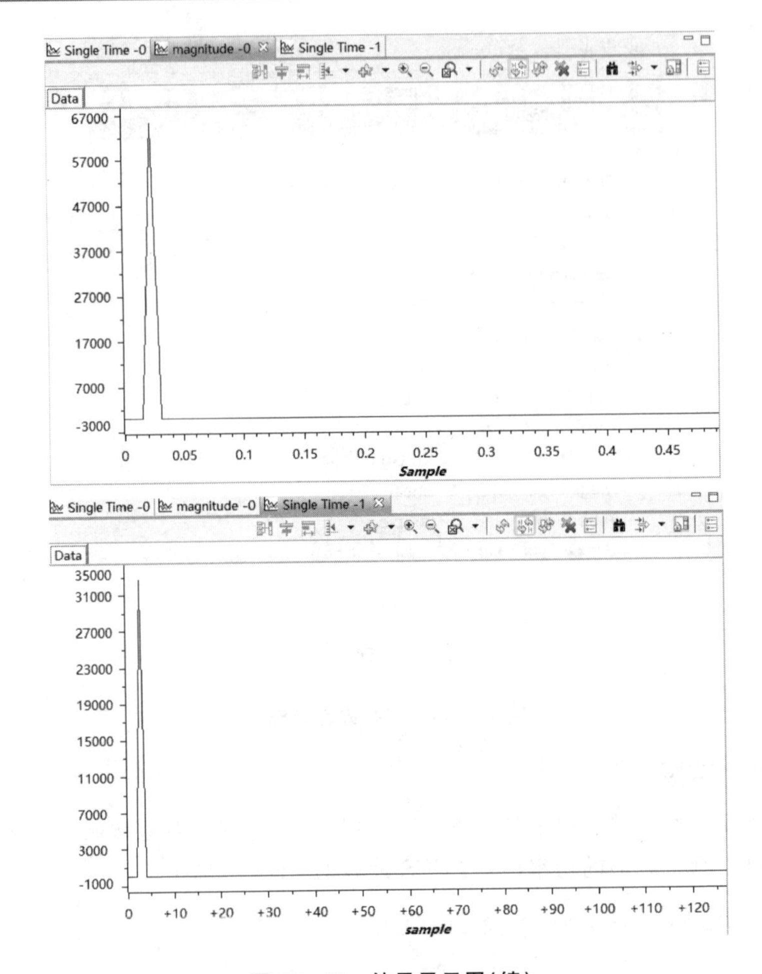

图15-30 结果显示图(续)

6. 思考题

① 理解使用F2812进行FFT算法的实现过程。

② 考虑如何利用F2812实现有限冲击响应滤波器(FIR)算法实验以及无限冲激响应滤波器(IIR)算法?

15.8 有限冲激响应滤波器(FIR)算法实验

1. 实验目的

- 掌握用窗函数法设计FIR数字滤波器的原理和方法;
- 熟悉线性相位FIR数字滤波器特性;
- 了解各种窗函数对滤波器特性的影响。

2. 实验设备

同 15.2 实验设备。

3. 实验原理及实验程序流程图

有限冲激响应数字滤波器的基础理论、模拟滤波器原理(巴特沃斯滤波器、切比雪夫滤波器、椭圆滤波器、贝塞尔滤波器)及数字滤波器系数的确定方法这 3 部分内容读者可参考相关书籍自行学习。

(1) 根据要求设计低通 FIR 滤波器

要求:通带边缘频率 10 kHz,阻带边缘频率 22 kHz,阻带衰减 75 dB,采样频率 50 kHz。

设计:

① 过渡带宽度=阻带边缘频率-通带边缘频率=22 kHz-10 kHz=12 kHz

② 采样频率:

f_1=通带边缘频率+(过渡带宽度)/2=16 kHz　　$\Omega_1=2\pi f_1/f_s=0.64\pi$

③ 理想低通滤波器脉冲响应:

$h_1[\mathrm{n}]=\sin(n\Omega_1)/n/\pi=\sin(0.64\pi n)/n/\pi$

④ 根据要求,选择布莱克曼窗,窗函数长度为:

$N=5.98f_s$/过渡带宽度$=24.9$

⑤ 选择 $N=25$,窗函数为:

$w[n]=0.42+0.5\cos(2\pi n/24)+0.8\cos(4\pi n/24)$

⑥ 滤波器脉冲响应为:

$$h[n]=h_1[n]w[n]\qquad |n|\leqslant 12$$

$$h[n]=0\qquad |n|>12$$

⑦ 根据上面计算公式计算出 $h[n]$,然后将脉冲响应值移位为因果序列。

⑧ 完成的滤波器的差分方程为:

$$\begin{aligned}y[n]=&-0.001x[n-2]-0.002x[n-3]-0.002x[n-4]+0.01x[n-5]\\&-0.009x[n-6]-0.018x[n-7]-0.049x[n-8]-0.02x[n-9]\\&+0.11x[n-10]+0.28x[n-11]+0.64x[n-12]\\&+0.28x[n-13]-0.11x[n-14]-0.02x[n-15]\\&+0.049x[n-16]-0.018x[n-17]-0.009x[n-18]+0.01x[n-19]\\&-0.002x[n-20]-0.002x[n-21]+0.001x[n-22]\end{aligned}$$

(2) 实验程序流程图

本实验的实验程序流程如图 15-31 所示。

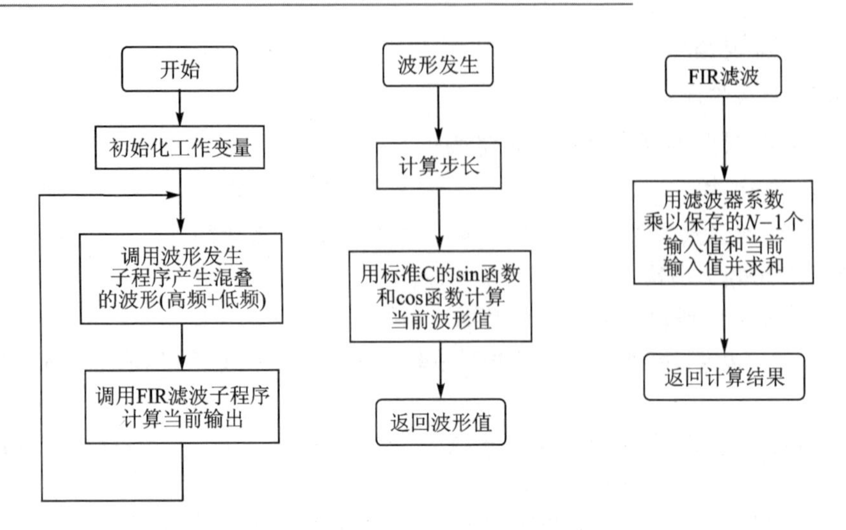

图15-31　有限冲激响应滤波器算法实验流程图

4. 实验步骤和内容

① 参考本书15.1节内容连接实验设备,同时关闭实验箱上扩展模块和信号源电源开关,设置CCS5.3硬件工作环境后启动CCS5.3。

② 导入工程文件:选择Project→Import Existing CCS Eclipse Project菜单项,选择"...\ICETEK\ICETEK-F2812AF-S60F\ICETEK-F2812-AF V1\Lab1508-FIR"文件夹目录。在项目浏览器中双击fir.c,浏览该文件的内容,理解各语句作用。主要程序fir.c文件如下:

```
#include "DSP281x_Device.h"                    //DSP281x头文件包含文件
#include "DSP281x_Examples.h"                  // DSP281x示例包含文件
#include "f2812a.h"
#include"math.h"
#define FIRNUMBER 25
#define SIGNAL1F 1000
#define SIGNAL2F 4500
#define SAMPLEF   10000
#define PI 3.1415926
#define WDCR ( * ((unsigned int  * )0xc00007029))
float InputWave();
float FIR();
float fHn[FIRNUMBER] = { 0.0,0.0,0.001, - 0.002, - 0.002,0.01, - 0.009,
                          - 0.018,0.049, - 0.02,0.11,0.28,0.64,0.28,
                          - 0.11, - 0.02,0.049, - 0.018, - 0.009,0.01,
                          - 0.002, - 0.002,0.001,0.0,0.0
                        };
float fXn[FIRNUMBER] = { 0.0 };
float fInput,fOutput;
float fSignal1,fSignal2;
```

```
float fStepSignal1,fStepSignal2;
float f2PI;
int i;
float fIn[256],fOut[256];
int nIn,nOut;
main(void)
{
    EALLOW;
    WDCR = 0x0068;
    EDIS;
    DINT;                                        //关中断
    IER = 0x0000;                                //禁止所有的中断
    IFR = 0x0000;
    nIn = 0; nOut = 0;
    f2PI = 2 * PI;
    fSignal1 = 0.0;
    fSignal2 = PI * 0.1;
    fStepSignal1 = 2 * PI/30;
    fStepSignal2 = 2 * PI * 1.4;
    while ( 1 )
    {
        fInput = InputWave();
        fIn[nIn] = fInput;
        nIn ++ ; nIn % = 256;
        fOutput = FIR();
        fOut[nOut] = fOutput;
        nOut ++ ;
        if ( nOut> = 256 )
        {
            nOut = 0;           /* 请在此句上设置软件断点 */
        }
    }
}
//产生波形
float InputWave()
{
    for ( i = FIRNUMBER - 1;i>0;i -- )
        fXn[i] = fXn[i - 1];
    fXn[0] = sin(fSignal1) + cos(fSignal2)/6.0;
    fSignal1 + = fStepSignal1;
    if ( fSignal1> = f2PI )     fSignal1 - = f2PI;
    fSignal2 + = fStepSignal2;
    if ( fSignal2> = f2PI )     fSignal2 - = f2PI;
    return(fXn[0]);
}

//FIR 滤波
```

```
float FIR()
{
    float fSum;
    fSum = 0;
    for ( i = 0;i<FIRNUMBER;i ++ )
    {
        fSum + = (fXn[i] * fHn[i]);
    }
    return(fSum);
}
```

③ 单击图标 ，则 CCS 自动连接，编译和下载程序。

④打开观察窗口。分别选择 Tools→Graph→Single Time、Tools→Graph→FFT Magnitude 菜单项，对变量 fIn 做如图 15 - 32 和图 15 - 33 所示的设置，然后单击 OK 按钮。同样的操作对变量 fOut 进行设置，此处不再赘述。

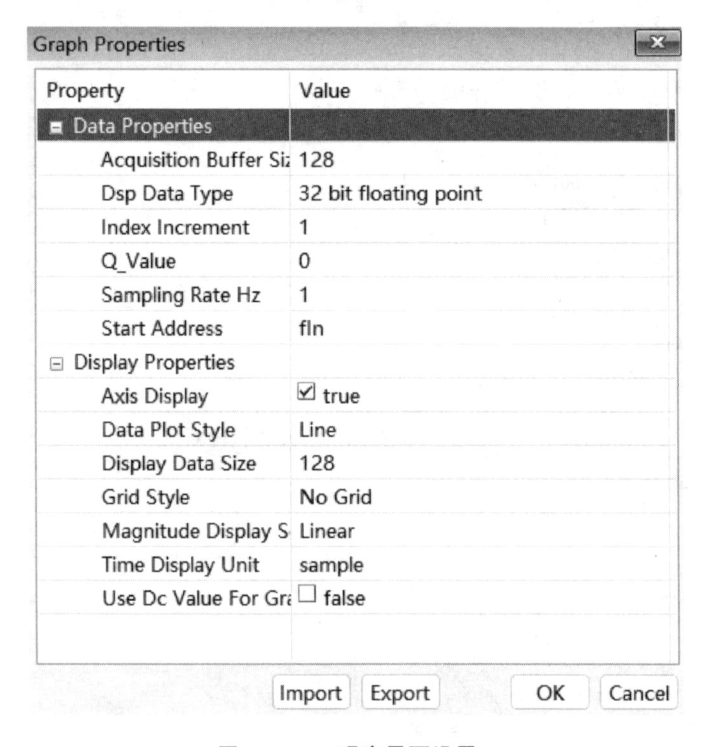

图 15 - 32　观察界面设置 1

⑤ 清除显示：在以上打开的窗口中单击 ，刷新窗口。

⑥ 设置断点：在有注释"/ *　请在此句上设置软件断点　* /"的语句设置软件断点。

⑦ 运行并观察结果。

(a) 选择 Run→Resume 菜单项，运行程序，或者直接点击按钮 运行程序。

(b) 观察显示界面中的时域图形，理解滤波效果。

图 15-33　观察界面设置 2

(c) 观察显示界面中的频域图形，理解滤波效果。

⑧ 参考本书 15.1 节内容退出 CCS。

5. 实验结果

利用实验中的设置可以看到如图 15-34 所示的结果。输入波形为一个低频率的正弦波与一个高频的正弦波叠加而成。通过观察频域和时域图得知，输入波形中的低频波形通过了滤波器，而高频部分则大部分被滤除。

6. 思考题

① 理解使用 F2812 进行 FIR 算法的实现过程。

② 试选用合适的高通滤波参数滤掉实验的输入波形中的低频信号。

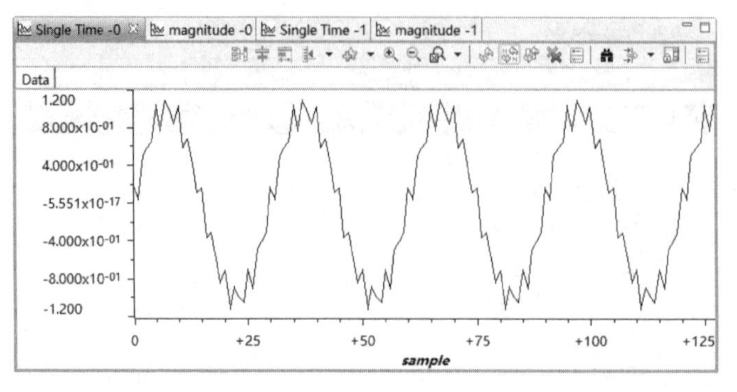
Single Time -0
magnitude -0
Single Time -1
magnitude -1
Data
1.200
8.000x10-01
4.000x10-01
-5.551x10-17
-4.000x10-01
-8.000x10-01
-1.200
0
+25
+50
+75
+100
+125
sample

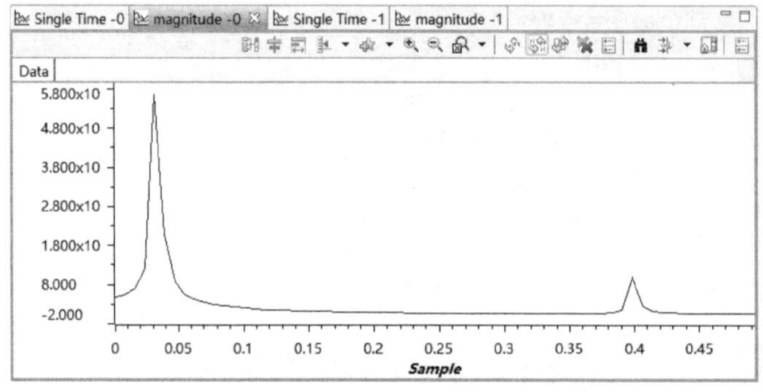
Single Time -0
magnitude -0
Single Time -1
magnitude -1
Data
5.800x10
4.800x10
3.800x10
2.800x10
1.800x10
8.000
-2.000
0
0.05
0.1
0.15
0.2
0.25
0.3
0.35
0.4
0.45
Sample

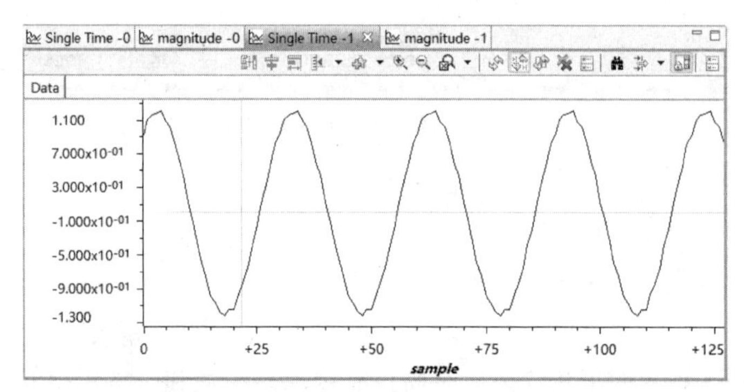
Single Time -0
magnitude -0
Single Time -1
magnitude -1
Data
1.100
7.000x10-01
3.000x10-01
-1.000x10-01
-5.000x10-01
-9.000x10-01
-1.300
0
+25
+50
+75
+100
+125
sample

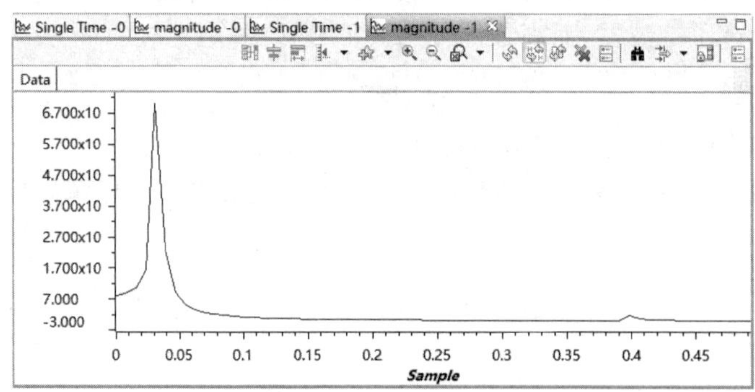
Single Time -0
magnitude -0
Single Time -1
magnitude -1
Data
6.700x10
5.700x10
4.700x10
3.700x10
2.700x10
1.700x10
7.000
-3.000
0
0.05
0.1
0.15
0.2
0.25
0.3
0.35
0.4
0.45
Sample

图 15－34　结果显示图

15.9　无限冲激响应滤波器(IIR)算法实验

1. 实验目的

- 掌握设计 IIR 数字滤波器的原理和方法;
- 熟悉 IIR 数字滤波器特性;
- 了解 IIR 数字滤波器的设计方法。

2. 实验设备

同 15.2 节实验设备。

3. 实验原理及实验程序流程图

无限冲激响应数字滤波器的基础理论、模拟滤波器原理(巴特沃斯滤波器、切比雪夫滤波器、椭圆滤波器、贝塞尔滤波器)及数字滤波器系数的确定方法这 3 部分内容可参考相关书籍自行学习。

(1) 根据要求设计低通 IIR 滤波器

要求:低通巴特沃斯滤波器在其通带边缘 1 kHz 处的增益为−3 dB,12 kHz 处的阻带衰减为 30 dB,采样频率 25 kHz。

设计:

① 确定待求通带边缘频率 f_{p1}、待求阻带边缘频率 f_{s1} 和待求阻带衰减 $-20\log\delta s$。

模拟边缘频率为:$f_{p1}=1\ 000$ Hz,$f_{s1}=12\ 000$ Hz

阻带边缘衰减为:$-20\log\delta s=30$ dB

② 用 $\Omega=2\pi f/f_s$ 把由 Hz 表示的待求边缘频率转换成弧度表示的数字频率,得到 Ω_{p1} 和 Ω_{s1}。

$\Omega_{p1}=2\pi f_{p1}/f_s=2\pi\cdot 1\ 000/25\ 000=0.08\pi\cdot \text{rad}$

$\Omega_{s1}=2\pi f_{s1}/f_s=2\pi\cdot 12\ 000/25\ 000=0.96\pi\cdot \text{rad}$

③ 计算预扭曲模拟频率以避免双线性变换带来的失真。

由 $w=2f_s\tan(\Omega/2)$ 求得 w_{p1} 和 w_{s1},单位为 rad/s。

$w_{p1}=2f_s\tan(\Omega_{p1}/2)=6\ 316.5$ rad/s

$w_{s1}=2f_s\tan(\Omega_{s1}/2)=794\ 727.2$ rad/s

④ 由已给定的阻带衰减 $-20\log\delta s$ 确定阻带边缘增益 δs。

因为 $-20\log\delta s=30$,所以 $\log\delta s=-30/20$,$\delta s=0.031\ 62$

⑤ 计算所需滤波器的阶数:

$$n\geqslant\frac{\log\left(\frac{1}{\delta_s^2}-1\right)}{2\log\left(\frac{\omega_{s1}}{\omega_{p1}}\right)}=\frac{\log\left(\frac{1}{(0.031\ 62)^2}-1\right)}{2\log\left(\frac{794\ 727.2}{6\ 316.5}\right)}=0.714 \qquad (15-2)$$

因此,一阶巴特沃斯滤波器就足以满足要求。

⑥ 一阶模拟巴特沃斯滤波器的传输函数为:

$H(s)=w_{p1}/(s+w_{p1})=6\,316.5/(s+6\,316.5)$

由双线性变换定义 $s=2f_s(z-1)/(z+1)$ 得到数字滤波器的传输函数为:

$$H(z)=\frac{6\,316.5}{50\,000\dfrac{z-1}{z+1}+6\,316.5}=\frac{0.112\,2(1+z^{-1})}{1-0.775\,7z^{-1}} \tag{15-3}$$

因此,差分方程为:$y[n]=0.7757y[n-1]+0.1122x[n]+0.1122x[n-1]$。

(2) 实验程序流程图

本实验的实验程序流程如图 15-35 所示。

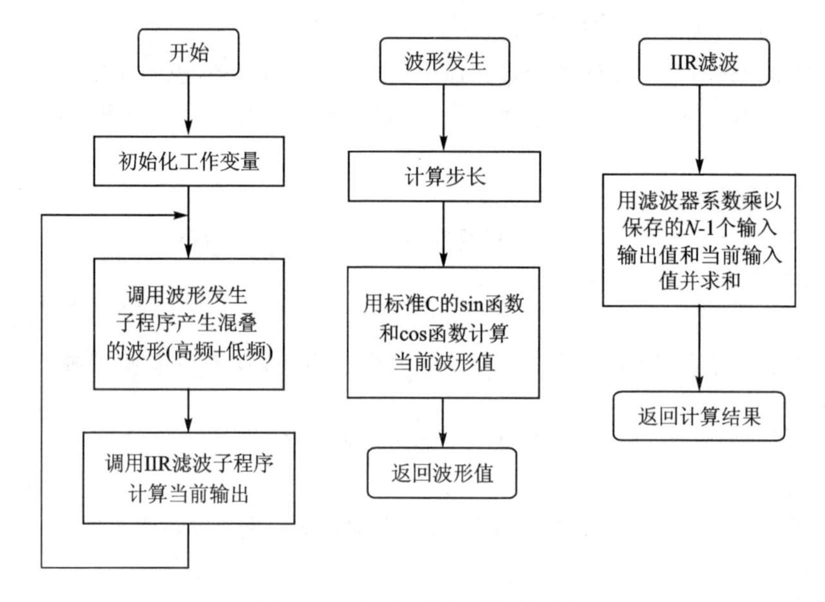

图 15-35　IIR 算法实验流程图

4. 实验步骤和内容

① 参考本书 15.1 节内容连接实验设备,同时关闭实验箱上扩展模块和信号源电源开关,设置 CCS5.3 硬件工作环境后启动 CCS5.3。

② 导入工程文件:选择 Project→Import Existing CCS Eclipse Project 菜单项,选择“...\ICETEK\ICETEK-F2812AF-S60F\ICETEK-F2812-AF V1\Lab1509-Iir”文件夹目录。在项目浏览器中双击 iir.c,浏览该文件的内容,理解各语句作用。主要程序 iir.c 文件如下:

```
#include "DSP281x_Device.h"          //DSP281x 头文件包含文件
#include "DSP281x_Examples.h"        //DSP281x 示例包含文件
#include "f2812a.h"
#include"math.h"
```

```
#define IIRNUMBER 2
#define SIGNAL1F 1000
#define SIGNAL2F 4500
#define SAMPLEF   10000
#define PI 3.1415926
#define WDCR ( * ((unsigned int  * )0xc00007029))
float InputWave();
float IIR();
float fBn[IIRNUMBER] = { 0.0,0.7757 };
float fAn[IIRNUMBER] = { 0.1122,0.1122 };
float fXn[IIRNUMBER] = { 0.0 };
float fYn[IIRNUMBER] = { 0.0 };
float fInput,fOutput;
float fSignal1,fSignal2;
float fStepSignal1,fStepSignal2;
float f2PI;
int i;
float fIn[256],fOut[256];
int nIn,nOut;
main(void)
{
    EALLOW;
    WDCR =  0x0068;
    EDIS;
    DINT;                                          //关中断
    IER  =  0x0000;                                //禁止所有的中断
    IFR  =  0x0000;
    nIn = 0; nOut = 0;
    f2PI = 2 * PI;
    fSignal1 = 0.0;
    fSignal2 = PI * 0.1;
//  fStepSignal1 = 2 * PI/30;
//  fStepSignal2 = 2 * PI * 1.4;
    fStepSignal1 = 2 * PI/50;
    fStepSignal2 = 2 * PI/2.5;
    while ( 1 )
    {
        fInput = InputWave();
        fIn[nIn] = fInput;
        nIn ++ ; nIn % = 256;
        fOutput = IIR();
        fOut[nOut] = fOutput;
        nOut ++ ;
        if ( nOut>= 256 )
        {
            nOut = 0;           /*  请在此句上设置软件断点  */
        }
```

```
    }
}
//产生波形
float InputWave()
{
    for ( i = IIRNUMBER - 1;i>0;i -- )
    {
        fXn[i] = fXn[i - 1];
        fYn[i] = fYn[i - 1];
    }
    fXn[0] = sin(fSignal1) + cos(fSignal2)/6.0;
    fYn[0] = 0.0;
    fSignal1 + = fStepSignal1;
    if ( fSignal1> = f2PI )     fSignal1 - = f2PI;
    fSignal2 + = fStepSignal2;
    if ( fSignal2> = f2PI )     fSignal2 - = f2PI;
    return(fXn[0]);
}
//IIR 滤波
float IIR()
{
    float fSum;
    fSum = 0.0;
    for ( i = 0;i<IIRNUMBER;i ++ )
    {
        fSum + = (fXn[i] * fAn[i]);
        fSum + = (fYn[i] * fBn[i]);
    }
    return(fSum);
}
```


③ 单击图标，则 CCS 会自动链接，编译和下载程序。

④ 打开观察窗口。分别选择 Tools→Graph→Single Time、Tools→Graph→FFT Magnitude 菜单项，对变量 fIn 做如图 15 - 36 和图 15 - 37 所示的设置，然后单击 OK 按钮。同样的操作对变量 fOut 进行设置，此处不再赘述。

⑤ 清除显示：在以上打开的窗口中单击，刷新窗口。

⑥ 设置断点：在有注释“/ * 请在此句上设置软件断点 * /”的语句设置软件断点。

⑦ 运行并观察结果。

(a) 选择 Run→Resume 菜单项，运行程序，或者直接单击按钮运行程序。

(b) 观察显示界面中的时域图形，理解滤波效果。

(c) 观察显示界面中的频域图形，理解滤波效果。

⑧ 参考本书 15.1 节内容退出 CCS。

Graph Properties

Property	Value
⊟ Data Properties	
Acquisition Buffer Si:	128
Dsp Data Type	32 bit floating point
Index Increment	1
Q_Value	0
Sampling Rate Hz	1
Start Address	fIn
⊟ Display Properties	
Axis Display	☑ true
Data Plot Style	Line
Display Data Size	128
Grid Style	No Grid
Magnitude Display S	Linear
Time Display Unit	sample
Use Dc Value For Gr:	☐ false

Import　Export　OK　Cancel

图 15－36　观察界面设置 1

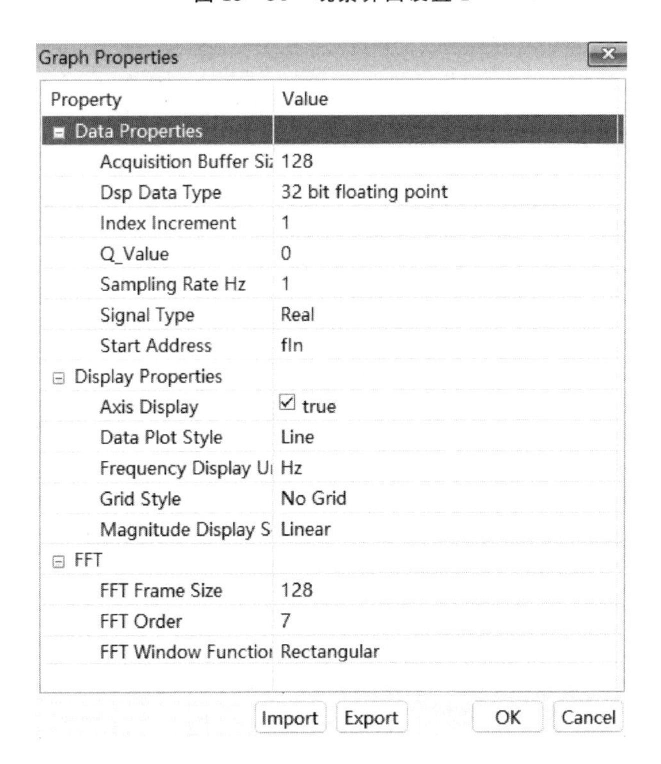

图 15－37　观察界面设置 2

5. 实验结果

利用实验中的设置可以看到如图 15－38 所示的结果。输入波形由一个低频率的正弦波与一个高频的余弦波叠加而成。通过观察频域和时域图得知，输入波形中的低频波形通过了滤波器，而高频部分则被衰减。

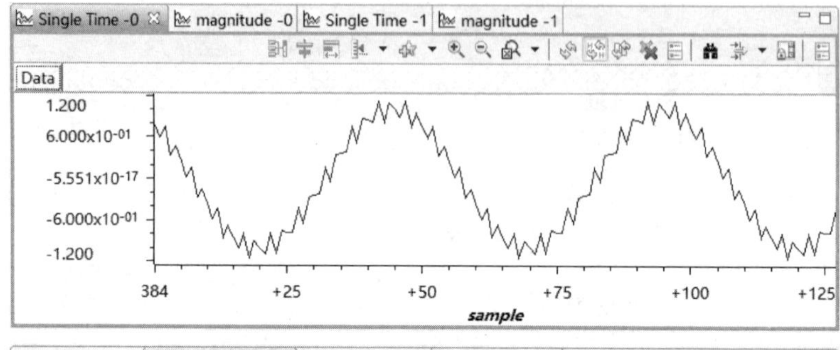

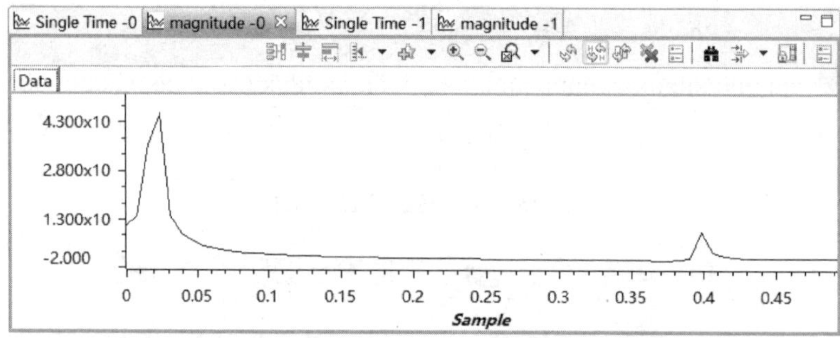

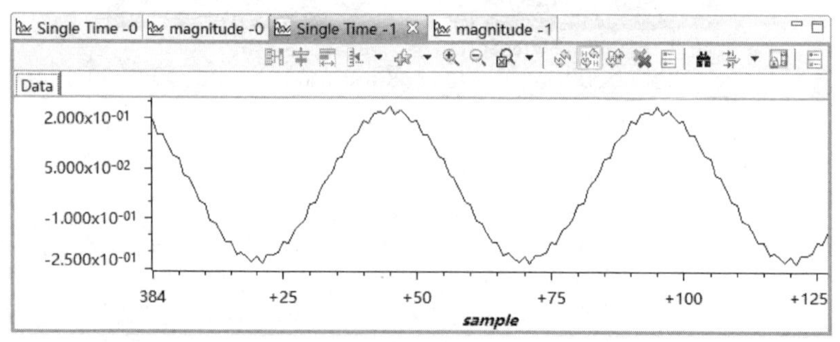

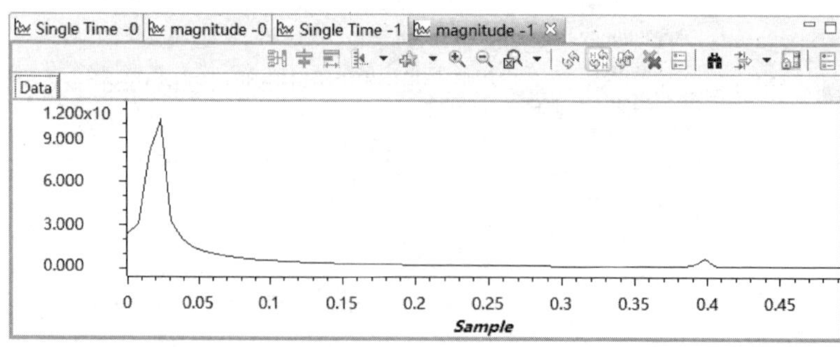

图 15－38　结果显示图

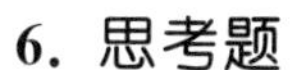

6. 思考题

① 理解使用 F2812 进行 IIR 算法的实现过程。

② 试选用合适的高通滤波参数滤掉实验的输入波形中的低频信号。

15.10 直流电机控制实验

1. 实验目的

- 学习用 C 语言编制中断程序，控制 F2812 通用 I/O 引脚产生不同占空比的 PWM 信号；
- 学习 F2812 的通用 I/O 引脚的控制方法；
- 学习直流电机的控制原理和控制方法。

2. 实验设备

同 15.2 节实验设备。

3. 实验原理及实验程序流程图

(1) F2812 的 GPIO 引脚

通过设置 PWM11 和 PWM5 的工作方式和状态，可以实现将它们当成通用 I/O 引脚使用。

(2) 直流电机控制

直流电动机是最早出现的电动机，也是最早能实现调速的电动机。近年来，直流电动机的结构和控制方式都发生了很大的变化。随着计算机进入控制领域，以及新型的电力电子功率元器件的不断出现，采用全控型的开关功率元件进行脉宽调制控制方式已成为绝对主流。

直流电动机转速 n 的表达式为：

$$n = \frac{U - IR}{K\Phi} \tag{15-4}$$

其中，U 为电枢端电压，I 为电枢电流，R 为电枢电路总电阻，Φ 为每极磁通量，K 为电动机结构参数。

所以直流电动机的转速控制方法可分为两类：对励磁磁通进行控制的励磁控制法和对电枢电压进行控制的电枢控制法。其中，励磁控制法在低速时受磁极饱和的限制，高速时受换向火花和换向器结构强度的限制，并且励磁线圈电感较大，动态响应较差，所以这种控制方法用得很少。现在，大多数应用场合都使用电枢控制法。绝大多数直流电机采用开关驱动方式。开关驱动方式使半导体功率器件工作在开关状态，通过脉宽调制 PWM 来控制电动机电枢电压，从而实现调速。

在 PWM 调速时，占空比 α 是一个重要参数。有 3 种方法都可以改变占空比的值，即定宽调频法、调宽调频法和定频调宽法。前两种方法由于在调速时改变了控制脉冲的周期(或频率)，当控制脉冲的频率与系统的固有频率接近时，将会引起振荡，因此这两种方法用得较少。目前，在直流电动机的控制中主要使用定频调宽法。

(3) ICETEK－CTRF直流电机模块原理图

ICETEK－CTRF即显示/控制模块上直流电机部分的原理图如图15－39所示。图15－39中PWM输入对应ICETEK－F2812－AF评估板上P4外扩插座第26引脚的PWM11信号，DSP将在此引脚上给出PWM信号来控制直流电机的转速；图中的DIR输入对应ICETEK－F2812－AF评估板上P1外扩插座第6引脚的P4信号，DSP将在此引脚上给出高电平或低电平来控制直流电机的方向。从DSP输出的PWM信号和转向信号先经过2个与门和一个非门，再与各个开关管的栅极相连。

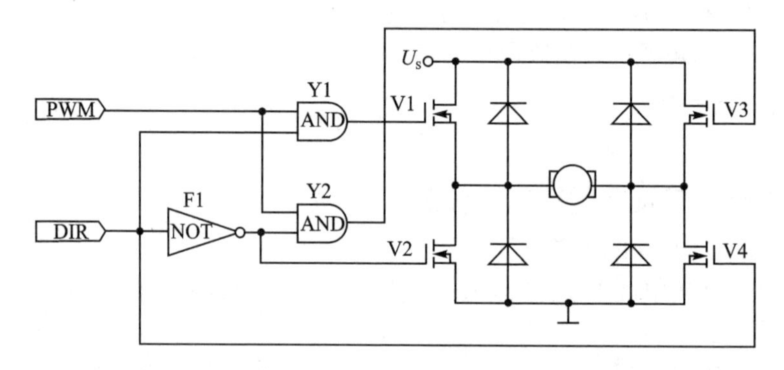

图15－39 ICETEK－CTRF直流电机模块原理图

控制原理：当电动机要求正转时，PWM11给出高电平信号，该信号分成3路：第1路接与门Y1的输入端，使与门Y1的输出由PWM决定，所以开关管V1栅极受PWM控制；第2路直接与开关管V4的栅极相连，使V4导通；第3路经非门F1连接到与门Y2的输入端，使与门Y2输出为0，这样使开关管V3截止；从非门F1输出的另一路与开关管V2的栅极相连，其低电平信号也使V2截止。同样，当电动机要求反转时，PWM5给出低电平信号，经过2个与门和一个非门组成的逻辑电路后，使开关管V3受PWM信号控制，V2导通，V1、V4全部截止。

(4) 程序设计

程序中采用定时器中断产生固定频率的PWM波，在每个中断中根据当前占空比判断应输出波形的高低电平。主程序用轮询方式读入键盘输入，得到转速和方向控制命令。在改变电机方向时为减少电压和电流的波动采用先减速再反转的控制顺序。

(5) 实验程序流程图

本实验的实验程序流程如图15－40所示。

4. 实验步骤和内容

① 参考本书15.1节内容连接实验设备，同时将ICETEK－CTRF板的供电电源开关拨动到“开”的位置。

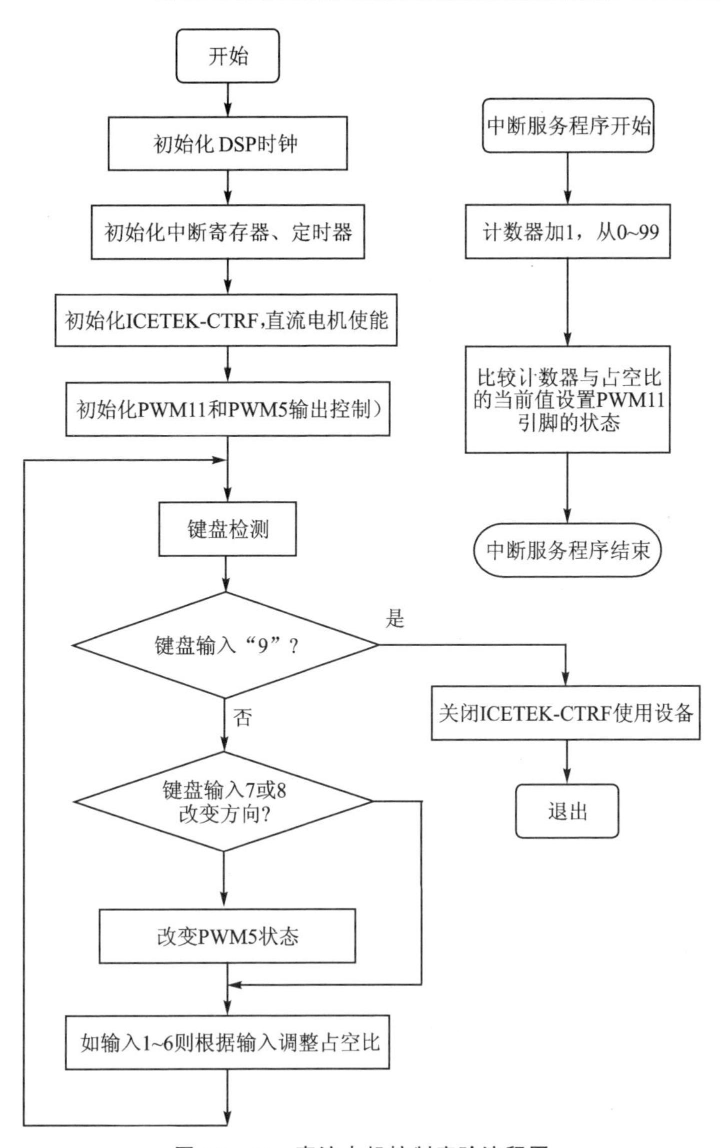

图 15-40　直流电机控制实验流程图

② 参考本书 15.1 节内容设置 CCS5.3 硬件工作环境。

③ 参考本书 15.1 节内容启动 CCS5.3。

④ 导入工程文件:选择 Project→Import Existing CCS Eclipse Project 菜单项,选择“...\ICETEK\ICETEK-F2812AF-S60F\ICETEK-F2812-AF V1\Lab1510-Dcmotor”文件夹目录。在项目浏览器中双击 dcmotor.c,浏览该文件的内容,理解各语句作用。主要程序 dcmotor.c 文件如下:

```
#include "DSP281x_Device.h"                //DSP281x 头文件包含文件
#include "DSP281x_Examples.h"              //DSP281x 示例包含文件
```

```
#include "ICETEK-CTRF.h"
#define T46uS           0x0d40
//功能的原型描述在下列文件中
interrupt void cpu_timer0_isr(void);
void Delay(unsigned int nTime);
void Gpio_select(void);
void Gpio_PortA(void);
void Gpio_PortB(void);
Uint16 var1 = 0;
Uint16 var2 = 0;
Uint16 var3 = 0;
Uint16 test_count = 0;
Uint16 Test_flag = 0;
Uint16 Test_var   = 0;
Uint16 Test_status[32];
unsigned int uWork,nCount = 0,uN,uN1,nCount1,nDir;
unsigned int speedtest = 0;
void main(void)
{
    int bSuccess;
    //int nCount = 0;
    char cKey,cOldKey;
    unsigned int nScanCode,nKeyCode;
    unsigned int nSpeed;
    InitSysCtrl();
    DINT;
    InitPieCtrl();
    StopCpuTimer0();
    IER = 0x0000;
    IFR = 0x0000;
    InitPieVectTable();
    EALLOW;
    PieVectTable.TINT0 = &cpu_timer0_isr;
    EDIS;
    CpuTimer0.RegsAddr = &CpuTimer0Regs;
    CpuTimer0Regs.PRD.all   = 0x3000;
    CpuTimer0Regs.TPR.all   = 0;
    CpuTimer0Regs.TIM.all   = 0;
    CpuTimer0Regs.TPRH.all = 0;
    CpuTimer0Regs.TCR.bit.TSS = 1;
    CpuTimer0Regs.TCR.bit.SOFT = 1;
    CpuTimer0Regs.TCR.bit.FREE = 1;
    CpuTimer0Regs.TCR.bit.TRB = 1;
    CpuTimer0Regs.TCR.bit.TIE = 1;
    CpuTimer0.InterruptCount = 0;
    IER |= M_INT1;
    PieCtrlRegs.PIEIER1.bit.INTx7 = 1;
```

```
    EINT;
    ERTM;
Gpio_PortB();
bSuccess = ICETEKCTR_InitCTR(ICETEKCTRModeTeachingResearch); //初始化 ICETEK - CTRF:
                                                             //教研模式
while ( bSuccess ); //如果初始化 ICETEK - CTRF 错误,停止运行,可观察 bSuccess 取值查
                    //找初始化失败原因
ICETEKCTR_LCDPutString("ICETEK - F2812 - AF",0,LCDLINE0);
ICETEKCTR_LCDPutString("直流电机",2,LCDLINE1);
ICETEKCTR_LCDPutString("调速:1 - 6 键",0,LCDLINE2);
ICETEKCTR_LCDPutString("正转:7 键反转:8 键",0,LCDLINE3);
ICETEKCTR_EnablePeripheral(ICETEKCTRPeripheralDCMotor,ICETEKCTREnablePeripheral);
                                                             //使能直流电机控制
    nSpeed = T46uS;
    uN = 60; nCount = nCount1 = 0; nDir = 0; cKey = cOldKey = 0;
    StartCpuTimer0();                                        //启动定时器
    while (1)
    {
        nScanCode = ICETEKCTR_GetKey();
        if ( nScanCode! = 0 )
        {
            if ( nScanCode == 9 )     break;
            else
            {
                cKey = nScanCode;
                if ( cKey! = 0 && cOldKey! = cKey )
                {
                    cOldKey = cKey;
                    switch ( cKey )
                    {
                        case 1: uN = 20; break;
                        case 2: uN = 50; break;
                        case 3: uN = 60; break;
                        case 4: uN = 70; break;
                        case 5: uN = 80; break;
                        case 6: uN = 100; break;
                        case 7:
                            uN1 = uN;
                            uN = 60;                         //降速
                            Delay(128);
                            GpioDataRegs.GPADAT.bit.GPIOA4  =  1;
                            ////CpuTimer0Regs.PRD.all  =  nSpeed;
                            //CpuTimer0Regs.PRD.all  =  182 * 50;
                            nDir = 0;
                            Delay(128);
                            uN = uN1;
                            break;
```

```
                        case 8:
                            uN1 = uN;
                            uN = 60;                    //降速
                            Delay(128);
                            GpioDataRegs.GPADAT.bit.GPIOA4   = 0;
                            Delay(128);
                            //CpuTimer0Regs.PRD.all = nSpeed;
                            nDir = 1;
                            Delay(128);
                            uN = uN1;
                            break;
                    }
                }
            }
        }
    }
    StopCpuTimer0();
  ICETEKCTR_EnablePeripheral(ICETEKCTRPeripheralDCMotor | ICETEKCTRPeripheralPWM, ICE-
TEKCTRDisablePeripheral);
    ICETEKCTR_LCDCLS();
    ICETEKF2812Ae_StopProgram;
}

interrupt void cpu_timer0_isr(void)
{
    CpuTimer0.InterruptCount++;
    PieCtrlRegs.PIEACK.all = PIEACK_GROUP1;
    CpuTimer0Regs.TCR.bit.TIF = 1;
    CpuTimer0Regs.TCR.bit.TRB = 1;
    GpioDataRegs.GPBSET.bit.GPIOB4 = 1;
    GpioDataRegs.GPBDAT.bit.GPIOB4 = ( nCount1<uN )? 1:0;
    nCount1++; nCount1 % = 100;
    }

void Delay(unsigned int nDelay)
{
    int ii,jj,kk = 0;
    for ( ii = 0;ii<nDelay;ii++ )
    {
        for ( jj = 0;jj<64;jj++ )
        {
            //RefreshLEDArray();
            kk++;
        }
    }
}
```

```
void Gpio_PortA(void)
{
    var1 =  0x0000;                          //设置 GPIO 引脚为 I/O 功能
    var2 =  0x00FF;                          //设置 GPIO 15～8 为输入，7～0 为输出
    var3 =  0x0000;                          //不设置任何输入量化
    Gpio_select();
    test_count  =  0;
    Test_status[Test_var]  =  0x0002;
    Test_var ++ ;
    Test_status[Test_var]  =  0xD0BE;        //设置默认值 "PASSED"
    GpioDataRegs.GPACLEAR.all  =  0x00FF;
    asm(" RPT #5 ||NOP");
    GpioDataRegs.GPASET.bit.GPIOA4 = 1;

}

void Gpio_PortB(void)
{
    var1 =  0x0000;
    var2 =  0x00FF;
    var3 =  0x0000;
    Gpio_select();
    test_count  =  0;
    Test_status[Test_var]  =  0x0002;
    Test_var ++ ;
    Test_status[Test_var]  =  0xD0BE;
    GpioDataRegs.GPBCLEAR.all  =  0x00FF;
    asm(" RPT #5 ||NOP");
    GpioDataRegs.GPBSET.bit.GPIOB4 = 1;
 }

void Gpio_select(void)
{
    EALLOW;
    GpioMuxRegs.GPAMUX.all = var1;
    GpioMuxRegs.GPBMUX.all = var1;
    GpioMuxRegs.GPDMUX.all = var1;
    GpioMuxRegs.GPFMUX.all = var1;
    GpioMuxRegs.GPEMUX.all = var1;
    GpioMuxRegs.GPGMUX.all = var1;
    GpioMuxRegs.GPADIR.all = var2;
    GpioMuxRegs.GPBDIR.all = var2;
    GpioMuxRegs.GPDDIR.all = var2;
    GpioMuxRegs.GPEDIR.all = var2;
    GpioMuxRegs.GPFDIR.all = var2;
    GpioMuxRegs.GPFDIR.all| = (1<<10);
    GpioMuxRegs.GPGDIR.all = var2;
```

```
    GpioMuxRegs.GPAQUAL.all = var3;
    GpioMuxRegs.GPBQUAL.all = var3;
    GpioMuxRegs.GPDQUAL.all = var3;
    GpioMuxRegs.GPEQUAL.all = var3;
    EDIS;
}
```

⑤ 单击图标,则CCS自动连接,编译和下载程序。

⑥ 选择Run→Resume菜单项运行程序,或者直接单击按钮观察结果。

开始运行程序后电机以中等速度转动(占空比=60,转速=2)。在键盘上按数字1~6键,则分别控制电机从低速到高速转动(转速=1~5)。在键盘上按7或8键切换电机的转动方向。如果程序退出或中断时电机不停转动,则可以将控制ICETEK-CTRF模块的电源开关关闭再开启一次。注意:有时键盘控制不是非常灵敏,这是因为程序采用了轮询方式读键盘输入的结果,可以多按几次按键。

⑦ 结束程序运行退出:在键盘上按9键停止电机转动并退出程序。

⑧ 参考本书15.1节内容退出CCS。

5. 实验结果

通过实验可以发现,直流电机受控改变转速和方向。

6. 思考题

电动机是一个电磁干扰源。电动机的启停还会影响电网电压的波动,它周围的电器开关也会引发火花干扰。试思考采取何种措施尽可能地减少电磁干扰?

15.11 单路/多路数/模转换实验

1. 实验目的

- 了解数/模转换的基本操作;
- 了解ICETEK-F2812-AF评估板扩展数模转换方式;
- 掌握数/模转换程序设计方法。

2. 实验设备

同15.2节实验设备,另外还需要示波器以及相关连线、电源。

3. 实验原理及实验程序流程图

(1) 数/模转换操作

利用专用的数模转换芯片可以实现将数字信号转换成模拟量输出的功能。在ICETEK-F2812-AF评估板上使用的是DAC7528数/模芯片,它可以实现同时转换2路模拟信号输出,并有8位精度,转换时间10 m/s。其控制方式较为简单:首先将需要转换的数值通过数据总线传送到DAC7528上的相应寄存器,再发送转换信

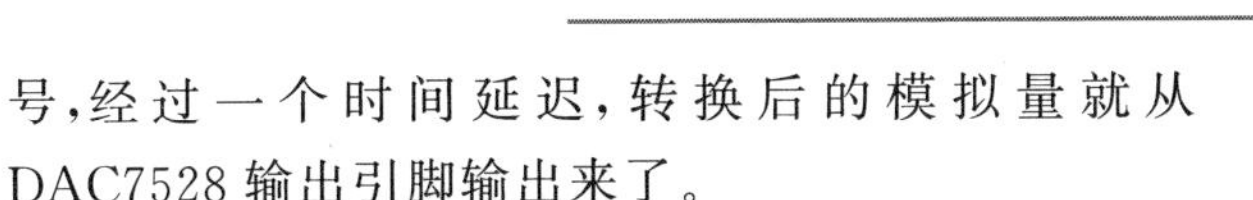

号,经过一个时间延迟,转换后的模拟量就从DAC7528输出引脚输出来了。

(2) DAC7528 与 F2812A 的连接

F2812A 没有数/模转换输出设备,这里采用外扩数/模转换芯片的方法。ICETEK - F2812 - AF 评估板上选用的是 DAC7528。为了增加输出功率,DAC7528 的输出端经过一级运放再输出到板上插座上。

(3) 实验程序流程图

本实验的实验程序流程图如图 15 - 41 所示。

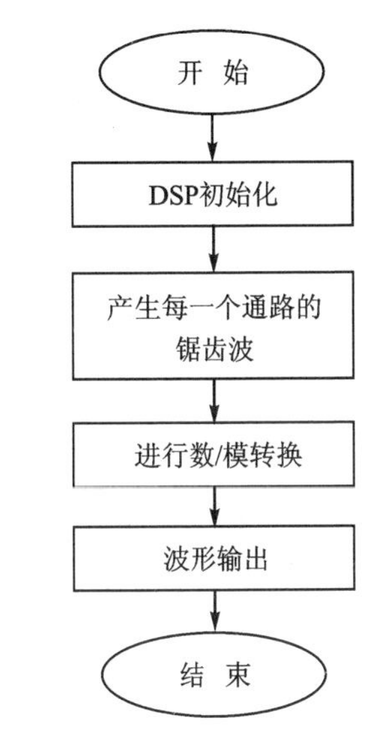

图 15 - 41 单路/多路数模转换实验程序流程图

4. 实验步骤和内容

① 参考本书 15.1 节内容连接实验设备,同时关闭实验箱上扩展模块和信号源电源开关,设置 CCS5.3 硬件工作环境后启动 CCS5.3。

② 导入工程文件:选择 Project→Import Existing CCS Eclipse Project 菜单项,选择"...\ICETEK\ICETEK - F2812AF - S60F\ICETEK - F2812 - AF V1\Lab1511 - DAC"文件夹目录。在项目浏览器中双击 dac.c,浏览该文件的内容,理解各语句作用。主要程序 dac.c 文件如下:

```
#include "DSP281x_Device.h"                //DSP281x头文件包含文件
#include "DSP281x_Examples.h"              // DSP281x示例包含文件
#include "f2812a.h"
void dac_loop(void);
void main(void)
{
   InitSysCtrl();
   dac_loop();
}
void dac_loop(void)
{
    int i,j;
    i = 0;
    for(;;)
    {
        for(i = 0;i< = 0xff;i += 0x1)
        {
            DAOUT1 = i&0xff;               //第一通道D/A数据输出量低8位
            for(j = 0;j<0x10;j ++ );
            DAOUT2 = i&0xff;               //第二通道D/A数据输出量低8位
            for(j = 0;j<0x10;j ++ );
        }
    }
}
```

③ 单击图标 ,则 CCS 会自动链接,编译和下载程序。

④ 选择 Run→Resume 菜单项运行程序,或者直接单击按钮 观察结果。

用信号线从实验箱底板上右侧“D/A 输出”的 2 个插座引线到示波器。也可以用控制模块右侧的 DAOUT1 - DAOUT2 测试钩连接示波器,观察示波器上的波形。

⑤ 参考 15.1 节内容退出 CCS。

5. 实验结果

2 路输出均为 0~5 V,示波器显示波形为锯齿波。

6. 思考题

程序采用计算法输出波形,这样做的缺点是速度慢,波形的形状有运算失真;优点是占用存储空间很少。读者可考虑使用别的方法产生同样波形输出(如查表法)。

参考文献

[1] Texas Instruments. C2000 Real-Time Microcontrollers[R]. 2014.

[2] Texas Instruments. TMS320C28x Optimizing C/C++ Compiler User's Guide [R]. 2001.

[3] Texas Instruments. TMS320F281x Digital Signal Processors [R]. 2021.

[4] Texas Instruments. 使用 C2000 实时微控制器的基本开发指南[R]. 2023.

[5] http://www.realtimedsp.com.cn.

[6] 张卫宁. TMS320C28X 系列 DSP 的 CPU 与外设[M]. 北京:清华大学出版社,2004.

[7] 刘卯国. DSP 芯片技术及应用[M]. 北京:国防工业出版社,2007.

[8] 顾卫钢. 手把手教你学 DSP——基于 TMS320X281x[M]. 3 版. 北京:北京航空航天大学出版社,2019.

[9] 徐科军,陈志辉,傅大丰. TMS320F2812 DSP 应用技术[M]. 北京:科学出版社,2010.

[10] 张东亮. DSP 控制器原理与应用[M]. 北京:机械工业出版社,2011.

[11] 王忠勇,陈恩庆. TMS320F2812 DSP 原理与应用技术[M]. 2 版. 北京:电子工业出版社,2012.

[12] 任润柏,周荔丹,姚钢. TMS320F28x 源码解读[M]. 北京:电子工业出版社,2010.

[13] 苏奎峰,吕强,常天庆,等. TMS320X281x DSP 原理及 C 程序开发[M]. 北京:北京航空航天大学出版社,2008.

[14] 清源计算机工作室. Protel99 SE 原理图与 PCB 及仿真[M]. 北京:机械工业出版社,2004.